经典译丛·微电子学

Verilog高级数字系统设计技术与实例分析

Advanced Chip Design
Practical Examples in Verilog

[美] Kishore Mishra 著

乔庐峰 尹廷辉 于 倩 杨 乐 等译

電子工業出版社
Publishing House of Electronics Industry
北京·BEIJING

内容简介

本书通过大量实例由浅入深地介绍了数字电路和数字系统设计中的重要概念和知识要点。本书分两大部分。第一部分重点关注数字电路设计层面，偏重基础。第2章到第6章为Verilog语法与数字电路设计相关知识，包括常用语法、基本数字电路单元等。第7章到第9章重点介绍高级数字设计知识，包括数字系统架构设计、复杂数字系统中常用的电路单元、算法，并给出了大量工程实例。第10章给出了一些重要的工程设计经验，包括文档管理、代码设计、系统验证、高可靠性设计等。第二部分重点关注数字系统设计层面。第11章到第13章介绍了常用数字系统关键电路，包括与处理器系统相关的存储结构与存储访问技术、存储介质（硬盘、闪存、DDR等）与驱动电路、处理器总线结构与协议等。第14章和第15章介绍了电路可测性设计、静态定时分析、芯片工程修改的相关知识。第16章和第17章从电路设计层面到系统设计层面介绍了降低电路功耗的方法。第18章到第20章介绍常用串行总线和串行通信协议，包括PCI Express、SATA、USB及以太网技术。

本书适合电子工程专业、计算机专业高年级本科生和研究生作为教材使用，也非常适合从事电子技术领域科研工作的工程师参考。

版权贸易合同登记号　图字：01-2013-7400

图书在版编目（CIP）数据

Verilog高级数字系统设计技术与实例分析 /（美）基肖尔·米什拉 (Kishore Mishra) 著；乔庐峰等译.
—北京：电子工业出版社，2018.2
（经典译丛·微电子学）
书名原文：Advanced Chip Design，Practical Examples in Verilog
ISBN 978-7-121-33483-2

Ⅰ.①V…　Ⅱ.①基…②乔…　Ⅲ.①硬件描述语言－程序设计　Ⅳ.①TP312

中国版本图书馆CIP数据核字（2018）第006819号

策划编辑：马　岚
责任编辑：葛卉婷
印　　刷：三河市鑫金马印装有限公司
装　　订：三河市鑫金马印装有限公司
出版发行：电子工业出版社
　　　　　北京市海淀区万寿路173信箱　邮编：100036
开　　本：787×1092　1/16　印张：25.75　字数：660千字
版　　次：2018年2月第1版
印　　次：2024年6月第6次印刷
定　　价：109.00元

凡所购买电子工业出版社图书有缺损问题，请向购买书店调换。若书店售缺，请与本社发行部联系，联系及邮购电话：（010）88254888，88258888。

质量投诉请发邮件至zlts@phei.com.cn，盗版侵权举报请发邮件至dbqq@phei.com.cn。

本书咨询联系方式：classic-series-info@phei.com.cn。

前　　言

本书面向从事数字系统设计和数字系统架构设计的研究生和工程师。本书划分为两大部分，第1章到第10章重点关注数字电路设计层面，第11章到第20章重点关注数字系统设计层面。

第1章重点介绍了本书面向的读者群体，以及本书的主要内容、组织方式和这样组织的原因。

第2章介绍了Verilog语言的历史、发展变化，以及Verilog在现代数字设计中的地位。

第3章和第4章介绍了在设计和验证中常用的Verilog语法结构。其中，第3章重点介绍了进行数字设计时使用的可综合的Verilog语法结构，同时给出了很多可重用的设计实例，这些例子中普遍使用了parameter、function和generate这类可重用设计方式；第4章初步介绍了电路验证问题，目的是使读者对电路验证有一个基本理解，能够使用Verilog进行模块级验证。

第5章介绍了数字设计中的基本单元，包括逻辑门、真值表、德摩根定理、建立时间/保持时间、边沿检测和数值系统。

第6章介绍了数字设计中的一些常用基本模块，包括LFSR（线性反馈移位寄存器）、扰码与解扰、检错与纠错、奇偶校验、CRC（循环冗余校验）、格雷码编码/解码和数字同步技术。在介绍这些基本模块的同时，给出了它们的常见实际应用例子。

第7章介绍了芯片设计和架构设计中的一些先进概念，主要包括时钟和复位设计策略、增加数字电路吞吐率的方法、减少电路延迟的方法、不同的流控机制、流水线操作、乱序执行等。

第8章继续介绍先进的数字设计概念，主要包括FIFO的操作和设计、状态机设计、仲裁、现代总线接口的种类、链表数据结构、LRU算法的用处及算法实现。

第9章介绍了怎样设计一片ASIC或SoC，介绍了芯片的微结构、芯片划分、数据通道和控制逻辑，介绍了与芯片实际设计相关的时钟树、复位树和EEPROM的使用。

第10章介绍了对芯片设计非常重要的实践经验，包括哪些事情应该避免，哪些经验应该采用。其中一节还给出了高速电路设计中好的经验。

本书的第二部分重点介绍了系统架构设计和IO协议。第11章介绍了存储器，包括cache在内的存储层次结构，中断机制和操作、不同类型的DMA和DMA操作。这里给出了一个典型DMA控制器的RTL设计代码，并通过一个详细的实例介绍了分/集式DMA的概念。

第12章描述了硬盘驱动器的工作机制和相关电路，包括固态盘驱动器的基本原理和操作细节。本章介绍了DDR的操作，介绍了系统中的BIOS、OS、驱动程序以及它们和硬件之间的相互操作。

第13章描述了嵌入式系统和不同种类的内部总线，如嵌入式设计中的AHB总线和AXI总线。本章还介绍了透明和非透明桥接的概念。

第14章和第15章引入了与芯片设计实际相关的一些知识。第14章介绍了芯片测试、DFT、边界扫描和ATPG。

第15章提供了详细的芯片设计流程，介绍了静态定时检查和分析，给出了一个实际的进行ECO的例子。

第16章和第17章介绍了低功耗设计方法和功耗管理协议。其中，第16章详细描述了不同的降低功耗的技术，包括变频技术、门控时钟技术、功率阱隔离技术，这些技术可以在不同层面上降低功耗；第17章介绍了功率管理协议，包括系统的S状态、CPU的C状态、设备的D状态，以及它们在工作中是如何相互配合的。

第18章解释了串行总线技术和PCS、PMA层的具体功能。本章通过实例介绍了串行IO的时钟关系，弹性缓冲区FIFO的操作特点，以及通道绑定、链路聚合和线路翻转等重要概念。本章还介绍了PMA中常用的发送/接收均衡、PLL和终端匹配技术。

第19章和第20章重点介绍串行总线协议和操作。其中，第19章介绍了PCIe、Serial ATA、USB和雷电接口技术；第20章从10M以太网开始，按照以太网的历史发展沿革，一直介绍到最新的100G以太网。

附录A列举了作者曾经参考或引用过的资源。附录B介绍了FPGA的优点、结构、应用、主要生产厂商以及与FPGA设计流程相关的知识。附录C介绍了用于验证的测试平台（testbench）。附录D重点介绍了System Verilog断言。

希望此书能够通过大量实例清晰地解释数字系统设计中的重要概念和知识要点。此书可供学习数字系统设计和芯片设计课程的学生使用，此书可以为他们今后从事相关工作提供引导和帮助。

Kishore Mishra
Silicon Valley, USA

目　　录

第1章 绪　　论

设计和开发一个复杂的ASIC/SoC，与学习一种新的语言类似，需要从基本的语法和简单的语句学起，通过不断地积累经验，加上想象力和创造力才能最终创造出杰出的作品。数字系统的设计开始于如Verilog或VHDL的RTL（Register Transfer Language，寄存器传输语言）[①]的学习。如图1.1所示，不同的环描述了一个好的数字系统涉及的不同层面的知识。一个优秀的设计者需要在一定程度上了解所有“环”上涉及的知识。

熟悉不同“环”上的知识，需要通过自身的实践、学习和研究，以及团队交流与合作。刚进入数字系统设计领域的学生，将面临艰巨的学习任务，他们不可能一开始就熟悉各个环节上的知识，也不熟悉每个环节在数字系统设计的总体框架中的地位和作用。在本书中，我们努力以简明的方式通过大量的实例来解释书中的概念。常言道“一张合适的图片胜过千言万语”，我们将尽量用图和实例来介绍基本概念。本书将讨论图1.1中5个环节涉及的知识，所有的例子均采用Verilog语言描述。

最内层的环节是能够设计任何数字系统的Verilog/VHDL语言。第二个环节是数字电路设计技术，包括状态机的设计、FIFO的设计、仲裁机制、同步技术等所有数字系统中都会涉及的常用电路设计技术。第三个环节是芯片设计的专业知识，包括综合、时序分析、可测性设计，以及ASIC或SoC设计的其他专业知识。第四个环节是各种接口技术和接口协议知识，包括广泛应用于数字系统的PCI Express（PCIe）、SATA、USB、DDR等接口。第五个环节是系统知识，如硬件和软件之间的互操作（操作系统、驱动程序和应用程序）、中断、DMA操作等，这是知识全面的设计师应该熟悉的内容。

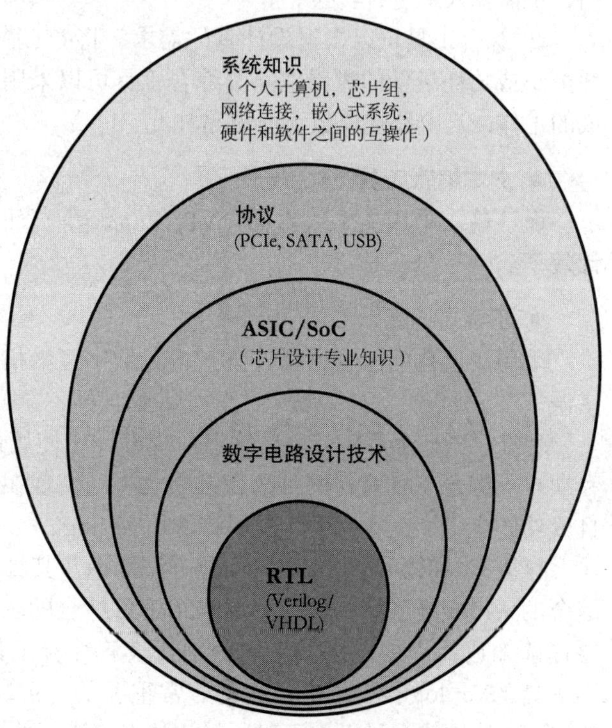

图1.1　芯片设计专业知识环节

① RTL目前通常作为Register Transfer Level的简写，译为寄存器传输级或寄存器转换级。——译者注

第2章　寄存器传输语言（RTL）

寄存器传输语言，也就是RTL，使用类似软件设计中常用的语法结构来设计数字系统。在RTL出现之前，芯片设计使用原理图进行设计输入，设计师不得不在原理图编辑器中用实际的逻辑门将整个数字系统搭接出来。RTL具有许多极具吸引力的优点，现在已成为大多数工程师的设计首选。下面介绍RTL的一些优点。

- **支持综合工具**

① 工程师可以在更高的抽象层面上进行数字系统设计，可以使用如if-else的语句进行逻辑功能描述，综合工具可以将其转换成实现所需功能的由逻辑门构成的电路。工程师可以对电路的功能和行为进行描述，从而极大地提高生产效率，综合工具负责将RTL转换为逻辑门，不需要人工进行转换。

② 综合工具可以根据设计者的需求，将RTL描述的电路优化成为速度最快、逻辑资源消耗最小或功耗最低的逻辑电路。综合工具可以采用多种优化算法，这是采用人工方式难以完成的工作，当电路规模较大时更是如此。

- **文本编辑工具**

设计输入采用文本编辑器（VI、Emacs等）而不是使用原理图编辑器，这会大大提高设计效率。

- **不容易出错**

采用接近自然语言的描述方式进行数字逻辑描述，其抽象层次高，因此有助于减少设计错误。

现在，Verilog和VHDL是数字系统设计中使用最广泛的两种语言。二者都有自己的优点和缺点。综合工具对这两种语言都是支持的，现在二者都在产品设计和开发中得到了广泛而且成功的应用。在本书中，我们将使用Verilog。

在第3章和第4章将介绍Verilog语法知识及其具体用法。我们把它分成两章，一章介绍可综合的Verilog语法结构，另一章介绍不可综合的Verilog语法结构。在学习过程中，初学者需要提前知道其中的差别：它们分别代表着综合工具可以支持的Verilog语法结构和综合工具不支持的Verilog语法结构，这是非常重要的。可综合语法结构主要用于电路设计，而全部Verilog语法结构都可以用于对所设计的电路进行仿真验证。

第3章　可综合的Verilog——用于电路设计

本章介绍可综合的Verilog语法结构，同时给出了一些可重用设计的例子（使用parameter、function和generate实现电路的设计重用）。读者可以获得关于如何采用Verilog编写RTL模块、如何对其进行综合，以及如何设计规模更大的电路的知识。

3.1　什么是Verilog

Verilog是一种功能强大的硬件描述语言，采用Verilog语言，可以在更高的抽象层次上进行芯片设计。随着Verilog的发展，综合工具可以将抽象层次更高的Verilog代码综合为门级网表。由于Verilog是一种高级语言，它支持许多高层次可综合的语法结构，综合工具可以将它们转换为门级电路。例如，"+"运算符用于对两个数进行加法运算，综合工具会采用专门的加法器电路实现它。

综合工具支持很多语法结构，这使得电路设计变得更加容易。此外，Verilog还支持大量的不可综合的语法结构，这些语法结构不是用于进行电路设计的，它们是用来进行电路功能仿真验证的。验证一个复杂的数字电路或系统的功能是否正确非常重要，此时考虑的是Verilog语言应该有足够的能力和便于使用的特点，确保对所设计的电路进行有效的仿真验证，此时，所编写的验证代码能否生成具体的电路并不重要。

对于刚步入本领域的设计者，开始可能会从事电路设计工作，也可能会从事电路验证工作，此时需要设计可综合或不可综合的Verilog代码。本书将Verilog语法分为两部分，在本书中将详细介绍可综合部分，对不可综合部分的细节介绍略少一些。

3.2　Verilog的发展历史

Verilog语言最早是由GDA（Gateway Design Automation）公司在1984年到1985年推出的。1989年Cadence公司收购了GDA公司，从那时起Verilog语言开始被广泛用于仿真和综合。Verilog HDL在1995年成为IEEE标准（IEEE 1364–1995），通常称为Verilog 1995。

Verilog HDL于2001年进行了重大修改，不仅解决了一些原有的不足，同时还增强了仿真和综合功能。例如，原来经常出现的综合后的门级网表的功能与综合前不一致的问题，主要是由于敏感项列表中变量没有列全造成的，这个问题在Verilog 2001中得到了解决，新标准中省略了敏感项列表。2001版本的Verilog中还增加了generate语法结构，它对于IP核（Intellectual Property core）设计和电路的模块化设计非常有用。在2005版本的标准中，对2001版本进行了少量修订。

现在Verilog HDL语言被一个名为Accellera的非盈利性组织拥有和维护，Accellera进一步开发推出了System Verilog，它相比于Verilog增强了仿真验证功能，同时也扩展了可综合部分的语法结构。

3.3 Verilog的结构

如前所述，Verilog被广泛用于芯片设计，那么我们如何设计一个大规模的芯片呢？总的来说，我们需要将该芯片划分为不同的块（block）、子块（sub-block），乃至于更小的模块（module）。模块为最低层次的电路单元。每个模块都具有一些输入端口和输出端口。一个模块通过输入端口不断接收到数值并通过输出端口输出其产生的信号。

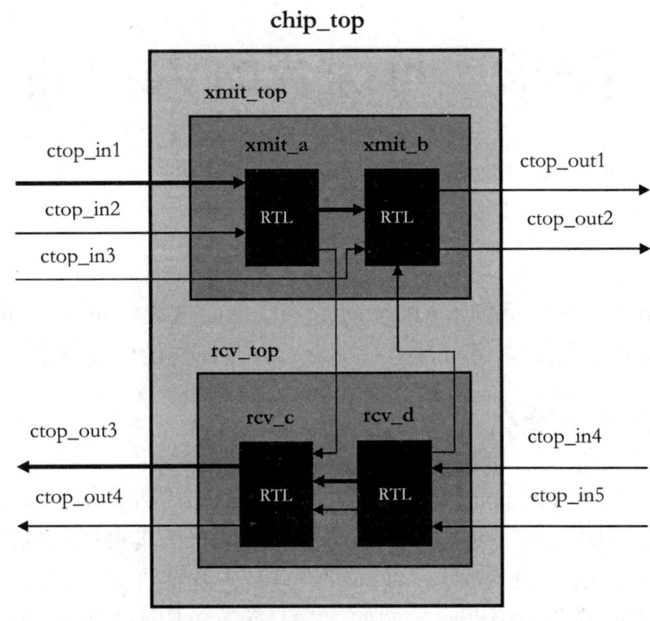

图3.1 chip_top的结构

我们将模块拼接在一起可以构成整个芯片，当模块的数量变大时，我们需要创建一定的层次结构，高层次的模块由多个低层次的模块构成，多个高层次模块连接又可以构成更高层次的模块，直至完成整个设计。采用层次化、模块化设计在工程设计中非常有益，可以使复杂设计易于开展，可读性强，下面是一个层次化设计的例子。

图3.1显示了Verilog中层次化设计的基本方法和思路。大多数情况下，最底层的模块（xmit_a、xmit_b、rcv_c、rcv_d）包含可以综合成逻辑门和触发器（目前使用最多的是D触发器，在很多电路中又常称为寄存器）的代码，高层模块只提供对低层模块的连接，而不直接包含可综合的代码。在高层次的模块中并非不能够在调用低层次模块的同时加入可综合的代码，只是图3.1的方式在工程实践中更容易进行电路规划和管理，可读性也更好。

层次化设计举例如下。

```
module          xmit_a
                (xmit_a_in1,
                xmit_a_in2,
                xmit_a_out1,
                xmit_a_out2
                );
// ------------------------------------
input    [7:0]  xmit_a_in1;
input           xmit_a_in2;
output   [7:0]  xmit_a_out1;
output          xmit_a_out2;
// ------------------------------------
// synthesizable RTL code
always @ (*)
  begin
        ---------
        ---------
  end

endmodule
```

```
module          xmit_b
                (xmit_b_in1,
                xmit_b_in2,
                xmit_b_in3,
                xmit_b_out1,
                xmit_b_out2
                );
// ------------------------------------
input    [7:0]  xmit_b_in1;
input           xmit_b_in2;
input           xmit_b_in3;
output          xmit_b_out1;
output          xmit_b_out2;
// ------------------------------------
// synthesizable RTL code
always @ (*)
  begin
        ---------
        ---------
  end
endmodule
```

```
module          rcv_c
                (rcv_c_in1,
                rcv_c_in2,
                rcv_c_in3,
                rcv_c_out1,
                rcv_c_out2
                );
// ------------------------------------
input           rcv_c_in1;
input   [7:0]   rcv_c_in2;
input           rcv_c_in3;
output  [7:0]   rcv_c_out1;
output          rcv_c_out2;
// ------------------------------------
// synthesizable RTL code
always @ (*)
 begin
        ---------
        ---------
 end
endmodule
```

```
module          rcv_d
                (rcv_d_in1,
                rcv_d_in2,
                rcv_d_out1,
                rcv_d_out2,
                rcv_d_out3
                );
// ------------------------------------
input           rcv_d_in1;
input           rcv_d_in2;
output          rcv_d_out1;
output  [7:0]   rcv_d_out2;
output          rcv_d_out3;
// ------------------------------------
// synthesizable RTL code
always @ (*)
 begin
        ---------
        ---------
 end
endmodule
```

```
module                  xmit_top
                        (xmit_top_in1,
                        xmit_top_in2,
                        xmit_top_in3,
                        xmit_top_in4,
                        xmit_top_out1,
                        xmit_top_out2,
                        xmit_top_out3);
// ---------------------------------------------------------------
input   [7:0]           xmit_top_in1;
input                   xmit_top_in2;
input                   xmit_top_in3;
input                   xmit_top_in4;
output                  xmit_top_out1;
output                  xmit_top_out2;
output                  xmit_top_out3;
// ---------------------------------------------------------------
// wire declaration
// Declare connecting signals between modules as wires.
// Outputs need not be declared as wires as they are considered wires by
// definition.
wire    [7:0]           xmit_ab;

/* modules instantiation
xmit_a is the module name and should exactly match the lower-level module
name. xmit_a_0 is the instance name and can be anything but should be unique
within a module. Typically it is named as module_name_x where 'x' can be the
instance number */

xmit_a          xmit_a_0
                (.xmit_a_in1            (xmit_top_in1),
                .xmit_a_in2             (xmit_top_in2),
                .xmit_a_out1            (xmit_ab),
                .xmit_a_out2            (xmit_top_out3)
                );
xmit_b          xmit_b_0
                (.xmit_b_in1            (xmit_ab),
                .xmit_b_in2             (xmit_top_in3),
                .xmit_b_in3             (xmit_top_in4),
                .xmit_b_out1            (xmit_top_out1),
                .xmit_b_out2            (xmit_top_out2)
                );
endmodule
```

```
module              rcv_top
                    (rcv_top_in1,
                    rcv_top_in2,
                    rcv_top_in3,
                    rcv_top_out1,
                    rcv_top_out2,
                    rcv_top_out3);
// -------------------------------------------------------------
input               rcv_top_in1;
input               rcv_top_in2;
input               rcv_top_in3;
output   [7:0]      rcv_top_out1;
output              rcv_top_out2;
output              rcv_top_out3;
// -------------------------------------------------------------

wire     [7:0]      rcv_cd1;
wire                rcv_cd2;

/* modules instantiation
rcv_c is the module name and should exactly match the lower-level module
name. rcv_c_0 is the instance name and can be anything but should be unique
within a module. Typically it is named as module_name_x where 'x' can be the
instance number */


rcv_c          rcv_c_0
               (.rcv_c_in1            (rcv_top_in1),
               . rcv_c_in2            (rcv_cd1),
               . rcv_c_in3            (rcv_cd2),
               . rcv_c_out1           (rcv_top_out1),
               . rcv_c_out2           (rcv_top_out2)
               );
rcv_d          rcv_d_0
               (.rcv_d_in1            (rcv_top_in1),
               . rcv_d_in2            (rcv_top_in2),
               . rcv_d_out1           (rcv_cd1),
               . rcv_d_out2           (rcv_cd2),
               . rcv_d_out3           (rcv_top_out3)
               );
endmodule
```

```
module              chip_top
                    (ctop_in1,
                    ctop_in2,
                    ctop_in3,
                    ctop_in4,
                    ctop_in5,
                    ctop_out1,
                    ctop_out2,
                    ctop_out3,
                    ctop_out4);
// -------------------------------------------------------------
input    [7:0]      ctop_in1;
input               ctop_in2;
input               ctop_in3;
input               ctop_in4;
input               ctop_in5;
output              ctop_out1;
output              ctop_out2;
output   [7:0]      ctop_out3;
output              ctop_out4;
// -------------------------------------------------------------
// wire declaration
wire                xmit_top_0_s1;
wire                rcv_top_0_s1;

// modules instantiation
```

```
xmit_top     xmit_top_0
             (.xmit_top_in1        (ctop_in1),
             .xmit_top_in2         (ctop_in2),
             .xmit_top_in3         (ctop_in3),
             .xmit_top_in4         (rcv_top_0_s1),
             .xmit_top_out1        (ctop_out1),
             .xmit_top_out2        (ctop_out2),
             .xmit_top_out3        (xmit_top_0_s1)
             );
rcv_top      rcv_top_0
             (.rcv_top_in1         (ctop_in4),
             .rcv_top_in2          (ctop_in5),
             .rcv_top_in3          (xmit_top_0_s1),
             .rcv_top_out1         (ctop_out3),
             .rcv_top_out2         (ctop_out4),
             .rcv_top_out3         (rcv_top_0_s1)
             );
endmodule
```

3.4 硬件RTL代码的执行

要理解HDL（硬件描述语言）的特点，很重要的一点是理解常规的软件程序的执行与Verilog RTL执行之间的差异。从表面上看，二者都是顺序执行的程序代码，但二者有本质区别。常规的软件程序是按顺序执行的，CPU按照顺序依次逐条执行指令，当跳转到子程序时，CPU仍然是顺序执行相关指令，不会出现两条指令同时执行的情况。对于指令并行执行的多线程和多核心的CPU情况会是怎样的呢？ CPU可以并行执行程序代码段，但整体上是按照程序的顺序执行指令的。

与此相反，一个芯片是由许多模块连接在一起构成的。当芯片加电后，所有模块将怎样工作？一个模块是否会停止工作，等待其他模块完成相应的功能后才开始工作呢？答案是否定的。只要加电，所有的模块将持续得到输入信号并产生输出信号。在数字系统中，所有的逻辑门都在同时进行着逻辑运算，每个时钟有效触发边沿出现时，所有的触发器都将进行输出值的更新，因此硬件电路是真正意义上的全并行执行的。

我们将在后面看到，最底层的模块内部包含着用可综合硬件描述语言编写的代码，某些语句看起来是顺序执行的（如if-else的结构），但实际综合得到的硬件是并行运行的。我们描述的所有模块以及在模块内的所有的门都是全并行工作并持续产生输出结果的。那么仿真器如何仿真这种并行行为呢？

仿真器在进行电路仿真时，跟踪每个门以及门之间的连线上的信号电平值，每间隔一个ΔT的时间间隔之后，它将重新计算所有的逻辑电平值，如此重复进行，不断推进。由于ΔT通常很小，因此电路仿真过程非常耗时。例如，仿真软件可能需要一个小时才能仿真出实际电路一秒钟的工作波形。下面我们将讨论Verilog模块的主体部分。

3.5 Verilog模块分析

下面我们介绍一个真正的可综合Verilog模块，并对其组成部分进行详细讨论。

```
// Top Module Comments
/*
Copyright Notice: Put copyright notice here

Functionality
        This module implements an arbiter that processes requests from
        multiple agents and asserts grant to one of the requesting agents. It
        works in a round-robin manner with equal fairness to all agents. After
        getting grant, each requesting agent performs its job and asserts
        end_transaction signal to indicate that arbiter can issue grant to the next
        request in line.
Author              Mr. X
*/
//Module and Port Listing
module              arbiter
                    (clk, rstb,
                    request0, request1, request2, request3,
                    end_transaction0, end_transaction1,
                    end_transaction2, end_transaction3,
                    grant0, grant1, grant2, grant3);

// Inputs and Outputs Declarations
input               clk;
input               rstb;
input               request0; //keeps the request asserted until grant is given
input               request1;
input               request2;
input               request3;
input               end_transaction0;  // indicates end of transaction
input               end_transaction1;
input               end_transaction2;
input               end_transaction3;
output              grant0;            // asserted high to the requesting agent
output              grant1;
output              grant2;
output              grant3;

//Parameter and localparam Declarations
/* Declare parameters or local parameters here. Parameters are used for
passing values across module hierarchy. Local parameters are used locally and
not passed across modules. The following localparams are used to represent
the states of the arbiter state machine.*/

localparam          IDLE  = 3'd0,
                    GNT0  = 3'd1,
                    GNT1  = 3'd2,
                    GNT2  = 3'd3,
                    GNT3  = 3'd4;

//Registers and Wire Declarations
// Wires are used to declare combinational logic. However, regs are used to
// declare combinational logic or storage elements (flip-flops).
reg     [2:0]       arb_state, arb_state_nxt;
reg     [3:0]       grant, grant_nxt;
reg     [3:0]       serv_history, serv_history_nxt;
wire                grant0, grant1, grant2, grant3;
```

```
//Combinational Logic – assign statements
assign   {grant3, grant2, grant1, grant0}   = grant;

//Flops Inference
always @(posedge clk or negedge rstb)
 begin
        if (!rstb)
         begin
                arb_state          <= IDLE;
                grant              <= 'd0;
                serv_history       <= 4'b1000;
         end
        else
         begin
                arb_state          <= arb_state_nxt;
                grant              <= grant_nxt;
                serv_history       <= serv_history_nxt;
         end
 end
```

```
//Combinational Logic – Always block
always@(*)
 begin
        arb_state_nxt              = arb_state;
        grant_nxt                  = grant;
        serv_history_nxt           = serv_history;
        case (arb_state)
        IDLE: begin
                case(1'b1)
                serv_history[3]: begin
                        if(request0)  begin
                                arb_state_nxt     = GNT0;
                                grant_nxt         = 4'b0001;
                         end
                        else if (request1)  begin
                                arb_state_nxt     = GNT1;
                                grant_nxt         = 4'b0010;
                         end
                        else if (request2)  begin
                                arb_state_nxt     = GNT2;
                                grant_nxt         = 4'b0100;
                         end
                        else if (request3)  begin
                                arb_state_nxt     = GNT3;
                                grant_nxt         = 4'b1000;
                         end
                end

                serv_history[0]: begin
                       if (request1)  begin
                                arb_state_nxt     = GNT1;
                                grant_nxt         = 4'b0010;
                         end
                        else if (request2)  begin
                                arb_state_nxt     = GNT2;
                                grant_nxt         = 4'b0100;
                         end
                        else if (request3)  begin
                                arb_state_nxt     = GNT3;
                                grant_nxt         = 4'b1000;
                         end
```

```
                else if(request0)  begin
                        arb_state_nxt     = GNT0;
                        grant_nxt         = 4'b0001;
                 end
        end
        serv_history[1]: begin
                if (request2)  begin
                        arb_state_nxt     = GNT2;
                        grant_nxt         = 4'b0100;
                 end
                else if (request3) begin
                        arb_state_nxt     = GNT3;
                        grant_nxt         = 4'b1000;
                 end
                else if(request0)  begin
                        arb_state_nxt     = GNT0;
                        grant_nxt         = 4'b0001;
                 end
                else if(request1)  begin
                        arb_state_nxt     = GNT1;
                        grant_nxt         = 4'b0010;
                 end
        end
        serv_history[2]: begin
                if (request3)  begin
                        arb_state_nxt     = GNT3;
                        grant_nxt         = 4'b1000;
                 end
                else if(request0)  begin
                        arb_state_nxt     = GNT0;
                        grant_nxt         = 4'b0001;
                 end
                else if(request1)  begin
                        arb_state_nxt     = GNT1;
                        grant_nxt         = 4'b0010;
                 end
                else if(request2)  begin
                        arb_state_nxt     = GNT2;
                        grant_nxt         = 4'b0100;
                 end
        end
        default:        begin     end
        endcase
end
GNT0: begin
        if (end_transaction0) begin
                arb_state_nxt           = IDLE;
                grant_nxt               = 'd0;
                serv_history_nxt        = 4'b0001;
         end
end
GNT1: begin
        if (end_transaction1) begin
                arb_state_nxt           = IDLE;
                grant_nxt               = 'd0;
                serv_history_nxt        = 4'b0010;
         end
end
```

```
            GNT2: begin
                     if (end_transaction2)  begin
                             arb_state_nxt              = IDLE;
                             grant_nxt                  = 'd0;
                             serv_history_nxt           = 4'b0100;
                      end
            end
            GNT3: begin
                    if (end_transaction3) begin
                             arb_state_nxt              = IDLE;
                             grant_nxt                  = 'd0;
                             serv_history_nxt           = 4'b1000;
                      end
            end

            default: begin     end
            endcase
    end
endmodule
```

3.6　Verilog中的触发器

综合后的电路由触发器和组合逻辑电路构成，其中触发器主要是指D触发器，虽然还存在其他类型的触发器，如RS触发器和JK触发器，但它们在实际的数字系统中应用并不广泛。D触发器的工作模式非常简单，在每个时钟上升沿，触发器的输出端锁存当前输入端的电平值。如果有复位引脚（实际的设计中通常使用异步复位），当复位引脚输入电平有效时，输出端被置为1或0。

下面我们来分析怎样的Verilog语句在综合后可以得到触发器。在图3.2中，第一个begin和end之间的是复位语句，表示当复位信号rstb为低电平时，触发器被复位，输出默认值，这里可以指定0或1作为默认值。例如，假设触发器b复位后应该是1，那么在第一个begin和end内部需要将1赋予b。图3.2中的触发器复位方式被称为异步复位，它表示触发器带有专用的复位引脚。我们还可以设计一个没有复位引脚的触发器，此时触发器的输出由时钟上升沿出现时触发器输入端的值决定。这两种方法都是可行的，并各有自己的优点和缺点。图3.2中第二个begin和end之间的语句用于在时钟上升沿出现时对所描述的D触发器进行赋值。

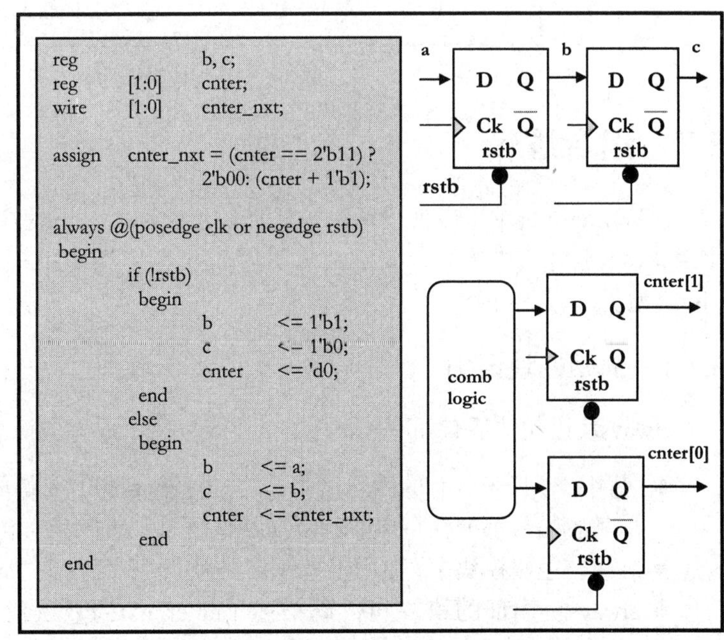

图3.2　带有专用复位引脚的触发器

3.6.1 带RST复位引脚的触发器

在图3.2所示例子中的always语句块内部使用了赋值符号“<=”将右侧的值赋予左侧的D触发器。这种赋值方式称为非阻塞赋值，此时所有触发器的输出在时钟上升沿之后同时改变。在上面的例子中，第一个时钟上升沿之后b得到a的值，在下一个时钟上升沿之后，c得到a的值。

3.6.2 没有复位引脚的触发器

图3.3所示的是没有复位引脚的触发器。

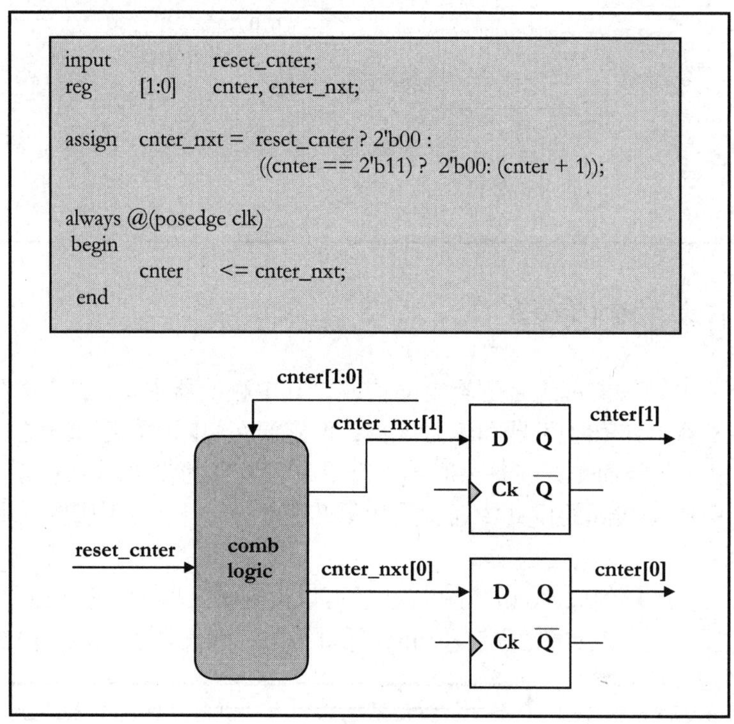

```
input           reset_cnter;
reg     [1:0]   cnter, cnter_nxt;

assign  cnter_nxt =  reset_cnter ? 2'b00 :
                     ((cnter == 2'b11) ?  2'b00: (cnter + 1));

always @(posedge clk)
 begin
        cnter     <= cnter_nxt;
 end
```


图3.3 没有复位引脚的触发器

3.7 组合逻辑

在Verilog语言中可以使用两种方法描述组合逻辑——使用always组合块或assign语句。当使用always组合块描述时，变量被声明为reg类型，当使用assign语句描述时，变量被声明为wire类型。

3.7.1 always块语句

always块语句的特点如下。

- 使用(*)代表所有的敏感信号，这是Verilog 2001支持的语法结构，此前，需要将所有的敏感信号都列在( )之中。上面的例子中，敏感信号包括reset_cnter和cnter。
- 在组合逻辑模块中，使用阻塞赋值符号“=”，而不是“<=”。
- always块内部的第一句代码描述了cnter_nxt的默认值。默认值是在大多数情况下的cnter_nxt的取值。当敏感信号reset_cnter和cnter的值发生变化时，always块内的语句执行，并重新计算cnter_nxt的值。

- 在always块内部开始时为变量分配默认值，可以确保综合后不会生成锁存器。
- 默认值被分配以后，使用if-else语句获得cnter_nxt的值。
- 如果有一个以上语句需要在一定的条件下执行，那么把它们放在begin-end结构中。
- 如果只有一条语句，那么不需要使用begin-end。

下面是always块语句用法的例子。

```
reg      [1:0]              cnter,    cnter_nxt;
always@(*)
 begin
        // put all default values here
        cnter_nxt = cnter;

        // describe the equation in an algorithmic manner
        if (reset_cnter)
                cnter_nxt = 'd0;
        else if (cnter == 2'b11)
                cnter_nxt = 'd0;
        else
                cnter_nxt = cnter + 1'b1;
 end
```

3.7.2 case和if-else语句

下面是一个case语句用法的例子。

```
always @(*)
 begin
        state_nxt = state;           // declare the default value in the beginning

        case (state)
        IDLE: begin
                if (start_write)
                        state_nxt  = WRITE;
                else if (start_read)
                        state_nxt  = READ;
                // else state_nxt = state; already covered in beginning
        end
        WRITE: begin
                if (end_write)
                        state_nxt  = IDLE;
                //else state_nxt = state; already covered in beginning
        end
        READ: begin
                if (end_read)
                        state_nxt  = IDLE;
                //else state_nxt = state; already covered in beginning
        end

        default:  begin end
        endcase
 end
```

下面是另一种使用case语句的方法，其中data_sel[3:0]是一个位宽为4比特的信号，case语句可以选中其中为1的比特对应的条件分支。需要注意的是，data_sel[3:0]中只能有1比特为1，不能有1比特以上同时为1。

```
always @(*)
 begin
        data_out_nxt     = data_in0; // declare default value in the beginning

        case(1'b1)
         data_sel[0]: data_out_nxt = data_in0;
         data_sel[1]: data_out_nxt = data_in1;
         data_sel[2]: data_out_nxt = data_in2;
         data_sel[3]: data_out_nxt = data_in3;
         default:     begin end
        endcase
 end
```

3.7.3 赋值语句

可以使用assign语句为组合逻辑赋值。此时变量被声明为wire类型而不是reg类型。下面是一些组合逻辑赋值的例子。

```
wire          a, b, c, d, e;
assign        c = (a & !b) | (!a & b);
assign        e = a ? (b & d) : (b|d);
```

3.8 Verilog操作符

Verilog操作符用于执行布尔运算，例如，逻辑“与”，Verilog中还支持算术操作符，如加法和乘法操作符。下一节将介绍各种Verilog操作符和它们的具体用法。

3.8.1 操作符描述

Verilog操作符	描　述	举　例

&&	逻辑“与”	在两个表达式之间进行
		
		例
		if ((a > b) && (a<c))
		    counter_nxt = counter + 1;

&	按位“与”	按位操作
		
		例（标量）
		wire　a, b, c;
		assign　c = a & b;
		
		例（标量）
		wire　[1:0]　a, b, c;
		// 两个矢量位宽应相同
		
		assign　c = a & b; // 这等效于：
		assign　c[0] = a[0] & b[0];
		assign　c[1] = a[1] & b[1];

（续表）

<table>
<tr><th>Verilog 操作符</th><th>描　述</th><th>举　例</th></tr>
<tr><td>||</td><td>逻辑“或”</td><td>在两个表达式之间进行

例
if ((a > b) || (a<c))
    counter_nxt = counter + 1;</td></tr>
<tr><td>|</td><td>按位“或”</td><td>按位操作

例（标量）
wire a, b, c;
assign c = a | b;

例（矢量）
wire [1:0] a, b, c;
// 两个矢量位宽应相同

assign c = a | b; // 这等效于：
assign c[0] = a[0] | b[0];
assign c[1] = a[1] | b[1];</td></tr>
<tr><td>!</td><td>逻辑“非”</td><td>if (!reset_n)</td></tr>
<tr><td>~</td><td>按位“非”</td><td>例（标量）
wire a,b;
assign b = ~a;

例（矢量）
wire [1:0] a,b;

assign b = ~a; // 这等效于：
assign b[0] = ~a[0];
assign b[1] = ~a[1];</td></tr>
<tr><td>^</td><td>按位“异或”</td><td>例（标量）
wire a, b, c;
assign c = a ^ b;

例（矢量）
wire [1:0] a, b, c;
// 两个矢量位宽应相同

assign c = a ^ b; // 这等效于：
assign c[0] = a[0] ^ b[0];
assign c[1] = a[1] ^ b[1];</td></tr>
<tr><td>~^</td><td>按位“异或非”</td><td>与按位异或操作类似

例（矢量）
wire [1:0] a, b, c;
// 两个矢量位宽应相同

assign c = a ~^ b; // 这等效于：

assign c[0] = a[0] ~^ b[0];
assign c[1] = a[1] ~^ b[1];</td></tr>
</table>

（续表）

Verilog 操作符	描　述	举　例
&	缩位“与”	矢量的每个比特都参与操作，结果为1比特位宽 **例（检查是否所有的比特均为1）** wire [2:0] a, wire b; assign b = &a; 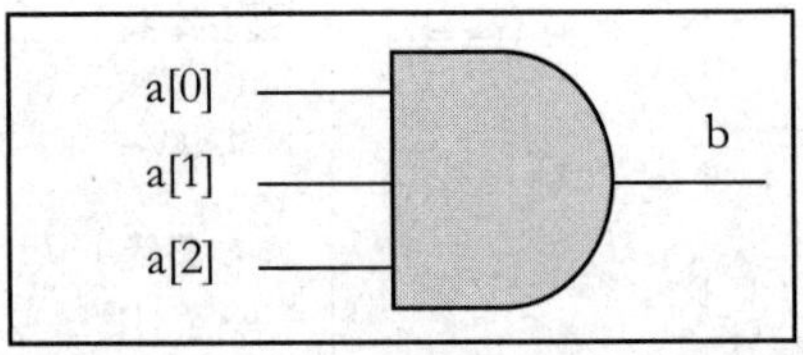 a[0] a[1] a[2] b
|	缩位“或”	矢量的每个比特都参与操作，结果为1比特位宽 **例** wire [2:0] a, wire b; assign b = |a; 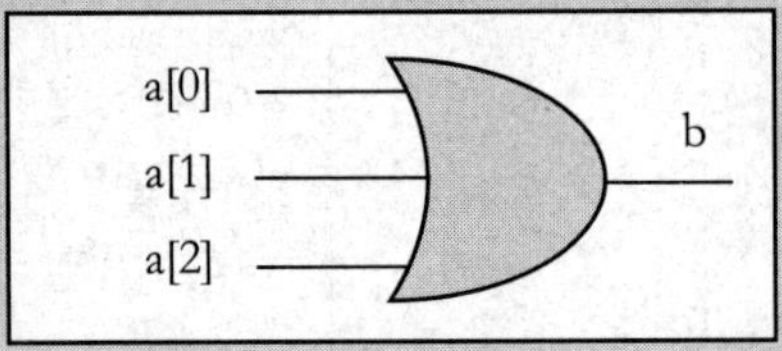 a[0] a[1] a[2] b
^	缩位“异或”	矢量的每个比特都参与操作，结果为1比特位宽 **例** wire [2:0] a, wire b; assign b = ^a; 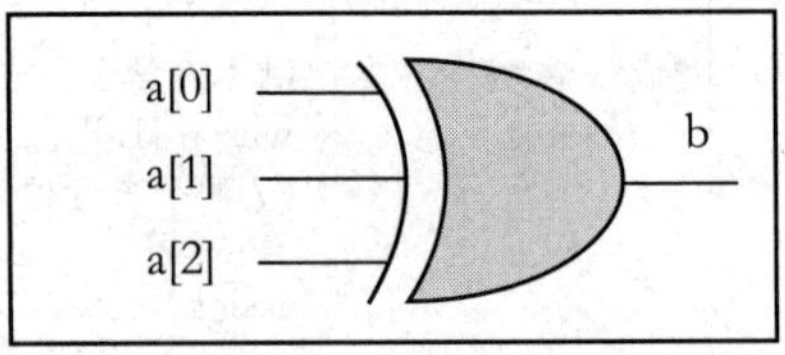 a[0] a[1] a[2] b
~&	缩位“与非”	矢量的每个比特都参与操作，结果为1比特位宽
~|	缩位“或非”	矢量的每个比特都参与操作，结果为1比特位宽
~^	缩位“异或非”	矢量的每个比特都参与操作，结果为1比特位宽

（续表）

Verilog 操作符	描　述	举　例

==	逻辑“相等”	wire [3:0] a, b;
		例1
		if (a == b)
		match_nxt = 1'b1;
		例2
		if (a == 5)
		counter_nxt = 'd0;

!=	逻辑“不等于”	wire [3:0] a, b;
		例1
		if (a != b)
		match_nxt = 1'b0;
		例2
		if (a != 5)
		counter_nxt = counter + 1;

>	大于	wire [3:0] a, b;
		例1
		if (a > b)
		a_is_bigger_nxt = 1'b1;
		例2
		if (a > 5)
		a_is_bigger_nxt = 1'b1;

>=	大于或等于	判断一个变量是否大于或等于另一个变量或常量
<	小于	判断一个变量是否小于另一个变量或常量
<=	小于或等于	判断一个变量是否小于或等于另一个变量或常量

+	加	例1
		wire [3:0] a, b;
		wire [4:0] c;
		assign c = a + b; // 两个变量相加
		例2
		assign c = a +1; // 加1
		例3
		assign c = a + 4; // 加一个常量

–	减	例1
		wire [3:0] a, b, c;
		assign c = a – b; // 两个变量相减
		例2
		assign c = a–1; // 减1
		例3
		assign c = a – 4; // 减一个常量

（续表）

<table>
<tr><th>Verilog 操作符</th><th>描　述</th><th>举　例</th></tr>
<tr><td>*</td><td>乘</td><td>例1
wire [3:0] a, b,
wire [7:0] c;
assign c = a * b; // 两个变量相乘

例2
assign c= a * 3; // 乘以一个常量</td></tr>
<tr><td>/</td><td>除</td><td>例1
wire [3:0] a, b, c;
assign c = a / b; // 两个变量相除

例2
assign c = a / 4; // 除以一个常量</td></tr>
<tr><td>{}</td><td>并位</td><td>将多个变量或常量并位，得到一个位宽更大的变量

wire [7:0] a, b;
wire [15:0] c;
例1: assign c = {a, b};
例2: assign c = {a, b[3:0], 4'b0000};
例3: assign c = {a, (a==b), b[2:0],
3'b000, b[4]};
例4: assign c = {1'b0, {4{1'b1}}, 2'b01,
{8{1'b0}}, 1'b1};
其与下面语句相同：
c= 16'b0_1111_01_00000000_1;</td></tr>
<tr><td><<</td><td>向左移位</td><td>wire [7:0] a, b, c;

例1: assign c = a << b;
// 将a向左移b位，低位用0填充

例2: assign c = a << 2;
// 将a向左移2位，低位用0填充

如果 a = 8'b11000011, 那么
c = 8'b000011_00;
在不发生溢出时，左移可以用来进行某些乘法运算（例如，乘以2, 4, 8）

如果 a = 8'b00000011(3h), 那么
c = 8'b000011_00 (12h);
但如果 a = 8'b11000011, 那么
c = 8'b000011_00;
最高两位丢失了</td></tr>
</table>

（续表）

Verilog 操作符	描　述	举　例

>>	向右移位	wire　[7:0]　a, b, c, quotient;
		
		例1：　assign　c = a >> b;
		// 将a向右移b位，高位用填充0;
		
		例2：　assign　c = a >> 2;
		// 将a向右移2位
		如果 a = 8'b11000011，那么
		c = 8'b00_110000;
		
		例3：　assign quotient = a >> 3;
		quotient = 000_11000; // 等效于除以8

?	条件运算符	根据条件判断结果，从两个值中选择一个
		wire　pause_count;
		reg　[4:0]　count31;
		wire　[4:0]　count31_nxt;
		
		// 如果count31 等于 'd31, count31_nxt 的值取 'd0, 否则取值为 (count31 + 1).
		
		assign count31_nxt = (count31 == 'd31) ?
		'd0: (count31 + 1);
		
		// '?' 可以采用嵌套模式应用，在多于2个值中进行选择。
		例如：
		
		assign　count31_nxt
		=(pause_count == 1'b1) ? count31 :
		((count31 == 'd31)　? 'd0 :
		(count31 + 1));
		
		'?' 非常适合在两个值之间进行选择，也可以很好地应用于在3个值之间进行选择，但在4个或多于4个值时，容易发生语法错误，建议使用 'if else' 语句来实现。
		例如，在3个值中进行选择时，程序可以按如下方式编写：
		wire　pause_count;
		reg　[4:0]　count31, count31_nxt;
		
		always@(*)
		begin
		count31_nxt　= count31;
		if (pause_count)　// pause
		count31_nxt　= count31;

（续表）

Verilog 操作符	描　述	举　例

		else if (count31 == 'd31) // roll over
		count31_nxt = 'd0;
		
		else
		count31_nxt = count31 + 1;
		end
		// 此时代码行数较多，但逻辑表达上更为清晰，不容易出现错误

%	求模	用于对一个数求模 例1 9%4 = 1 例2 35%8 = 3
**	指数运算	z = x ** y 其中x和y可以是实数或整数

3.8.2 操作符的执行顺序

明确指出操作符执行顺序的最好办法是尽量使用括号（ ），括号内的操作优先执行。下面给出一个例子。

```
wire    [7:0]       a, b, c, d, e;
assign  e =((a+b) *(c+d)) - (a+d);
```

其执行顺序如下：

- 首先计算a+b，c+d和 a+d；
- 然后a+b 和 c+d的结果相乘；
- 最后乘法运算的结果减去（a+d）。

3.8.3 Verilog中的注释

注释不能进行综合或仿真，主要用于对RTL代码进行说明以提高代码的可读性。Verilog中的注释可以用两个方法表示，以“//”或“/* */”来指出注释部分。

双斜杠“//”用于单行注释。

例如：

//状态机实现一个循环仲裁。

写注释的另一种方法是使用“/*　*/”。凡是写在“/*”和“*/”之间的内容都是注释部分。

例如：

/*状态机实现交通灯控制器的功能。它按照一定的顺序进入不同的状态，如绿、黄、红。在不同的状态下，它控制驱动器输出不同的结果（glow_green，glow_yellow或glow_red）。*/

3.9 可重用和模块化设计

可重用设计有很多优点。同一个电路单元可以在不同的芯片中使用，或者在同一个芯片内部的不同部分使用，因此可以大大提高设计效率。Verilog中提供了许多可综合的语法结构，它们有助于提高一个设计的模块化、可扩展和可重用水平，常用的包括parameter、function、generate和`ifdef等。

3.9.1 参数化设计

参数化设计可以大大提高设计的可重用性和模块化设计水平。parameter可以在一个module内部进行定义，也可以使用include指定一个设计所包含的包括多个参数定义的头文件。参数可以分为局部参数和全局参数。局部参数仅在一个模块内部使用，而全局参数可以被多个模块使用。局部参数通常用于状态机的状态命名，或者表示其他在本模块中不会发生变化的量，这些都有助于提高代码的可读性和可维护性。

下面，我们将讨论parameters的使用方法。

- 参数在使用前需要被提前定义。
- 参数可以在模块中被定义，也可以在`include指出的头文件中定义，如chiptop_parameters.vh。
- 在模块例化时，可以将不同的parameter值传递到模块内部。这一点对于提高设计的可重用性非常有好处。例如，我们可以用参数来表示一个FIFO（First In First Out，先入先出）存储器的位宽和深度。FIFO是芯片（包括处理器外围芯片组）中常用的基本电路单元，设计者通过在例化FIFO时选择不同的参数可以获得不同位宽和深度的FIFO。

下面是一个使用参数的例子。

//异步FIFO电路的外部引脚

```
module              asynch_fifo    #(parameter    FIFO_PTR     = 4,
                                                  FIFO_WIDTH  = 32)
                    (wrclk,
                    rstb_wrclk,
                    write_en,
                    write_data,
                    rdclk,
                    rstb_rdclk,
                    read_en,
                    read_data,
                    fifo_full,
                    fifo_empty);
//************************************************************
input                          wrclk;
input                          rstb_wrclk;
input                          write_en;
input    [FIFO_WIDTH - 1: 0]   write_data;
input                          rdclk;
input                          rstb_rdclk;
input                          read_en;
output   [FIFO_WIDTH - 1: 0]   read_data;
output                         fifo_full;
output                         fifo_empty;
```

```
// ***********************************************************
// actual guts of the FIFO controller
--------------
endmodule
```

接下来我们在另一个高层模块中例化这个FIFO，FIFO的位宽和深度通过参数进行传递。

```
module          chip_top
                (a_in, b_in, c_in,
                d_out, e_out, f_out);
// ***************************
input           a_in;
input           b_in;
input           c_in;
output          d_out;
output          e_out;
output          f_out;

/* Two ways parameters can be declared here.
1.      `include chiptop_parameters.vh

This is a good way to control the parameters through one global file. Anytime there
is change in design requirements, the chiptop_parameters.vh file can be edited to
make the necessary changes. OR....
2.      Declare the parameters at the highest-level module*/
parameter           FIFO_PTR_CHAN0          = 6,
                    FIFO_WIDTH_CHAN0        = 32;

parameter           FIFO_PTR_CHAN1          = 8,
                    FIFO_WIDTH_CHAN1        = 32;

// Instantiation of FIFO for channel0
asynch_fifo     #(.FIFO_PTR         (FIFO_PTR_CHAN0),
                  .FIFO_WIDTH       (FIFO_WIDTH_CHAN0))
                asynch_fifo_chan0

                (.wrclk             (wrclk),
                .rstb_wrclk         (rstb_wrclk),
                .write_en           (write_en_chan0),
                .write_data         (write_data_chan0),
                .rdclk              (rdclk),
                .rstb_rdclk         (rstb_rdclk),
                .read_en            (read_en_chan0),
                .read_data          (read_data_chan0),
                .fifo_full          (fifo_full_chan0),
                .fifo_empty         (fifo_empty_chan0));

// Instantiation of FIFO for channel1
asynch_fifo     #(.FIFO_PTR         (FIFO_PTR_CHAN1),
                  .FIFO_WIDTH       (FIFO_WIDTH_CHAN1))
                asynch_fifo_chan1

                (.wrclk             (wrclk),
                .rstb_wrclk         (rstb_wrclk),
                .write_en           (write_en_chan1),
                .write_data         (write_data_chan1),
                .rdclk              (rdclk),
                .rstb_rdclk         (rstb_rdclk),
                .read_en            (read_en_chan1),
                .read_data          (read_data_chan1),
                .fifo_full          (fifo_full_chan1),
                .fifo_empty         (fifo_empty_chan1));
endmodule
```

在芯片顶层模块中，我们两次例化asynch_fifo模块，第一次例化得到的元件名为asynch_fifo_chan0，第二次为asynch_fifo_chan1。例化时，重新指定了FIFO的位宽和深度。需要注意的是，重新指定参数值的具体形式，这里在原参数前面加了一个“.”，这是推荐采用的参数传递方式，因为它用一对一的方式明确指出了参数是传递给谁的。在上面的例子中，第一个FIFO的FIFO_PTR取值为FIFO_PTR_CHAN0（值为6），第二个FIFO的FIFO_PTR取值为FIFO_PTR_CHAN1（值为8），这两个值将覆盖被例化的FIFO中原来的值（原值为4）。

参数文件的内容（chiptop_parameters.vh）

在Verilog中，参数文件扩展名是.vh，而不是.v。这个文件包含了该芯片的全局参数。在芯片规模非常大的情况下，有可能除芯片顶层参数文件之外，在不同的层次上还会有多个不同的参数文件。此时需要确定参数名称是唯一的，因为一个模块可能在多个地方被调用。

在参数文件中，参数名应能够充分表达其自身的准确含义，参数名不宜过短，应具有一定的长度。例如，FIFO_PTR虽然简短，但被底层电路模块用作参数的概率较大，因此将它作为parameter.vh文件中的一个参数名时可能会造成命名冲突。对于底层模块，参数名较短是没有问题的，但在顶层参数文件中，考虑到命名的唯一性，建议采用较长的参数名。例如，在chiptop_parameters.vh中，FIFO_PTR_ CHIPXYZ_CHANNELXYZ就是一个唯一的描述性名称。

下面给出了一些参数命名的示例。

```
parameter       FIFO_PTR_CHIPXYZ_CHANNEL0        = 5,
                FIFO_WIDTH_CHIPXYZ_CHANNEL0      = 32;

parameter       FIFO_PTR_CHIPXYZ_CHANNEL1        = 6,
                FIFO_WIDTH_CHIPXYZ_CHANNEL1      = 32;

parameter       FIFO_PTR_CHIPXYZ_CHANNEL2        = 8,
                FIFO_WIDTH_CHIPXYZ_CHANNEL2      = 16;
```

3.9.2 Verilog函数

函数可以用来生成可综合的组合逻辑。当同一逻辑功能在多处使用时，可以采用Verilog函数来描述其功能，上层电路可以调用该函数，这样有利于提高代码的可读性和电路的可重用性。

函数具有一个函数名、一个或多个输入信号，以及一个输出信号，如图3.4所示。输出信号的位宽可以是1，也可以具有多个比特。函数内部所描述的逻辑功能是可综合的，综合后得到的是组合逻辑，其内部不能出现与时间控制相关的语句，如wait，@或#。

下面举例说明函数的用法。

在所设计的电路中有一组映射在内存中的寄存器，这些寄存器可以被读写。模块device_regs_nofunction没有使用函数。第二个模块device_regs_withfunction实现相同的功能，它使用了函数。

```
module              device_regs_nofunction        // No function call
                    (address, write_en,
                    data_in, read_en,
                    read_data, clk, resetb);

input   [3:0]       address;
input               write_en;
input               read_en;
input   [7:0]       data_in;
output  [7:0]       read_data;
input               clk;
input               resetb;

wire                reg0_match, reg1_match, reg2_match, reg3_match;
reg     [7:0]       reg0, reg1, reg2, reg3;
wire    [7:0]       reg0_nxt, reg1_nxt, reg2_nxt, reg3_nxt;
reg     [7:0]       read_data, read_data_nxt;
assign  reg0_match = (address == 4'b0000);
assign  reg1_match = (address == 4'b0001);
assign  reg2_match = (address == 4'b0010);
assign  reg3_match = (address == 4'b0011);
assign  reg0_nxt    = (reg0_match && write_en) ? data_in : reg0;
assign  reg1_nxt    = (reg1_match && write_en) ? data_in : reg1;
assign  reg2_nxt    = (reg2_match && write_en) ? data_in : reg2;
assign  reg3_nxt    = (reg3_match && write_en) ? data_in : reg3;

always @(posedge clk or negedge resetb )
 begin
        if (!resetb)
         begin
                reg0    <= 'd0;
                reg1    <= 'd0;
                reg2    <= 'd0;
                reg3    <= 'd0;
                read_data <= 'd0;
         end
        else
         begin
                reg0    <= reg0_nxt;
                reg1    <= reg1_nxt;
                reg2    <= reg2_nxt;
                reg3    <= reg3_nxt;
                read_data <= read_data_nxt;
         end
 end
always @(*)
 begin
        read_data_nxt   = read_data;

        if (read_en) begin
                case(1'b1)
                 reg0_match: read_data_nxt = reg0;
                 reg1_match: read_data_nxt = reg1;
                 reg2_match: read_data_nxt = reg2;
                 reg3_match: read_data_nxt = reg3;
                endcase
        end
 end
endmodule
```

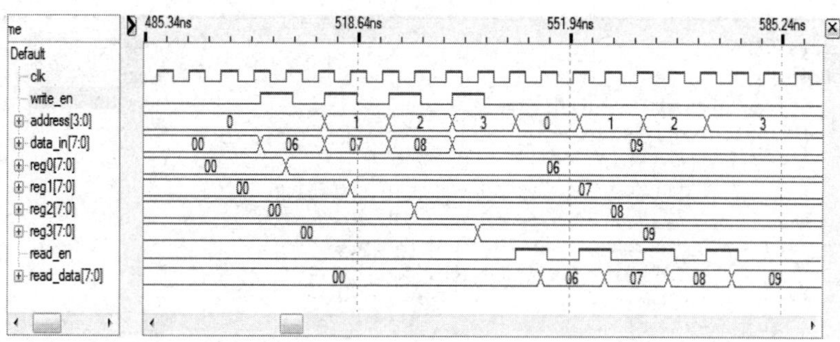

下面是使用了函数的模块。

```
module                device_regs_withfunction
                      (address, write_en,
                      data_in, read_en,
                      read_data, clk,
                      resetb);

input    [3:0]        address;
input                 write_en;
input                 read_en;
input    [7:0]        data_in;
output   [7:0]        read_data;
input                 clk;
input                 resetb;

reg      [7:0]        reg0, reg1, reg2, reg3;
reg      [7:0]        read_data, read_data_nxt;

function       [7:0]  dev_reg_nxt;
         input  [3:0] address;
         input  [3:0] reg_offset;
         input        write_en;
         input  [7:0] data_in;
         input  [7:0] dev_reg;
          begin
               dev_reg_nxt = ((address == reg_offset) && write_en) ?
                                                      data_in : dev_reg;
          end
endfunction

always @(posedge clk or negedge resetb )
 begin
         if (!resetb)
          begin
               reg0      <= 'd0;
               reg1      <= 'd0;
               reg2      <= 'd0;
               reg3      <= 'd0;
               read_data <= 'd0;
          end
         else
          begin
               reg0 <= dev_reg_nxt (address, 4'b0000, write_en, data_in, reg0);
               reg1 <= dev_reg_nxt (address, 4'b0001, write_en, data_in, reg1);
               reg2 <= dev_reg_nxt (address, 4'b0010, write_en, data_in, reg2);
               reg3 <= dev_reg_nxt (address, 4'b0011, write_en, data_in, reg3);
               read_data <= read_data_nxt;
          end
 end
```

```
always @(*)
 begin
        read_data_nxt   = read_data;
        if (read_en) begin
                case(1'b1)
                  (address == 4'b0000): read_data_nxt = reg0;
                  (address == 4'b0001): read_data_nxt = reg1;
                  (address == 4'b0010): read_data_nxt = reg2;
                  (address == 4'b0011): read_data_nxt = reg3;
                endcase
        end
 end
endmodule
```

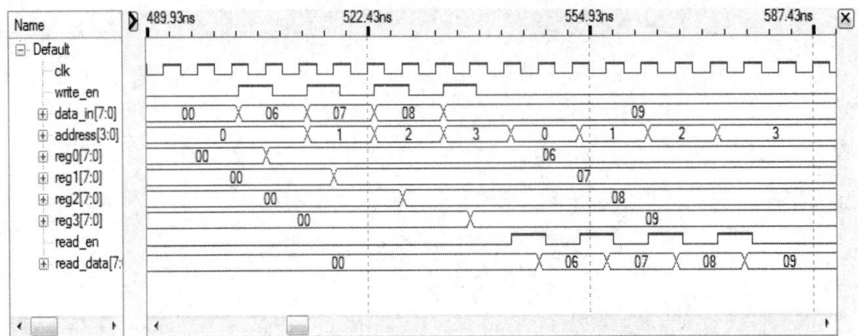

3.9.3　Verilog中的generate结构

Verilog中的generate是Verilog 2001中新增加的语法结构。它是一个可综合的语法结构，有助于设计通用性强的逻辑电路，可以被广泛使用。如图3.4所示，综合工具在对代码进行编译时，会将电路展开从而生成完整的设计代码，然后对其进行电路综合。编译是综合和仿真之前进行的代码预处理步骤。下面我们以一个通用的格雷码-二进制编码（gray_to_binary）转换电路为例加以说明，分析如何利用generate简化设计流程和提高电路的可重用性。

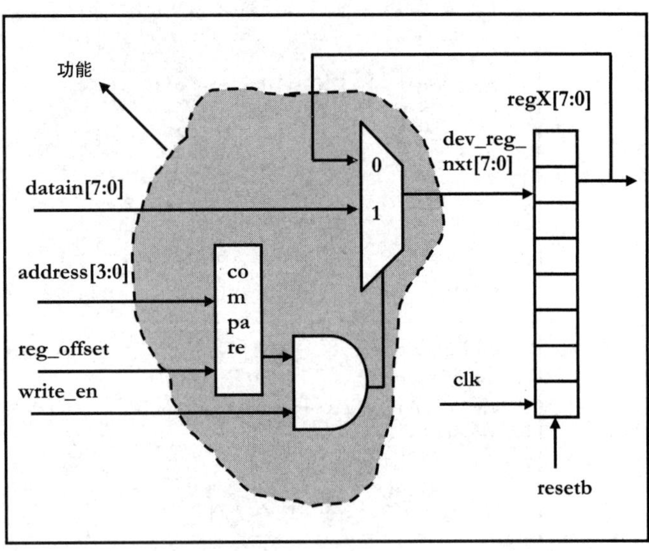

图3.4　Verilog函数

```
module          gray_to_binary #(parameter    PTR = 6)
                (gray_value,
                binary_value);
// ************************************************
input   [PTR:0]             gray_value;
output  [PTR:0]             binary_value;
wire    [PTR:0]             binary_value;
assign  binary_value[PTR] = gray_value[PTR];
```

```
generate
        genvar i;
        for (i=0; i<(PTR); i=i+1)
         begin
                assign   binary_value[i]   = binary_value[i+1] ^ gray_value[i];
         end
endgenerate

endmodule
```

gray_to_binary模块将输入的格雷码转换成二进制编码并输出。这是一个通用的电路模块，输入向量的位宽可以通过gray_to_binary模块的PTR参数进行任意设置。

(assign binary_value[i] = binary_value[i+1] ^ gray_value[i]；)

如果没有编译阶段对generate的编译处理，在电路中将不会知道assign语句执行的次数，因为我们不会提前知道PTR的具体数值。

接下来，需要根据PTR的数值创建并行的逻辑电路，这是一项烦琐的工作，而且不容易维护。

generate还可以用于对一个电路模块进行多次例化。我们以以太网交换机或PCIe交换机为例加以说明，它们都具有多个外部端口。此时使用generate可以生成多个具有相同特征的端口模块，使得代码不容易产生歧义，从而增强了代码的可读性。这不仅有利于提高设计的模块化水平，也更不容易出错。下面的例子给出了具体的用法。

```
parameter        NUM_OF_PORTS       = 16;
generate
        genvar n;
        for (n=0; n< NUM_OF_PORTS; n=n+1)
         begin: switch_port_inst
               switch_port        switch_port_u
                                  (.a       (in1[n]),
                                   .b       (in2[n]),
                                   .c       (out1[n]),
                                   .d       (out2[n]));
         end
endgenerate
```

3.9.4　Verilog中的`ifdef

ifdef是Verilog中另一个功能强大的语法结构，它与generate类似，可用于模块设计。与generate类似，它是在代码编译阶段使用的。下面介绍它是如何工作的。首先创建一个类似chiptop_defines.vh的文件，然后将所定义的字符串放在文件里面。然后将chiptop_defines.vh文件使用include插入使用所定义字符串的语句之前。此外，设计者可以在顶层文件中定义这些字符串，而不是使用include将.vh文件插入设计之中。

在模块内部，设计者可以在ifdef和对应的else后面插入一些语句。下面是一个具体的例子。综合工具进行RTL代码编译处理时，将首先判断是否对其后面的字符串进行了定义，如果进行了定义，那么将其后面的语句插入电路代码中，否则它将else后面的语句插入电路代码中。有时ifdef和else后面没有需要插入的语句。

下面是一段代码中的一个片段，是chiptop_defines.vh中的部分内容。

```
define          CHIP_XYZ_SEL1;
define          CHIP_XYZ_SEL2;
//define        CHIP_XYZ_SEL3; //when commented, string not defined
```

//使用`include语句包含.vh文件

`include chiptip_defines.vh

module abc ( );

ifdef用法举例1

```
`ifdef   CHIP_XYZ_SEL1
         d_nxt   = a + b;
         e_nxt   = a + c;
`else
         d_nxt   = a – b;
         e_nxt   = a – c;
`endif
```

在上面的例子中，在chiptip_defines.vh文件中定义了CHIP_XYZ_SEL1，经过编译后，进行综合的代码中将包含d_nxt = a + b，e_nxt = a + c，else分支下的语句d_nxt = a – b，e_nxt = a – c不会出现在进行综合的代码中，电路仿真时也是如此。

ifdef用法举例2

```
`ifdef   CHIP_XYZ_SEL1
         d_nxt   = a + b;
         e_nxt   = a + c;
`else if CHIP_XYZ_SEL2
         d_nxt   = a – b;
         e_nxt   = a – c;
`else
         d_nxt   = a * b;
         e_nxt   = a * c;
`endif
```

上面是一个具有多个条件编译分支的例子。如果在chiptip_defines.vh文件中对CHIP_XYZ_SEL1进行了定义，编译后将在电路代码中插入d_nxt = a + b，e_nxt = a + c，否则将判断是否定义了CHIP_XYZ_SEL2，如果没有定义，那么编译器将进入最后一个分支。

ifdef用法举例3

```
`ifdef   CHIP_XYZ_SEL1
         d_nxt   = a + b;
         e_nxt   = a – c;
`endif
```

ifdef用法举例4

```
`ifdef   CHIP_XYZ_SEL3
         // blank
`else
         d_nxt   = a *b;
         e_nxt   = a * c;
`endif
```

在上面的例子中，CHIP_XYZ_SEL3以下的部分是空白的。这种情况下，如果CHIP_XYZ_SEL3没有定义，它会进入else分支，并把其后面的语句插入编译后的代码中。

endmodule // abc

以上我们给出了不同的例子，说明`ifdef在代码编译时的具体作用。有一点需要注意的是，`ifdef的用法与mux语句的用法不同。在一个mux语句中，不同的分支都会出现在综合后的网表中，根据select信号（选择控制信号）的值决定执行其中的一条路径。然而，在`ifdef中，只有某一个分支对应的代码会在网表中实际出现。如果设计者需要在芯片中保留两条路径，并且可以根据需要进行选择，那么应使用mux而不是`ifdef。

3.9.5　数组、多维数组

二维数组一个简单的应用是对存储器建模。

//定义一个深度为128、位宽为32的存储器。

```
reg     [31:0]   memory[0:127];

Verilog supports multi-dimensional structures.
wire     [7:0]      ascii_char;
// abc is two-dimensional array of elements where
// each element is an 8-bit vector.
wire     [7:0]      abc        [0:31]    [0:15];

assign    ascii_char = abc [10] [2] [7:0];  Or, simply….
assign    ascii_char = abc [10] [2];
```

第4章　用于验证的Verilog语法

除了可综合的Verilog语法之外，Verilog中还有很多语法结构用于电路仿真、电路建模和验证。因为这些语法是不可综合的，因此不需要考虑这些语句对应的真实电路是怎样的。

4.1　Verilog的测试平台

在使用Verilog中的可综合语法结构完成电路设计之后，需要对其进行功能验证。此时设计本身被称为DUT（Design Under Test，被测电路），测试平台（testbench）是围绕在DUT外围的由Verilog编写的代码，testbench为DUT提供测试激励，有的testbench还能对DUT的输出结果进行检查，分析电路功能是否正确，如图4.1所示。

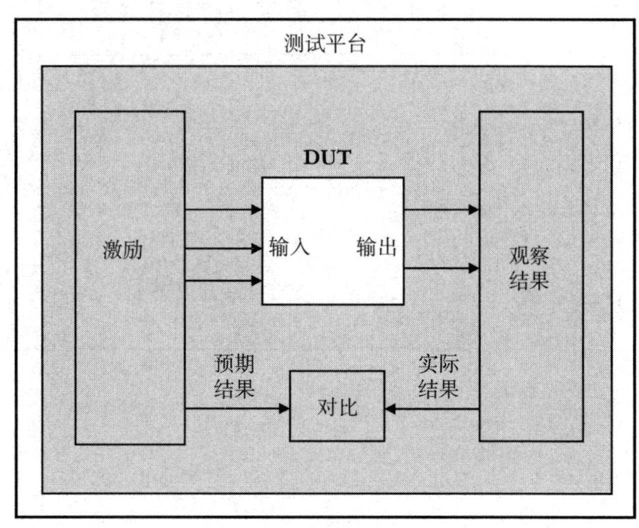

图4.1　Verilog的测试平台

以前，Verilog被用于设计和验证，但最近更多的验证代码采用System Verilog编写，它是一种面向对象的编程语言，同Verilog相比，System Verilog支持更多功能强大的语法结构。针对System Verilog有许多专业书籍，此处不再进行过多讨论。我们将介绍一些用于验证的常用Verilog语句，使用这些语句可以设计出更为简洁高效的验证代码。

4.2　initial语句

initial语句用于对变量进行初始化，这样仿真器在仿真时刻0就可以得到一个变量确切的初始值。如果不进行初始化，那么在仿真时刻0，变量值为X，即不定值。需要注意的是，对于被测电路来说，触发器通过异步复位引脚或通过同步复位方式被初始化为确定的初始值。initial语句是不可综合的，不能作为DUT中RTL代码的一部分。

电路仿真时通常需要在testbench中产生DUT需要的输入时钟。initial语句可以用于指出仿真时刻0时时钟的逻辑电平值。initial后面可以是begin和end之间的多条语句，这些语句从第一句开始顺序执行，直至最后一句，此后initial中的语句不再执行。initial语句用法举例如下所示。

```
`timescale      1ns/10ps// compiler directive where each unit time is 1ns
                      // and the time precision is 10ps
module          testbench_abc ();
reg             clock_100;          // 100 MHz clock
initial
 begin
        clock_100 = 1'b0;                    // initialized to zero
        forever begin
                #5 clock_100 = ~clock_100; // generates a 100 MHz clock
        end
 end
endmodule
```

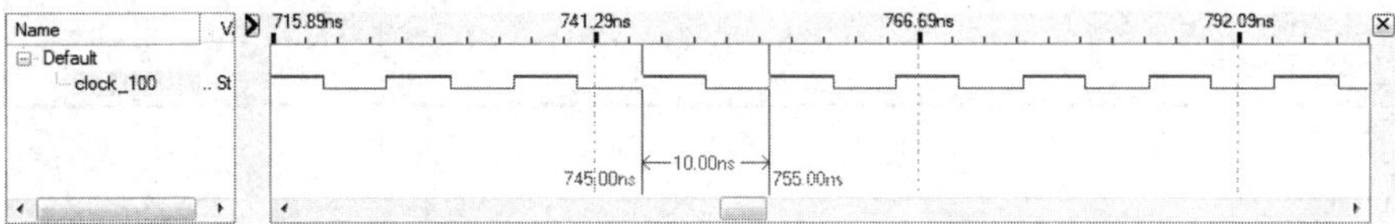

4.3 Verilog 系统任务

4.3.1 $finish/$stop

$finish

在进行电路仿真时，如果遇到$finish，仿真器完成仿真并退出。$finish语句通常放到testbench的顶层文件中，如果testbench_top.v是顶层仿真文件，那么$finish应出现在仿真结束时刻。

```
initial    begin
           #100000  $finish;
end
```

$stop

当遇到$stop时，仿真器停止仿真，但不退出，它同时提供一个命令提示符，在命令提示符后面输入“.”，则仿真过程继续进行。

```
initial    begin
           #50000  $stop;
end
```

4.3.2 $display/$monitor

$display

一个变量的值可以通过使用$display语句显示在屏幕上。$display任务常被用来显示调试信息、错误或异常情况。例如，当FIFO为空时，如果继续进行读操作，那么可以使用$display给出出错信息；同样，如果一个FIFO已经被写满了，此时如果再进行写操作，那么也可以使用$display给出相应的出错提示信息。$display可以被广泛地用于电路模型中，通过该语句指出各种边界状态或错误状态，为电路调试和发现潜在错误提供支持。

$display是不可综合的，它不能直接放在DUT的RTL代码中。一种将$display嵌入DUT RTL内部的方法是在RTL代码中将$display语句嵌入translate on与translate off之间，综合工具会对此加以识别。然而，这种方法在实践中并不推荐使用，建议将$display放在testbench中，通过“.”指出信号在DUT中的路径，如下面的例子所示。

```
module          testbench_top ( );
always @ (posedge clk)
 begin
         if(chptop0.fifotop0.fifo_empty && chptop0.fifotop0.fifo_rden)
                 $display ("ERROR!!! Design trying to read empty FIFO");

         if (chptop0.fifotop0.fifo_full && chptop0.fifotop0.fifo_wren)
                 $display ("ERROR!!! Design trying to write full FIFO");
 end
endmodule
```

$monitor

$monitor与$display具有相似的功能，可以将需要观察的信号的数值显示在屏幕上。二者的主要区别是，执行$display任务时，它将执行该语句时被观察信号的当前数值显示在屏幕上；对于$monitor，仅当它监视的信号数值发生变化时才在屏幕上显示它的信号数值，如下面的例子所示。

```
`timescale 1ns/10 ps
reg     [7:0]    num;

initial
 begin
         num = 10;
         #100 num = 11;
         #100 num = 12;
         #100 num = 13;
 end

initial
$monitor ("Number of entrees in FIFO = %d, at time = %t", num, $time);
```

仿真结果如下：

Number of entrees in FIFO = 10，at time = 0.0 ps

Number of entrees in FIFO = 11，at time = 100000.0 ps

Number of entrees in FIFO = 12，at time = 200000.0 ps

Number of entrees in FIFO = 13，at time = 300000.0 ps

4.3.3 $time，$realtime

$time

$time任务返回仿真器的当前仿真时间。testbench中需要使用`timescale指出仿真时间单位（通常为1ns），当前仿真时间是一个64位整数乘以`timescale中的仿真时间单位后取整得到的整数结果，它不包含小数部分。$realtime以实数的方式返回当前的仿真时间，返回值包括小数部分。

$time 应用举例：

```
`timescale 1ns/10ps
initial
  begin
        $display ("time display", $time);
        #9.4
        $display ("time display", $time);
        #6.3
        $display ("time display", $time);
  end
```

仿真结果如下：

time display　0

time display　9：　9.4 乘以时间单位，四舍五入到最接近的整数

time display　16：（9.4 + 6.3）乘以时间单位，四舍五入到最接近的整数

$realtime

```
`timescale 1ns/10ps
initial
  begin
        $display ("realtime display", $realtime);
        #9.4
        $display ("realtime display", $realtime);
        #6.3
        $display ("realtime display", $realtime);
  end
```

仿真结果如下：

realtime display　0

realtime display　9.4

realtime display　15.7

4.3.4　$random/$random（seed）

每次调用$random任务时，它返回一个32位带符号（+或-）的随机整数。将$random放入{}内，可得到非负整数。$random（seed）中的seed是一个整数，用于指出随机数的取值范围，以便进行更有针对性的仿真验证。举例如下。

```
module          rand_generation ();
integer         TEST_SEED    = 2;
integer         i;
reg     [31:0]  r_number;
initial
  begin
        for (i = 0;  i < 5;  i = i +1)
          begin
                r_number = $random (TEST_SEED);
                $display ("random number = %h", r_number);
                #100;
          end
  end
endmodule
```

仿真结果如下：

random number = 80021c00

random number = b8b1fc71

random number = ea58ecd4

random number = 18ccdf31

random number = 20330340

$random被广泛用于对被测电路进行的随机测试中。在具体仿真验证过程中，有时需要在一定范围内产生随机数，例如，一个设备的用户可用存储空间在2 GB（Giga Byte）到2.2 GB之间（200 M字节的可用存储空间），此时我们需要将存储器的访问地址约束在2 GB到2.2 GB之间。举例如下。

```
integer         SD = 2;
integer         i;
reg     [31:0]  dev_memaddr;

initial
 begin
  for (i = 0;  i < 4;  i = i +1)
   begin
       dev_memaddr=32'h8000_0000+{($random(SD)%  22'h200000)};
       $display ("dev mem address = %h", dev_memaddr);
       #100;
   end
  end
```

取模运算符（%）返回值介于0和（22'h200000 - 1）。

仿真结果如下：

dev mem address = 80021c00

dev mem address = 8011fc71

dev mem address = 8018ecd4

dev mem address = 800cdf31

另外使用$random函数可以描述电路模型中的不确定行为。以比较器为例，比较器电路将一个输入值和固定的参考值进行比较。当输入值小于参考值时，比较器的输出为0；当输入值大于参考值时，则输出为1。然而，当二者相等时，输出结果可能为1也可能为0，我们可以使用$random生成一个随机结果，如下所示。

```
module          comparator
               (comp_in,
                reference,
                clk,
               comp_out);

input    [7:0]  comp_in;
input    [7:0]  reference;
input           clk;
output          comp_out;
reg             comp_out;
integer         seed     = 1;
```

```
always @(posedge clk)
 begin
        comp_out = 1'b0;
        if (comp_in < reference)
                comp_out = 1'b0;
        else if (comp_in > reference)
                comp_out = 1'b1;
        else // equal
              comp_out = ($random(seed)%  'd10) >= 'd5;
 end
endmodule
```

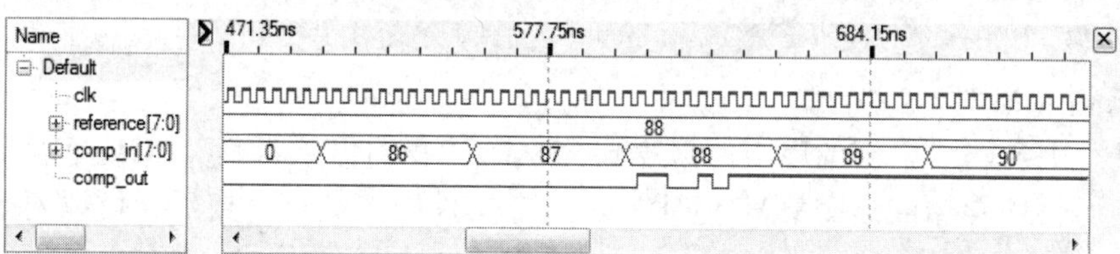

4.3.5　$save

$save ("file name");

$save可以将仿真器的当前仿真状态信息保存到指定的文件中。这些信息可以在稍后重新加载，并根据存储的仿真状态继续进行仿真。

4.3.6　$readmemh/$writememh

$readmemh用于从一个文本文件中读取数据。testbench产生测试激励的一种方式是先将需要使用的数据存储在文本文件中，然后在仿真时使用$readmemh将数据从文件中读出并产生所需要的激励波形。例如，可以将一组随机产生的MAC地址存储到一个文件中，然后在仿真验证时从文件中读取MAC地址，从而在仿真过程中得到随机的MAC地址。

$writememh可以用于将数据写入指定的文本文件中。这为分析仿真过程中产生的数据提供了一种有效的手段。在很多情况下，通过分析仿真过程中产生的数据比观察仿真波形更有利于分析DUT的功能是否正确。

$readmemh应用举例

我们可以创建一个名为memory_file的文本文件，其中存储着多个字节的数据。在initial中，使用$readmemh将memory_file.dat文件中的数据读入one_byte_mem中。在这个例子中，我们将a，b，c，d，0，1，2，3作为memory_file.dat中预先写入的仿真数据。

```
reg      [7:0]    one_byte_mem  [0:7];
integer           i;
initial
 begin
        $readmemh ("memory_file.dat", one_byte_mem);
        for (i = 0;  i < 8;  i = i +1)
         begin
              $display ("Data read from file = %h", one_byte_mem[i]);
              #100;
         end
 end
```

仿真结果为：显示值

Data read from file = 0a

Data read from file = 0b

Data read from file = 0c

Data read from file = 0d

Data read from file = 00

Data read from file = 01

Data read from file = 02

Data read from file = 03

$writememh举例

仿真过程中，当一个新的以太网数据包到达时，我们可以将其MAC地址存储到寄存器数组中，然后将所存储的多个MAC地址写入一个文件中。仿真完成后，可以对这个文件进行分析。

```
integer          i;
integer          TEST_SEED = 1;
reg     [47:0]   pkt_mac_address [0:9];

initial
 begin
      for (i = 0; i < 4;  i = i +1)
       begin
            @ (posedge clk);
            pkt_mac_address[i] = {16'b0, $random(TEST_SEED)};
       end
      $writememh ("mac_address_file.dat", pkt_mac_address);
 end
```

仿真结果为（MAC address_file.dat内容）：

000080010e00

00009c598438

000043593986

0000ae130c5c

4.3.7 $fopen/$fclose

$fopen ("file name");

$fclose (file1);

$fopen和$fclose是Verilog提供的与文件操作相关的系统函数。$fopen用于打开一个文件，$fclose用来关闭打开的文件。下面是一个具体的例子。

```
integer          i, file1;
reg     [31:0]   mem_addr;
initial
 begin
      mem_addr = 0;
      file1     = $fopen ("results_test1.dat");
      for (i = 0; i < 10;  i = i +1)
```

```
        begin
            // writes to the file
             $fdisplay (file1,"The entry in file is: %d", mem_addr) ;
             mem_addr = mem_addr + 1;
        end
      $fclose(file1);
end
```

仿真结果为（results_test1.dat中的内容）：

The entry in file is：　0
The entry in file is：　1
The entry in file is：　2
The entry in file is：　3
The entry in file is：　4
The entry in file is：　5
The entry in file is：　6
The entry in file is：　7
The entry in file is：　8
The entry in file is：　9

4.4　任务

Verilog任务与Verilog函数非常类似，我们可以将一段代码定义为一个任务，然后在一个设计的不同地方多次调用该任务。不过，函数和任务也有一些差异。任务可以定义自己的输出和输入端口，另外在任务中可以进行定时控制，可以使用如@posedge clk、non-zero timings和＃10等时间控制语句。

任务是按顺序执行的，并且，对于其内部的定时控制语句，仿真器会等到定时条件满足时才执行后续的语句。例如，当遇到@posedge clk时，程序只在出现时钟上升沿时才执行。任务既可以是可综合的也可以是不可综合的。从实际应用来看，任务更多的用于testbench而不是DUT中，这也是我们把任务作为不可综合的语法结构的主要原因。

4.5　存储器建模

在Verilog中，可以通过定义二维寄存器数组的方式定义存储器。所定义的存储器可以综合并采用寄存器阵列加以实际实现。在实际应用中，一个芯片内的存储器通常是通过定制设计的SRAM（Static Random Access Memory，静态随机存取存储器）来实现的，不是通过综合生成的。Verilog中定义的存储器模型主要用于验证，如图4.2所示。下面定义的是一个深度为1K、位宽为8字节的存储器。

```
reg     [7:0]     OneKByte      [1023: 0];
wire    [7:0]     byte_9;
```

如何读取所定义存储器中的值呢？假设要读取第9字节的值，那么可以使用语句

assign byte_9 = OneKByte[8]。

下面给出的任务可以用来将存储器的初始值均设置为0。

```
task    init_memory;
begin
integer   i;

        for (i = 0;  i <= 1023;   i = i +1)
         begin
                OneKByte[i] = 8'b0;
         end
end
endtask
```

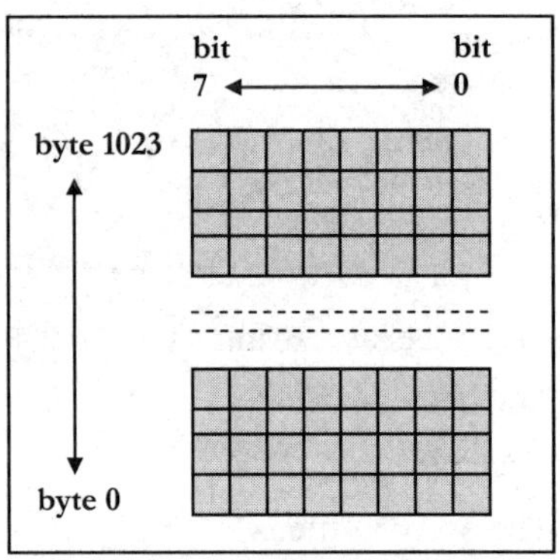

图4.2 Verilog内存模型

//SRAM FIFO存储器模型

```
module          sram  #(parameter       FIFO_PTR         = 10,
                                        FIFO_WIDTH  = 8)
                (wrclk,
                 wren,
                 wrptr,
                 wrdata,
                 rdclk,
                 rden,
                 rdptr,
                 rddata);
input                                   wrclk;
input                                   wren;
input   [(FIFO_PTR-1) : 0]              wrptr;
input   [(FIFO_WIDTH-1) :0]  wrdata;
input                                   rdclk;
input                                   rden;
input   [(FIFO_PTR-1) : 0]              rdptr;
output  [(FIFO_WIDTH-1) :0]  rddata;
// // ******A

localparam        FIFO_DEPTH  = (2 ^ FIFO_PTR);

reg     [(FIFO_WIDTH-1) :0]  ram     [0: (FIFO_DEPTH - 1)];
reg     [(FIFO_WIDTH-1) :0]  rddata;

always  @(posedge wrclk)
 begin
        if (wren)
                ram[wrptr] = wrdata;
 end
always  @(posedge rdclk)
 begin
        if (rden)
                rddata   = ram[rdptr];
 end
endmodule
```

4.6　其他Verilog语法结构

4.6.1　while循环

while循环语句在执行时，只要其后的表达式为真，则循环执行后面对应的语句。当表达式的值为假时，退出该循环。在while循环内，建议加入与定时控制有关的语句，如@posedge clk或#5，以避免形成定时环路，造成死循环。

下面是一个while循环的例子。在这段代码中，需要从某个基地址开始，按照一定的地址增量产生新的地址对存储器进行访问，当地址大于预先设定的最大地址时，跳出while循环。

```
parameter        INIT_ADDR    = 32'h0000_0020,
                 MAX_ADDR     = 32'h0000_003C,
                 ADDR_INCR    = 8'h04;
reg     [31:0]   mem_addr;
initial
 begin
        mem_addr        = INIT_ADDR;
        while (mem_addr <= MAX_ADDR)
                begin
                        @ (posedge clk)
                        //--- do the task here
                        //---- end of task
                        $display ("memory address = %h", mem_addr);
                        mem_addr        = mem_addr + ADDR_INCR;
                end
 end
```

仿真结果为：

memory address = 00000020

memory address = 00000024

memory address = 00000028

memory address = 0000002c

memory address = 00000030

memory address = 00000034

memory address = 00000038

memory address = 0000003c

4.6.2　for循环、repeat

for循环语句可以用于testbench或可综合的RTL代码中。下面是一个for循环的例子。

```
reg     [7:0]     data_byte [0:7];
integer i;

initial begin
for (i = 0; i < 8; i = i + 1)
 begin
        data_byte[i] = i;
        $display ("data_byte is %h", i);
 end
end
```

仿真结果为：

data_byte is 00000000
data_byte is 00000001
data_byte is 00000002
data_byte is 00000003
data_byte is 00000004
data_byte is 00000005
data_byte is 00000006
data_byte is 00000007

repeat的用法非常简单，可以通过下面的例子加以掌握。

```
repeat (5)
  begin
        // everything within the begin and end will be executed 5 times
        @(posedge clk)
        $display ("time display", $time);
  end
```

仿真结果为：

time display 503
time display 508
time display 513
time display 518
time display 523

4.6.3 force/release

force用于将一个固定值（1，0）强制赋予一个reg或wire类型的变量。在release命令被执行之前，不论reg或wire类型的变量怎样被驱动，变量值都不会发生改变。release命令被执行后，变量值由其具体驱动决定。

4.6.4 fork/join

fork/join内部的语句是并发执行的，当其内部的多条语句都执行完后，才继续执行其后面的其他语句。在fork-join内部通常并发地执行多个仿真任务，主要用于testbench中，用于模拟真实的电路工作情况。例如，我们要通过总线操作读取内存中的数据，所读取数据不能立即输出，它是作为一个单独的数据包返回给操作发起者的。如果我们发起一个读任务，开始内存读取操作，然后一直等到数据包返回该任务才完成，那么在此期间其他电路是不能发起读操作的，其他的读操作只能在上一个读操作全部完成后才能开始，这与真实的电路工作情况是不同的。解决这个问题的方法之一是：设置两个任务，一个是读请求，另一个是等待读操作完成并检查读出数据的正确性。下面是一个fork/join的例子。

```
task    memrd;
begin
        #10000;
        $display ("memrd task time display", $time);
end
endtask
task    memcomp;
begin
        #50000;
        $display ("memcomp task time display", $time);
end
endtask

initial
  begin
        fork
         begin
                memrd  ( );     // call task mem read request
                memrd  ( );     // call task mem read request
                memrd  ( );     // call task mem read request
         end
         begin
                memcomp  ( );// call task to check completion data
                memcomp  ( );  // call task to check completion data
                memcomp  ( );  // call task to check completion data
         end
        join
        $display("time after memrd, memcomp tasks executed", $time);
  end
```

仿真结果为：

memrd task time display　　　　10000

memrd task time display　　　　20000

memrd task time display　　　　30000

memcomp task time display　　　50000

memcomp task time display　　　100000

memcomp task time display　　　150000

time after memrd，memcomp tasks executed　　　150000

4.7　一个简单的testbench

下面将3.9.2节（Verilog函数部分）中的模块device_regs_withfunction作为DUT编写一个简单的testbench。该模块的功能是对一组寄存器进行读写操作。该模块在testbench_top中被例化。图4.3为测试平台的顶层结构。任务reg_write产生和寄存器写操作相关的控制信号，任务reg_read产生和寄存器读操作相关的控制信号，reg_read还可以将期望读出的结果与实际读出的数据进行比较，如果二者不匹配，它将给出一条错误消息。

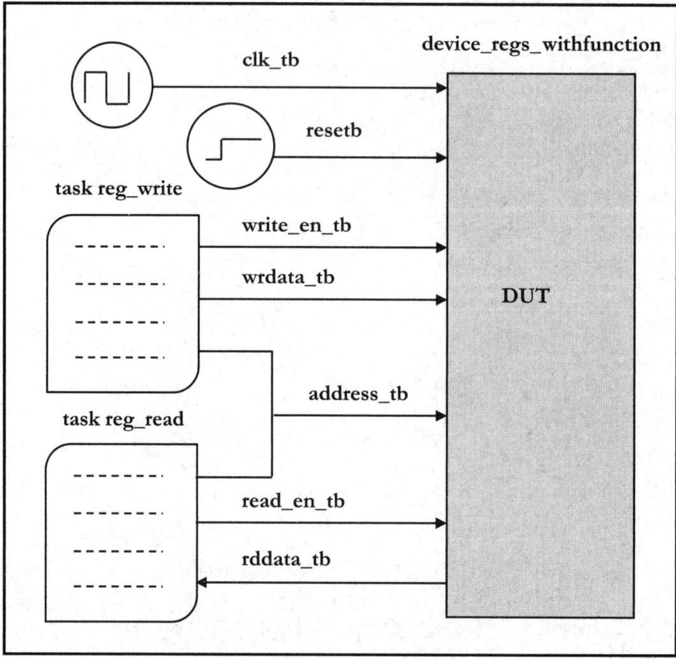

图4.3 测试平台顶层结构

```
`timescale 1ns/10ps
module      testbench_top ( ); //no inputs or outputs here

reg     [3:0]           address_tb;
reg     [7:0]           wrdata_tb;
reg                     write_en_tb, read_en_tb;
reg                     clk_tb, resetb;
wire    [7:0]           rddata_tb;
// ****************************************************************
parameter       CLKTB_HALF_PERIOD = 5;     // 100MHz clock
parameter       RST_DEASSERT_DLY   = 100;

parameter       REG0_OFFSET = 4'b0000,
                REG1_OFFSET = 4'b0001,
                REG2_OFFSET = 4'b0010,
                REG3_OFFSET = 4'b0011;
```

生成 clk_tb

```
initial  begin
         clk_tb   = 1'b0;
         forever begin
                  #CLKTB_HALF_PERIOD clk_tb = ~clk_tb; //100 MHz
         end
 end
```

生成 resetb

```
initial  begin
         resetb                        = 1'b0;
         # RST_DEASSERT_DLY resetb = 1'b1;
 end
```

初始化变量

```
initial  begin
         address_tb       = 'h0;
         wrdata_tb        = 'h0;
         write_en_tb      = 1'b0;
         read_en_tb       = 1'b0;
end
```

DUT例化

```
device_regs_withfunction          device_regs_withfunction_0
                  (.clk           (clk_tb),
                  .resetb         (resetb),
                  .address        (address_tb),
                  .write_en       (write_en_tb),
                  .read_en        (read_en_tb),
                  .data_in        (wrdata_tb),
                  .read_data      (rddata_tb));
```

写任务

写任务用于写操作。它驱动相应的地址，写入数据和写使能信号write_en。DUT接收这些信号，执行实际的写操作。我们可以通过写任务来给出需要的写入地址和数据。在后面的testbench中，我们将调用该任务。下面是写任务的例子。

```
task     reg_write;
         input    [3:0]    address_in;
         input    [7:0]    data_in;

         begin
                  @ (posedge clk_tb);
                           #1 address_tb      = address_in;
                  @ (posedge clk_tb);
                           #1 write_en_tb  = 1'b1;
                           wrdata_tb         = data_in;
                  @ (posedge clk_tb);
                           #1;
                           write_en_tb       = 1'b0;
                           address_tb        = 4'hF;
                           wrdata_tb         = 4'h0;
         end
endtask
```

读任务

此任务用于读操作。读任务将读出寄存器的地址和读使能信号read_en传递给DUT，DUT实现实际的读操作，并将对应的数据输出给testbench。读任务将期望的读出数据与实际读出的数据进行比较，并将比较结果显示出来。下面是读任务的例子。

```
task     reg_read;
         input    [3:0]    address_in;
         input    [7:0]    expected_data;
         begin
                  @ (posedge clk_tb);
                           #1 address_tb    = address_in;
                  @ (posedge clk_tb);
                           #1 read_en_tb  = 1'b1;
                  @ (posedge clk_tb);
                           #1 read_en_tb  = 1'b0;
                           address_tb       = 4'hF;
                  @ (posedge clk_tb);
                  // use triple equal in verification so that all cases
                  // (0, 1, X, and Z) are covered in comparison
                  if (expected_data === rddata_tb)
                           $display ("data matches: expected_data = %h,  actual data
                           =%h", expected_data, rddata_tb);
                  else
                           $display ("ERROR: data mismatch:  expected_data = %h,
                           actual data =%h", expected_data, rddata_tb);
         end
endtask
```

现在，我们将使用上面的任务将不同的数据写入寄存器，然后再将寄存器中的数据读取出来。在testbench中，我们写入的是不同的常数，我们还可以产生随机数或者从文本文件中读出数据并写入DUT中，此时可以进行更为全面和细致的仿真验证，举例如下。

```
initial
  begin
    # 1000;
         reg_write  (REG0_OFFSET, 8'hA5);  // writes 8'hA5 to reg0
         reg_read   (REG0_OFFSET, 8'hA5);  //compares with expected
                                           // data (8'hA5)
         reg_write  (REG1_OFFSET, 8'hA6);
         reg_read   (REG1_OFFSET, 8'hA6);
         reg_write  (REG2_OFFSET, 8'hA7);
         reg_read   (REG2_OFFSET, 8'hA7);
         reg_write  (REG3_OFFSET, 8'hA8);
         reg_read   (REG3_OFFSET, 8'hA8);
         $finish;
  end
endmodule      // testbench_top
```

仿真结果为：

data matches：expected_data = a5，actual data =a5

data matches：expected_data = a6，actual data =a6

data matches：expected_data = a7，actual data =a7

data matches：expected_data = a8，actual data =a8

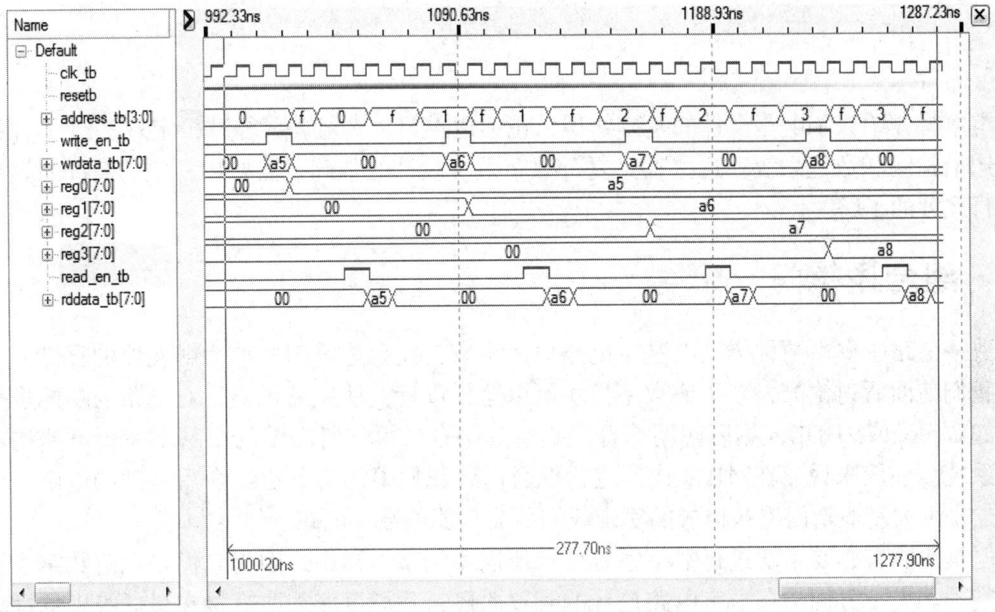

第5章　数字电路设计——初级篇

本章将介绍数字电路设计的基础知识，包括逻辑门、真值表、德摩根定理、建立/保持时间、边沿检测和数值系统。这些都是复杂数字系统设计的基础，需要用一定的时间对这些知识进行充分的了解。

5.1　组合逻辑门

数字电路主要由两种类型的基本电路单元组成：组合逻辑门和称为触发器的存储元件。正如我们前面所讨论的，芯片或数字模块可以这样设计：使用高级语言对电路的功能进行描述，如Verilog或VHDL，然后使用综合工具对其综合，得到所需要的由基本逻辑电路构成的数字系统。一般来说，在对RTL代码进行综合后，我们不需要分析综合后得到的电路，因为那不过是由大量逻辑门连接构成的实现我们所需功能的数字电路。

但是我们有必要了解进行数字系统设计所需要的基本知识，因为它们是理解数字逻辑操作的基础。另一方面，在数字电路设计的某些阶段，我们可能需要直接在最低级别的逻辑门上进行操作，此时不能再进行综合，所有的变化需要通过直接添加或删减最低层次的逻辑门来完成。下面我们将学习数字电路中会使用到的各种逻辑门。

5.1.1　逻辑1和逻辑0

今天的数字芯片通常拥有数百万逻辑门的规模，所有逻辑门的正常工作取值可以表示为逻辑1或逻辑0。逻辑0和逻辑1是模拟电压的抽象，我们用高于一定门限的电压值代表逻辑1，用低于某个门限的电压值代表逻辑0。逻辑0与逻辑1的电压值与各自门限之差被称为噪声容限。图5.1表示了数字电路中的逻辑1和逻辑0。

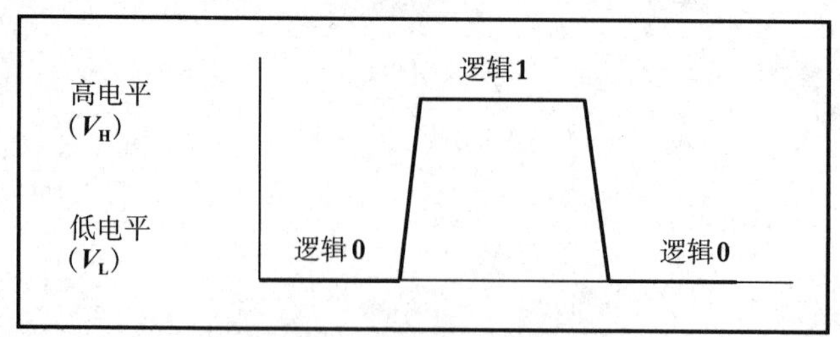

图5.1　逻辑1和逻辑0

5.1.2　真值表

真值表是一个表格，其中列出了所有可能的输入逻辑值组合以及每种输入组合对应的输出逻辑值，如图5.2所示。

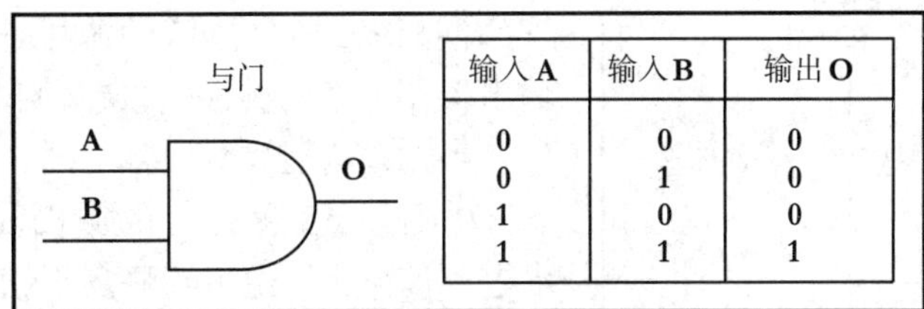

输入A	输入B	输出O
0	0	0
0	1	0
1	0	0
1	1	1

图5.2　真值表示例

5.1.3　晶体管

晶体管是所有逻辑门的基本组成单元。在CMOS工艺中，有两种类型的晶体管①：n型和p型，如图5.3和图5.4所示。除非是设计微处理器或专用的模拟电路时需要直接面对晶体管，否则不会直接进行晶体管级的设计。但是对晶体管有一些基本的了解有助于我们的电路设计工作。

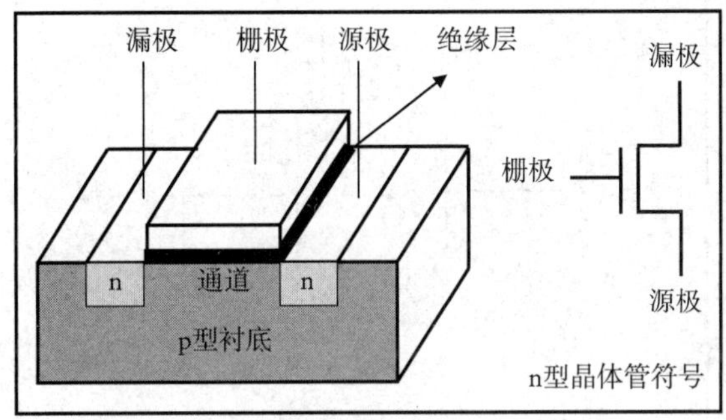

图5.3　n型晶体管

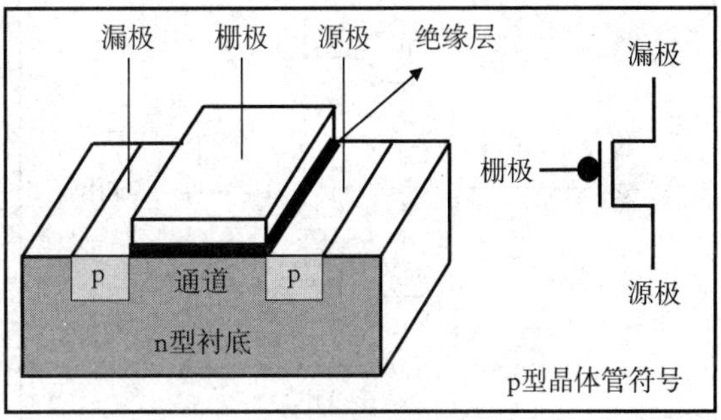

图5.4　p型晶体管

晶体管具有三个端子或连接节点——源极、漏极和栅极。晶体管处于关闭状态时，没有电流流过源极和漏极。当在栅极和源级之间加上一定的电压时，源极和漏极之间的通道被打开，源级和漏极之间可以流过电流。n型晶体管的栅极输入为逻辑1时，晶体管导通；在p型晶体管的栅极加入逻辑0时，晶体管导通。

晶体管是在集成电路衬底上生成的三维元件。n型晶体管生长在p型衬底材料上；p型晶体管生长在n型衬底材料上。在衬底材料的上面，生长相反类型的材料，可以构成不同类型的晶体管。例如，n型晶体管是在p型衬底材料上生成两个矩形的n型半导体材料区来构成的，两个n型区和p型衬底之间构成两个p-n结。栅极与衬底之间是绝缘层，栅极处于两个n型材料区域之间。

下一节将分析晶体管与逻辑值之间的关系。

5.1.4　反相器

反相器是最简单和最基本的逻辑门。它有一个输入端和一个输出端。当输入0时，输出为1，当输入1时，输出为0。反相器的符号和真值表如图5.5所示。反相器电路如图5.6所示。

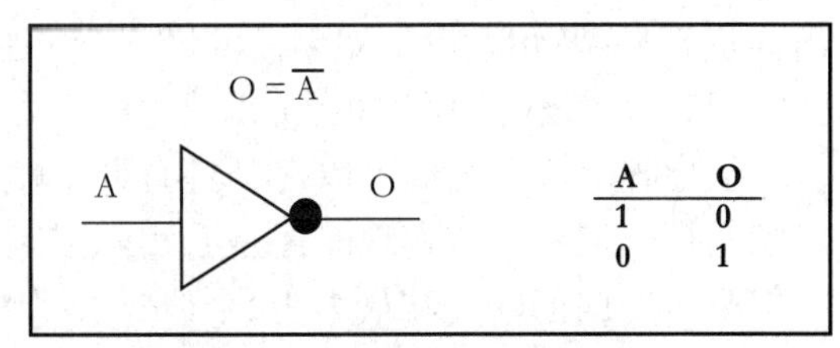

A	O
1	0
0	1

图5.5　反相器的符号和真值表

一个反相器是一个p型晶体管和一个n型晶体管串联而成的。p型晶体管的源极被连接到V_{DD}，而n型晶体管的漏极连接到地。p型晶体

① 晶体管主要包括双极型晶体管和场效应管两个基本类别，由于现代数字集成电路中普遍使用场效应管而非双极型晶体管，因此本书中的晶体管特指场效应管。——译者注

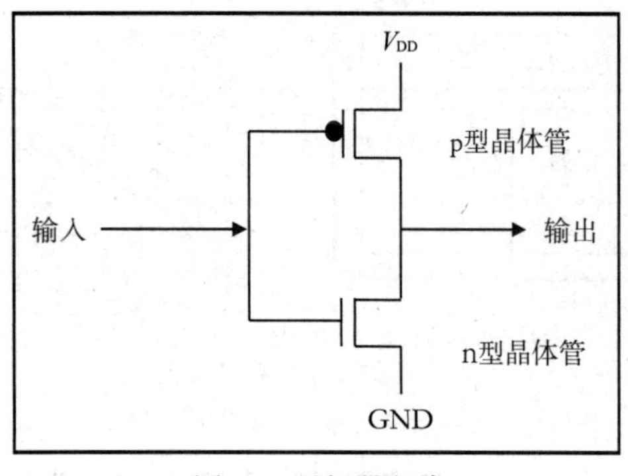

图5.6　反相器电路

管的漏极和n型晶体管的源极连接在一起，以形成输出端，二者的栅极连接在一起，形成输入端。

当输入为逻辑1（V_{DD}）时，n型晶体管导通，如图5.7所示，n型晶体管的源极和漏极饱和导通，输出电压被拉至低电平（略高于GND），输出逻辑值为0。此时p型晶体管是截止的。

当输入是逻辑0时，p型晶体管将导通，如图5.8所示，p型晶体管的漏极和源极电压相同，输出电压为1，实际电压值接近V_{DD}。在这种情况下，n型晶体管不导通。

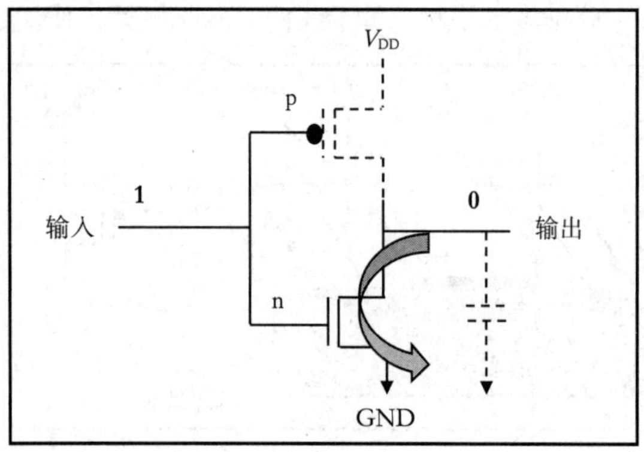

图5.7　反相器：电流从输出端流向接地端

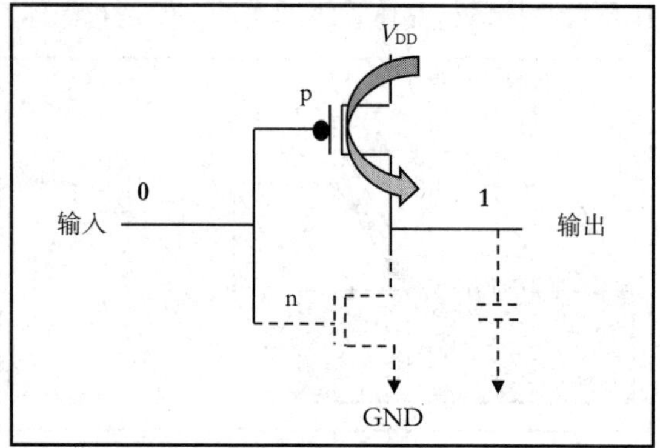

图5.8　反相器：电流从V_{DD}流入输出端口

对于CMOS逻辑门来说，只有当输出逻辑值发生变化（0至1或1至0）时，才会有电流流过晶体管，输出电压稳定后不会再有电流的流动。逻辑门的输出负载为电容负载，输出电平变化和有电流流动时会造成电容的充放电操作。在输出没有变化时，也没有电流流动。对于实际的门电路来说，即使在稳定状态下也会因为漏电流的存在而使得V_{DD}和GND之间有微小的电流流过，会造成一定的功耗。然而，对于CMOS工艺来说，漏电流很小，使得它非常适合设计逻辑门。

5.1.5　与门

与门是具有两个或多个输入端和一个输出端的逻辑门。当所有的输入都是逻辑1时，与门输出为逻辑1。换句话说，如果任何输入为0则输出为0。与门符号和真值表如图5.9所示。

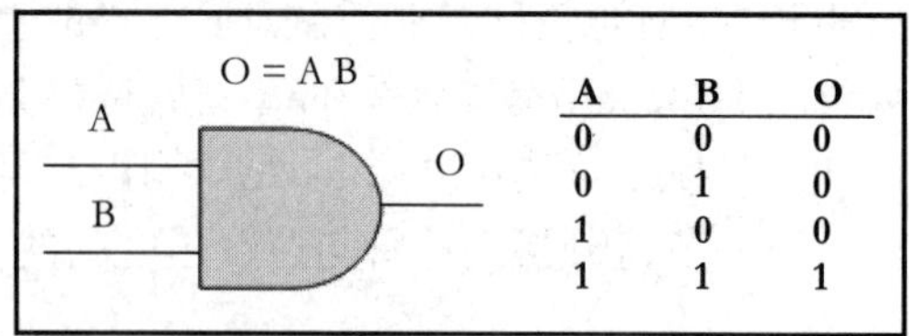

A	B	O
0	0	0
0	1	0
1	0	0
1	1	1

图5.9　与门符号和真值表

从原理上说，我们可以定义具有许多输入端口的与门，但在具体实现时还是有实际限制的。一般来说与门的输入端最多为4个或5个，如果需要更多的输入端口，那么可以将多个与门级联起来，构成支持更多端口的实现逻辑与功能的电路，如图5.10所示。另外，在实际应用中，我们通常更倾向于使用与非门，其逻辑功能是将输入

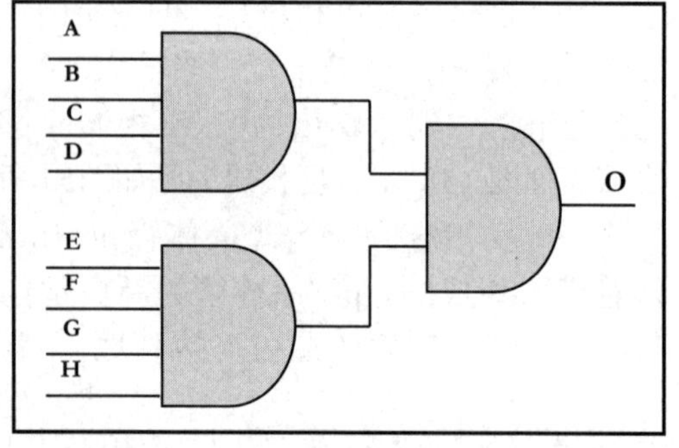

图5.10　与门的级联

端进行逻辑与后再取反输出，主要原因是采用CMOS工艺实现的与非门工作速度比与门快得多。

5.1.6　或门

或门是另一种基本门电路。对于或门，当任一输入端为1时，输出即为1。如需输出为0，那么所有的输入都必须是0。或门符号和真值表如图5.11所示。和与门类似，它可以有很多输入端口。但同样地，实际应用时通常采用将或门级联的方法来扩展端口数量，如图5.12所示。和与门类似，相比较来说或门工作速度比较慢，实际电路中更多的是使用或非门，同样是因为或非门的工作速度更快。

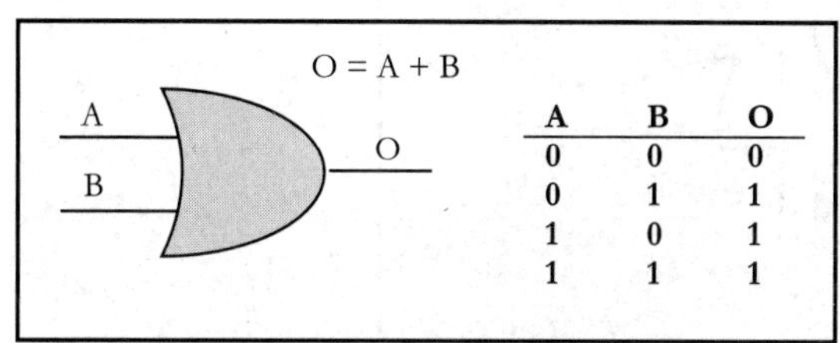

A	B	O
0	0	0
0	1	1
1	0	1
1	1	1

图5.11　或门符号和真值表

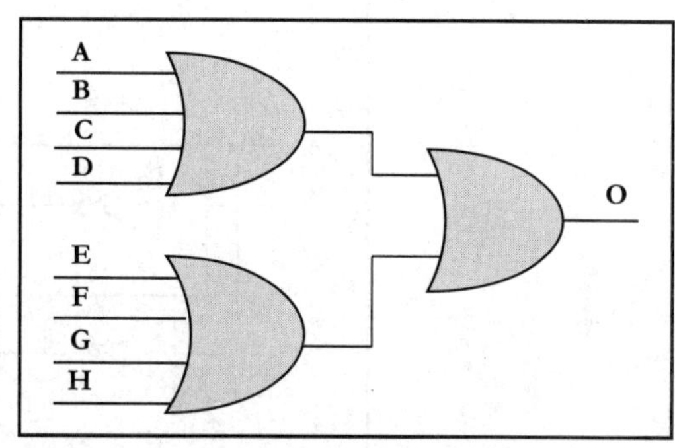

图5.12　或门的级联

5.1.7　与非门

与非门（NAND）在逻辑上等同于在与门的输出端上连接一个反相器。与非门的符号和与门相似，但在输出端有一个圆点代表对输出值取反，如图5.13所示。当任何输入为0时，输出值为1；当所有的输入都为1时，输出为0。NAND大量出现在综合后得到的门级电路中，因为采用CMOS工艺实现时，其具有更高的工作速度。

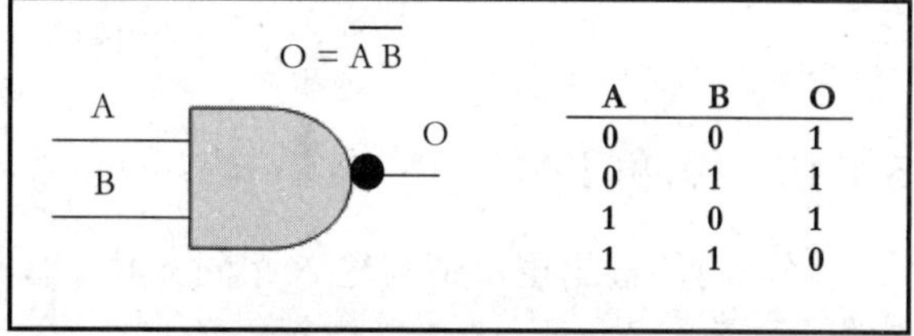

A	B	O
0	0	1
0	1	1
1	0	1
1	1	0

图5.13　与非门符号和真值表

5.1.8　或非门

或非门在逻辑功能上等同于在一个或门的输出端加一个反相器。它的符号与或门相似，但在输出端加了一个代表反相器的圆点，如图5.14所示。当任一输入端为1时，输出为0；当所有输入端均为0时，输出为1。 或非门在综合后得到的门级电路中大量出现，因为采用CMOS工艺实现的或非门和或门相比具有更快的工作速度。

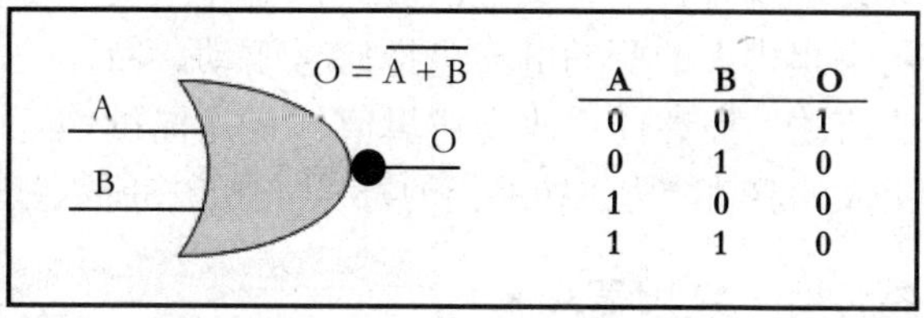

A	B	O
0	0	1
0	1	0
1	0	0
1	1	0

图5.14　或非门符号和真值表

5.1.9　XOR（异或）、XNOR（异或非）

XOR门完成异或运算，当异或门的两个输入端中一个为1，另一个为0时，输出为1；如果两个输入都为1或者都为0时，输出为0。XNOR是XOR门的逆操作，相当于在异或门的输出端加了一个反相器。XNOR只有在两个输入端取值相同时才输出1，否则输出为0。异或门的用途非常广泛，可以用于生成奇偶校验位、进行奇偶校验检查、设计扰码和解扰码电路，以及设计CRC校验电路。异或门和异或非门符号及真值表如图5.15所示。

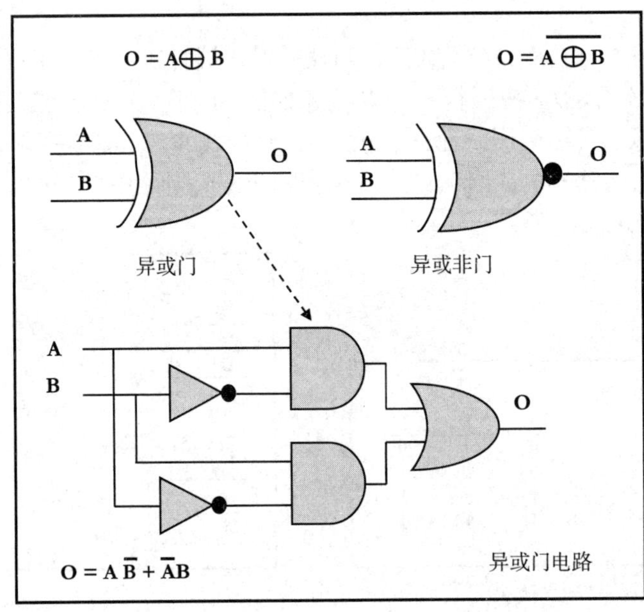

输入A	输入B	XOR输出	XNOR输出
0	0	0	1
0	1	1	0
1	0	1	0
1	1	0	1

图5.15 异或门和异或非门符号及真值表

5.1.10 缓冲门

缓冲门的输出逻辑值与输入相同，其功能是驱动多个负载。在芯片内部，当一个内部连线从芯片一端连接到另一端时，长导线本身就是一个很大的负载，缓冲门被用来提供大的驱动电流进行信号驱动。简而言之，缓冲门不改变逻辑值，只是提供更大的驱动能力。缓冲门的符号如图5.16所示。

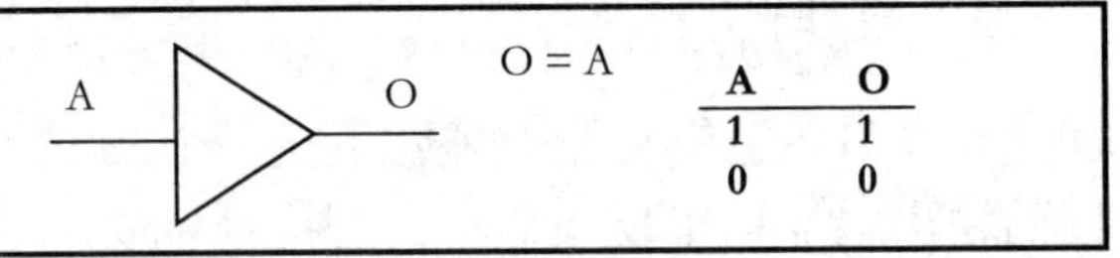

图5.16 缓冲门的符号

5.1.11 复用器

最简单的复用器（MUX）有两个数据输入端，一个选择输入端以及一个输出端。如图5.17所示，当选择输入端sel = 1时，数据输入端之一被选择输出，而当sel = 0时，另一个输入端的值被选择输出。多路复用器还可以具有4个数据输入端，此时选择端的位宽为2，具有4种取值，分别表示选择4个输入之一。

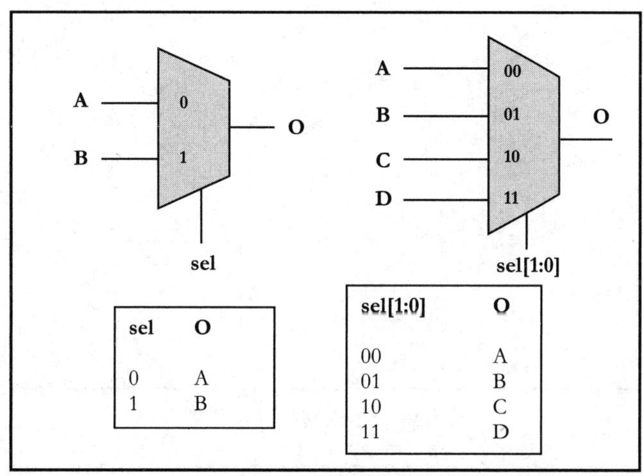

sel	O
0	A
1	B

sel[1:0]	O
00	A
01	B
10	C
11	D

图5.17　MUX符号

在ECO（Engineering Change Order，工程设计变更）阶段，需要使用替补元件（额外的元件）对电路进行修正，此时使用MUX很方便。许多其他的逻辑门（AND，OR和XOR）可以使用MUX来实现。如图5.18到图5.21是一些例子。

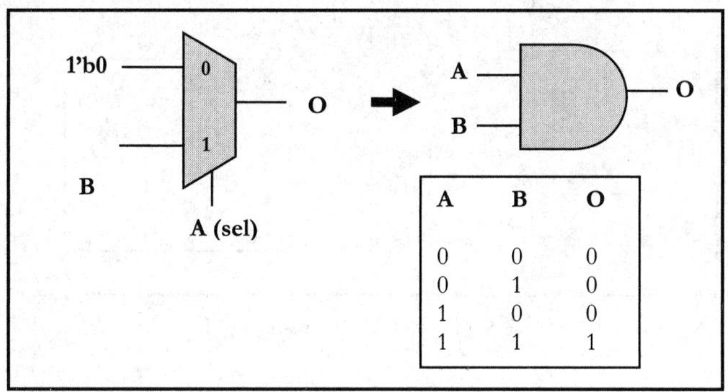

A	B	O
0	0	0
0	1	0
1	0	0
1	1	1

图5.18　MUX转换为与门

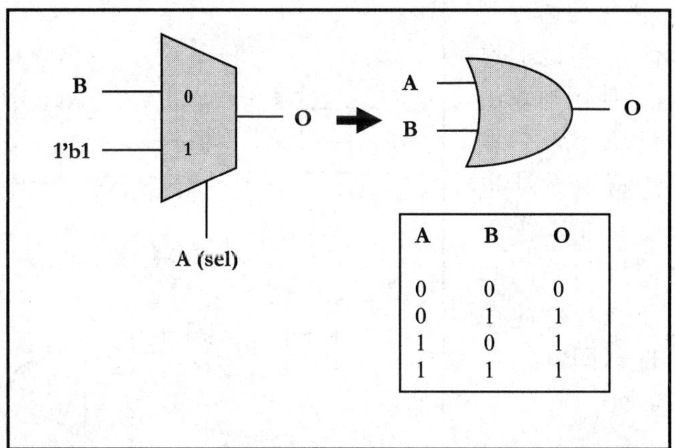

A	B	O
0	0	0
0	1	1
1	0	1
1	1	1

图5.19　MUX转换为或门

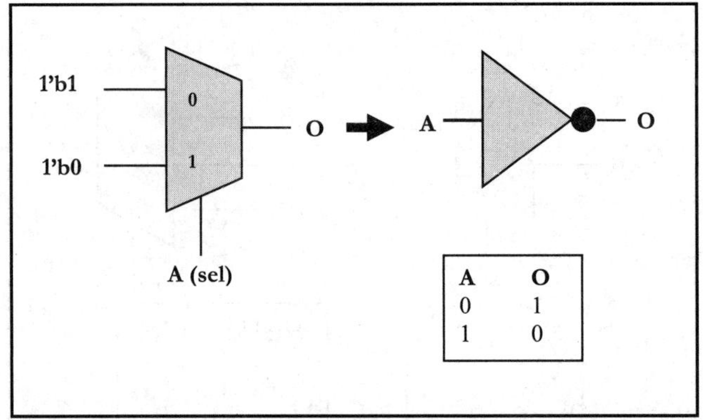

图5.20 MUX转换为反相器

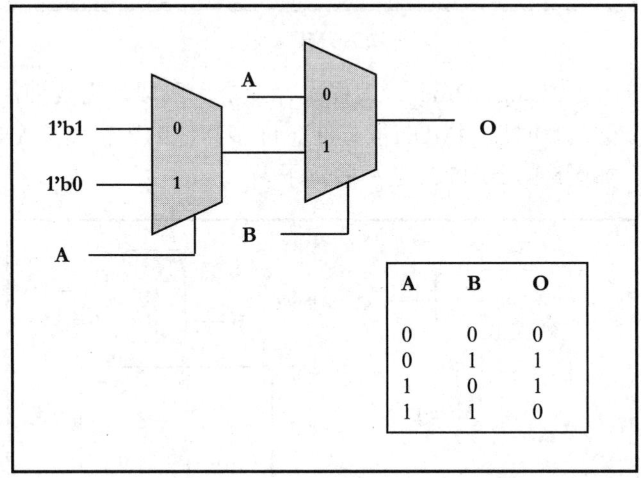

图5.21 MUX转换为异或门

5.1.12 通用逻辑门——NAND、NOR

与非门和或非门被称为通用逻辑门，任何其他逻辑门都可以通过使用这两种门来实现。使用与非门可以生成与门、或门和反相器。在ECO阶段，已经不能再对设计进行综合了，任何改变只能以手工的方式进行，此时使用与非门和或非门较为方便。图5.22是使用与非门和或非门实现不同其他逻辑门的示意图。

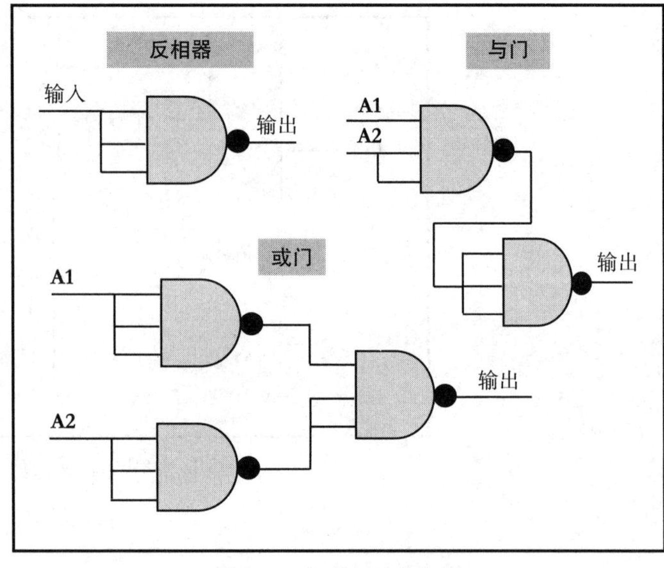

图5.22 与非门、或非门

5.1.13 复杂门电路

除了我们在前面的章节中讨论的基本逻辑门之外，在元件库中也有复杂门电路。这些复杂逻辑门是由AND、OR和反相器组合而成，实现较复杂基本逻辑功能的门电路。其与综合时使用基本逻辑门实现相同的逻辑功能相比，有助于减少芯片面积。综合工具将复杂逻辑门当成一个基本单元对待，有利于提高电路工作速度或者减少芯片面积。对于复杂逻辑门，不同厂商提供的标准单元库可能有不同的定义。复杂逻辑门的命名是基于第一级门电路的输入端口数量进行的，如图5.23所示。例如，AOI-33是与–或–非结构的，并且第一级包括两个三输入与门。

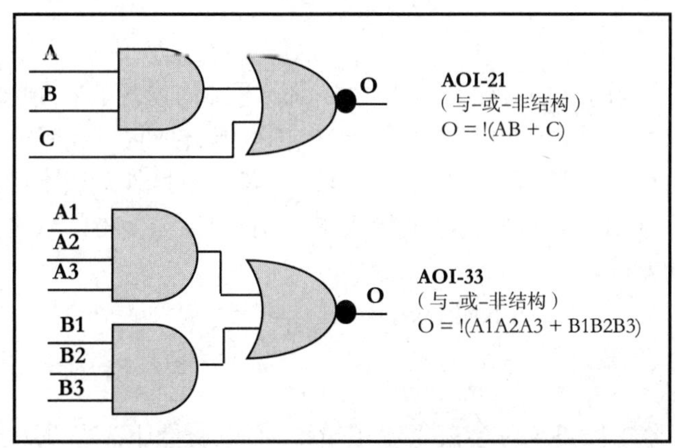

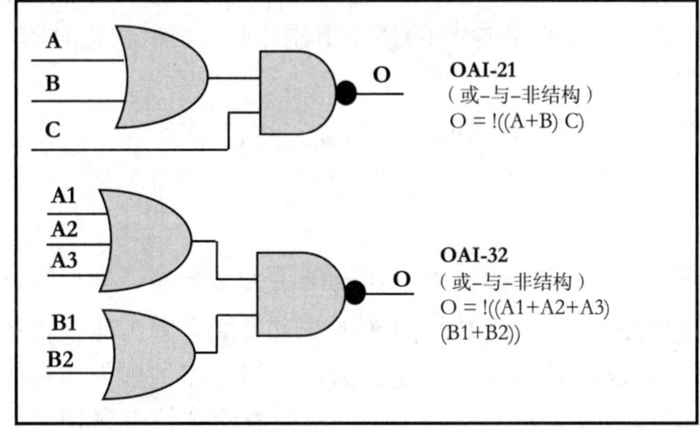

图5.23　复杂逻辑门

5.1.14　噪声容限

逻辑电平1和0是对某一电平值的抽象。当电平值为V_{DD}（例如，V_{DD}= 5 V）时，它被认为是逻辑1。类似地，当电压为0 V，则认为是逻辑0。然而，在现实应用中，我们会针对不同的逻辑电平给出一定的电压范围，例如，3.5 ~ 5 V之间的电平值都可以被认为代表的是逻辑1，而在0 ~ 1.5 V之间的电平值都可以被认为代表的是逻辑0。逻辑1和逻辑0对应的电压范围对于不同类型的电路（如CMOS、TTL）来说是不同的。

当一个信号上叠加了噪声后，其电平会发生变化，但是叠加多少噪声后其逻辑值会发生变化呢？逻辑值不发生变化时，电路所能够容忍的最大噪声值就是噪声容限。噪声容限有两种类型：低电平噪声容限和高电平噪声容限。要理解这一点，让我们先看一个例子，如图5.24所示，图中门A的输出端连接到了门B的输入端。

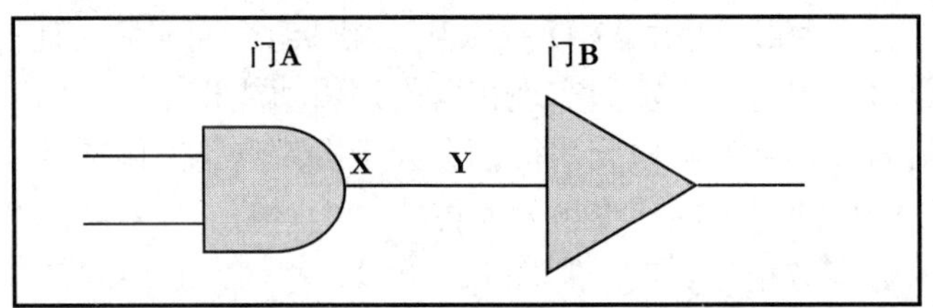

图5.24 噪声容限

低电平噪声容限

假如门B对低于0.5 V的电平会认为是逻辑0，那么门B的输入端Y的逻辑值如果为0，那么其电压最高可达0.5 V。如果Y端的电压大于0.5 V，B可能会把它当成逻辑1，或者当成不确定值。在B的输入端，被视为逻辑0的最大电压用$V_{IL(max)}$表示。另外，假定门A输出逻辑0时电平值在0 ~ 0.2 V之间，那么A输出的低电平最大电压值为$V_{OL(max)}$。B的低电平输入噪声容限为$V_{IL(max)}$和$V_{OL(max)}$之间的差值。

$$NM(low) = V_{IL(max)} - V_{OL(max)}$$

高电平噪声容限

假定B的输入电压大于3.5 V时会被当成逻辑1，而电压低于3.5 V时B把它当成逻辑0或不确定值，此时被B输入端认为是逻辑1的最小电压用$V_{IH(min)}$表示。如果A输出逻辑1时的输出电压在4 ~ 5 V之间，那么其输出的高电平的最小值用$V_{OH(min)}$表示。此时Y端的高电平噪声容限是$V_{IH(min)}$和$V_{OH(min)}$之间的差值。

$$NM(high) = V_{OH(min)} - V_{IH(min)}$$

5.1.15 扇入和扇出

逻辑门的扇入指的是一个逻辑门正常工作时输入端的数量，例如，理论上一个与门可以有20个输入端，但是包含20个输入端的与门在工作时可能会因为输入负荷过大而出现逻辑错误或者速度下降的情况，此时其扇入就不能选为20。门电路的扇入与具体的电路制造工艺和电路结构有密切关系，进行集成电路设计时，电路单元库中会给出扇入的具体参数。

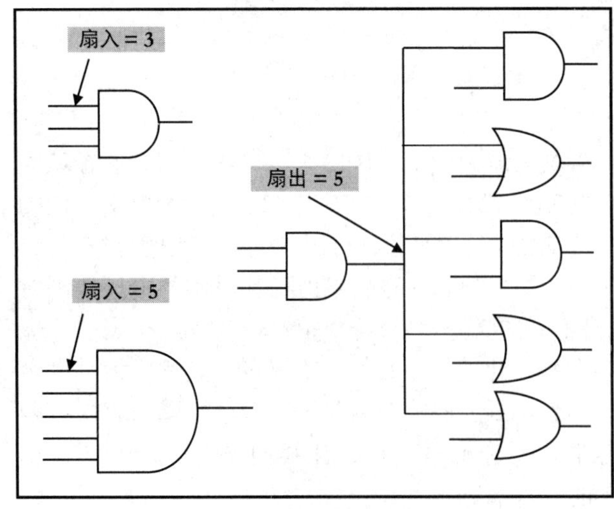

图5.25 扇入和扇出

扇出是在不降低输出电平的情况下逻辑门能够驱动的负载的数量，如图5.25所示。例如，从理论上讲一个与门可以驱动20个以上的输入端，但此时门电路的输出电容负载非常大，电路的工作速度会严重下降。集成电路单元库中会给出不同类型门电路的扇出。综合工具进行RTL代码综合时，会从单元库中读取扇入和扇出参数，以确保不超过最大值要求。

5.2　德摩根定理

德摩根定理在芯片设计中有重要应用。该定理指出：

- 一组变量相乘后取补的结果与每个变量单独取补后再求和的结果相同，如图5.26和图5.27所示。

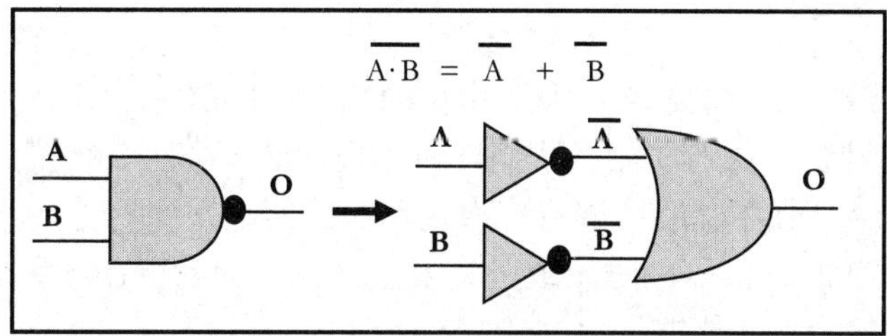

图5.26　德摩根定理（AB的补码）

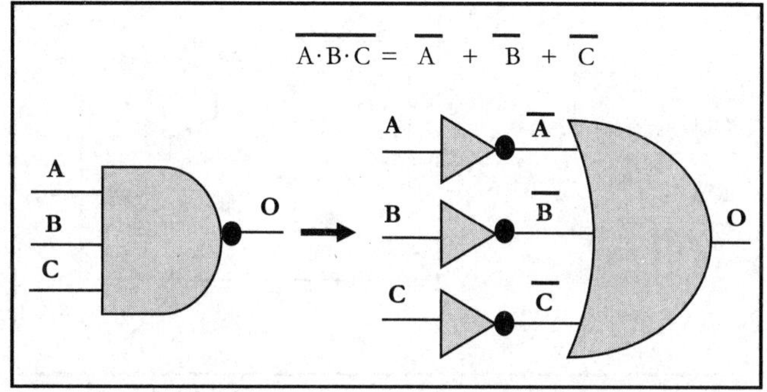

图5.27　德摩根定理（ABC的补码）

而从一种形式转换到另一种形式时，变量之间的与操作变成了或操作。

- 多个变量求和后再求补得到的结果与每个变量求补后再相乘得到的结果相同，如图5.28和图5.29所示。

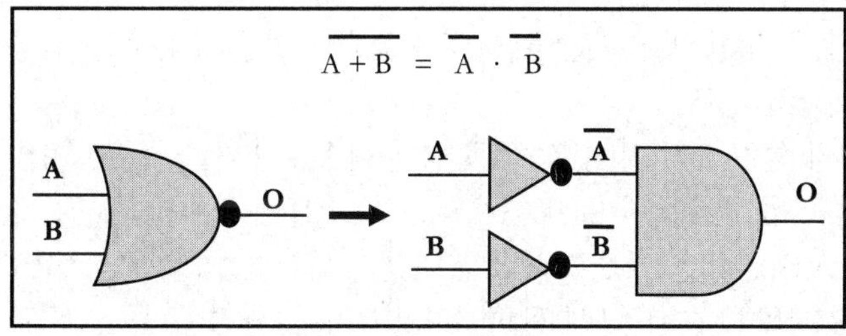

图5.28　德摩根定理（A + B的补码）

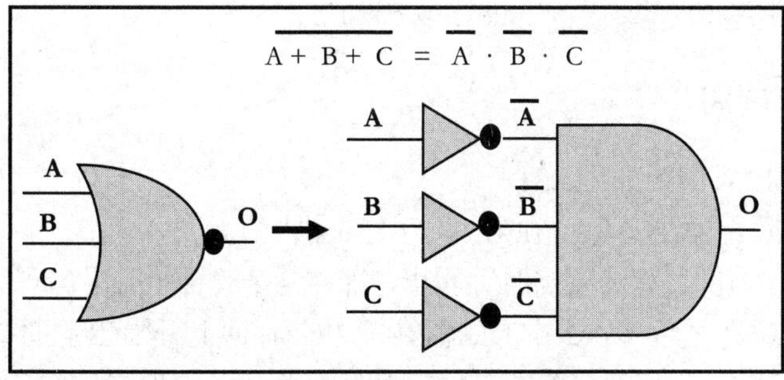

图5.29　德摩根定理（A + B+ C的补码）

从一种形式转换到另一种形式时，或操作被与操作所替代。

德摩根定理告诉我们，采用不同的具体电路形式可以实现相同的逻辑功能。综合工具会对此加以充分利用，以达到对设计进行优化的目的。另外，在芯片设计的ECO阶段，可以利用德摩根定理，使用较少的逻辑门完成对电路的修正。

5.3 通用D触发器

D触发器是最简单的触发器类型，可以用作单比特存储元件，如图5.30所示。它在现代同步数字芯片设计中得到了广泛的应用。我们知道，现代同步数字系统离不开时钟，每个时钟周期内，D触发器都会对所存储的值进行一次更新。我们在前面讨论的组合逻辑门是不能存储数值的，当输入改变时，信号的输出值随即发生变化。而对于D触发器，只能在其有效时钟触发边沿到达时其输出值才能够发生改变。

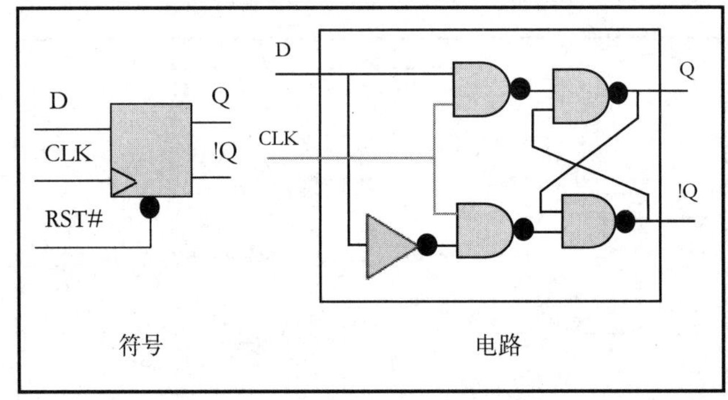

图5.30 D触发器的符号和电路

D触发器有数据、时钟和RST＃输入端以及Q和！Q两个输出端。在每一个时钟的上升沿，输出Q将输入D的值锁存，直到下一个时钟上升沿出现时才继续锁存当前D端的值。！Q输出的值与Q输出的值相反。在时钟上升沿进行输出数据更新时，D端的输入数据必须满足称为建立时间的定时要求，否则输出端Q可能会出现不确定值。图5.30的右侧给出了D触发器的内部结构。在D触发器的输出级有两个由交叉连接的与非门构成的锁存器用于保持输出值不变，直到下一个时钟边沿出现。

RST＃引脚是异步复位端，用于对触发器进行复位操作，使其输出一个确定的值。我们将在后面看到，复杂数字系统中的状态机通常是由D触发器构成的，而这些触发器需要在RST＃为低电平时进入确定状态，从而使状态机进入确定的初始状态。RST＃为低电平有效，使触发器输出0。RST#可以在任何时间置为0，是一个异步信号，不需要与时钟同步。当RST＃有效时，输出立即变化。然而，RST＃由低到高的变化必须满足一定的定时要求，我们将在讨论对数字系统复位的要求时介绍更多的相关细节。

5.3.1 D触发器时序图

D触发器输入/输出时序图如图5.31所示。

1. 只要RST＃有效，输出会保持在0，并且与D输入值无关。

2. RST＃从0跳变为1的过程需要与时钟同步，即在某个时钟上升沿出现时，RST#发生翻转。

3. 在RST＃引脚拉高之后（点2），D的值在下一个时钟上升沿出现时被锁存在Q端。

4/5. 如果时钟上升沿出现时D为0（点4），则时钟上升沿出现之后Q端跳变为0（点5）。

6. 在两个时钟上升沿之间，D上出现的瞬间变化被过滤掉，在Q端显示不出来。
7. RST＃可以在任何时间置为0，不需要与时钟同步。
8. RST＃有效后，Q值立即改变，不需要等到下一个时钟上升沿出现时才改变。

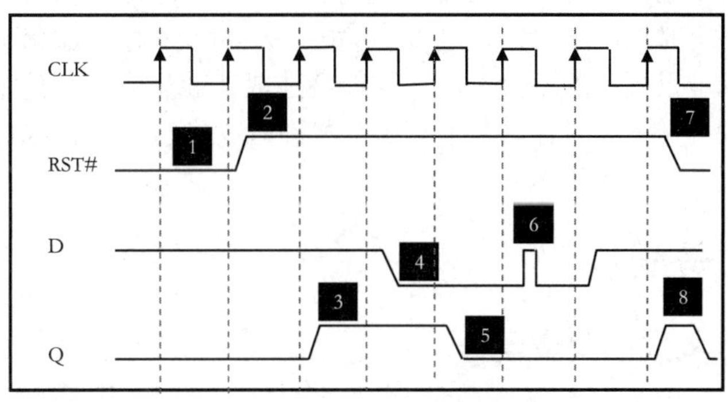

图5.31　D触发器输入/输出时序图

5.4　建立和保持时间

5.4.1　建立时间

D触发器的正常工作是有定时要求的，必须满足建立时间和保持时间的要求。在时钟上升沿出现之前，D的值都必须在一段指定的时间内保持稳定，否则D触发器无法正常工作。在时钟上升沿之前D需要保持稳定的最短时间称为建立时间。如果在建立时间内D的值发生了变化，那么将无法确定Q的电平，其可能为一个不确定的电平值。图5.32中，在点a处，在建立时间窗口之前D发生改变，Q迅速变为1（点b）。然而，在点c，在建立时间窗口之内D输入发生改变，在接下来相当长的一段时间内（几乎整个时钟周期）Q输出电平在1和0之间无法稳定（点d）。

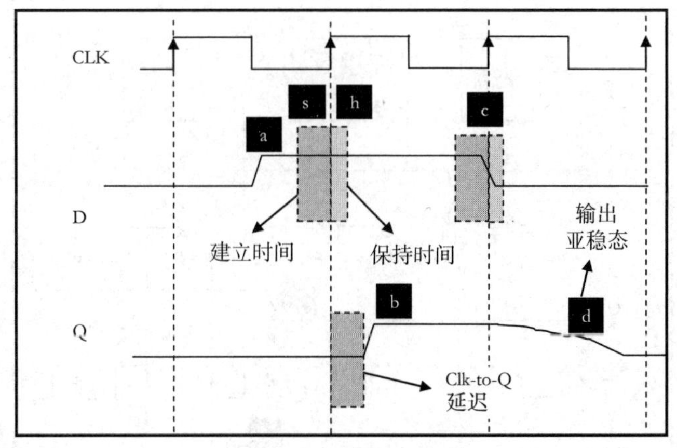

图5.32　建立时间示意图

5.4.2　保持时间

在时钟的上升沿之后的一段时间内，D的输入值也不允许改变，否则也会造成Q输出得不稳定，这个窗口被称为保持时间。建立时间和保持时间在图5.32中表示为s和h。

5.4.3 亚稳态

图5.32中，当输入D在建立时间和保持时间窗口内发生变化时，在此后的几乎一个时钟周期内，输出电平既不是0也不是1，处于不确定值。这种不稳定的状态也被称为亚稳态。亚稳态的输出将在下一个时钟的上升沿之前稳定为0或1。如果亚稳态输出被用于其他逻辑门的输入，那么将会造成难以预计的不良影响，可能会造成连锁反应，使整个数字系统工作不稳定。因此，必须采取一定的设计手段避免D触发器进入亚稳态，或者避免亚稳态被传递，影响整个系统的稳定性。

5.5 单比特信号同步

5.5.1 两个触发器构成的同步器

当触发器的输入不满足建立时间和保持时间要求时，输出为亚稳态。为了使系统正常工作，必须采取一定的手段避免或消除其影响。在只有一个时钟的数字系统中（称为单时钟域数字系统），通过控制一个D触发器的输出到另一个D触发器输入之间组合逻辑门的数量，可以减少其带来的延迟从而避免D触发器的输入在建立时间和保持时间窗口内发生波动。但是，当一个数字系统中有两个或两个以上时钟时（称为多时钟域系统），会出现一个时钟域的D触发器的输出作为另一个时钟域的D触发器输入的情况，当两个时钟之间没有任何关联时，亚稳态的出现是无法避免的。

图5.33给出了解决这个问题的一种方法，即在CLK_B时钟域中，使用两个级联的D触发器。此时，在两个时钟域连接的地方，Q_BS1的输出会出现亚稳态，但在下一个时钟上升沿到达前，输出会稳定下来，此时Q_BS2上就不会出现亚稳态了，该信号提供给后面的数字电路使用，就可以避免系统的不稳定。当时钟频率非常高时，Q_BS2也有可能出现亚稳态，此时可以考虑增加级联的D触发器的数量。在实际应用中，通常使用两级D触发器级联就可以了。

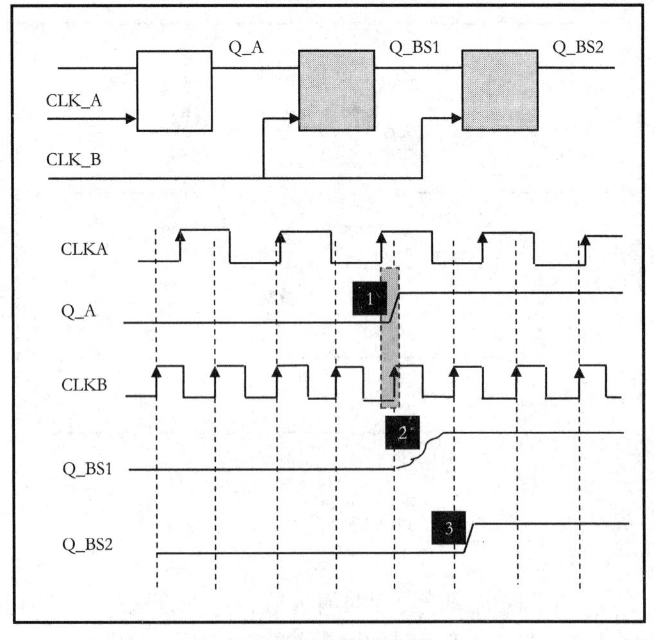

图5.33 两级同步器

5.5.2　信号同步规则

当信号从一个时钟域进入另一个时钟域时，为了使信号正确传递同时保持系统工作稳定，必须遵循以下几条设计规则。

跨时钟域的信号必须直接来自源时钟域的寄存器输出。如果信号来自组合逻辑，而不是直接来自触发器，可能会造成信号在目标时钟域中出现难以预料的不稳定情况，从而造成整个系统出现无法预测的问题。图5.34给出了一个例子，我们以此分析问题是怎样发生的。

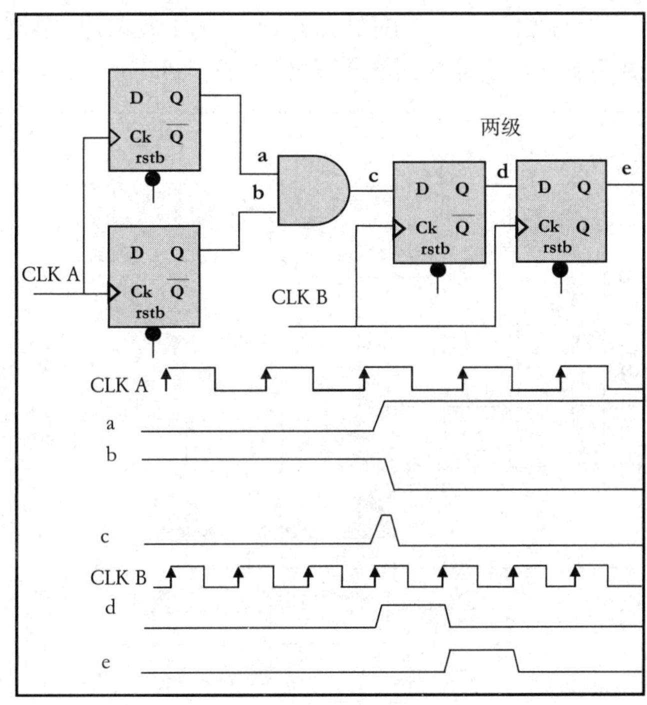

图5.34　同步不当的例子

如图5.34所示，在开始时，与门的两个输入端是1和0，产生的输出c为0。当a从0变为1，b从1变为0时，输出c仍是0。但是，输入a和b在一个短暂的时刻都是1，造成输出c在一个短暂的时间内是1。如果时钟B的上升沿出现在c为1的时刻，那么逻辑值1将最终传递到输出e，而这不是希望看到的结果。如果使用CLK A时钟域的寄存器插入与门后面，那么c上出现的毛刺就会被过滤掉，不会传递到后续电路中。

使用逻辑单元库中的专用触发器实现两级同步器。这里所说的专用触发器与普通触发器有所不同，它们具有高驱动能力和高增益，这会使它们比常规的触发器更快地进入稳定状态。根据前面的分析，将两个或多个触发器级联起来可以减少亚稳态出现的概率，那么采用这种专用触发器，可以大大提高电路从亚稳态中摆脱出来的速度。

在一个点而不是在多个点上进行跨时钟域信号的同步。同步电路可以消除亚稳态及其传递，但得到的结果可能是1也可能是0，当只有一个连接点时，最多是信号延迟不同的问题，如果是多个点，那么这些信号组合后的结果可能性非常多，这会造成信号传递的错误，可能会导致下游系统出错。

这条规则与现实生活中的一些现象有相似之处。当一家公司与外界联络时，通常会指定一个部门以避免沟通歧义。如果通过多个部门的多个人与外界沟通，有可能会出现混乱。

5.6 关于时序

理解芯片设计中与定时相关的各方面知识有助于深刻理解集成电路设计技术。各种类型的逻辑门（AND、OR、NAND等）可用于实现逻辑运算，它们都会带来一定的门延迟。它们的延迟可能非常小，但不是零。当这些门的输入发生变化时，需要经过一定的延迟才会出现输出变化。此外，信号通过连接逻辑门的信号线时，还存在着传播延迟。

如果我们仔细观察综合后得到的网表，就会发现一个D触发器的输入来自于另一个触发器的输出或两个D触发器之间组合逻辑的输出。那么一个数字系统的最高工作频率是如何确定的呢？这需要我们了解两个触发器之间的所有延迟，如图5.35所示。

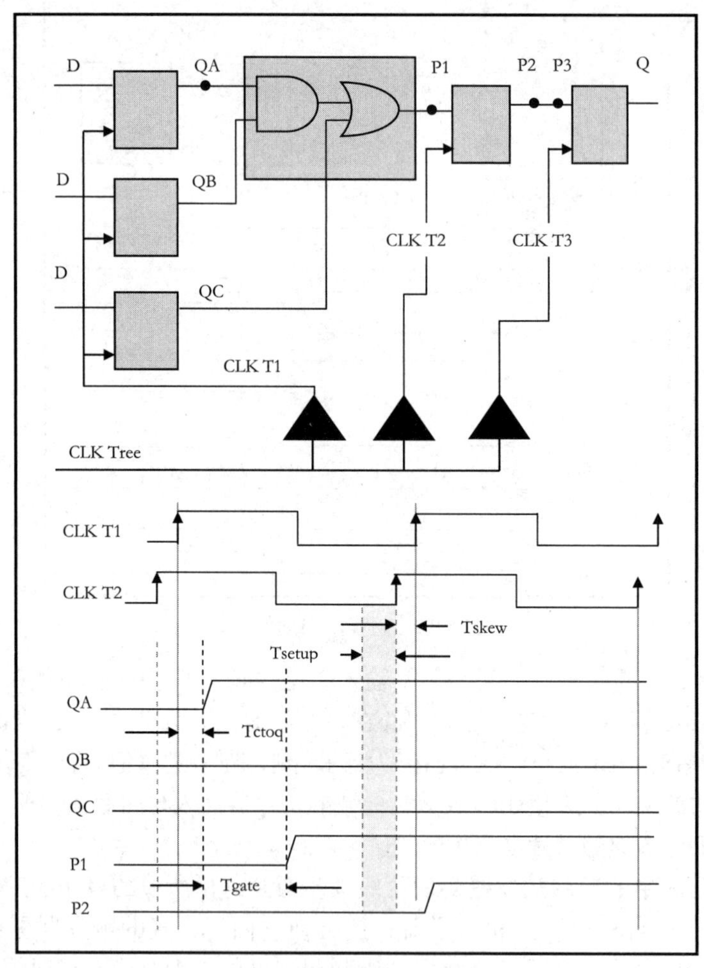

图5.35 理解时序

Tclk：时钟周期。两个时钟上升沿之间的时间。例如，对于250 MHz的时钟频率，时钟周期为4 ns，对于500 MHz的时钟频率，时钟周期为2 ns。

Tctoq：这是触发器输出相对于其时钟上升沿之间的延迟。

Tgate：逻辑门的延迟。这里包括了传播时延。

Tsetup：目的触发器的建立时间。

Tskew：时钟偏移。同一个时钟到达不同的触发器的时钟引脚经历的路径可能存在差异，造成它们的时钟上升沿不是同时出现的，这种偏差称为时钟偏移。通过使用时钟树综合工具可以有效地减小时钟偏移，但不能消除时钟偏移。

从时钟的工作频率角度来看，数字系统可以划分为两类，一类时钟频率是固定的，另一类时钟频率是不固定的。时钟频率固定时，数字系统的设计目标是确保两个触发器之间的延迟不超过1个时钟周期（如常用的接口电路，包括PCIe、SATA、USB等）。另一种数字系统在设计时，要尽可能地降低门延迟，最大限度地提高系统的时钟频率（例如，处理器设计）。

下面分析给定时钟周期Tclk后系统能够承受的最大门延迟Tgate。

$$Tctoq + Tgate(max) = Tclk - Tskew - Tsetup$$

即：

$$Tgate(max) = Tclk - (Tskew + Tsetup + Tctoq)$$

当门和互联线的延迟之和超过了允许的Tgate(max)时，系统就会出现定时错误。

另一种与定时相关的错误是保持时间错误。这种情况通常发生在源触发器的输出和目标触发器的输入之间逻辑门过少或者根本没有逻辑门的情况下。在这种情况下，源触发器中时钟上升沿到Q产生稳定输出的延迟可能不能满足目的触发器对保持时间的要求。另外时钟偏移可能会加剧这一情况。图5.36和图5.37展示了时钟偏移造成定时错误的两种情况。

图5.36中，CLK T2与CLK T1之间存在偏移，使得在目的寄存器输入端出现了不能满足保持时间的情况，目的寄存器的输出出现了亚稳态。如果时钟偏移过多，如图5.37所示，虽然不会出现保持时间错误，但当前时钟周期的数据没有被正确采样，它被延迟了一个时钟周期，这显然不是设计者的初衷。

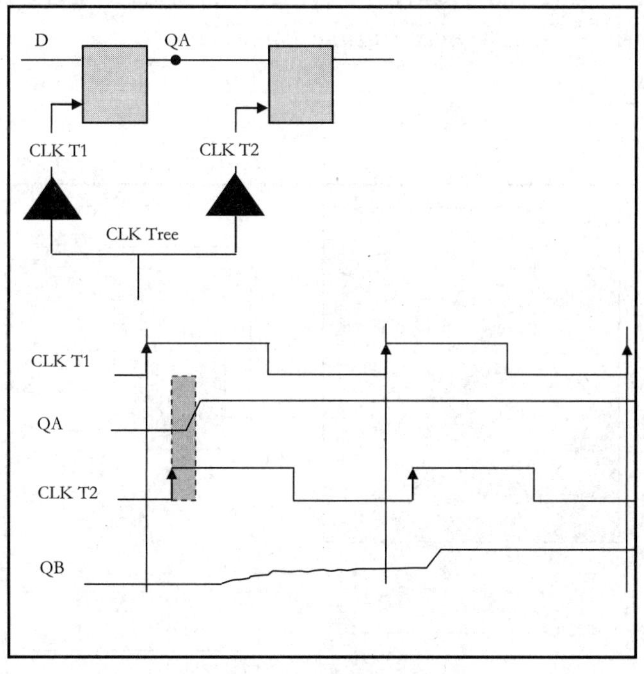

图5.36　保持时间违规

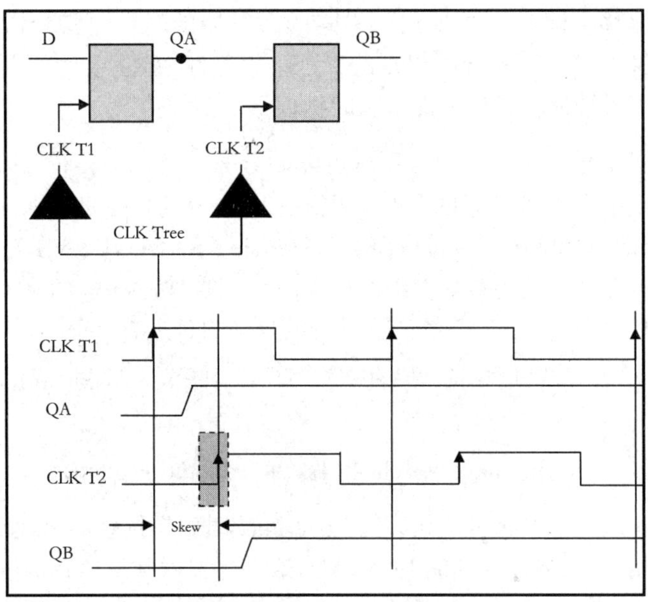

图5.37　时钟偏移造成数据漏采样

5.7　事件/边沿检测

事件检测或边沿检测在芯片设计中会经常遇到。当信号发生变化时，我们常常需要检测这种变化，以此触发相应的电路操作。如果输入信号来自同一个时钟域，我们不需要对其进行同步化处理。然而，当输入信号来自不同的时钟域时，我们首先需要将它同步到自己的时钟域上，然后进行边沿检测。进行边沿检测时，有时候我们需要检测上升沿（从低到高的跳变）、下降沿（由高向低的跳变），或任一边沿（任何跳变）。

5.7.1　同步上升沿检测

上升沿检测如图5.38所示。

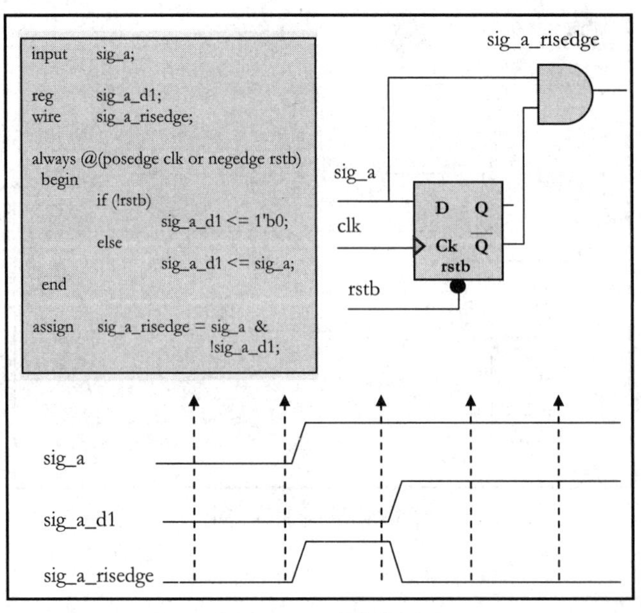

图5.38　上升沿检测

5.7.2　同步下降沿检测

下降沿检测如图5.39所示。

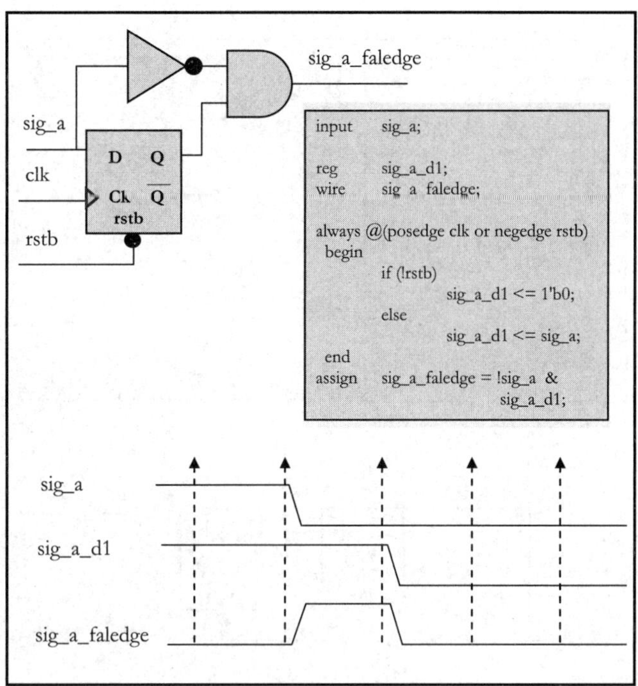

图5.39　下降沿检测

5.7.3　同步上升/下降沿检测

上升沿和下降沿检测如图5.40所示。

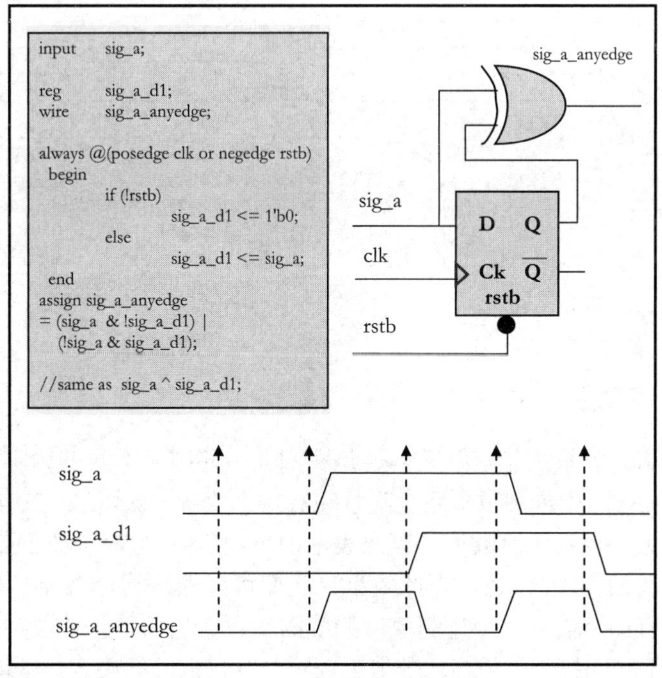

图5.40　上升沿和下降沿检测

5.7.4 异步输入上升沿检测

异步输入的上升沿检测如图5.41所示。

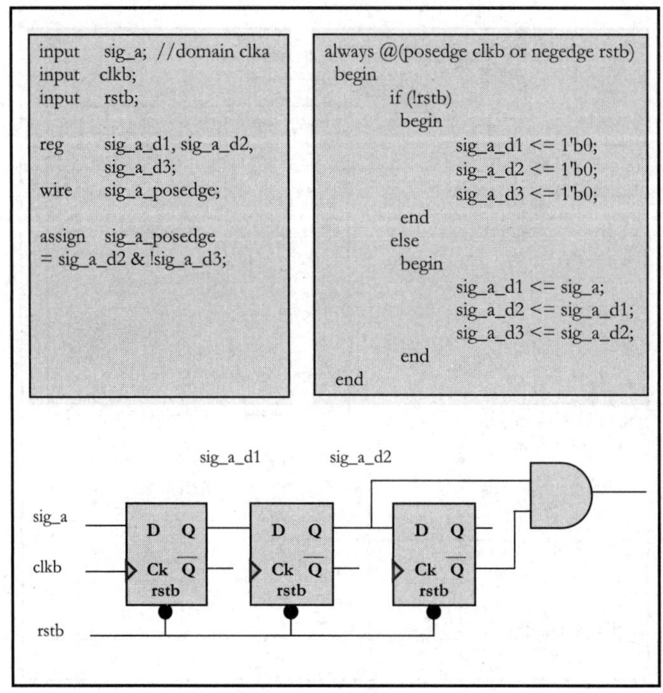

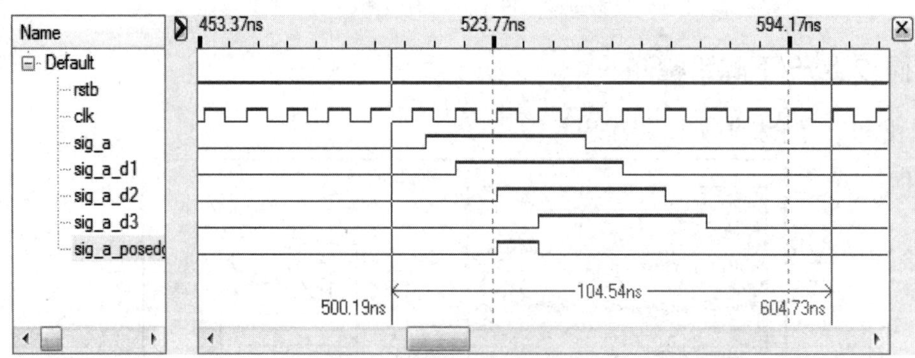

图5.41 异步输入的上升沿检测

5.8 数值系统

5.8.1 十进制数值系统

我们都对十进制数值系统非常熟悉。这是我们在幼儿园里学习的内容，并继续在生活中使用它。为什么它被称为十进制数值系统呢？它有10个数字（0，1，2，3，4，5，6，7，8，9），我们可以用这10个数字表示任何数值，当要表示一个大于9的数时，我们使用2位数；当想表示大于99的数时，我们使用3位数。以此类推，我们可以继续增加数字位数构成我们需要的数值。因为这里共有10个数字，十进制数值系统的基数就是10。一个数字在一个数值中的不同位置上时，具有不同的权值，最终的数值由数字及其权值共同决定。下面是一些例子。

786_d = 7 *100 = 700

8*10 = 80

6*1 = 6

它们的和等于786。

20，235_d = 2*10000 = 20000

0*1000 = 0

2*100 = 200

3*10 – 30

5*1 = 5

它们的和等于20235。

下面是一些常用数值以及对它们的补充说明。

数　值	名　称	这些数值代表了什么？怎样加深对这些数值的理解
0	Zero	0本身不代表任何数值，但跟在其他数字后面时会带来巨大的改变。 每个人都是有价值的，只要站在合适的位置上
1	One	我们只有一次生命，充分利用它 每个人都喜欢当头儿
2	Two	每件事情都有两面，在做决定之前应该两面都听听
3	Three	第三次一定成功
4	Four	4是一个特殊的数字，不大也不小，世界杯和奥运会都是4年一届
5	Five	5在十进制数中处于中间位置。为什么我们有5根手指？这是最佳选择吗？我们用五官来感受世界。 第一个RISC处理器有5级流水线
6	Six	我是家中的第6个孩子，我只是另一个数字和另一个成员，然而，我为自己感到骄傲
7	Seven	关于7有些事情很特殊。我们会说幸福的7个秘密，高效人士的7个习惯。我奇怪为什么是7，而不是6或者8
8	Eight	在音乐中，为什么会以8度音节为基础？当然章鱼有8只腕足
9	Nine	9是十进制中最大的数字。事情在它之后就要从头开始
10	Ten	谁会不喜欢10呢？马拉多纳就穿10号球衣
100	Hundred	100年是了不起的，我们称之为一个世纪，100年内会发生很多事情。 根据联合国估计，到2050年，会有两百万超过百岁的老人。到时，是美国而不是日本会拥有最多的百岁老人
1000	Thousand	1000美元可以买许多东西，我们称之为一千大元
1 000 000	Million	我希望我能拥有1百万美金

（续表）

数　值	名　称	这些数值代表了什么？怎样加深对这些数值的理解
1 000 000 000	Billion	世界上有将近70亿人口，而在1967年只有不到一半（35亿人），预计到2050年地球上的人口将达到90亿
1 000 000 000 000	Trillion	我的头要晕掉了，不知道怎样看待这个数值了，它太巨大了。美国具有超过14万亿的经济规模
1 000 000 000 000 000	Quadrillion	只有计算机才能够理解这个数值的含义了
1 000 000 000 000 000 000	Quintillion	我们需要超级计算机才能够与这样超自然的数值产生关联。我们仍然可以继续，但先到此为止吧

5.8.2 二进制数

二进制数与十进制数类似，但它只有两个数字（0和1），而不是在十进制系统中使用的10个数字。二进制数中的数字也被称为位（bit）。对于一个数值，不同位上的数字具有不同的权重。二进制数在我们日常的生活中很少遇到，但对于计算机来说则是非常完美的。计算机是由逻辑电路构成的，逻辑电路工作在ON或OFF状态，可以用来分别表示1或0，这样就可以使用逻辑电路设计出处理功能强大的计算机系统。下面是一些二进制数和它们对应的十进制数值。

$$1011_b = 1*2^3 = 8$$
$$0*2^2 = 0$$
$$1*2^1 = 2$$
$$1*2^0 = 1$$

十进制数值为：$8 + 0 + 2 + 1 = 11_d$

$$1011.11_b = 1(2^3) + 0(2^2) + 0(2^1) + 1(2^0) + 1(2^{-1}) + 1(2^{-2}) = 11.75_d$$

5.8.3 十进制数到二进制数的转换

在上一节中，我们给出了几个二进制数到十进制数转换的例子，这种转换相对直接和容易。从十进制数到二进制数的转换相对复杂一些。需要使用迭代和尝试的方法，下面给出了一些例子。

让我们将45_d转换为二进制形式。

- 找到最接近但不大于45的十进制数，该十进制数是2的整次幂。
  $2^5 = 32$，$2^6 = 64$，我们可以使用的最大值是32。这意味着二进制数的第五位为1。
- 从原来的数中减去这个数，然后重复第一步的操作。
  $45 - 32 = 13$
  与2^3权值对应的位为1。
  $13 - 8 = 5$
- 重复第一步和第二步，直到余数是1或0。
  与2^2对应的值为1。
  $5 - 4 = 1$，第0位对应的值为1。

- 最终，根据不同的权值对应的数值，分别填入1和0，组成所需要的二进制数：
  $45_d = 101101_b$

5.8.4　十六进制数值系统

十六进制数值系统包括16个数字，分别是0、1、2、3、4、5、6、7、8、9、A、B、C、D、E、F。下面的表中给出了十六进制、十进制和二进制数之间的等价关系。用十六进制数表示二进制数是非常方便的，只需要从低位开始将二进制数每四个一组，分别替换为对应的十六进制数即可，此时可以大大缩短数值的位数。

十六进制	十 进 制	二 进 制
0	0	0000
1	1	0001
2	2	0010
3	3	0011
4	4	0100
5	5	0101
6	6	0110
7	7	0111
8	8	1000
9	9	1001
A	10	1010
B	11	1011
C	12	1100
D	13	1101
E	14	1110
F	15	1111

5.8.5　十六进制数和二进制数的转换

一个十六进制数转换为二进制数时，使用4位二进制数字分别代替每个十六进制数字即可。

例如：

$$FA23_h = 1111101000100011_b$$

$$20D_h = 001000001101_b$$

二进制数转换为十六进制数时，从右至左开始，每四位二进制数1组，分别转换为对应的十六进制数即可。

例如：

$$101111000001_b = 101111000001_b = BC1_h$$

$$11011010101_b = 011011010101_b = 6D5_h$$

5.9 加法和减法

在芯片设计或ASIC/SoC设计中，目前通常不会需要设计者去设计加法器，当在代码中使用“+”操作符进行两个变量相加的操作时，综合工具将自动生成加法器。高速CPU中的算术逻辑单元（ALU）需要使用专门的加法器、减法器和乘法器。下面我们将介绍不同类型加法器的基本构成，以便于进行权衡选择。

5.9.1 行波进位加法器

二进制加法

```
00101100      （加数1）
+
01001011      （加数2）
---------------------------
01110111      （总和）
```

两个比特相加时，它产生一个和值和一个进位输出，下面给出了4种可能的情况：

0 + 0：sum_out = 0，carry_out = 0
0 + 1：sum_out = 1，carry_out = 0
1 + 0：sum_out = 1，carry_out = 0
1 + 1：sum_out = 0，carry_out = 1

可以看出，当两个1相加时，产生一个进位输出1，所以进位输出可以通过两个输入位相“与”得到；当两个加数只有1个为1时，输出的和值为1，说明和值可以通过两个加数异或得到。

sum_out = a ^ b;
carry_out = a & b;

接下来，添加进位输入，修改后表达式为：

sum_out = a_in ^ b_in ^ c_in;
carry_out = (a_in & b_in)| ((a_in ^b_in) & c_in);

- 如果a_in和b_in都是1，那么carry_out将会是 1。
- 如果c_in是1，那么无论a_in还是b_in为1，则carry_out也将是1。

在上述加法器方案中，从右至左，每一级产生的进位传递到高一级的加法单元后该单元才能输出本级的计算结果，随着加数位宽的增加，得到最终计算结果的延迟会不断增大，从而限制了系统的最高运算速度。例如，两个加数是a_in[31:0]和b_in[31:0]，由于其位宽为32，计算延迟会比较大，加法器的工作频率会受到很大的限制。这种加法器被称为行波进位加法器，或者逐级进位加法器，如图5.42所示。

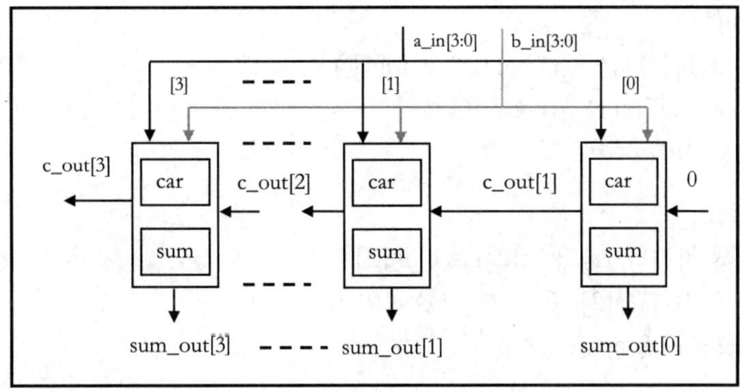

图5.42　行波进位加法器

5.9.2　超前进位加法

从上一节我们可以知道，加法器中每一级的和值sum_out和进位输出carry_out取决于前一级的进位输入和本级的输入，我们可以按照下面的方式得到每一级的进位输入：

```
c_in[1] = c_out[0]
        = (a[0] & b[0]);

c_in[2] = c_out[1]
        = (a[1] & b[1]) | ((a[1] ^b[1]) & c_in[1]));
        = (a[1] & b[1]) | ((a[1] ^b[1]) & (a[0] & b[0]));

c_in[3] = c_out[2]
        = (a[2] & b[2]) | ((a[2] ^b[2]) & c_in[2]));
        = (a[2] & b[2]) | ((a[2] ^b[2]) & ((a[1] & b[1]) | ((a[1] ^b[1]) & (a[0] & b[0])))));
```

通过不断地替换，我们可以仅根据当前的输入得到每一级的进位输出，这将大大提高电路的运算速度。这种方案称为超前进位加法器，可以看出，此方案需要的逻辑门数量较多。用户可以根据特定的需求选择合适的加法器（速度更快或资源消耗更小）。综合工具将根据综合约束（面积优化与时序优化）选择合适的加法器。

行波进位加法器和超前进位加法器是在许多电路中使用的基本的加法器。此外还有许多其他的专用快速加法器，用于实现超高速加法运算，如处理器中的ALU。

5.9.3　累加器

累加器是一种特殊的加法器。累加器的一个加数恒定为1。与完整的加法器相比，累加器所需要的逻辑门数要小得多。通过下面的式子我们可以看出它所需要的逻辑门数量确实比对应的加法器要少得多。

```
b[3:0]  = 4'b0001;

c_in[1] = c_out[0]
        = (a[0] & b[0])
        = a[0] & 1
        = a[0];
```

```
c_in[2] = c_out[1]
        = (a[1] & b[1]) | ((a[1] ^b[1]) & c_in[1]));
        = (a[1] & 0) | ((a[1] ^0) & (a[0]))
        = a[1] & a[0];

c_in[3] = c_out[2]
        = (a[2] & b[2]) | ((a[2] ^b[2]) & c_in[2]));
        = (a[2] & 0]) | ((a[2] ^0) & (a[1] & a[0])));
        = a[2] & a[1] & a[0];
```

5.10 乘和除

5.10.1 乘以一个常数

当一个乘数是常数时，乘法可以通过移位相加或移位相减来实现。移位操作不需要使用逻辑门，只需要改变连线方式即可实现。当一个乘数是2的整数次幂时，只需要将另一个乘数左移一定的位数即可，此时需要的逻辑门数量很少。下面是一些例子。

乘数为2的整数次幂时：

```
wire [7:0] a1;
wire [12:0] b1;

assign b1 = a1 << 1 = {4'b0000, a1[7:0], 1'b0};        // 2(a1)
assign b1 = a1 << 2 = {3'b000, a1[7:0], 2'b0};         // 4(a1)
assign b1 = a1 << 3 = {2'b00, a1[7:0], 3'b0};          // 8(a1)
assign b1 = a1 << 4 = {1'b0, a1[7:0], 4'b0};           // 16(a1)
assign b1 = a1 << 5 = {a1[7:0], 5'b0};                 // 32(a1)
```

乘数为非2的整数次幂时：

```
wire [7:0] a1;
wire [12:0] b1;
```

乘以9时：

```
assign b1 = a1*9 = (a1*8) + a1
                 = (a1<<3) + a1;
```

乘以10时：

```
assign b1 = a1*10 = (a1*8) + (a1*2)
                  = (a1<<3) + (a1<<1);
```

乘以14时：

```
assign b1 = a1*14 = (a1*8) + (a1*4) + (a1*2)
                  = (a1<<3) + (a1<<2) + (a1<<1);
```

乘以14时也可以通过移位和减法操作实现：

```
assign b1 = a1*14 = (a1*16) – (a1*2);
                  = (a1<<4) – (a1<<1);
```

5.10.2 除以常数(2的整数次幂)

当除数为常数（2的整数次幂）时，除法电路是很容易实现的，此时只需要进行移位操作即可，下面是一些例子。

除以2的整数次幂:

```
wire [7:0] a1;
wire [7:0] b1;

assign b1 = a1 >> 1 ={1'b0, a1[7:1]}; // 除以 2
assign b1 = a1 >> 2 ={2'b0, a1[7:2]}; //除以4
assign b1 = a1 >> 3 ={3'b0, a1[7:3]}; //除以8
assign b1 = a1 >> 4 ={4'b0, a1[7:4]}; //除以16
assign b1 = a1 >> 5 ={5'b0, a1[7:5]}; //除以32
```

5.11 计数器

5.11.1 加法/减法计数器

现在我们要设计一个满足以下要求的多功能计数器:

- 它可以根据输入信号enable_cnt_up和enable_cnt_dn进行加法计数和减法计数。
- 如果new_cntr_preset为高电平并保持一个时钟周期，则计数器被设置为新的预置值new_cntr_preset_value，它是减法计数时的初始值或者加法计数时的上限值。
- 如果enable_cnt_up或enable_cnt_dn有效，则计数器持续循环计数。在enable_cnt_up/enable_cnt_up的每个上升沿，计数器被载入初始值(减法计数时为最大值，加法计数时为0)。只要enable_cnt_up或enable_cnt_up有效，计数器将持续计数，当 pause_counting有效时，计数器值保持不变。
- 当pause_counting有效时，计数器停止计数并保持当前计数值。
- 当计数值达到结束标志时，计数器的输出端口ctr_expired有效。
- 计数值到边界后，它会自动加载预设值并重新开始计数。

设计的多功能计数器代码及仿真结果如下。

```
module          versat_updown_counter
                (clk, resetb,
                new_cntr_preset,
                new_cntr_preset_value,
                enable_cnt_up, enable_cnt_dn,
                pause_counting,
                ctr_expired);
// ****************************************************************
input           clk;
input           resetb;
input           new_cntr_preset;
input   [7:0]   new_cntr_preset_value;
input           enable_cnt_up;
input           enable_cnt_dn;
input           pause_counting;
output          ctr_expired;
reg     [7:0]   count255, count255_nxt;
reg     [7:0]   cnt_preset_stored;
wire    [7:0]   cnt_preset_stored_nxt;
```

```
reg                 ctr_expired;
wire                ctr_expired_nxt;
reg                 enable_cnt_up_d1, enable_cnt_dn_d1;
wire                enable_cnt_up_risedge, enable_cnt_dn_risedge;
// ************************************************************
assign     enable_cnt_up_risedge  = enable_cnt_up & ! enable_cnt_up_d1;
assign     enable_cnt_dn_risedge  = enable_cnt_dn & ! enable_cnt_dn_d1;

assign     cnt_preset_stored_nxt    = new_cntr_preset ?
                                  new_cntr_preset_value : cnt_preset_stored;

assign     ctr_expired_nxt = enable_cnt_up ?
                         (count255_nxt == cnt_preset_stored):
                         (enable_cnt_dn ? (count255_nxt == 'd0):
                         1'b0);
always @(*)
 begin
    count255_nxt    = count255;

    if (enable_cnt_dn_risedge)
            count255_nxt    = cnt_preset_stored; // initialize to max value
    else if (enable_cnt_up_risedge)
            count255_nxt    = 'd0;                  // initialize to 0
    else if ( pause_counting)
            count255_nxt    = count255;
    else if (enable_cnt_dn  && ctr_expired)
            count255_nxt    = cnt_preset_stored; // reload
    else if (enable_cnt_dn)
            count255_nxt    = count255 - 1'b1;
    else if (enable_cnt_up  && ctr_expired)
            count255_nxt    = 'd0;                  // reload
    else if (enable_cnt_up)
            count255_nxt    = count255 + 1'b1;
 end
always @ (posedge clk or negedge resetb)
 begin
    if (!resetb)  begin
            count255                <= 'd0;
            cnt_preset_stored       <= 'd0;
            ctr_expired             <= 1'b0;
            enable_cnt_up_d1        <= 1'b0;
            enable_cnt_dn_d1        <= 1'b0;
    end
    else begin
            count255                <= count255_nxt;
            cnt_preset_stored       <= cnt_preset_stored_nxt;
            ctr_expired             <= ctr_expired_nxt;
            enable_cnt_up_d1        <= enable_cnt_up;
            enable_cnt_dn_d1        <= enable_cnt_dn;
    end
 end
endmodule
```

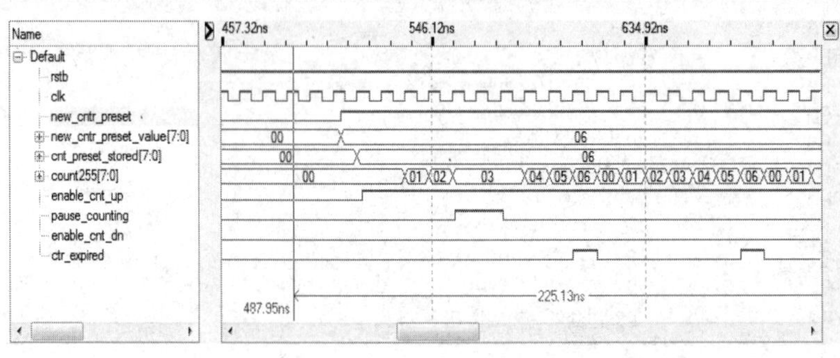

5.11.2　LFSR（线性反馈移位寄存器）计数器

LFSR（线性反馈移位寄存器）计数器通过重复出现的某个随机序列作为实现计数器的基础。与常规的计数器不同，它不进行常规的加法计数和减法计数。它由一组级联的移位寄存器加上由异或门或者异或非门构成的反馈构成。下面给出了LFSR计数器的特点、优点及不足。

- LFSR计数器工作速度更快，因为触发器之间不需要太多的组合逻辑。
- 计数序列是随机的。例如，一个3位LFSR计数器的计数序列可能为001、110、011、111、101、100、010，它不是按照二进制计数方式增加的（001、010、011、100、101、110、111）。
- 如果只使用最终的计数值来触发设计者所需要的操作，那么LFSF计数器所输出的随机序列不会造成使用困难，但如果需要使用多个中间计数值，那么这种随机序列将会造成应用上的困难。
- 计数器的计数序列通常具有（2^n-1）种状态。但是，它可以被设计成具有2^n个状态的计数器，此时需要使用$n+1$个触发器，然后截短输出序列。
- LFSR可以使用XOR反馈或XNOR反馈。当使用XOR反馈时，全零（例如，3位LFSR为000）是一个非法的状态。同样，当使用XNOR反馈时，全1（例如，3位LFSR为111）是一种非法的状态。
- 存在两种类型的LFSR（多到一、一到多）。对于多到一类型的，多个触发器的输出进行异或运算，输出结果进入一个寄存器。对于一到多类型的，一个触发器的输出进入异或函数，计算结果驱动多个触发器。
- 一到多类型的LFSR能够具有比多到一类型的LFSF更快的工作速度，因为它需要的组合逻辑级数更少。
- 图5.43为一个4位伽罗瓦LFSR计数器。

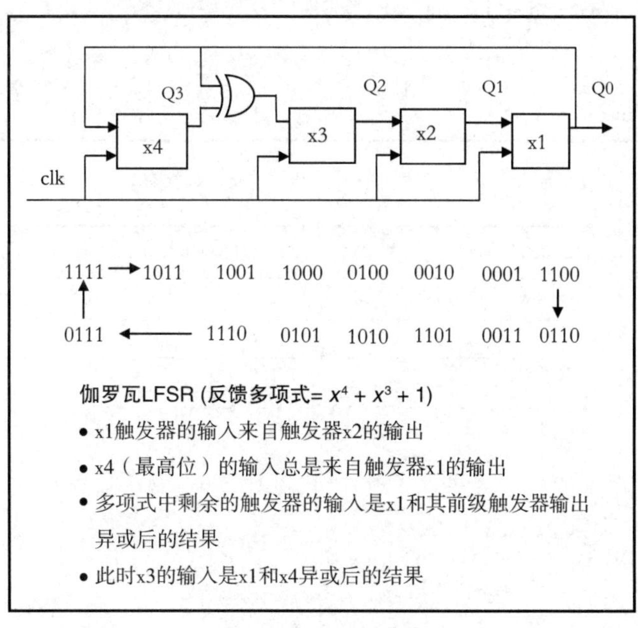

图5.43　LFSR计数器

LFSR计数器代码及仿真结果如下。

```
module          lfsr_counter
                (clk, resetb,
                new_cntr_preset,
                ctr_expired);
input           clk;
input           resetb;
input           new_cntr_preset;
output          ctr_expired;
reg     [3:0]   lfsr_cnt, lfsr_cnt_nxt;
wire    [3:0]   lfsr_cnt_xor;
wire            ctr_expired;

assign  lfsr_cnt_xor[0]  = lfsr_cnt[1];
assign  lfsr_cnt_xor[1]  = lfsr_cnt[2];
assign  lfsr_cnt_xor[2]  = lfsr_cnt[3] ^ lfsr_cnt[0] ;
assign  lfsr_cnt_xor[3]  = lfsr_cnt[0];

always @(*)
 begin
   if (new_cntr_preset)              // this part is optional
        lfsr_cnt_nxt      = 4'b1111;
   //else if (lfsr_cnt == 4'b1100)   // this part is optional (count 8)
        //lfsr_cnt_nxt    = 4'b1111;
   else
        lfsr_cnt_nxt      = lfsr_cnt_xor;
 end

always @ (posedge clk or negedge resetb)
 begin
   if (!resetb)  begin
        lfsr_cnt <= 4'b1111;
   end
   else begin
        lfsr_cnt <= lfsr_cnt_nxt;
   end
 end
assign ctr_expired= (lfsr_cnt == 4'b0111);
endmodule
```

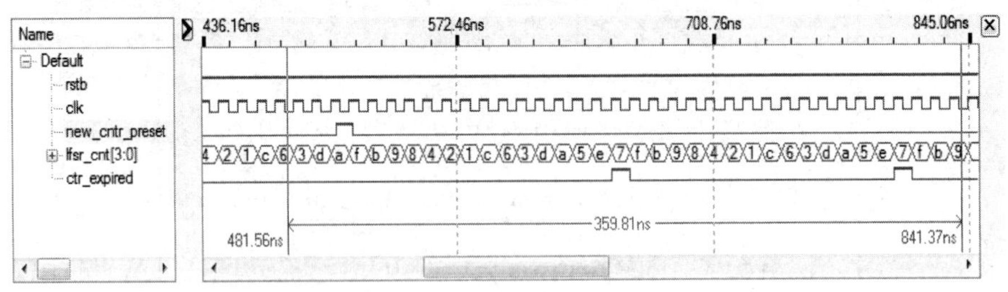

第6章　数字设计——基础模块

本章详细介绍了数字系统设计中常用的基础模块，例如，LFSR、扰码器/解扰器、检错与纠错电路、奇偶校验电路、CRC校验、格雷码编码/解码电路、优先级编码器、8b/10b编码/解码电路、移位寄存器、数据位宽转换电路，以及数据同步电路。本章所讨论的都是实际设计中常用的基本电路单元。

6.1　LFSR

6.1.1　引言

LFSR（线性反馈移位寄存器）用于产生可重复的伪随机序列PRBS，该电路由*n*级触发器和一些异或门组成。在每个时钟周期内，新的输入值会被反馈到LFSR内部各个触发器的输入端，输入值中的一部分来源于LFSR的输出端，另一部分由LFSR各输出端进行异或运算得到。

LFSR的初始值被称为伪随机序列的种子，其最后一个触发器输出的就是一个周期性重复的伪随机序列。由*n*个触发器构成的LFSR电路可以产生一个周期为2^n-1的序列。以3比特LFSR为例，触发器依次重复出现111，101，100，010，001，110及011这7种组合，最后一个触发器输出的就是一个周期为7的伪随机序列。目前有两类常用的LFSR电路：斐波那契LFSR与伽罗瓦LFSR，下面分别进行介绍。

6.1.2　斐波那契LFSR与伽罗瓦LFSR

斐波那契LFSR也可称为多到一型LFSR，即多个触发器的输出通过异或逻辑来驱动一个触发器的输入。与此相反，伽罗瓦LFSR为一到多型LFSR，即一个触发器的输出通过异或逻辑驱动多个触发器的输入。这两种电路都产生（2^n-1）序列，但是一到多型LFSR具有更高的速度，因为它的两个触发器之间仅使用一个异或门。图6.1至图6.3是3比特和4比特LFSR的具体电路。

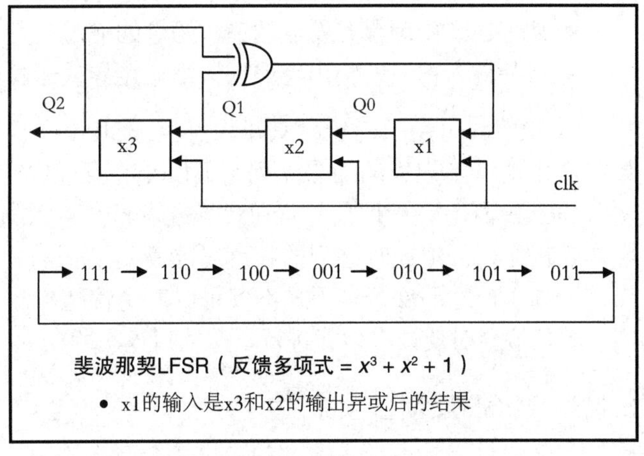

图6.1　斐波那契LFSR：$x^3 + x^2 + 1$

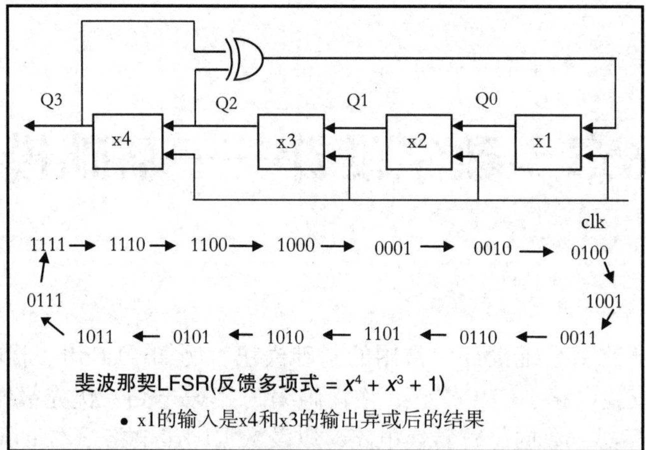

图6.2 斐波那契LFSR：$x^4 + x^3 + 1$

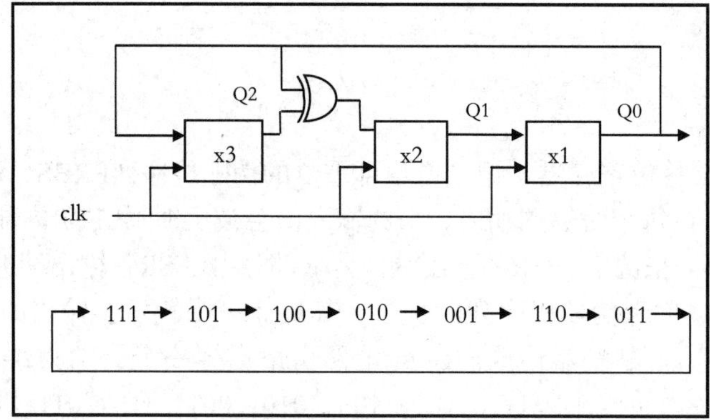

图6.3 伽罗瓦LFSR：$x^3 + x^2 + 1$

伽罗瓦LFSR（反馈多项式为$x^3 + x^2 + 1$）：

- 触发器x1的输入通常来自于触发器x2的输出；
- x3（最高项）的输入通常来自于x1的输出；
- 此多项式中剩余触发器的输入是x1的输出与其前级输出异或的结果；
- x2的输入由x1的输出与x3的输出通过异或运算得到。

LFSR电路可用于构建高速计数器，LFSR计数器与二进制计数器有何不同呢？二进制计数器产生重复且规整的输出序列，而LFSR计数器产生的序列是近似随机的。我们是否可以从LFSR链中任意位置取值并且通过异或逻辑产生伪随机序列呢？答案是肯定的，这样可以产生伪随机序列，但此时序列的长度可能不是最长的。换言之，对于由n个触发器构成的LFSR而言，选择合适的反馈多项式不仅可以产生伪随机序列，而且可以产生最大长度的伪随机序列。下一节会对反馈多项式进行了深入讨论。

6.1.3 LFSR反馈多项式

产生最大长度伪随机序列的反馈多项式如下表所示。表中给出了n取不同值时产生最大长度伪随机序列的反馈多项式。需要注意的是，对于任意给定的移位寄存器长度n，可能存在不止一个产生最大长度伪随机序列的反馈多项式。

触发器的个数 (n)	反馈多项式	周期 2^n-1	触发器的个数 (n)	反馈多项式	周期 2^n-1
2	x^2+x+1	3	18	$x^{18}+x^{11}+1$	262143
3	x^3+x^2+1	7	19	$x^{19}+x^{18}+x^{17}+x^{14}+1$	524287
4	x^4+x^3+1	15	20	$x^{20}+x^{17}+1$	
5	x^5+x^3+1	31	21	$x^{21}+x^{19}+1$	
6	x^6+x^5+1	63	22	$x^{22}+x^{21}+1$	
7	x^7+x^6+1	127	23	$x^{23}+x^{18}+1$	
8	$x^8+x^6+x^5+x^4+1$	255	24	$x^{24}+x^{23}+x^{22}+x^{17}+1$	
9	x^9+x^5+1	511	25	$x^{25}+x^{22}+1$	
10	$x^{10}+x^7+1$	1023	26	$x^{26}+x^6+x^2+x^1+1$	
11	$x^{11}+x^9+1$	2047	27	$x^{27}+x^5+x^2+x^1+1$	
12	$x^{12}+x^{11}+x^{10}+x^4+1$	4095	28	$x^{28}+x^{25}+1$	
13	$x^{13}+x^{12}+x^{11}+x^8+1$	8191	29	$x^{29}+x^{27}+1$	
14	$x^{14}+x^{13}+x^{12}+x^2+1$	16383	30	$x^{30}+x^6+x^4+x^1+1$	
15	$x^{15}+x^{14}+1$	32767	31	$x^{31}+x^{28}+1$	
16	$x^{16}+x^{14}+x^{13}+x^{11}+1$	65535	32	$x^{32}+x^{22}+x^2+x^1+1$	
17	$x^{17}+x^{14}+1$	131071			

6.1.4 LFSR的用法

LFSR具有广泛的应用，下面对其中的一些典型应用进行介绍。

LFSR计数器

LFSR可用于构建通过随机序列状态进行计数的计数器。与常见的计数器相比，LFSR计数器具有速度快、消耗逻辑门少的特点。

扰码器/解扰器

LFSR可用作扰码器来产生重复的比特图案。当重复间隔较大时，该比特图案看上去就像一个随机的比特序列。用户数据发送前和扰码器生成的序列进行异或，然后发出，此时发送的数据就是经过扰码的数据。接收电路与发送电路采用相同的多项式，这样，解扰器就可以将发送端原始的用户数据恢复出来。

LFSR还可应用于其他领域，如密码系统、BIST（内建自测试）、快速以太网及吉比特以太网等。

6.2 扰码与解扰

扰码可以对原始的用户数据进行扰乱，得到随机化的用户数据。发送电路在发送数据前先对数据进行随机扰乱，接收电路使用相同的扰乱算法重新恢复出原始的数据。

6.2.1 什么是扰码与解扰

扰码器使用LFSR实现，用来产生伪随机比特序列，它和串行输入的数据进行异或，从而实现对输入数据的随机化。正如我们在LFSR部分讨论过的，伪随机序列也是周期重复的，其周期长度取决于LFSR中触发器的级数和所选择的多项式。接收电路本地有一个和发送电路中相同的伪随机序列产生器，它产生的数据与接收数据进行异或，可以恢复出发端原始的串行数据。

这里用到了一个逻辑运算表达式：如果A ^ B = C，那么C ^ B = A。此处A为原始数据，B为扰码器的输出，C为扰码后的数据。如图6.4所示。

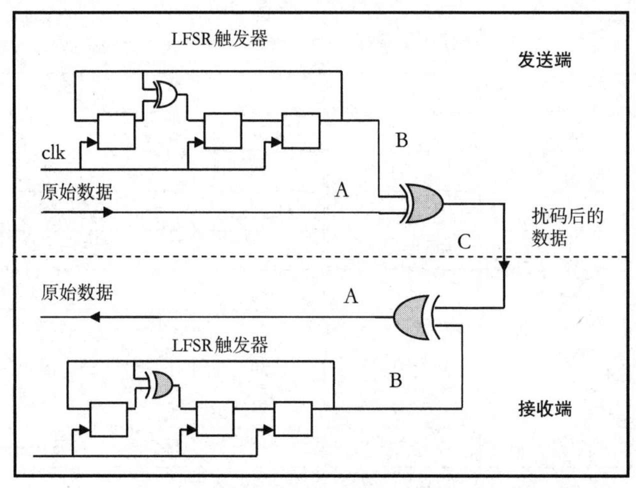

图6.4　扰码器/解扰器

6.2.2　扰码的作用

扰码有以下两个作用：

（1）扰码可以使重复的数据图案的频谱被展宽。例如，在数据流中重复出现序列10101010，这会导致高频离散频谱的出现从而产生较强的EMI（电磁干扰）。当进行扰码后，该数据被随机化，EMI噪声会大大减弱。

（2）扰码的另一用处是减少并行线路中的串扰。扰码可以使功率谱分布更为平滑和均匀，从而降低高频串扰。

6.2.3　串行扰码器

结合LFSR和6.1.3节中给出的多项式可以方便地设计串行扰码器。对于串行扰码器，一个时钟周期只有1比特的用户数据到达，每个时钟上升沿之后输出一位经过扰码后的数据，同时LFSR内部触发器的值被更新。然而，很多时候在一个时钟周期内到达多个比特的数据，此时我们需要设计并行扰码器，它可以在一个时钟周期内输入和输出多位数据。

6.2.4　并行扰码器

对并行数据加扰，遵循和串行加扰同样的算法。以每个时钟周期到达8位并行数据为例，LFSR伪随机序列产生器需要在每个时钟周期内产生8位随机数，同时扰码器在每个时钟周期内产生8位扰码后的随机数据。我们可以假定有一个8倍于当前并行数据工作时钟的虚拟时钟，在8个虚拟时钟周期之后，LFSR伪随机序列产生器可以产生8位数据（注意，LFSR伪随机序列产生器的输出与当前输入数据是无关的，与寄存器的当前状态有关），这8位数据与输入的8位原始数据进行异或，就可以得到并行扰码的最终结果。在后面的部分中，我们将对PCIe专用扰码器的实现进行讨论。并行扰码技术同样适用于16比特或32比特的并行数据。

6.2.5　扰码电路设计要点

我们讨论了如何对串行数据及并行数据进行加扰处理，然而，为了实现扰码电路，还需要注意以下三个要点。

（1）扰码器初始化

发送电路和接收电路必须可以独立地对扰码器和解扰器进行初始化，否则二者就不能实现同步，从而接收电路也无法恢复出原始数据。PCIe中使用了一个名为COM的字符，发送电路和接收电路都可以识别该字符，并在收到该字符后将电路中的扰码器置为预先约定的相同的初始值。这些COM字符被周期性地发送，使得收发双方能够同步或者对LFSR进行周期性的初始化。

（2）扰码器暂停

正常工作时，LFSR内部触发器的值在每个时钟周期都会进行更新，然而，LFSR应该可以被暂停更新。例如，在PCIe中，数据流中会添加或删除SKIP字符，并且SKIP字符的数量在中间处理过程中还可能发生变化。无论是发送电路还是接收电路，SKIP字符都是不需要进行扰码和解扰处理的，因此扰码电路和解扰电路应该可以在这些字符出现时进入“暂停”状态，“跳过”对它们的处理。

（3）扰码器去使能

扰码器还应该可以工作在LFSR内部寄存器不断更新，但不产生有效输出的状态。例如，在PCIe中，训练字符（TS1/TS2）未被加扰，但LFSR内部仍能不断更新。

6.2.6　PCIe扰码电路

PCIe扰码器（如图6.5所示）是一个16位LFSR，多项式如下：

- $G(x) = x^{16} + x^5 + x^4 + x^3 + 1$，它有16个LFSR触发器，图6.5是其具体电路；
- COM字符将LFSR初始化为16’hFFFF；
- SKP字符可以令其工作暂停。

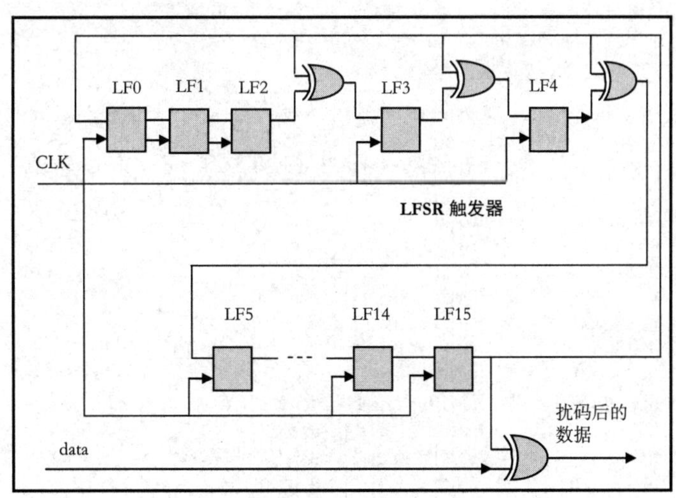

图6.5　PCIe扰码器

PCIe扰码器工作波形如图6.6所示。

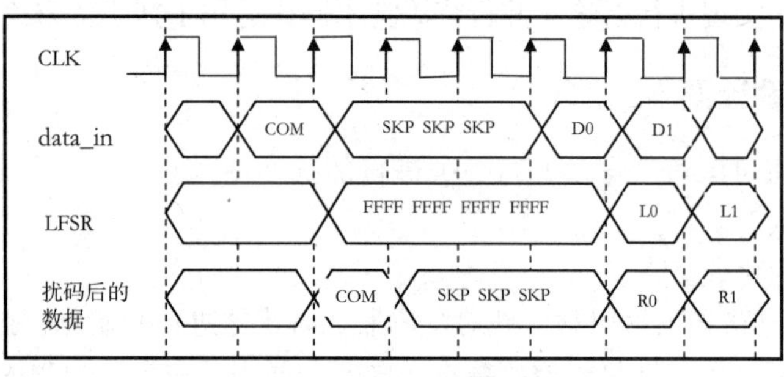

图6.6 PCIe扰码器工作波形

6.2.7 Verilog RTL-PCIe扰码器

// 每时钟周期处理8比特并行数据

```
module                  scrambler_8bits
                        (clk,
                        rstb,
                        data_in,
                        k_in,
                        disab_scram,
                        data_out,
                        k_out);
// ************************ ******************************
input                   clk;
input                   rstb;
input    [7:0]          data_in; // input data to be scrambled
input                   k_in;     // when 1, the input is a control character.
                                  // when 0, the data is regular data
input                   disab_scram;      // when 1 scrambling is disabled.
output   [7:0]          data_out;         // scrambled data output
output                  k_out;   // when 1 the output is a control character.
// ************************ ********************************
localparam              LFSR_INIT               = 16'hFFFF;

reg      [15:0]         lfsr, lfsr_nxt;
wire     [15:0]         lfsr_int;
wire                    initialize_scrambler, pause_scrambler;
reg      [7:0]          data_out, data_out_nxt;
wire     [7:0]          data_out_int;

/* First find the equations for the LFSR flops. Since there are 8 bits of data coming
as input, the LFSR flops value moves 8 times (as there is an imaginary clock running
8 times faster). Find the intermediate value. Refer to PCIe sepc for the following
algorithm */
assign  lfsr_int[0]     = lfsr[8];
assign  lfsr_int[1]     = lfsr[9];
assign  lfsr_int[2]     = lfsr[10];
assign  lfsr_int[3]     = lfsr[8]  ^ lfsr[11];
assign  lfsr_int[4]     = lfsr[8]  ^ lfsr[9]   ^ lfsr[12];
assign  lfsr_int[5]     = lfsr[8]  ^ lfsr[9]   ^ lfsr[10] ^ lfsr[13];
assign  lfsr_int[6]     = lfsr[9]  ^ lfsr[10]  ^ lfsr[11] ^ lfsr[14];
assign  lfsr_int[7]     = lfsr[10] ^ lfsr[11] ^ lfsr[12] ^ lfsr[15];
assign  lfsr_int[8]     = lfsr[0]  ^ lfsr[11] ^ lfsr[12] ^ lfsr[13];
assign  lfsr_int[9]     = lfsr[1]  ^ lfsr[12] ^ lfsr[13] ^ lfsr[14];
assign  lfsr_int[10]    = lfsr[2]  ^ lfsr[13] ^ lfsr[14] ^ lfsr[15];
assign  lfsr_int[11]    = lfsr[3]  ^ lfsr[14] ^ lfsr[15];
```

```
assign  lfsr_int[12]       = lfsr[4]  ^ lfsr[15];
assign  lfsr_int[13]       = lfsr[5];
assign  lfsr_int[14]       = lfsr[6];
assign  lfsr_int[15]       = lfsr[7];

// now use the special handles to define lfsr_nxt[15:0]
// *********************************************
assign  initialize_scrambler = (data_in == 8'hBC) && (k_in == 1); //COM char
assign  pause_scrambler     = (data_in == 8'h1C) && (k_in == 1); // SKP char
always  @(*)
 begin
        lfsr_nxt = lfsr;

        if (disab_scram | pause_scrambler )
                lfsr_nxt = lfsr;
        else if (initialize_scrambler)
                lfsr_nxt = LFSR_INIT;
        else
                lfsr_nxt = lfsr_int;
 end
// flop inference
always  @(posedge clk or negedge rstb)
 begin
        if(!rstb)
                lfsr        <= LFSR_INIT;
        else
                lfsr        <= lfsr_nxt;
 end
// Now we need to perform the XOR operation with the input data_in to derive
// scrambled data, First derive data_out_int[7:0]
// ****************************************************************
assign  data_out_int[0]  = data_in[0]     ^ lfsr[15];
assign  data_out_int[1]  = data_in[1]     ^ lfsr[14];
assign  data_out_int[2]  = data_in[2]     ^ lfsr[13];
assign  data_out_int[3]  = data_in[3]     ^ lfsr[12];
assign  data_out_int[4]  = data_in[4]     ^ lfsr[11];
assign  data_out_int[5]  = data_in[5]     ^ lfsr[10];
assign  data_out_int[6]  = data_in[6]     ^ lfsr[9];
assign  data_out_int[7]  = data_in[7]     ^ lfsr[8];

always  @(*)
 begin
        data_out_nxt     = data_out_int;

        if (disab_scram || k_in) // scrambling disabled or input control character
                data_out_nxt     = data_in;
        else
                data_out_nxt     = data_out_int;
 end

// flop inference
// **************
always  @(posedge clk or negedge rstb)
 begin
        if(!rstb)
                data_out <= 'd0;
        else
                data_out <= data_out_nxt;
 end
endmodule
```

6.3 检错与纠错

在过去的50到60年中，检错与纠错技术有了长足的发展。现今我们对检错和纠错理论有了更好的理解，并且该理论还在不断的发展。编码理论已经成为一个特殊的技术领域，主要研究检错与纠错技术及其背后的数学理论。这里我们将从应用角度讨论不同的检错与纠错技术，不过多地涉及数学细节。

在通信中，错误检测是第一步，错误纠正是第二步。在进行点对点数据传输或数据存储时可能发生错误。由于信道噪声的影响，当数据通过无线或有线通信媒介传输时，数据中会出现比特错误。接收到数据时，接收设备应检查数据是否在传输过程中发生了错误（如何检错将在后面进行探讨）。另外，当数据存储在CD、硬盘、DRAM存储器或闪存中时，部分比特会由于不同原因而发生跳变，当我们读出这些数据时，应检测数据是否存在错误。

数据错误可能不会造成什么影响，也可能会导致严重的后果。如果我们听CD上的音乐，当出现比特错误时，会影响音乐质量。然而，如果列车的信号数据出错，后果将会是致命的。考虑到严谨性与重要性，我们会采用不同的检错及纠正方法。

6.3.1 检错

数据以0、1比特序列的方式进行传输，为了能够发现错误比特，我们需要额外添加一些数据与原始数据一起传输，这些额外比特通常称为冗余比特。就净荷而言，这些比特是冗余的，因为它们不是真正的用户数据，然而它们对于检错与纠错来说却是至关重要的。这些冗余比特不是完全随机的，它们与数据比特之间具有数学相关性。如果一些比特出错（1变为0，0变为1），我们可以通过这些冗余比特及其与数据比特的数学相关性判断出是否发生了错误。如果冗余比特数量达到一定程度，我们就不仅可以发现错误，还可以纠正这些错误。

奇偶校验是我们通常使用的一种检错方式，它是通过添加1个奇偶校验位来实现的。例如，我们可以为每7个数据比特添加1个奇偶校验比特，构成一个8比特组。如果采用偶校验方式，那么每个8比特组中1的个数为偶数，对于奇校验方式，每个8比特组中1的个数为奇数。在接收端，接收电路针对每个8比特组计算1的个数，如果1的数量不符合规则，则可以确定其中出现了错误。这种编码方式可以发现奇数个比特错误，不能发现偶数个比特错误。奇偶校验可以发现奇数个比特错误，但不能找出发生错误的具体位置，因此不能实现纠错功能。

CRC校验是数据包传输中常用的检错机制。在PCIe、以太网或者SATA中的数据帧被传输之前，CRC校验模块针对数据帧中的原始数据计算一个校验结果并与数据帧一同传输。接收电路重新计算CRC值，并且将其与接收到的CRC值进行比较。如果二者不匹配，就认为数据包中出现了错误，否则认为数据帧正确。在这些协议中，CRC校验用于发现错误。对于大多数应用来说，发现错误即可，不必对错误进行纠正。当接收电路发现CRC错误时，可以通过上层协议进行数据帧的重传。

6.3.2 错误纠正

对于一些应用，仅仅发现错误是不够的。它们需要既可以发现错误，又可以纠正错误。对于存储设备来说，在没有纠错手段的情况下，如果一些比特位发生了错误，那么就不会有其他的方法（如重传）来纠正这些错误，无论读多少遍都不会实现纠错。在一些通信系统中，纠错也是十分重要的。在过去的半个多世纪中，大量的研究工作都集中于纠错编码技术。在此，让我们先对通信系统有个基本的理解，并且清楚哪些方面是需要纠错技术的。

图6.7中的数据压缩部分用于对原始的用户数据进行压缩，减少需要传输或存储的数据量。数据加密单元可以对用户信息进行加密，避免非法用户截获数据后恢复出原始的用户信息。差错编码单元通过增加冗余数据对加密后的数据进行检错或纠错编码。调制器将基带数据调制为适合信道传输的线路信号，在有线或无线介质中传输，传输过程中会由于噪声等原因引入错误。

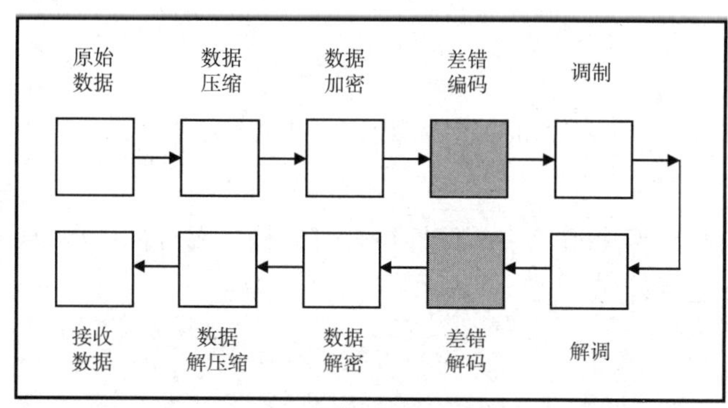

图6.7　传输系统基本模型

接收端以相反的方式处理接收到的信号。解调器负责将模拟信号转换成数据比特流。差错解码单元会检查数据中是否出现了错误，如果是纠错编码，那么还可以进行纠错。需要说明的是，差错解码单元的纠错和检错能力与其具体编码方式和错误本身的特点（如单个错误还是连续突发错误）都有直接关系。解密和解压缩单元对接收的数据进行解密和解压缩处理，并最终得到接收数据。下面我们将重点讨论检错和纠错技术。

6.3.3　纠错编码

纠错编码分为两种，如图6.8所示，一种是块状编码（简称为块状码或分组码），一种是卷积编码（简称为卷积码）。

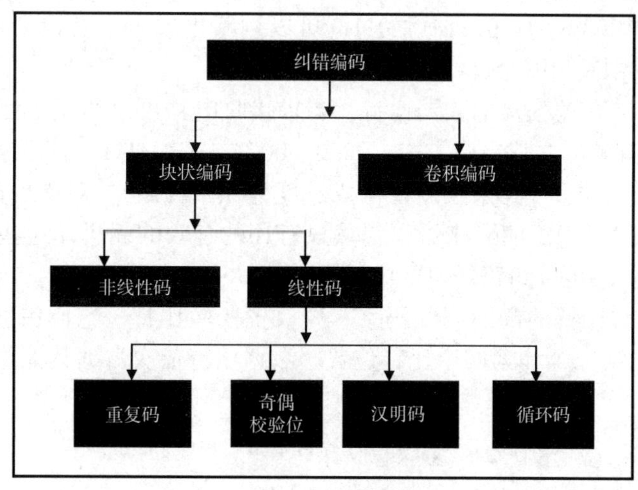

图6.8　纠错编码

块状码

进行块状编码时，需要将用户数据划分成固定长度的组，针对每一组计算并添加冗余比特。我们以Flash（闪存）为例，其内部的数据被划分为512比特（每一块数据的比特数$n = 512$）的块，针对每个块有k个按照一定算法生成的冗余比特。这些冗余比特是根据n比特数据产生的奇偶校验比特。数据比特（n）及冗余比特（k）共同构成编码字，这$n + k$比特被存储在闪存中。从闪存中读出数据时，$n + k$比特被读出，此后需要根据编码规则进行错误纠正。在块状码中，两个编码块之间不存在相互关联，每个数据块独立地进行错误纠正，与其他数据块无关。

卷积码

与块状码不同，卷积编码的当前编码输出不仅与当前输入有关，还与此前的输入有关。

线性编码

它是块状码的一种，两个编码字的线性组合可以构成另外的编码字，汉明码是线性码的一种，下一节将对此进行讨论。

6.3.4 汉明码

汉明码是一种线性码，对于一个长度为2^n比特的编码块，有n个冗余比特，其余的为数据比特。常用的汉明码有（7, 5）和（15, 11）。（7, 5）汉明码表示编码块长度为7，其中包括4个数据比特和3个冗余比特。每个冗余比特都是部分数据比特按照一定方式进行异或运算（等效于选择部分比特进行奇偶校验运算）得到的。汉明码是一个线性编码集合，每个编码块都可以检测出两个以内的比特错误，可以纠正单比特错误。

汉明间距（d）：两个编码块中对应位不同的比特数量。下面是一些例子：

- 000与111的d为3，即这两串比特间不同比特的个数为3。
- 0000与1111的d为4，即这两串比特间不同比特的个数为4。
- 最小汉明间距（d_min）是所有编码字中汉明距离最小的那个汉明间距。

对于最小汉明距离为d的编码，可以检测出$d - 1$个比特错误，可以纠正（d_min-1）/2个比特的错误。例如，000变为110，101，011，可以判断出编码中有错误发生。如果000变为010或001，那么可以判断出哪个比特发生了错误。

例如，我们的目标是发送4个数据比特，要求接收电路可以纠正任何单比特错误。对于4个比特，共有16种有效的比特组合方式，0000，0001，…，1111。接下来，根据编码规则，需要为每个比特组合增加3个冗余校验位构成长度为7的编码字。对于普通的7比特编码，共有128种组合方式，但对于汉明码来说，仍然只有16种有效的编码，这些编码之间的最小汉明距离为3，此时接收端可以纠正任何单比特错误。

为了形成长度为7比特的汉明码编码字，先放置校验比特，它们占据位置（2^0，2^1和2^2），即为第一个、第二个和第四个比特位置。数据比特依次占据其他比特位置构成完整的代码字。

编码字位置：7th 6th 5th 4th 3rd 2nd 1st
数据/校验比特：d3 d2 d1 p2 d0 p1 p0

在上表中，d表示数据比特，p表示校验比特。校验比特应满足下面的式子。

校验比特p0的计算公式：

p0+d0+d1+d3=0（应该得到偶校验结果）

校验比特p1的计算公式：

p1+d0+d2+d3=0

校验比特p2的计算公式：

p2+d1+d2+d3=0

根据所给出的三个公式，可以计算出汉明码的全部编码字。下表为汉明距离为3的7比特编码字列表，编码字中加粗显示的是数据比特，剩下的是校验比特。通过观察，我们可以发现所有编码字的最小汉明距离都为3。

数据比特	编码字
0000	**0000**000
0001	**0000**111
0010	**0011**001
0011	**0011**110
0100	**0101**010
0101	**0101**101
0110	**0110**011
0111	**0110**100
1000	**1001**011
1001	**1001**100
1010	**1010**010
1011	**1010**101
1100	**1100**001
1101	**1100**110
1110	**1111**000
1111	**1111**111

可以看出，为了纠正错误，编码字中需要有相对较多数量的校验比特和相对较少的数据比特。对于（7, 4）汉明码，其有效净荷占4/7 = 57%；对于（15, 11）汉明码，其有效净荷占11/15 = 73%。

在纠正单比特错误时，校验比特数量p和数据长度d之间的关系为：$p = \log_2 d + 1$。

我们以闪存中使用的512比特的数据块的校验为例，令$d = 512$，则$p = \log_2 512 + 1 = 10$。编码字中的数据长度越大，则编码效率越高（512/522 = 98%）。然而，这会造成错误纠正能力的降低。此时可以在512比特中纠正单比特错误。错误纠正能力越强，有效负荷所占的比例就会越低。在实际应用中，在冗余度可接受的情况下，错误纠正能力越强越好。

自1950年汉明码被一个美国数学家理查德·汉明发明后，还有很多种块状码方式被发明出来。需要注意的是，在实际应用中，编码技术和解码技术是同时需要的，并且解码技术通常更为复杂一些。下一部分将讨论汉明码在DDR存储器中的应用。

6.3.5 汉明码应用举例——DDR ECC

DDR存储器中使用了（72, 64）汉明码作为纠错码，DDR存储器由多个宽度为8比特的存储芯片（DIMM）构成。DDR存储器的数据位宽通常为64比特（由8个DIMM并行实现）。为了发现并纠正单比特错误，我们需要7个冗余的ECC（Error Correction Code，纠错编码）比特。ECC比特被存储在独立的DIMM中。ECC比特产生于编码阶段，与数据一同被写入存储器中。当从存储器中读取数据时，ECC比特一同被读出，并被译码器用来发现两个比特的错误，纠正一个比特的错误。

编码

对于一组数据比特，发送电路产生校验比特（CB），并将其与数据比特一同发送。

- 每个时钟周期DDR控制器将64位比特数据写入外部存储器（DIMM）中；
- 对于64位比特数据，我们需要生成7位校验比特；
- 通常这些CB被写入一个独立的DIMM中（因为DIMM可以存储8比特，因此产生8个CB，而不是7个）；
- 这些CB称为CB0，CB1，CB2，CB3，CB4，CB5，CB6及CB7；
- 存储CB的DIMM中的冗余比特不是用户数据，它们可以被用来发现2比特的错误和纠正单比特的错误；
- 每个周期，存储控制器持续产生CB，并与对应的数据比特同时写入DIMM中。

解码

- 当存储控制器从DIMM中读取数据时，也同时读取存储在独立DIMM中的8比特CB。
- 用于读取数据的地址同样被用来读取CB，这样读出的CB和所读出的数据就是一一对应的；
- 译码操作包括3个步骤：
  - 特征字产生
    - 使用读出的数据字段及CB比特，产生8比特特征字（sd0，sd1，sd2，sd3，sd4，sd5，sd6，sd7）。
  - 产生掩码
    - 产生64位掩码（mask[63:0]）；
    - 该掩码与数据字段进行异或运算生成最终数据。
  - 数据纠错及检错
    - 数据中没有错误时，掩码中所有比特皆为0，所读出的数据与掩码进行异或不会改变数据内容；
    - 如果数据中有单比特错误，掩码中与错误比特位置对应的掩码比特值为1，其余比特为0。进行异或操作后，其余比特不会改变，但错误比特被取反，实现了误码纠正（如果读出的数据为0，其与1异或后得到1，如果读出的数据为1，其与1异或后得到0）；
    - 如果有两个比特出错，则其掩码比特保持为0，不会进行错误纠正，该数据保持不变。

6.3.6　BCH编码

- BCH编码是循环码的一种，由Hocquenghem在1959年发明；
- BCH编码可以纠正编码块中的多个比特错误；
- 二进制BCH编码的首次译码由Peterson在1960年实现，其所使用的译码算法目前已经被其他算法优化和改进（Berlekamp，Massey，Chien，Forney等），分别被称为Berlekamp-Massey算法、Chien查找算法、Forney算法等。
- BCH编码广泛地用于存储设备，如硬盘、固态盘、CD及DVD中。

对于任何确定的整数$m(m \geqslant 3)$及$t(t < 2^{m-1})$，存在一个具有如下特性的BCH编码：

- $n = 2^m-1$（n为编码字的比特长度）；
- k = 数据比特个数；
- 校验位数量，$(n - k) \leqslant mt$；
- 最小汉明距离，$d\_min \geqslant 2t + 1$。

BCH编码用BCH（n, k, t）表示，n为编码字长度，k为数据比特个数，t是可被纠正的错误比特数。下面通过几个例子对BCH编码加以说明。

例子：BCH（63，45，3）

这意味着对于45个数据比特的码块，如果我们希望能够纠正任何3个及以内的比特错误，此时需要18个校验位，最终编码字的长度为63比特。如果我们需要牺牲纠错能力，提高数据比特所占的比例，可以选择BCH（63，51，2）。此时，编码字段长度为63时，数据长度为51比特，可以纠正2比特的错误。也就是说，根据特定的需要（纠错能力、编码字段中数据所占的比例、编码块长度），我们可以设计出所需要的编码。BCH（63，45，3）编码示例如图6.9所示。

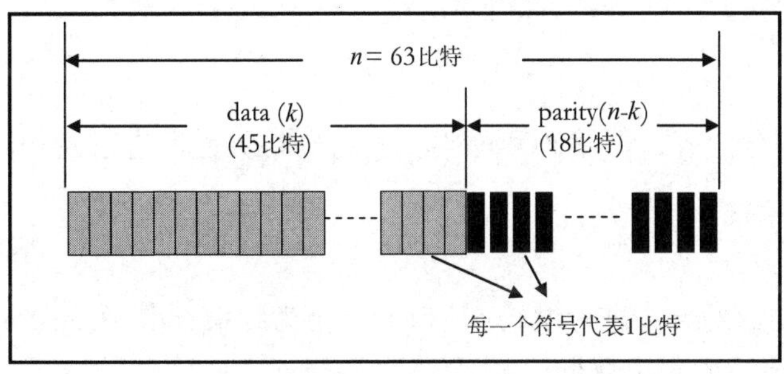

图6.9　BCH编码示例

6.3.7　里德-所罗门编码

- 里德-所罗门编码（R-S编码）由伊万斯·里德及古斯塔夫·所罗门在1960年发明，如图6.10所示；
- R-S编码可以发现多个符号（symbol）错误，这与BCH编码能够发现多个比特错误是不同的；
- R-S编码不是二进制循环码，它所面对的不是比特，而是由多个比特构成的符号；
- 由于它能够纠正多个错误符号（每个符号可以涵盖多个连续的比特），因此适用于纠正突发错误；

- R-S编码被用到CD，DVD，及WiMAX等领域；
- R-S编码被表示为RS（*n*, *k*），*n*为编码字总个数（包括数据符号及校验符号），*k*为数据符号个数，这意味着有*n* – *k*个校验符号；
- 以一个比较流行的R-S编码RS（255，223）为例：
  - 译码器能纠正编码字中任何位置上出现的16个符号错误，通常为校验符号数的一半；
  - 其中包括32个校验符号，译码器可以纠正任意16个符号错误（可以是数据符号、校验符号或各占一部分）；
  - 当一个符号中有一个比特、全部比特或任意比特发生错误时，我们说一个符号发生了错误。

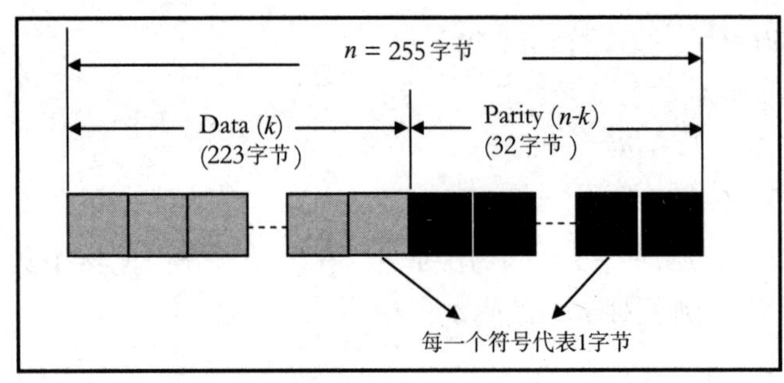

图6.10 R-S编码

6.3.8 LDPC编码

- LDPC（Low Density Parity Check）的含义是低密度奇偶校验编码；
- LDPC编码又称为Gallager编码，以Robert G. Gallager命名，是他在1960年麻省理工的博士论文上提出的；
- LDPC编码被用在802.11系列规范中。

6.3.9 卷积码

卷积码包含两部分内容，即编码和译码。发送电路对数据进行卷积码编码，接收电路对数据进行卷积码译码。

编码

- 编码器按滑动窗的方式进行编码，窗口的大小为约束长度（Constraint Length，CL），窗口内有CL个比特的用户数据；
- 根据窗口内的CL个用户比特计算出*r*个奇偶校验比特（或者简称为校验比特）；
- 校验结果被发出，而不是数据比特；
- 滑动窗向右移动一个比特，再次计算出*r*校验比特，并将其传输；
- 继续该过程直到将所有数据比特覆盖；
- 滑动窗每次移动一个比特，移动后的窗口内有一个新进入的比特和CL–1个此前的比特，它们决定了下一个校验结果；
- 以CL = 3，*r* = 2为例，这意味着窗的大小为3比特，每个滑动窗内的数据比特产生两个校验比特；
- 需要注意的是，每次滑动窗移动都会产生*r*个输出比特，传输编码后的数据需要更大的带宽，这会降低带宽利用率，因此*r*不能任意大，否则会导致编码效率过低。

接下来讨论译码器恢复原始数据并实现纠错的过程。

译码

- 接收电路不会接收到原始数据，只能接收到校验比特，并且一些校验比特在传输过程中还有可能出错；
- 需要明确的是，当前收到的校验比特与前面所讲的块状编码中的校验比特不同，此时的校验比特与它之前的校验比特之间存在数学关系；
- 接收电路需要根据接收的校验比特反过来推测发送窗口内的比特序列；
- 采用最大似然译码技术来反推出最有可能的发送数据序列（最大似然序列）；
- 根据最大似然序列及其接收到的校验比特，重构初始数据流并纠正传输过程中出现的错误；
- 如果没有错误，接收到的校验比特可以被用来重构出原始数据；
- 如果有错误，找出最可能的原始数据；
- 换言之，接收电路观察收到的n个校验比特，计算发送端能够产生的所有可能的n比特组合，然后将接收到的n个校验比特与本地计算的所有可能的校验比特组合进行一一对比，找出与接收的n个比特具有最小汉明距离的组合，该组合所对应的原始编码数据就是接收端恢复出来的原始数据；
- 译码器的三个主要任务：找到所有可能的有效校验比特流，找到这些校验比特流与输入比特流的汉明距离，选择与输入比特流具有最小汉明距离的本地校验比特流；
- 我们可以发现，当n增大时，n个比特可能组合而成的序列数量将呈指数增加，同样，需要进行的汉明距离计算量也大大增加；
- 找出所有可能的组合是不切实际的，需要更为可行的译码方式。

6.3.10　卷积译码

如前所述，找到所有可能的校验序列组合是不现实的。Trellis结构和Viterbi译码算法有助于实现可行的译码电路。Trellis结构列举了发送端所有可能的数据编码处理路径。假如开始时我们有一个3比特的编码窗口，每次窗口移动时进入窗口的是一个0或1，Trellis结构可以显示所有可能经过的编码路径。以3比特窗口及比特序列1001为例，图6.11中加黑部分给出了从开始到传输结束所经过的状态，加黑部分整体构成了一个编码路径。

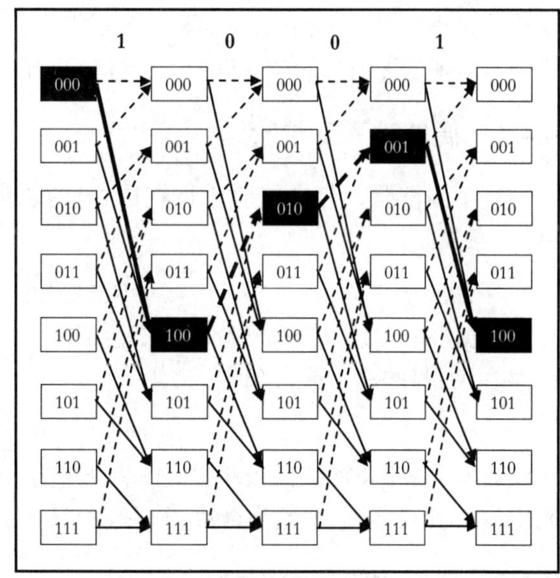

图6.11　Trellis结构

然而，译码器并不知道发送端的编码路径，只能进行猜测。Viterbi译码器通过本地维护的Trellis结构，在存在传输误码的情况下，通过将接收数据和本地所维护的Trellis结构中的路径进行对比，可以找出最有可能的编码路径。

当存在错误比特时，接收端的译码路径与无误码的路径不同。Viterbi算法计算出每个节点上可能的错误，然后对一条译码路径上的所有错误进行相加，并与其他可能的译码路径上的累积误差进行比较，最后找出一条错误最小的路径。在此，我们不介绍Viterbi算法的具体细节。

6.3.11 软判决与硬判决

通信系统中，数字比特流调制成模拟信号后进行传输。在接收端，通过对模拟输入采样来决定在每个周期它是1还是0。采用硬判决时，接收的模拟电平与固定的阈值进行比较，判断接收的是1或0。例如，将阈值设定为0.5 V，那么大于0.5 V时判决为逻辑1，低于0.5 V时判决为逻辑0。如果对接收的电平采样后得到的电平值与0.5 V偏差较远，那么这种判决方式是可行的，例如，采样电平为0.8 V，那么可以将其判断为1，如果采样电平为0.2 V，可以将其判断为0，此时这种硬判决方式得到的判决结果是可信的。

但如果采样电平在阈值附近（如0.55 V），我们就很难确定其是1还是0了，此时再采用上述判决方式就有可能带来较大的误码率。上述这种判决方式被称为硬判决，此时对电平的判决仅仅依靠其自身的电平，没有利用接收的比特流之间的相关性（编码方式带来的接收数据之间的相关性）对其进行综合判断。

软判决就是除电平信息之外，还要结合接收信号所采用的编码方式，对接收的采样信号进行综合判断，得出最有可能的判决结果，这种方式被称为软判决。目前软判决得到了广泛的应用，通常可以采用DSP实现，以提高系统的纠错能力。

6.4 奇偶校验

奇偶校验是一种简单、实现代价小的检错方式，常用在数据传输过程中。对于一组并行传输的数据（通常为8比特），可以计算出它们的奇偶校验位并与其一起传输。接收端根据接收的数据重新计算其奇偶校验位并与接收的值进行比较，如果二者不匹配，那么可以确定数据传输过程中出现了错误；如果二者匹配，可以确定传输过程中没有出错或者出现了偶数个错误（出现这种情况的概率极低）。奇偶校验包括奇校验和偶校验两种类型。

6.4.1 偶校验和奇校验

对于偶校验，包含校验比特在内，1的总数是偶数。在奇校验中，1的总数则为奇数。例如：

data_in[7:0] = 1010_1011

在该数据串中有5个1，偶校验时，校验结果为1，这样1的总个数为偶数；在奇校验时，校验比特为0，使得1的总个数为奇数。又如：

data_in[7:0] = 0000_1111

在该数据串中有4个1，偶校验时，校验结果为0，使得1的总个数仍为偶数；在奇校验时，校验比特为1，使得1的总个数为奇数。

6.4.2 奇偶校验位的生成

将所有的用户信息按比特异或可以得到偶校验结果，将偶校验结果取反就可以得到奇校验结果，具体电路如图6.12所示。

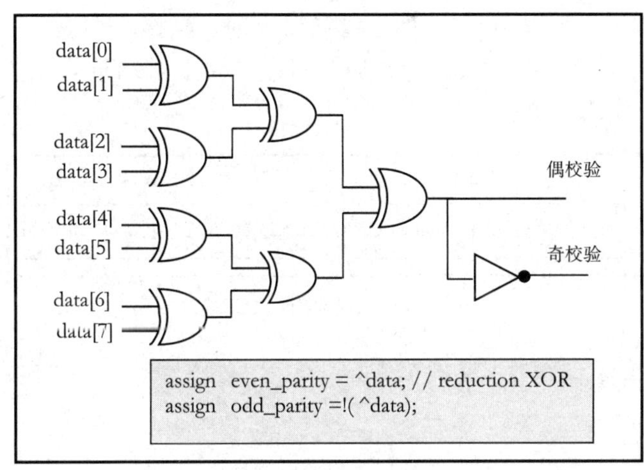

图6.12　奇偶校验位的生成

6.4.3　奇偶校验的应用

在具体应用奇偶校验时，在发送端，奇偶校验电路计算每一组发送数据的奇偶校验位，将其与数据一起发送；在接收端，奇偶校验电路重新计算所接收数据的奇偶校验值，并将其与收到的校验值进行比较，如果二者相同，可以认为没有发生错误，如果二者不同，可以认为发生了传输错误。需要说明的是，如果错误比特数为偶数（2，4，6等），那么奇偶校验是无法发现这类错误的。例如，发送的数据为8'b1010**10**11，此时计算出的偶校验值是1。如果在传输中比特3和比特2的值从10跳变为01，那么此时接收到的数据为8'b1010**01**11，接收的偶校验值仍然为1。对接收的数据进行偶校验计算，得到的结果仍然为1，这与收到的校验值是相同的，接收电路无法检测出接收数据中出现的错误。

目前还有很多检错能力更强的编码方式，如CRC（循环冗余校验）。奇偶校验常常用在芯片内部数据传输或者外部数据总线上的数据传输中，如传统的PCI总线中就使用了奇偶校验。CRC更适用于以帧为单位的数据传输中（如PCIe）。奇偶校验结果需要和原始数据一起在每个时钟周期进行传送，而针对每个帧的CRC校验结果，通常出现在一个帧的尾部，跟随数据帧一起传输。

虽然奇偶校验能够发现单比特错误，但却不能纠正任何错误。前面描述过的纠错码（Error Correction Codes，ECC）可以发现并纠正错误。下一节将对CRC进行详细分析。

6.5　CRC（循环冗余校验）

6.5.1　CRC介绍

CRC（Cyclic Redundancy Check，循环冗余校验）是数据帧传输中常用的一种差错控制编码方式，针对要发送的数据帧，使用一些特定的多项式可以计算出CRC校验结果，CRC校验结果和原始数据一起传输到接收端，如图6.13所示。接收端在接收数据的同时按照相同的多项式对接收数据进行校验运算，并将校验结果和接收的结果进行对比，如果二者相同则认为没有发生传输错误；如果不同，则认为是发生了传输错误。从理论上说，如果接收端计算出的CRC值与接收到的CRC值匹配，数据中仍有出错的可能，但由于这种可能性极低，在实际应用中可以视为0，即没有错误出现。当接收端CRC不匹配时，接收端可以采取不同的措施，例如，丢弃数据包并通知对端，要求对端重新发送，或者只进行丢弃处理，通过高层协议实现数据的重传。

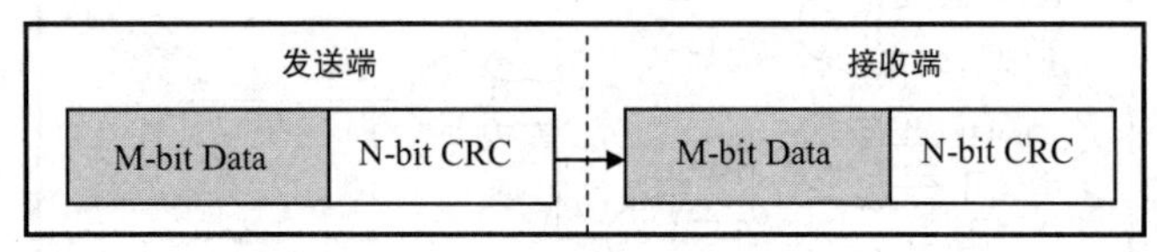

图6.13　数据净荷及CRC

6.5.2　串行CRC计算

计算CRC步骤如下：

- 选择一个CRC算法或生成多项式，如CRC8-CCITT的生成多项式表示为（x^8+x^2+x+1）；
- CRC8硬件上由8个触发器实现，整合为一个移位寄存器，称为CRC寄存器，如图6.14所示；
- 计算CRC之前，CRC寄存器初始化为一个已知的值，称为CRC初始值；这里要求确定的初始值，因为接收端的CRC校验电路需要使用和发送端相同的初始值；
- CRC寄存器初始化之后，每个时钟都有一个数据比特输入，与当前寄存器的值共同参与计算；CRC校验电路中，一些寄存器的输入直接来自前级的输出，有的是前级的输出与当前输入数据进行逻辑运算的结果；
- 在每个周期，新的数据不断输入，CRC寄存器不断更新，直到最后一个输入比特到达；
- 当最后一个数据比特到达时，CRC内部所存储的就是最后的CRC校验结果；
- 正如上面提到的，CRC校验结果的位宽取决于具体的CRC算法。例如，CRC5-USB中的CRC校验结果为5比特，CRC8-CCITT中的CRC校验结果为8比特；
- 在最后1个数据比特发出后，存储在寄存器中的CRC校验结果逐比特依次输出，直至最后一个比特。可以看出，校验结果紧跟在用户数据后面输出；

以下是CRC8-CCITT算法图：

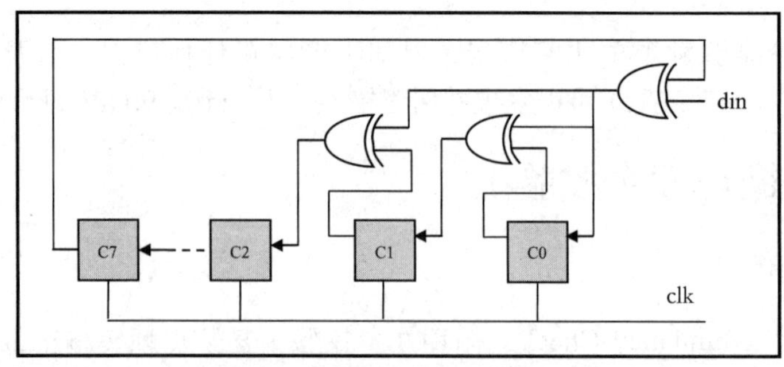

图6.14　CRC8-CCITT LFSR寄存器

```
module      CRC8_CCITT
            (clk, rstb,
            din,
            init_crc,
            calc_crc,
            crc_out);
```

```
input           clk;
input           rstb;
input           din;          // serial data input
input           init_crc;     // initialize CRC register
input           calc_crc;     // when asserted, calculate CRC
output  [7:0]   crc_out;      // final CRC value
// *****************************************************************
parameter       CRC_INIT_VALUE = 8'hFF;
wire    [7:0]   crc_out;
wire    [7:0]   newcrc;
reg     [7:0]   crcreg, crcreg_nxt;
// *****************************************************************
assign  newcrc[0]  = crcreg[7]  ^ din;
assign  newcrc[1]  = (crcreg[7] ^ din) ^ crcreg[0];
assign  newcrc[2]  = (crcreg[7] ^ din) ^ crcreg[1];
assign  newcrc[3]  = crcreg[2];
assign  newcrc[4]  = crcreg[3];
assign  newcrc[5]  = crcreg[4];
assign  newcrc[6]  = crcreg[5];
assign  newcrc[7]  = crcreg[6];
// *****************************************************************
always  @(*) begin
        if (init_crc)
                crcreg_nxt = CRC_INIT_VALUE;
        else if (calc_crc)
                crcreg_nxt = newcrc;
        else
                crcreg_nxt = crcreg;
 end

always @(posedge clk or negedge rstb) begin
        if (!rstb)
                crcreg <= CRC_INIT_VALUE;
        else
                crcreg <= crcreg_nxt;
 end
assign  crc_out = crcreg;

endmodule
```

6.5.3 并行CRC计算

在前一部分，我们讨论了单比特输入数据的CRC计算方法。然而，在实际应用中，数据路径宽度通常为多比特的，并且每个时钟周期并行数据都会改变。例如，对于32位宽的并行数据，我们可以通过递归方法推导出32比特之后CRC寄存器的值。推导出来的每个32位并行CRC寄存器的输入值是当前输入datain[31:0]和当前CRC寄存器的值crcreg组成的函数，如图6.15所示。这一递归推导过程可以

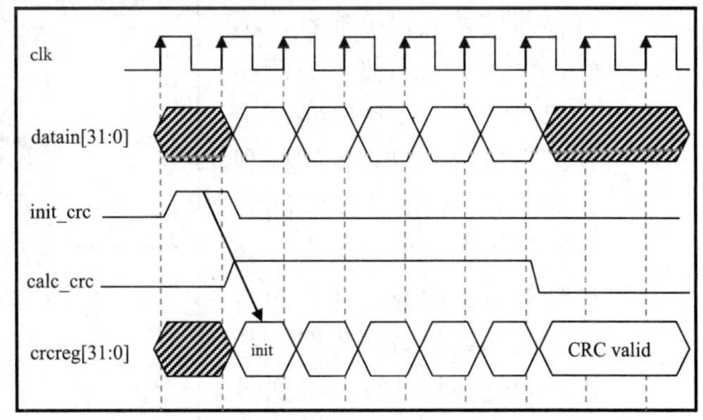

图6.15 并行数据CRC波形

在理论上进行，但十分烦琐。Easics公司已经开发了网页版的工具（http://www.easics.com），设计者可以根据需要得到所需的计算公式。

6.5.4 部分数据CRC计算

我们讨论了串行数据的CRC计算，又讨论了使用递归方法计算并行数据的CRC。在并行CRC计算时，如果最后一个输入数据中只有部分字节是有效的，那么应该怎么办呢？本部分将进行讨论。

以每个时钟周期到达8字节的PCIe x8为例，在最后一个周期，有两种可能的情况，一种是所有8字节都是有效的，另一种是只有4字节（32比特）是有效的。不携带有效数据的4字节由专用符号进行填充，称为PAD，PAD不参与CRC计算。

这意味着在前期每个时钟周期需要处理64比特数据，且需要在一个时钟周期内计算其CRC值。在最后一个周期中，CRC计算涉及所有8字节或只有4字节。此时，可以通过两种方式进行处理：第一种方式是在一个计算CRC校验值的流水线中使用两个CRC校验计算电路，一个对64位数据进行计算，一个对32位数据进行计算，二者结合起来计算最后的CRC结果；第二种方式中只用一组CRC寄存器，但是，对于最后输入的并行数据，使用两个不同的电路计算CRC内部寄存器的输入值。这两种方式将在后面分别介绍。

流水线方式

这种机制需要两个CRC校验计算电路，一个用于每次计算64比特的CRC值，一个用于每次计算32比特的CRC值，如图6.16所示，下面是具体内容：

- 使用一个64比特CRC计算电路和一个32比特CRC计算电路；
- 64比特CRC计算电路用于计算64位数据的CRC值；
- 对于最后一个并行数据，如果所有的8字节都是有效字节，则CRC校验结果由64比特CRC计算电路计算得到（32位的CRC计算电路在此次计算中没有起作用）；
- 如果最后一个数据中只有4字节是有效的，最终的CRC校验结果由32比特CRC计算电路计算得到；
- 在倒数第二个并行数据输入64比特CRC计算电路之后，64比特CRC计算电路中每个寄存器的输入值（注意，不是寄存器的输出值）被传递给32比特CRC计算电路，这样，当最后一组并行数据到达时，32位CRC计算电路的寄存器中存储的是来自于64位计算电路中前期计算的结果，该结果与当前数据一起进行32位并行计算，得到最终的校验结果。

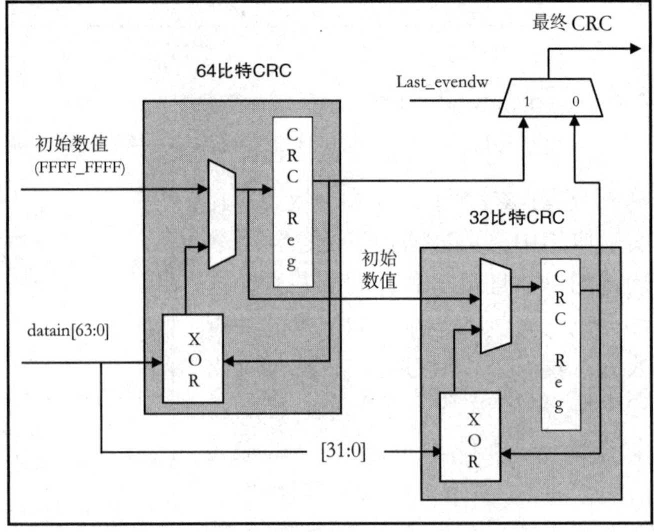

图6.16 部分数据CRC校验：流水线结构

仅使用一组CRC寄存器

在这种电路结构中，只使用一组CRC寄存器，如图6.17所示，下面是其相关细节：

- 电路中有两个异或逻辑模块，第一个的输入是基于当前寄存器的值和64比特输入数据，第二个的输入是当前寄存器的值和32比特输入数据；
- 对于前面的数据，每个时钟周期内CRC计算电路使用64比特异或逻辑模块的输出结果；
- 对于最后一组数据，如果所有的8字节都有效，则使用64比特异或逻辑模块的计算结果作为最后一个时钟周期CRC寄存器的输入；如果只有4字节有效，则使用32比特异或逻辑模块的输出结果作为最后一个时钟周期CRC寄存器的输入。

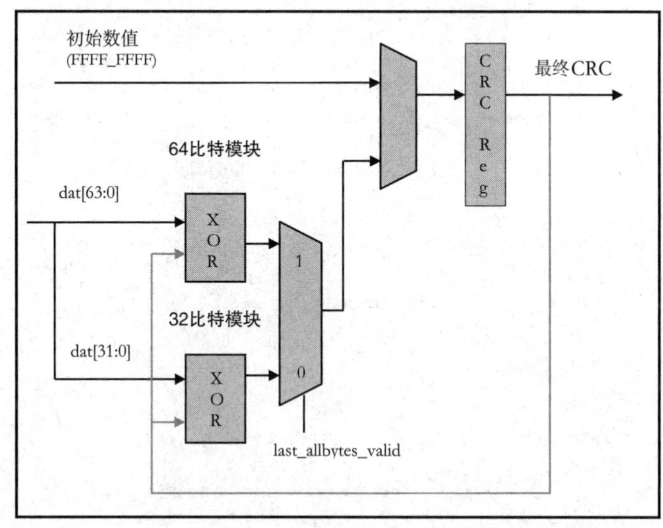

图6.17　部分数据CRC：一组CRC寄存器

从定时特性上看，使用流水线结构的并行CRC校验电路可以达到更高的速度，但它需要两组CRC寄存器。第二种方式仅需要一组CRC寄存器，但是其组合逻辑部分更为复杂，路径延迟更大，从而不利于提高处理速度。

下面是每个时钟周期计算64比特并行数据CRC校验结果的RTL代码，由Easics网站上的Web工具计算得到。我们还可以生成32比特或者所需要的任何其他位宽的CRC并行计算电路。

```
module              crc64bit
                    (clk, rstb,
                    datain, initcrc64,
                    initalization_data,
                    calccrc64,
                    crcout_beforeflop64,
                    crcreg64_datanxt,
                    crcout64);
input               clk;
input               rstb;
input    [63:0]     datain;
input               initcrc64;
input    [31:0]     initalization_data;
input               calccrc64;
output   [31:0]     crcout_beforeflop64;
output   [31:0]     crcreg64_datanxt;
output   [31:0]     crcout64;
//****************************************************************************
```

```
wire    [63:0]          D;
wire    [31:0]          C, NewCRC;
reg     [31:0]          crcreg, crcreg_nxt;
wire    [31:0]          crcout_beforeflop64, crcout64;
reg     [31:0]          crcreg64_datanxt;
//*****************************************************************
// the bits within a byte are reversed as per PCIe spec
assign          D =     {
                datain[56], datain[57], datain[58], datain[59],
                datain[60], datain[61], datain[62], datain[63],
                datain[48], datain[49], datain[50], datain[51],
                datain[52], datain[53], datain[54], datain[55],
                datain[40], datain[41], datain[42], datain[43],
                datain[44], datain[45], datain[46], datain[47],
                datain[32], datain[33], datain[34], datain[35],
                datain[36], datain[37], datain[38], datain[39],
                datain[24], datain[25], datain[26], datain[27],
                datain[28], datain[29], datain[30], datain[31],
                datain[16], datain[17], datain[18], datain[19],
                datain[20], datain[21], datain[22], datain[23],
                datain[8],  datain[9],  datain[10], datain[11],
                datain[12], datain[13], datain[14], datain[15],
                datain[0],  datain[1],  datain[2],  datain[3],
                datain[4],  datain[5],  datain[6],  datain[7]};

assign  C =     crcreg;

////////////////////////////////////////////////////////////////
// Copyright (C) 1999-2008 Easics NV.
// This source file may be used and distributed
// without restriction provided that this copyright
// statement is not removed from the file
// and that any derivative work contains the original
// copyright notice and the associated disclaimer.
// THIS SOURCE FILE IS PROVIDED "AS IS" AND WITHOUT
// ANY EXPRESS OR IMPLIED WARRANTIES, INCLUDING,
// WITHOUT LIMITATION, THE IMPLIED
// WARRANTIES OF MERCHANTIBILITY AND FITNESS FOR A
// PARTICULAR PURPOSE.
// Purpose: synthesizable CRC function
// * polynomial: (0 1 2 4 5 7 8 10 11 12 16 22 23 26 32)
// * data width: 64
// convention: the first serial data bit is D[63]
// Info: tools@easics.be
//       http://www.easics.com
// *****************************************************************
assign NewCRC[0] =

        D[63] ^ D[61] ^ D[60] ^ D[58] ^ D[55] ^ D[54] ^ D[53] ^ D[50] ^
        D[48] ^ D[47] ^ D[45] ^ D[44] ^ D[37] ^ D[34] ^ D[32] ^ D[31] ^
        D[30] ^ D[29] ^ D[28] ^ D[26] ^ D[25] ^ D[24] ^ D[16] ^ D[12] ^
        D[10] ^ D[9]  ^ D[6] ^ D[0] ^  C[0] ^ C[2] ^ C[5] ^ C[12] ^ C[13] ^
        C[15] ^ C[16] ^ C[18] ^ C[21] ^ C[22] ^ C[23] ^ C[26] ^ C[28] ^
        C[29] ^ C[31];

assign NewCRC[1] =

        D[63] ^ D[62] ^ D[60] ^ D[59] ^ D[58] ^ D[56] ^ D[53] ^ D[51] ^
        D[50] ^ D[49] ^ D[47] ^ D[46] ^ D[44] ^ D[38] ^ D[37] ^ D[35] ^
        D[34] ^ D[33] ^ D[28] ^ D[27] ^ D[24] ^ D[17] ^ D[16] ^ D[13] ^
        D[12] ^ D[11] ^ D[9] ^ D[7] ^  D[6] ^ D[1] ^ D[0] ^ C[1] ^ C[2] ^
        C[3] ^ C[5] ^ C[6] ^ C[12] ^ C[14] ^ C[15] ^ C[17] ^ C[18] ^ C[19] ^
        C[21] ^ C[24] ^ C[26] ^ C[27] ^ C[28] ^ C[30] ^ C[31];
```

```
assign NewCRC[2] =

        D[59] ^ D[58] ^ D[57] ^ D[55] ^ D[53] ^ D[52] ^ D[51] ^ D[44] ^
        D[39] ^ D[38] ^ D[37] ^ D[36] ^ D[35] ^ D[32] ^ D[31] ^ D[30] ^
        D[26] ^ D[24] ^ D[18] ^ D[17] ^ D[16] ^ D[14] ^ D[13] ^ D[9] ^
        D[8] ^ D[7] ^ D[6] ^ D[2] ^ D[1] ^ D[0] ^ C[0] ^ C[3] ^ C[4] ^ C[5] ^
        C[6] ^ C[7] ^ C[12] ^ C[19] ^ C[20] ^ C[21] ^ C[23] ^ C[25] ^ C[26] ^ C[27];

assign NewCRC[3] =

        D[60] ^ D[59] ^ D[58] ^ D[56] ^ D[54] ^ D[53] ^ D[52] ^ D[45] ^
        D[40] ^ D[39] ^ D[38] ^ D[37] ^ D[36] ^ D[33] ^ D[32] ^ D[31] ^
        D[27] ^ D[25] ^ D[19] ^ D[18] ^ D[17] ^ D[15] ^ D[14] ^ D[10] ^
        D[9] ^ D[8] ^ D[7] ^ D[3] ^ D[2] ^ D[1] ^ C[0] ^ C[1] ^ C[4] ^
        C[5] ^ C[6] ^ C[7] ^ C[8] ^ C[13] ^ C[20] ^ C[21] ^ C[22] ^ C[24] ^
        C[26] ^ C[27] ^ C[28];

assign NewCRC[4] =

        D[63] ^ D[59] ^ D[58] ^ D[57] ^ D[50] ^ D[48] ^ D[47] ^ D[46] ^
        D[45] ^ D[44] ^ D[41] ^ D[40] ^ D[39] ^ D[38] ^ D[33] ^ D[31] ^
        D[30] ^ D[29] ^ D[25] ^ D[24] ^ D[20] ^ D[19] ^ D[18] ^ D[15] ^
        D[12] ^ D[11] ^ D[8] ^ D[6] ^ D[4] ^ D[3] ^ D[2] ^ D[0] ^ C[1] ^
        C[6] ^ C[7] ^ C[8] ^ C[9] ^ C[12] ^ C[13] ^ C[14] ^ C[15] ^ C[16] ^
        C[18] ^ C[25] ^ C[26] ^ C[27] ^ C[31];

assign NewCRC[5] =

        D[63] ^ D[61] ^ D[59] ^ D[55] ^ D[54] ^ D[53] ^ D[51] ^ D[50] ^
        D[49] ^ D[46] ^ D[44] ^ D[42] ^ D[41] ^ D[40] ^ D[39] ^ D[37] ^
        D[29] ^ D[28] ^ D[24] ^ D[21] ^ D[20] ^ D[19] ^ D[13] ^ D[10] ^
        D[7] ^ D[6] ^ D[5] ^ D[4] ^ D[3] ^ D[1] ^ D[0] ^ C[5] ^ C[7] ^ C[8] ^
        C[9] ^ C[10] ^ C[12] ^ C[14] ^ C[17] ^ C[18] ^ C[19] ^ C[21] ^ C[22] ^
        C[23] ^ C[27] ^ C[29] ^ C[31];

assign NewCRC[6] =

        D[62] ^ D[60] ^ D[56] ^ D[55] ^ D[54] ^ D[52] ^ D[51] ^ D[50] ^
        D[47] ^ D[45] ^ D[43] ^ D[42] ^ D[41] ^ D[40] ^ D[38] ^ D[30] ^
        D[29] ^ D[25] ^ D[22] ^ D[21] ^ D[20] ^ D[14] ^ D[11] ^ D[8] ^
        D[7] ^ D[6] ^ D[5] ^ D[4] ^ D[2] ^ D[1] ^ C[6] ^ C[8] ^ C[9] ^ C[10] ^
        C[11] ^ C[13] ^ C[15] ^ C[18] ^ C[19] ^ C[20] ^ C[22] ^ C[23] ^ C[24] ^ C[28] ^ C[30];

assign NewCRC[7] =

        D[60] ^ D[58] ^ D[57] ^ D[56] ^ D[54] ^ D[52] ^ D[51] ^ D[50] ^ D[47] ^ D[46] ^ D[45] ^
        D[43] ^ D[42] ^ D[41] ^ D[39] ^ D[37] ^ D[34] ^ D[32] ^ D[29] ^ D[28] ^ D[25] ^ D[24] ^
        D[23] ^ D[22] ^ D[21] ^ D[16] ^ D[15] ^ D[10] ^ D[8] ^ D[7] ^ D[5] ^ D[3] ^ D[2] ^ D[0] ^
        C[0] ^ C[2] ^ C[5] ^ C[7] ^ C[9] ^ C[10] ^ C[11] ^ C[13] ^ C[14] ^ C[15] ^ C[18] ^ C[19] ^
        C[20] ^ C[22] ^ C[24] ^ C[25] ^ C[26] ^ C[28];

assign NewCRC[8] =

        D[63] ^ D[60] ^ D[59] ^ D[57] ^ D[54] ^ D[52] ^ D[51] ^ D[50] ^
        D[46] ^ D[45] ^ D[43] ^ D[42] ^ D[40] ^ D[38] ^ D[37] ^ D[35] ^
        D[34] ^ D[33] ^ D[32] ^ D[31] ^ D[28] ^ D[23] ^ D[22] ^ D[17] ^
        D[12] ^ D[11] ^ D[10] ^ D[8] ^ D[4] ^ D[3] ^ D[1] ^ D[0] ^ C[0] ^
        C[1] ^ C[2] ^ C[3] ^ C[5] ^ C[6] ^ C[8] ^ C[10] ^ C[11] ^ C[13] ^
        C[14] ^ C[18] ^ C[19] ^ C[20] ^ C[22] ^ C[25] ^ C[27] ^ C[28] ^ C[31];

assign NewCRC[9] =

        D[61] ^ D[60] ^ D[58] ^ D[55] ^ D[53] ^ D[52] ^ D[51] ^ D[47] ^
        D[46] ^ D[44] ^ D[43] ^ D[41] ^ D[39] ^ D[38] ^ D[36] ^ D[35] ^
        D[34] ^ D[33] ^ D[32] ^ D[29] ^ D[24] ^ D[23] ^ D[18] ^ D[13] ^
        D[12] ^ D[11] ^ D[9] ^ D[5] ^ D[4] ^ D[2] ^ D[1] ^ C[0] ^ C[1] ^
        C[2] ^ C[3] ^ C[4] ^ C[6] ^ C[7] ^ C[9] ^ C[11] ^ C[12] ^ C[14] ^
        C[15] ^ C[19] ^ C[20] ^ C[21] ^ C[23] ^ C[26] ^ C[28] ^ C[29];

assign NewCRC[10] =

        D[63] ^ D[62] ^ D[60] ^ D[59] ^ D[58] ^ D[56] ^ D[55] ^ D[52] ^
        D[50] ^ D[42] ^ D[40] ^ D[39] ^ D[36] ^ D[35] ^ D[33] ^ D[32] ^
```

```
            D[31] ^ D[29] ^ D[28] ^ D[26] ^ D[19] ^ D[16] ^ D[14] ^ D[13] ^
            D[9] ^ D[5] ^ D[3] ^ D[2] ^ D[0] ^ C[0] ^ C[1] ^ C[3] ^ C[4] ^ C[7] ^
            C[8] ^ C[10] ^ C[18] ^ C[20] ^ C[23] ^ C[24] ^ C[26] ^ C[27] ^ C[28] ^
            C[30] ^ C[31];

assign NewCRC[11] =

            D[59] ^ D[58] ^ D[57] ^ D[56] ^ D[55] ^ D[54] ^ D[51] ^ D[50] ^
            D[48] ^ D[47] ^ D[45] ^ D[44] ^ D[43] ^ D[41] ^ D[40] ^ D[36] ^
            D[33] ^ D[31] ^ D[28] ^ D[27] ^ D[26] ^ D[25] ^ D[24] ^ D[20] ^
            D[17] ^ D[16] ^ D[15] ^ D[14] ^ D[12] ^ D[9] ^ D[4] ^ D[3] ^ D[1] ^
            D[0] ^ C[1] ^ C[4] ^ C[8] ^ C[9] ^ C[11] ^ C[12] ^ C[13] ^ C[15] ^
            C[16] ^ C[18] ^ C[19] ^ C[22] ^ C[23] ^ C[24] ^ C[25] ^ C[26] ^ C[27];

assign NewCRC[12] =

            D[63] ^ D[61] ^ D[59] ^ D[57] ^ D[56] ^ D[54] ^ D[53] ^ D[52] ^
            D[51] ^ D[50] ^ D[49] ^ D[47] ^ D[46] ^ D[42] ^ D[41] ^ D[31] ^
            D[30] ^ D[27] ^ D[24] ^ D[21] ^ D[18] ^ D[17] ^ D[15] ^ D[13] ^
            D[12] ^ D[9] ^ D[6] ^ D[5] ^ D[4] ^ D[2] ^ D[1] ^ D[0] ^ C[9] ^
            C[10] ^ C[14] ^ C[15] ^ C[17] ^ C[18] ^ C[19] ^ C[20] ^ C[21] ^
            C[22] ^ C[24] ^ C[25] ^ C[27] ^ C[29] ^ C[31];

assign NewCRC[13] =

            D[62] ^ D[60] ^ D[58] ^ D[57] ^ D[55] ^ D[54] ^ D[53] ^ D[52] ^
            D[51] ^ D[50] ^ D[48] ^ D[47] ^ D[43] ^ D[42] ^ D[32] ^ D[31] ^
            D[28] ^ D[25] ^ D[22] ^ D[19] ^ D[18] ^ D[16] ^ D[14] ^ D[13] ^
            D[10] ^ D[7] ^ D[6] ^ D[5] ^ D[3] ^ D[2] ^ D[1] ^ C[0] ^ C[10] ^
            C[11] ^ C[15] ^ C[16] ^ C[18] ^ C[19] ^ C[20] ^ C[21] ^ C[22] ^
            C[23] ^ C[25] ^ C[26] ^ C[28] ^ C[30];

assign NewCRC[14] =

            D[63] ^ D[61] ^ D[59] ^ D[58] ^ D[56] ^ D[55] ^ D[54] ^ D[53] ^
            D[52] ^ D[51] ^ D[49] ^ D[48] ^ D[44] ^ D[43] ^ D[33] ^ D[32] ^
            D[29] ^ D[26] ^ D[23] ^ D[20] ^ D[19] ^ D[17] ^ D[15] ^ D[14] ^
            D[11] ^ D[8] ^ D[7] ^ D[6] ^ D[4] ^ D[3] ^ D[2] ^ C[0] ^ C[1] ^
            C[11] ^ C[12] ^ C[16] ^ C[17] ^ C[19] ^ C[20] ^ C[21] ^ C[22] ^
            C[23] ^ C[24] ^ C[26] ^ C[27] ^ C[29] ^ C[31];

assign NewCRC[15] =

            D[62] ^ D[60] ^ D[59] ^ D[57] ^ D[56] ^ D[55] ^ D[54] ^ D[53] ^
            D[52] ^ D[50] ^ D[49] ^ D[45] ^ D[44] ^ D[34] ^ D[33] ^ D[30] ^
            D[27] ^ D[24] ^ D[21] ^ D[20] ^ D[18] ^ D[16] ^ D[15] ^ D[12] ^
            D[9] ^ D[8] ^ D[7] ^ D[5] ^ D[4] ^ D[3] ^ C[1] ^ C[2] ^ C[12] ^
            C[13] ^ C[17] ^ C[18] ^ C[20] ^ C[21] ^ C[22] ^ C[23] ^ C[24] ^
            C[25] ^ C[27] ^ C[28] ^ C[30];

assign NewCRC[16] =

            D[57] ^ D[56] ^ D[51] ^ D[48] ^ D[47] ^ D[46] ^ D[44] ^ D[37] ^
            D[35] ^ D[32] ^ D[30] ^ D[29] ^ D[26] ^ D[24] ^ D[22] ^ D[21] ^
            D[19] ^ D[17] ^ D[13] ^ D[12] ^ D[8] ^ D[5] ^ D[4] ^ D[0] ^ C[0] ^
            C[3] ^ C[5] ^ C[12] ^ C[14] ^ C[15] ^ C[16] ^ C[19] ^ C[24] ^ C[25];

assign NewCRC[17] =

            D[58] ^ D[57] ^ D[52] ^ D[49] ^ D[48] ^ D[47] ^ D[45] ^ D[38] ^
            D[36] ^ D[33] ^ D[31] ^ D[30] ^ D[27] ^ D[25] ^ D[23] ^ D[22] ^
            D[20] ^ D[18] ^ D[14] ^ D[13] ^ D[9] ^ D[6] ^ D[5] ^ D[1] ^ C[1] ^
            C[4] ^ C[6] ^ C[13] ^ C[15] ^ C[16] ^ C[17] ^ C[20] ^ C[25] ^ C[26];

assign NewCRC[18] =

            D[59] ^ D[58] ^ D[53] ^ D[50] ^ D[49] ^ D[48] ^ D[46] ^ D[39] ^
            D[37] ^ D[34] ^ D[32] ^ D[31] ^ D[28] ^ D[26] ^ D[24] ^ D[23] ^
            D[21] ^ D[19] ^ D[15] ^ D[14] ^ D[10] ^ D[7] ^ D[6] ^ D[2] ^ C[0] ^
            C[2] ^ C[5] ^ C[7] ^ C[14] ^ C[16] ^ C[17] ^ C[18] ^ C[21] ^ C[26] ^ C[27];

assign NewCRC[19] =

            D[60] ^ D[59] ^ D[54] ^ D[51] ^ D[50] ^ D[49] ^ D[47] ^ D[40] ^
```

```
        D[38] ^ D[35] ^ D[33] ^ D[32] ^ D[29] ^ D[27] ^ D[25] ^ D[24] ^
        D[22] ^ D[20] ^ D[16] ^ D[15] ^ D[11] ^ D[8] ^ D[7] ^ D[3] ^ C[0] ^
        C[1] ^C[3] ^ C[6] ^ C[8] ^ C[15] ^ C[17] ^ C[18] ^ C[19] ^ C[22] ^  C[27] ^ C[28];

assign NewCRC[20] =

        D[61] ^ D[60] ^ D[55] ^ D[52] ^ D[51] ^ D[50] ^ D[48] ^ D[41] ^
        D[39] ^ D[36] ^ D[34] ^ D[33] ^ D[30] ^ D[28] ^ D[26] ^ D[25] ^
        D[23] ^ D[21] ^ D[17] ^ D[16] ^ D[12] ^ D[9] ^ D[8] ^ D[4] ^ C[1] ^
        C[2] ^ C[4] ^ C[7] ^ C[9] ^ C[16] ^ C[18] ^ C[19] ^ C[20] ^ C[23] ^ C[28] ^ C[29];

assign NewCRC[21] =

        D[62] ^ D[61] ^ D[56] ^ D[53] ^ D[52] ^ D[51] ^ D[49] ^ D[42] ^
        D[40] ^ D[37] ^ D[35] ^ D[34] ^ D[31] ^ D[29] ^ D[27] ^ D[26] ^
        D[24] ^ D[22] ^ D[18] ^ D[17] ^ D[13] ^ D[10] ^ D[9] ^ D[5] ^ C[2] ^
        C[3] ^ C[5] ^ C[8] ^ C[10] ^ C[17] ^ C[19] ^ C[20] ^ C[21] ^ C[24] ^ C[29] ^ C[30];

assign NewCRC[22] =

        D[62] ^ D[61] ^ D[60] ^ D[58] ^ D[57] ^ D[55] ^ D[52] ^ D[48] ^
        D[47] ^ D[45] ^ D[44] ^ D[43] ^ D[41] ^ D[38] ^ D[37] ^ D[36] ^
        D[35] ^ D[34] ^ D[31] ^ D[29] ^ D[27] ^ D[26] ^ D[24] ^ D[23] ^
        D[19] ^ D[18] ^ D[16] ^ D[14] ^ D[12] ^ D[11] ^ D[9] ^ D[0] ^ C[2] ^
        C[3] ^ C[4] ^ C[5] ^ C[6] ^ C[9] ^ C[11] ^ C[12] ^ C[13] ^ C[15] ^ C[16] ^
        C[20] ^ C[23] ^ C[25] ^ C[26] ^ C[28] ^ C[29] ^ C[30];

assign NewCRC[23] =

        D[62] ^ D[60] ^ D[59] ^ D[56] ^ D[55] ^ D[54] ^ D[50] ^ D[49] ^
        D[47] ^ D[46] ^ D[42] ^ D[39] ^ D[38] ^ D[36] ^ D[35] ^ D[34] ^
        D[31] ^ D[29] ^ D[27] ^ D[26] ^ D[20] ^ D[19] ^ D[17] ^ D[16] ^
        D[15] ^ D[13] ^ D[9] ^ D[6] ^ D[1] ^ D[0] ^ C[2] ^ C[3] ^ C[4] ^
        C[6] ^ C[7] ^ C[10] ^ C[14] ^ C[15] ^ C[17] ^ C[18] ^ C[22] ^
        C[23] ^ C[24] ^ C[27] ^ C[28] ^ C[30];

assign NewCRC[24] =

        D[63] ^ D[61] ^ D[60] ^ D[57] ^ D[56] ^ D[55] ^ D[51] ^ D[50] ^
        D[48] ^ D[47] ^ D[43] ^ D[40] ^ D[39] ^ D[37] ^ D[36] ^ D[35] ^
        D[32] ^ D[30] ^ D[28] ^ D[27] ^ D[21] ^ D[20] ^ D[18] ^ D[17] ^
        D[16] ^ D[14] ^ D[10] ^ D[7] ^ D[2] ^ D[1] ^ C[0] ^ C[3] ^ C[4] ^
        C[5] ^ C[7] ^ C[8] ^ C[11] ^ C[15] ^ C[16] ^ C[18] ^ C[19] ^ C[23] ^
        C[24] ^ C[25] ^ C[28] ^ C[29] ^ C[31];

assign NewCRC[25] =

        D[62] ^ D[61] ^ D[58] ^ D[57] ^ D[56] ^ D[52] ^ D[51] ^ D[49] ^
        D[48] ^ D[44] ^ D[41] ^ D[40] ^ D[38] ^ D[37] ^ D[36] ^ D[33] ^
        D[31] ^ D[29] ^ D[28] ^ D[22] ^ D[21] ^ D[19] ^ D[18] ^ D[17] ^
        D[15] ^ D[11] ^ D[8] ^ D[3] ^ D[2] ^ C[1] ^ C[4] ^ C[5] ^ C[6] ^
        C[8] ^ C[9] ^ C[12] ^ C[16] ^ C[17] ^ C[19] ^ C[20] ^ C[24] ^ C[25] ^ C[26] ^ C[29] ^ C[30];

assign NewCRC[26] =

        D[62] ^ D[61] ^ D[60] ^ D[59] ^ D[57] ^ D[55] ^ D[54] ^ D[52] ^
        D[49] ^ D[48] ^ D[47] ^ D[44] ^ D[42] ^ D[41] ^ D[39] ^ D[38] ^
        D[31] ^ D[28] ^ D[26] ^ D[25] ^ D[24] ^ D[23] ^ D[22] ^ D[20] ^
        D[19] ^ D[18] ^ D[10] ^ D[6] ^ D[4] ^ D[3] ^ D[0] ^ C[6] ^ C[7] ^
        C[9] ^ C[10] ^ C[12] ^ C[15] ^ C[16] ^ C[17] ^ C[20] ^ C[22] ^ C[23] ^ C[25] ^
        C[27] ^ C[28] ^ C[29] ^ C[30];

assign NewCRC[27] =

        D[63] ^ D[62] ^ D[61] ^ D[60] ^ D[58] ^ D[56] ^ D[55] ^ D[53] ^
        D[50] ^ D[49] ^ D[48] ^ D[45] ^ D[43] ^ D[42] ^ D[40] ^ D[39] ^
        D[32] ^ D[29] ^ D[27] ^ D[26] ^ D[25] ^ D[24] ^ D[23] ^ D[21] ^
        D[20] ^ D[19] ^ D[11] ^ D[7] ^ D[5] ^ D[4] ^ D[1] ^ C[0] ^ C[7] ^
        C[8] ^ C[10] ^ C[11] ^ C[13] ^ C[16] ^ C[17] ^ C[18] ^ C[21] ^ C[23] ^ C[24] ^
        C[26] ^ C[28] ^ C[29] ^ C[30] ^ C[31];

assign NewCRC[28] =

        D[63] ^ D[62] ^ D[61] ^ D[59] ^ D[57] ^ D[56] ^ D[54] ^ D[51] ^
```

```
        D[50] ^ D[49] ^ D[46] ^ D[44] ^ D[43] ^ D[41] ^ D[40] ^ D[33] ^
        D[30] ^ D[28] ^ D[27] ^ D[26] ^ D[25] ^ D[24] ^ D[22] ^ D[21] ^
        D[20] ^ D[12] ^ D[8] ^ D[6] ^ D[5] ^ D[2] ^ C[1] ^ C[8] ^ C[9] ^
        C[11] ^ C[12] ^ C[14] ^ C[17] ^ C[18] ^ C[19] ^ C[22] ^ C[24] ^ C[25] ^
        C[27] ^ C[29] ^ C[30] ^ C[31];

assign NewCRC[29] =

        D[63] ^ D[62] ^ D[60] ^ D[58] ^ D[57] ^ D[55] ^ D[52] ^ D[51] ^
        D[50] ^ D[47] ^ D[45] ^ D[44] ^ D[42] ^ D[41] ^ D[34] ^ D[31] ^
        D[29] ^ D[28] ^ D[27] ^ D[26] ^ D[25] ^ D[23] ^ D[22] ^ D[21] ^
        D[13] ^ D[9] ^ D[7] ^ D[6] ^ D[3] ^ C[2] ^ C[9] ^ C[10] ^ C[12] ^
        C[13] ^ C[15] ^ C[18] ^ C[19] ^ C[20] ^ C[23] ^ C[25] ^ C[26] ^ C[28] ^ C[30] ^ C[31];

assign NewCRC[30] =

        D[63] ^ D[61] ^ D[59] ^ D[58] ^ D[56] ^ D[53] ^ D[52] ^ D[51] ^
        D[48] ^ D[46] ^ D[45] ^ D[43] ^ D[42] ^ D[35] ^ D[32] ^ D[30] ^
        D[29] ^ D[28] ^ D[27] ^ D[26] ^ D[24] ^ D[23] ^ D[22] ^ D[14] ^
        D[10] ^ D[8] ^ D[7] ^ D[4] ^ C[0] ^ C[3] ^ C[10] ^ C[11] ^ C[13] ^
        C[14] ^ C[16] ^ C[19] ^ C[20] ^ C[21] ^ C[24] ^ C[26] ^ C[27] ^ C[29] ^ C[31];

assign NewCRC[31] =

        D[62] ^ D[60] ^ D[59] ^ D[57] ^ D[54] ^ D[53] ^ D[52] ^ D[49] ^
        D[47] ^ D[46] ^ D[44] ^ D[43] ^ D[36] ^ D[33] ^ D[31] ^ D[30] ^
        D[29] ^ D[28] ^ D[27] ^ D[25] ^ D[24] ^ D[23] ^ D[15] ^ D[11] ^
        D[9] ^ D[8] ^ D[5] ^ C[1] ^ C[4] ^ C[11] ^ C[12] ^ C[14] ^ C[15] ^
        C[17] ^ C[20] ^ C[21] ^ C[22] ^ C[25] ^ C[27] ^ C[28] ^ C[30];
// ***********************************************************************
always @(*)
 begin
        crcreg_nxt              = crcreg;
        crcreg64_datanxt        = crcreg;
        if (initcrc64)
          begin
            crcreg_nxt          = initalization_data;
            crcreg64_datanxt = NewCRC;
          end
        else if (calccrc64)
            crcreg_nxt          = NewCRC;
 end
always@(posedge clk or negedge rstb)
 begin
        if (!rstb)
            crcreg              <= 32'hFFFF_FFFF;
        else
            crcreg              <= crcreg_nxt;
 end
assign  crcout_beforeflop64     = crcreg_nxt;
assign  crcout64                = crcreg;
endmodule
```

6.5.5 常用CRC类型

PCIe：CRC16

- 用于链路层帧的校验；
- 多项式是100Bh（16，12，3，1，0）；
- 初始值是16'hFFFF；
- 发送电路中对计算结果（余数）取补，即在发送过程中进行比特取反；
- 接收电路比较本地计算的CRC结果与接收到的CRC结果，判断两者是否匹配，接收到的CRC不参与校验计算。

PCIe：CRC32

- 用于处理层数据包的校验；
- 多项式是04C11DB7h（32，26，23，22，16，12，11，10，8，7，5，4，2，1，0）；
- 初始值是32'hFFFF_FFFF；
- 发送电路中对计算结果（余数）取补，即在发送过程中对比特取反；
- 接收电路比较本地计算的CRC结果与接收到的CRC结果，判断两者是否匹配，接收到的CRC不参与校验计算。

USB3.0：CRC16

- 用于USB3.0包头校验；
- 多项式是100Bh（16，12，3，1，0）；
- 初始值是16'hFFFF；
- 在传输过程中对结果取补；
- 接收电路的余数是16'hFCAA；
- 接收的CRC值参与接收端的CRC计算。

关于和已知余数进行比较：

接收电路边接收数据边计算CRC校验值，如果接收数据中没有错误，则计算得到的余数为5'b0_1100。将接收端的CRC计算结果和一个已知的值进行比较，比和接收的CRC进行比较要更加简单。在实际电路设计中，当接收到END符号时，电路内部产生end_pkt（包结束）信号，但此时接收数据中的CRC已经进入接收CRC计算电路中了，对于变长的数据包来说，预先知道接收的数据何时结束及接收包中CRC域何时开始是比较困难的。此时可以考虑使用多级移位寄存器对数据进行缓冲，然后得到新的start_pkt及end_pkt信号，并利用它们将接收数据域和接收的CRC域区分开。

USB2.0：CRC16

- 用于USB2.0数据传输；
- 多项式是8005h（16，15，2，0）；
- 初始值是16'hFFFF；
- 在发送过程中对计算结果进行取补；
- 接收电路的余数是16'h800D；
- 在接收端，接收到的CRC值包含在CRC计算中。

USB：CRC5

- 用于链路控制字段的校验；
- 多项式是05h（5，2，0）；
- 初始值是5'b1_1111；
- 在发送过程中对计算结果取补；
- 接收端的校验结果都是5'b0_1100；
- 接收的CRC值参与CRC计算；
- 接收电路将校验结果和5'b0_1100进行比较。

USB3.0：CRC32

- 用于USB3.0数据包传输；
- 多项式是04C1_1DB7h（32，26，23，22，16，12，11，10，8，7，5，4，2，1，0）；
- 初始值是32'hFFFF_FFFF；
- 发送电路在传输过程中对余数（校验结果）取补；
- 接收电路的校验余数是32'hC704_DD7B；
- 接收到的CRC值参与CRC计算；
- 接收电路将校验结果和32'hC704_DD7B进行比较。

SATA：CRC32

- 用于FIS（Frame Information Structure）包；
- 多项式是04C11DB7h（32，26，23，22，16，12，11，10，8，7，5，4，2，1，0）；
- 初始值是32'h5232_5032；
- 发送电路对校验余数（校验结果）取补，在传输过程中，将1字节内的比特翻转；
- 接收电路的余数是16'h0000；
- 接收端，接收的CRC值参与校验运算，校验结果应该为全0。

6.6 格雷编码/解码

格雷编码是由弗兰克·格雷于1953年发明的，最初是以发明专利的形式出现的。格雷码的主要特点是相邻编码值中只有一个比特发生改变，下面表中给出了3比特及4比特格雷码和对应的二进制编码，从中可以清楚地看出这一特点。这一特点使得格雷码有着非常广泛的应用。

3比特格雷编码

数　值	二进制编码	格雷编码
0	000	000
1	001	001
2	010	011
3	011	010
4	100	110
5	101	111
6	110	101
7	111	100

4比特格雷编码

数　值	二进制编码	雷格编码	数　值	二进制编码	雷格编码
0	0000	0000	8	1000	1100
1	0001	0001	9	1001	1101
2	0010	0011	10	1010	1111
3	0011	0010	11	1011	1110
4	0100	0110	12	1100	1010
5	0101	0111	13	1101	1011
6	0110	0101	14	1110	1001
7	0111	0100	15	1111	1000

格雷编码被广泛应用于使用两个不同时钟的异步FIFO（First In First Out，先入先出存储器）中。当数值从一个时钟域传递到另一个时钟域时，单比特翻转的特性就会变得极为重要。在上面的3比特格雷码编码表中，当数值从1变为2时，对于二进制编码，两个比特会发生翻转（比特0从1变为0，比特1从0变为1）。然而，在格雷编码中，只有比特1改变，而比特0和比特2不变，采用格雷编码时，所有相邻值都具有这种性质。例如，当值从7变为0时，可以看出格雷编码值从100变为000，只有一个比特发生了改变。

那么如何在异步FIFO中使用这一特性呢？在异步FIFO中，写地址与读地址根据读写操作发生连续改变，其地址是用二进制计数器进行表示的。以3比特计数器为例，该计数器从0计数到7，当达到7后归零。首先，我们使用转换公式将二进制编码转换成格雷码，并使格雷编码值从一个时钟域传递到另一个时钟域，然后使用另一转换公式将格雷码转换为二进制码。现在已经有了通用的二进制码和格雷码之间的相互转换公式。

当位宽为多个比特的信号从一个时钟域传输到另一个时钟域时，需要使用类似图6.18中的电路。该信号开始时转换为格雷码，然后进入源时钟域的寄存器。此后，通过两级同步器同步到目的时钟域。实现同步后，通过相反的译码过程（格雷码到二进制码），就可以实现多比特值在两个时钟域之间的传递。整个过程看上去有些烦琐，并且需要占用多个时钟周期，但这一转换过程是必要的。

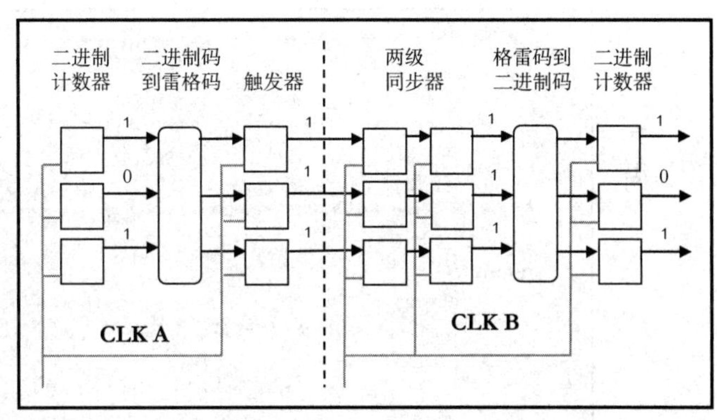

图6.18　FIFO指针同步

下面我们通过一些真实的例子来深入分析这一转换过程，然后再看不使用这一转换方法时存在的问题。下面的例子中，在CLK A时钟域，一个值从5_d变为6_d，我们来分析具体的传递过程。

十进制数值	二进制数值	格雷码值	同步之后的值	二进制值
5_d	101	111	111	5_d
6_d	110	101	111/101	5_d / 6_d

在CLK A中，当十进制数值从5变为6时，经同步器之后，目的时钟域中的值变为101，或者仍然暂时保持为原来的111，待下一个时钟周期之后才能变成101。可以看出，无论是101还是111，最终传递的结果都是按序出现的合法的编码值。假如不使用上面的二进制码-格雷码以及格雷码-二进制码转换电路，直接在时钟域B中采用同步器，同样是时钟域A的信号值由5变成6，那么会出现什么情况呢？下表给出了可能的结果。

十进制数值	二进制数值	同步之后的值	二进制值
5_d	101	101	5_d
6_d	110	101/110/**100/111**	5_d / 6_d / $\mathbf{4_d}$ / $\mathbf{7_d}$

可以看出，同步之后的值可能是101（旧值）、110（新值），但是也可能变为100或者111。由于两个时钟相互独立，同步器输入的两个比特分别进行跨时钟域同步，这些独立同步并输出的值可能出现在不同的时钟周期上。

虽然最终所有比特会输出正确的值，并且最终输出将变为110。然而，在转变过程中，可能输出违反计数规则的值。在该例中，产生了两种非法数值，假设有8比特信号同时跳变（从0111_1111跳变到1000_0000），那么这就会产生大量不合法的值，输出端会在一个或两个完整的时钟周期内保持这些非法的值。

对于FIFO来说，其空、满状态是根据其内部数据深度进行判断得到的，当出现这些临时的非法值时，FIFO可能会产生错误的空、满状态，从而造成外部电路对其内部存储数据量的错误判断，很可能将一个存有数据的FIFO认为是空的，或者将一个没有满的FIFO当成是满的，造成系统工作错误，甚至造成系统崩溃。

6.6.1 二进制码转换为格雷编码的通用电路

代码如下。

```
module          binary_to_gray #(parameter     PTR = 8)
                (binary_value,
                gray_value);
// ************************************************
input    [PTR:0] binary_value;
output   [PTR:0] gray_value;
// ************************************************
wire     [PTR:0] gray_value;
generate
         genvar i;
         for (i=0; i<(PTR); i=i+1)
          begin
                  assign   gray_value[i] = binary_value[i] ^ binary_value[i + 1];
          end
endgenerate

assign   gray_value[PTR]= binary_value[PTR];
endmodule
```

举例：PTR = 2

```
module          binary_to_gray #(parameter     PTR = 2)
                (binary_value,
                gray_value);
// ************************************************
input    [2:0]            binary_value;
output   [2:0]            gray_value;
// ************************************************
wire     [2:0]            gray_value;
// Expand the loop: for (i=0; i<2; i=i+1)
//*********************************************
assign   gray_value[0]    = binary_value[0] ^ binary_value[1];
assign   gray_value[1]    = binary_value[1] ^ binary_value[2];
// ******************************************************
assign   gray_value[2]    = binary_value[2];
endmodule
```

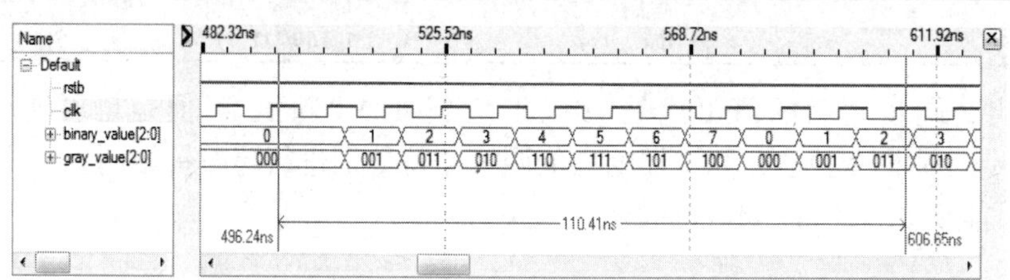

6.6.2　格雷码转换为二进制码的通用电路

代码如下。

```
module          gray_to_binary #(parameter      PTR = 8)
                (gray_value,
                binary_value);
// ************************************************
input    [PTR:0] gray_value;
output   [PTR:0] binary_value;
// ************************************************
wire     [PTR:0] binary_value;

assign   binary_value[PTR] = gray_value[PTR];

generate
         genvar i;
         for (i=0; i<(PTR); i=i+1)
          begin
                   assign    binary_value[i]    = binary_value[i+1] ^ gray_value[i];
          end
endgenerate
endmodule
```

举例：PTR = 2

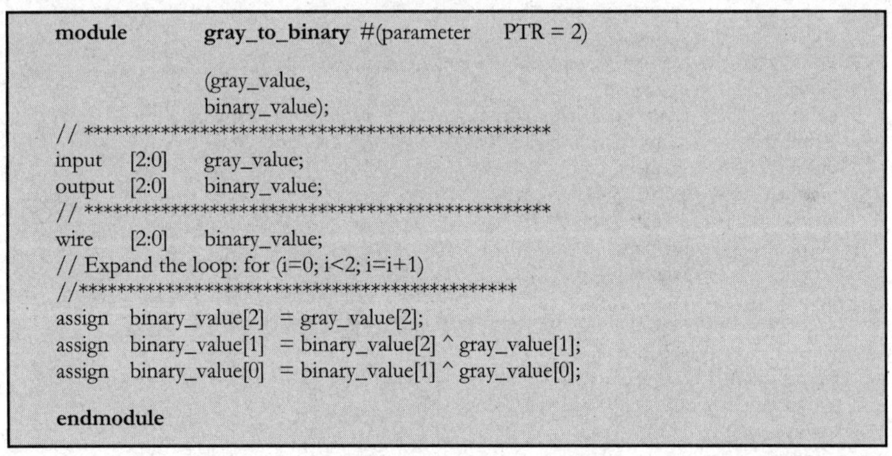

```
module          gray_to_binary #(parameter      PTR = 2)

                (gray_value,
                binary_value);
// ************************************************
input    [2:0]    gray_value;
output   [2:0]    binary_value;
// ************************************************
wire     [2:0]    binary_value;
// Expand the loop: for (i=0; i<2; i=i+1)
//**********************************************
assign   binary_value[2]   = gray_value[2];
assign   binary_value[1]   = binary_value[2] ^ gray_value[1];
assign   binary_value[0]   = binary_value[1] ^ gray_value[0];

endmodule
```

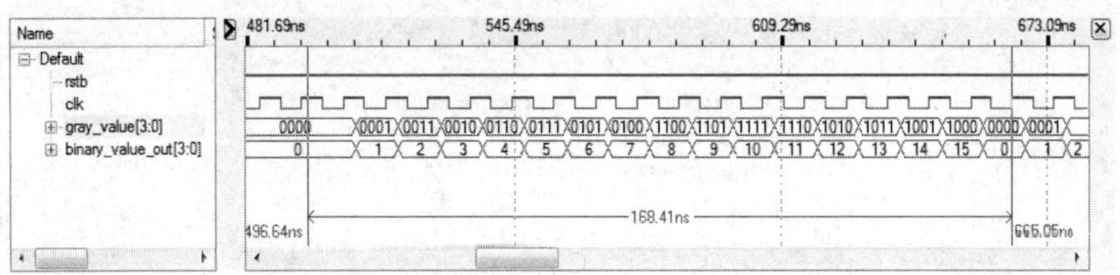

6.7　译码器（7段数码显示实例）

7段LED数码显示器是一种常用的进行数字显示的元件。它由7段LED数码管构成，拼接成数字8，如图6.19所示。每一段数码管连接到7段显示译码电路的一个输出端，如果某一段的输入为1，则该段被点亮，否则该段不会被点亮。通过有选择地控制数码管的开关，可以显示任何数字。例如，如果想显示5，我们可以点亮数码管a, b, d, f, g，关闭数码管c, e。现在我们根据输入值用Verilog编写译码电路来驱动这些数码管。

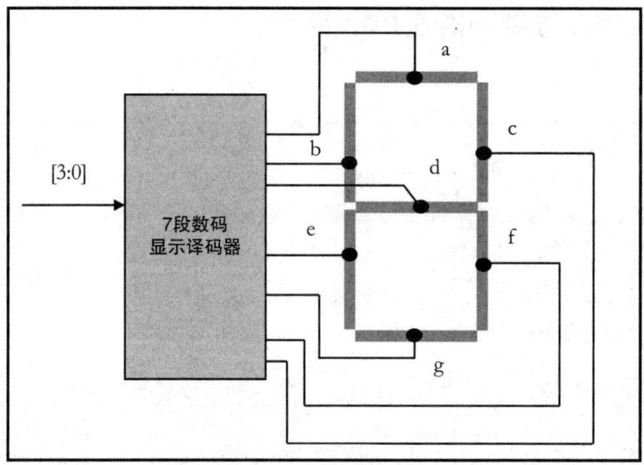

图6.19　7段LED数码显示器结构

电路的输入数据位宽为4比特，输入值以二进制形式表示。例如，输入值 = 0010，表示2，输入值 = 1011，表示B。

```
module          decoder_7segdisplay
                (in_digit, enable_display,
                segment_a, segment_b,
                segment_c, segment_d,
                segment_e, segment_f, segment_g);
input   [3:0]   in_digit;
input           enable_display; // when 1, digit is displayed; 0 display is OFF
output          segment_a;
output          segment_b;
output          segment_c;
output          segment_d;
output          segment_e;
output          segment_f;
output          segment_g;
// ***********************************************************
wire            a, b, c, d, e, f, g;
reg     [6:0]   out_segments;
assign  {a, b, c, d, e, f, g} = out_segments[6:0];
always @(*)
 begin
        out_segments    = 7'b000_0000;
        if (enable_display) begin
                case(in_digit)          // {a,b,c,d,e,f,g}
                 4'h0:  out_segments    = 7'b111_0111;
                 4'h1:  out_segments    = 7'b010_0100;
                 4'h2:  out_segments    = 7'b101_1101;
                 4'h3:  out_segments    = 7'b101_1011;
                 4'h4:  out_segments    = 7'b011_1010;
                 4'h5:  out_segments    = 7'b110_1011;
                 4'h6:  out_segments    = 7'b110_1111;
                 4'h7:  out_segments    = 7'b101_0010;
                 4'h8:  out_segments    = 7'b111_1111;
                 4'h9:  out_segments    = 7'b111_1011;
                 4'hA:  out_segments    = 7'b111_1110;
                 4'hB:  out_segments    = 7'b010_1111;
                 4'hC:  out_segments    = 7'b110_0101;
                 4'hD:  out_segments    = 7'b001_1111;
```

```
            4'hE:  out_segments   = 7'b110_1101;
            4'hF:  out_segments   = 7'b110_1100;
        endcase
    end
end
endmodule
```

6.8　优先级编码

常规的编码器，如8–3编码器，其输入中只有1个1，编码输出结果为1所处的位置（0–7）。而优先级编码器中可能存在多个1，编码结果由最低位的1所决定，也就是说低位比特具有高优先级。下面给出了8–3编码器和8–3优先级编码器的真值表。

8–3编码器

输入								输出		
D7	D6	D5	D4	D3	D2	D1	D0	Q2	Q1	Q0
0	0	0	0	0	0	0	1	0	0	0
0	0	0	0	0	0	1	0	0	0	1
0	0	0	0	0	1	0	0	0	1	0
0	0	0	0	1	0	0	0	0	1	1
0	0	0	1	0	0	0	0	1	0	0
0	0	1	0	0	0	0	0	1	0	1
0	1	0	0	0	0	0	0	1	1	0
1	0	0	0	0	0	0	0	1	1	1

8–3优先级编码器

输入								输出		
D7	D6	D5	D4	D3	D2	D1	D0	Q2	Q1	Q0
X	X	X	X	X	X	X	1	0	0	0
X	X	X	X	X	X	1	0	0	0	1
X	X	X	X	X	1	0	0	0	1	0
X	X	X	X	1	0	0	0	0	1	1
X	X	X	1	0	0	0	0	1	0	0
X	X	1	0	0	0	0	0	1	0	1
X	1	0	0	0	0	0	0	1	1	0
1	0	0	0	0	0	0	0	1	1	1

从优先级编码器真值表可以看出，当D0 = 1时，无论其他位输入什么值，输出Q2Q1Q0 = 000。优先级译码器的一个典型应用是微处理器中的中断处理电路，系统中同时可能出现多个中断请求，此时微处理器需要根据处理优先级选择高优先级的中断进行处理。

6.8.1　常规编码器的Verilog 代码

```
module       encoder
             (D0, D1, D2, D3, D4, D5, D6, D7,
             Q2Q1Q0);

input        D0, D1, D2, D3, D4, D5, D6, D7;
output       [2:0]    Q2Q1Q0;
reg          [2:0]    Q2Q1Q0;

always  @(*)
 begin
        Q2Q1Q0 - 3'b000;
        case (1'b1)
          D0:    Q2Q1Q0 = 3'b000;
          D1:    Q2Q1Q0 = 3'b001;
          D2:    Q2Q1Q0 = 3'b010;
          D3:    Q2Q1Q0 = 3'b011;
          D4:    Q2Q1Q0 = 3'b100;
          D5:    Q2Q1Q0 = 3'b101;
          D6:    Q2Q1Q0 = 3'b110;
          D7:    Q2Q1Q0 = 3'b111;
        endcase
 end
endmodule
```

6.8.2 优先级编码器的Verilog代码

```
module          priority_encoder
                (D0, D1, D2, D3, D4, D5, D6, D7,
                Q2Q1Q0);

input           D0, D1, D2, D3, D4, D5, D6, D7;
output          [2:0]    Q2Q1Q0;
reg             [2:0]    Q2Q1Q0;

always  @(*)
 begin
        Q2Q1Q0 = 3'b000;

        if (D0)         Q2Q1Q0 = 3'b000;
        else if(D1)     Q2Q1Q0 = 3'b001;
        else if(D2)     Q2Q1Q0 = 3'b010;
        else if(D3)     Q2Q1Q0 = 3'b011;
        else if(D4)     Q2Q1Q0 = 3'b100;
        else if(D5)     Q2Q1Q0 = 3'b101;
        else if(D6)     Q2Q1Q0 = 3'b110;
        else if(D7)     Q2Q1Q0 = 3'b111;
 end
endmodule
```

6.9 8b/10b编码/解码

8b/10b编码/解码是高速串行通信，如PCIe、SATA（串行ATA），以及Fiber Channel中常用的编解码方式。在发送端，编码电路将串行输入的8比特一组的数据转变成10比特一组的数据并输出；在接收端，解码器将10比特一组的输入数据转换成8比特一组的输出数据。编码和解码采用相同算法，整个过程就是8b/10b编码/解码过程。

这种编码方式的0–1、1–0跳变丰富，0和1分布均匀，不会出现长连0和长连1。例如，8b/10b编码比特流中连续出现的0或1的最大数量是5。这有助于为数据流提供DC平衡，可以为接收端时钟恢复提供足够的比特翻转（1–0, 0–1）。在1983年，这种编码方式首次由IBM工程师奥尔·韦迪莫和皮特·弗兰斯科发明，之后IBM申请了发明专利。

6.9.1 8b/10b编码方式

进行8b/10b编码时，输入的每8比特数据转化为10比特数据，这10比特数据称为一个编码符号或编码字符，如图6.20所示。编码时，将8比特数据分成两个子组，即低5位子组和高3位子组。低5位编码后为一个6比特值，高3位编码后为一个4比特值，此后将二者拼接，可以得到一个10比特字符。对于8比特输入，会有256种可能的组合，然而对于10比特，就会有1024（1K）种组合，除了有过多连0和连1的编码组合被丢弃不用外，还要选择部分10比特组合作为控制字符，或者称为K字符。

这些特殊的控制符具有不同用途，例如，作为包的开始标识、包的结束标识，以及特殊COMMA符号。还有一些编码字符既不属于控制字符也不属于和256种8比特输入数据对应的编码字符，它们都是非法字符，正常工作时不会出现在编码比特字符流中。在数据传输出错时可能会出现非法字符。图6.20详细介绍了低5比特和高3比特转换成10比特编码字符的具体方式。

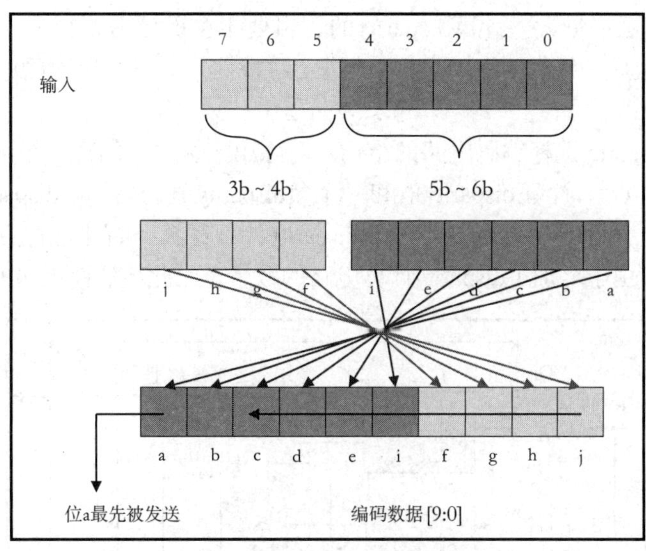

图6.20　8b/10b编码

6.9.2　多字节8b/10b编码

在一些应用中，每个时钟周期需要对多字节进行编码。图6.21是对16比特数据进行8b/10b编码的一种实现方案，它可以在每个时钟周期进行两字节数据的8b/10b编码。

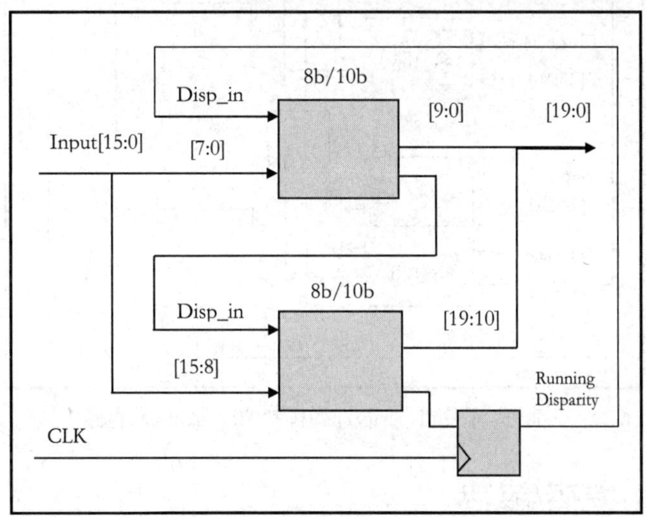

图6.21　并行数据的8b/10b编码

编码器1输出的disparity信号被当成编码器2的disparity输入。两个编码器的编码和disparity计算在相同的时钟周期内进行。最终的disparity（编码器2的输出）经过一个寄存器后作为16比特数据的disparity，也就是当前运行的disparity，同时它还作为编码器1下一个时钟周期的disparity输入。

6.9.3　disparity选择8b/10b编码方案

当进行8b/10b编码的并行数据字节数增加时（例如，4字节），编码延迟会增大，从而使编码器不能满足高速工作时的定时要求。对于四级级联译码器来说，最后一级的disparity和

10b编码结果的计算延迟最大。计算disparity的逻辑处于关键延迟路径上，只有等前面各级计算结束后才能计算组后一级的disparity值。改进定时特性，提高编码速度的一种重要方法是采用disparity选择机制。

图6.22给出了disparity选择编码电路的结构。对除第一级之外的每一级编码器，单独计算每一级的disparity值，包括一个正disparity值和一个负disparity值，最终的disparity值需要根据前一级的输出进行选择，由于选择器的延迟小于disparity计算逻辑，因此这种方法可以提高电路的工作速度。这种方案由于增加了disparity计算电路的数量，因此会消耗更多的逻辑电路资源。

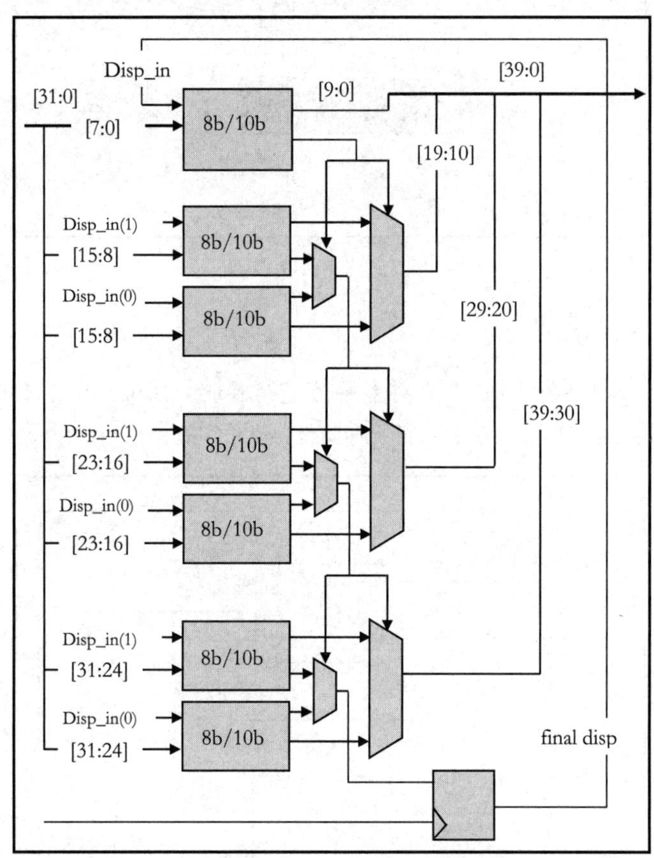

图6.22 采用disparity选择机制的8b/10b编码电路

6.10 64b/66b编码/解码

8b/10b编码为时钟恢复提供了足够的0与1翻转，但编码效率较低，每传输10比特数据，只有8比特为有效数据，编码效率只有80%，有20%为辅助比特。64b/66b编码中的0、1分布不如8b/10b均匀，但编码效率高，辅助比特少，每66比特中只有2比特是辅助比特，所占比例仅为3%。64b/66b被用于10Gbit以太网中。本部分将详细介绍64b/66b编码。

6.10.1 64b/66b编码机制

66比特的编码块由2比特的前导码和64比特数据组成。

- 当前导码为“01”时，后面的64比特为数据；

- 当前导码为“10”时，其后的8比特为类型字段，后56比特为数据；
- 其他两个值“11”和“00”未被使用。

前导码（10和01）可以保证每66比特中至少有一次比特翻转，可用于时钟恢复。与64b/66b编码电路相连的还有一个扰码电路。

6.10.2　128b/130b编码机制

128b/130b编码用于PCIe Gen3，以取代8b/10b编码/解码。8b/10b编码中除了数据编码字符外还有很多控制字符，用于表示包的开始、包的结束等。然而，该编码方式编码效率较低，辅助比特占了20%。128b/130b编码中辅助比特很少（约为1.5%）。128比特的数据块加上2比特的同步头就可以构成一个130比特的编码块。同步头编码为2'b01时表示后面跟随的是训练顺序组（training ordered set），2'b10表示后面的是数据（TLP、DLLP 及空闲数据），2'b11和2'b00被保留。由于128b/130b编码体制中没有额外的控制字符，因此需要使用其他机制来指出包的开始和结束。

6.11　NRZ、NRZI编码

NRZ（Non-Return to Zero）编码中，逻辑1用高电平表示，逻辑0用低电压表示，在1和0中间没有电平翻转，如图6.23所示。

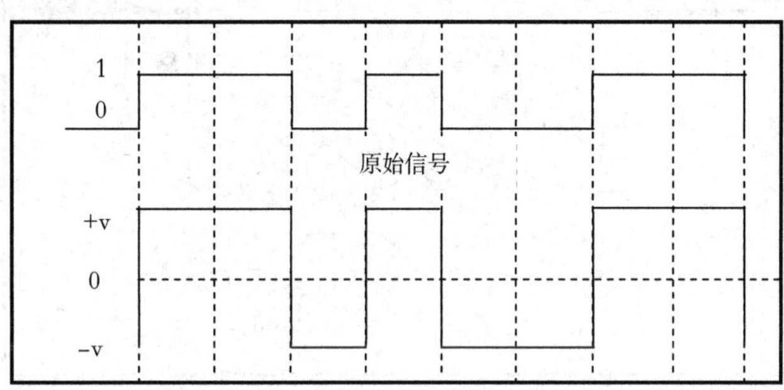

图6.23　NRZ编码

NRZI（Non-Return to Zero，Inverted）编码机制中，逻辑1内部有电平翻转，逻辑0内部无电平翻转，如图6.24所示。

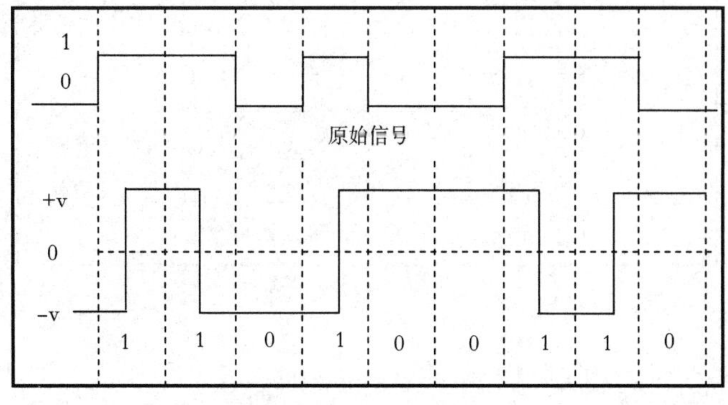

图6.24　NRZI编码

6.12 移位寄存器与桶形移位器

移位寄存器是将一定数量的比特向左或向右移动的电路。移位操作不涉及任何逻辑操作，只是对比特的重新分布。在常规的移位操作中，移出的比特被丢掉，移位造成的空缺通常用0来填补。对于循环移位操作，无论是左循环移位还是右循环移位，移出的比特不会被丢弃，而是填补到空出的位置上。下面给出了移位操作的例子。

6.12.1 左移位与右移位

代码如下。

```
wire    [7:0]    sig_xyz;
wire    [7:0]    sig_xyz_shft_lft3,  sig_xyz_shft_rght3;

assign  sig_xyz_shft_lft3  = sig_xyz << 3;
                           = {sig_xyz[4:0], 3'b000}; //lower 3 bits are zero
assign  sig_xyz_shft_rhgt3  = sig_xyz >> 3;
                           ={3'b000, sig_xyz[7:3]}; //upper 3 bits are zero
```

左移位3次如图6.25所示，右移位3次如图6.26所示。

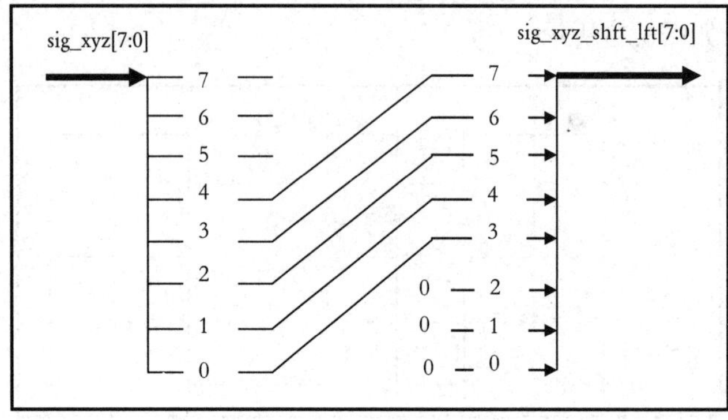

图6.25　左移位3次

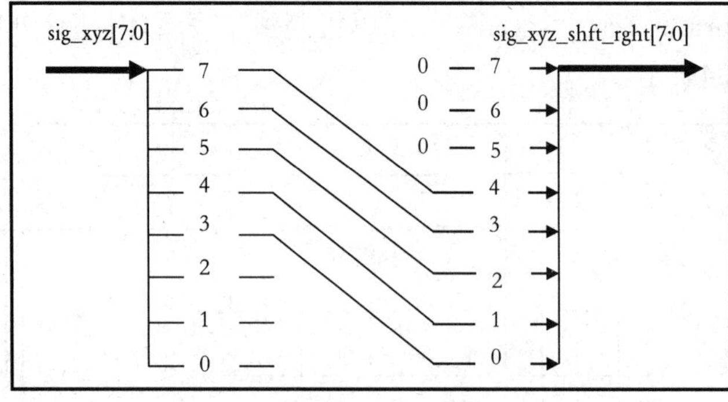

图6.26　右移位3次

6.12.2 左循环移位与右循环移位

无论是左循环移位还是右循环移位，都不会造成比特丢失，下面是循环移位的例子。

```
wire    [7:0]    sig_xyz;
wire    [7:0]    sig_xyz_rot_lft3, sig_xyz_rot_rght3;
assign  sig_xyz_rot_lft3   ={sig_xyz[4:0], sig_xyz[7:5]}; //[7:5] not dropped
assign  sig_xyz_rot_rhgt3 ={sig_xyz[2:0], sig_xyz[7:3]};
```

左循环移位3次如图6.27所示，右循环移位3次如图6.28所示。

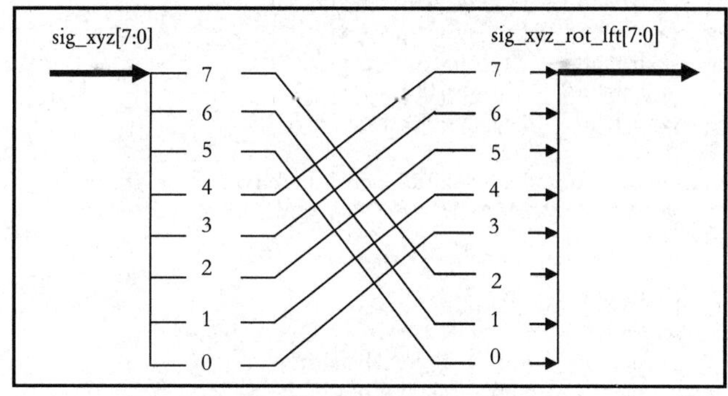

图6.27　左循环移位3次

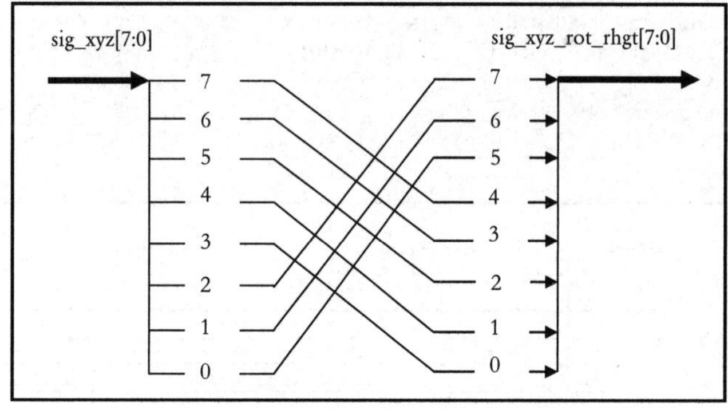

图6.28　右循环移位3次

6.12.3　桶形移位器

桶形移位器是一种组合逻辑电路，可以实现任意指定数量、指定方向的比特旋转，同时其输出端有一个选择器，用于选择输出哪一路信号，如图6.29所示。桶形移位器常用于计算机中的算术和逻辑单元中。它具有在单周期内将多个比特进行移位的能力，使得桶形移位器具有独特的应用价值。下面给出了8比特桶形移位器的例子及仿真结果。

```
module              barrel_shifter
                    (sig_xyz, sel_shft,
                    sig_xyz_barshft);
input   [7:0]       sig_xyz;
input   [2:0]       sel_shft;
output  [7:0]       sig_xyz_barshft;

reg     [7:0]       sig_xyz_barshft;
wire    [7:0]       sig_xyz_barshft1;
wire    [7:0]       sig_xyz_barshft2;
wire    [7:0]       sig_xyz_barshft3;
wire    [7:0]       sig_xyz_barshft4;
wire    [7:0]       sig_xyz_barshft5;
```

```
wire     [7:0]              sig_xyz_barshft6;
wire     [7:0]              sig_xyz_barshft7;

// create the different shifted signals
// ***********************************
assign   sig_xyz_barshft1 = {sig_xyz[6:0], sig_xyz[7]};
assign   sig_xyz_barshft2 = {sig_xyz[5:0], sig_xyz[7:6]};
assign   sig_xyz_barshft3 = {sig_xyz[4:0], sig_xyz[7:5]};
assign   sig_xyz_barshft4 = {sig_xyz[3:0], sig_xyz[7:4]};
assign   sig_xyz_barshft5 = {sig_xyz[2:0], sig_xyz[7:3]};
assign   sig_xyz_barshft6 = {sig_xyz[1:0], sig_xyz[7:2]};
assign   sig_xyz_barshft7 = {sig_xyz[0],   sig_xyz[7:1]};

// selects the outputs from the bit-shifted signals based on sel_shft value
// ***************************************************************
always @*
 begin
        sig_xyz_barshft  = sig_xyz;
        case(sel_shft)
          3'd1:   sig_xyz_barshft = sig_xyz_barshft1;
          3'd2:   sig_xyz_barshft = sig_xyz_barshft2;
          3'd3:   sig_xyz_barshft = sig_xyz_barshft3;
          3'd4:   sig_xyz_barshft = sig_xyz_barshft4;
          3'd5:   sig_xyz_barshft = sig_xyz_barshft5;
          3'd6:   sig_xyz_barshft = sig_xyz_barshft6;
          3'd7:   sig_xyz_barshft = sig_xyz_barshft7;
        endcase
 end
endmodule
```

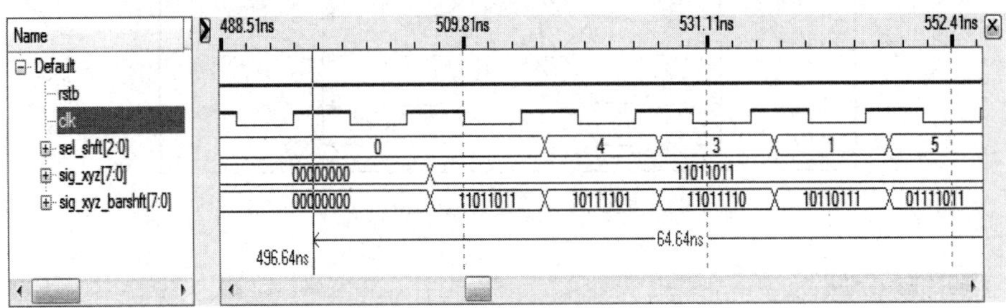

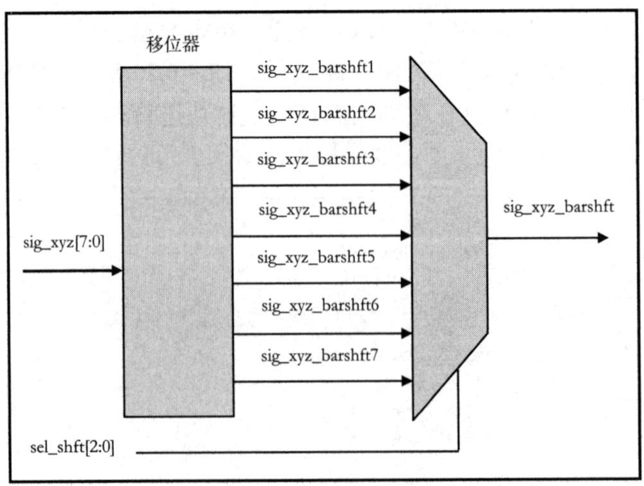

图6.29 桶形移位器

6.13　数据转换器

在一些应用中，两个电路模块交界处，一个电路模块的输出数据位宽大于另一个模块的输入数据位宽，此时需要进行数据转换。例如，在SATA控制器中，内部数据位宽为32比特，但与外部物理收发器PHY的接口通常为16比特或8比特。同样的，从PHY接收到的数据也是16比特或8比特，数据交给控制器后，在其内部使用之前转换为32比特。下面将介绍进行数据宽度转换的电路，电路中没有使用FIFO，是通过时钟分频与倍频实现数据位宽转换和传输的。

6.13.1　由宽到窄数据转换

图6.30是位宽由宽变窄时的示意图。图6.31是数据转换波形示意图。

电路模块B的工作时钟为clk2x，在电路模块A中将其二分频得到clk1x。clk1x和clk2x为同步时钟，clk1x与clk2x之间有一个固定的相位差。根据图6.30和图6.31，具体的数据传输过程如下：

- clk1x下方的数据（datain[31:0]）经过clk2x采样产生datain_sync[31:0]，由于clk1x在相位上滞后于clk2x，且二者为同步时钟，因此数据从时钟域clk1x传递到时钟域clk2x时不会存在问题；
- 在clk2x时钟域内，当clk1x为0时，使用clk2x选择datain_sync的低16比特，当clk1x为1时，选择datain_sync的高16比特；
- 完成数据变换，最终输出dataout_clk2x[15:0]。

代码及仿真结果如下。

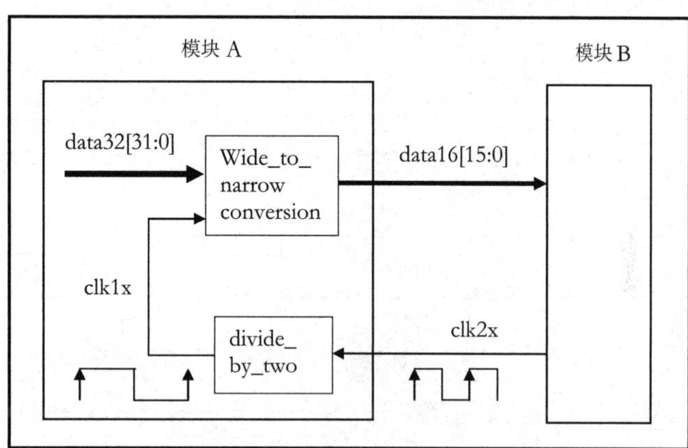

图6.30　由宽到窄数据转换

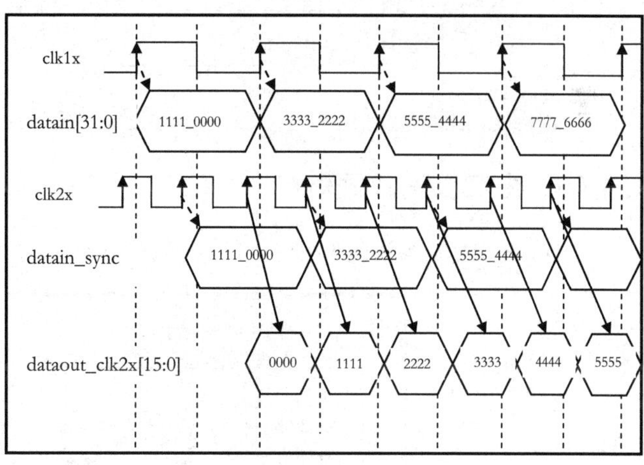

图6.31　由宽到窄数据转换波形

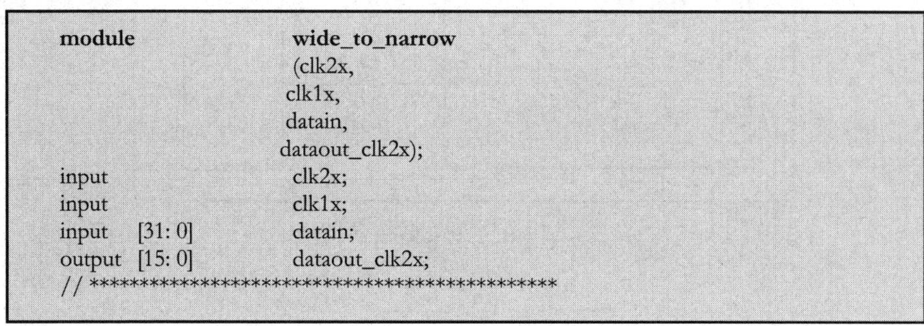

```
module                 wide_to_narrow
                       (clk2x,
                       clk1x,
                       datain,
                       dataout_clk2x);
input                  clk2x;
input                  clk1x;
input   [31: 0]        datain;
output  [15: 0]        dataout_clk2x;
// **********************************************
```

```
reg     [31:0]          datain_sync;
reg     [15:0]          dataout_clk2x;
wire    [15:0]          dataout_clk2x_nxt;
// Flop the data first with clk2x. Reset is not required as it is a datapath and
// default (reset) value of the flops are don't care.
//**************************************************
always @(posedge clk2x)
 begin
        datain_sync <= datain;
 end

// Select the lower and upper halves from datain_sync
//**************************************************
assign  dataout_clk2x_nxt = !clk1x ? datain_sync[15:0] : datain_sync[31:16];

// Flop the selected 16 bit data with clk2x and drive out
//**************************************************
always @(posedge clk2x)
 begin
        dataout_clk2x <= dataout_clk2x_nxt;
 end
endmodule
```

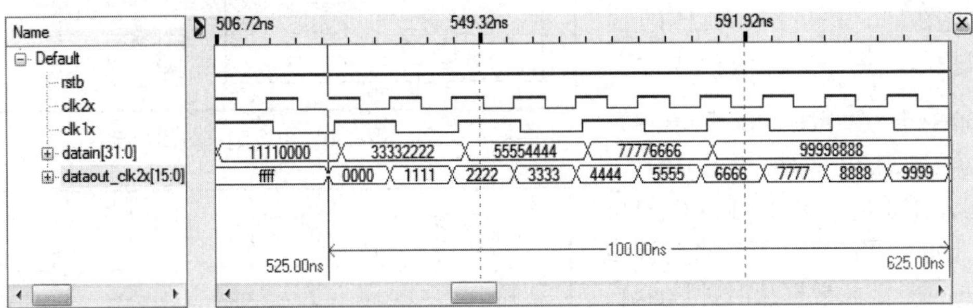

6.13.2 由窄到宽数据转换

图6.32和图6.33是实现由窄到宽数据转换操作的电路和工作波形。

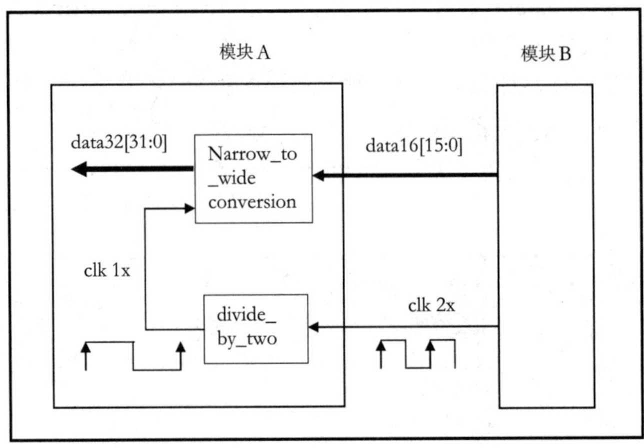

图6.32 由窄到宽数据转换

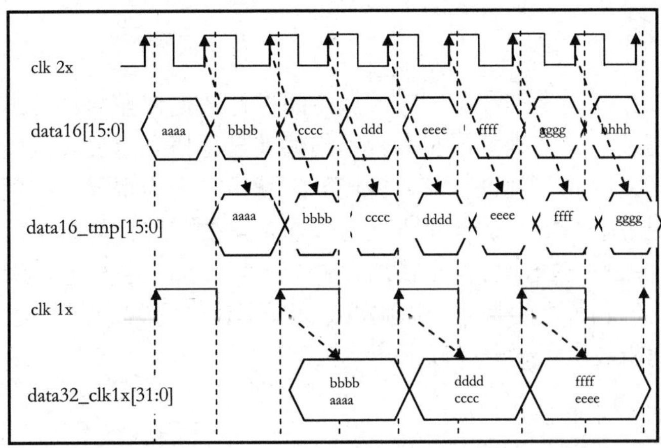

图6.33　由窄到宽数据转换波形

代码及仿真结果如下。

```
module                narrow_to_wide
                      (clk2x,clk1x,
                     data16,data32_clk1x);
input                 clk2x;
input                 clk1x;
input   [15: 0]       data16;
output  [31: 0]       data32_clk1x;
// ****************************************************
reg     [15:0]        data16_tmp;
reg     [31:0]        data32_clk1x, data32_clk1x_nxt;
/* store temporary data into a register so that we can use 16 bits of incoming data
along with the 16 bits of tmp data stored in pervious cycle to form 32 bits of data.
These 32 bits of data is flopped with clk1x, and this happens for every two-clock
periods of clk2x.

When data is passed from 2x (fast) to the 1x (slow) domain, make sure that there is
enough delay in the data path to avoid set-up/hold violation in the immediate rising
edge of 1x clock. The data should have more delay in the path to pass beyond the
immediate rising edge of 1x clock*/
//****************************************************
always @(posedge clk2x)
 begin
       data16_tmp <= #2 data16;
 end
// Form the 32-bit data
assign  data32_clk1x_nxt = {data16[15:0], data16_tmp[15:0]};

// Flop the selected 16 bit data with clk2x and drive out
always @(posedge clk1x)
 begin
       data32_clk1x <= data32_clk1x_nxt;
 end
endmodule
```

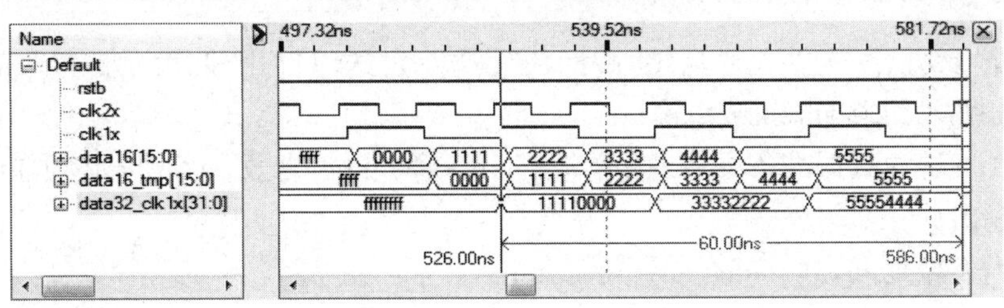

6.14 同步技术

在芯片设计中，数据同步和在不同时钟域之间进行数据传输会经常出现。为避免任何差错、系统故障和数据破坏，正确的同步和数据传输就显得格外重要。这些问题的出现往往比较隐蔽，不易被发现，因此正确进行跨时钟域处理就显得极为重要。实现数据同步有许多种方式，在不同的情况下进行恰当的同步方式选择非常重要。以计算机中的南桥芯片为例，它通过不同的接口（如PCIe、USB、吉比特以太网等）与外部设备相连。南桥通过不同的接口与外围设备相连，它与北桥之间是一个通用数据接口。南桥芯片中需要使用数据同步技术。

目前，常用的同步技术主要分为以下几类：

- 在不同的时钟域之间使用FIFO
- 在不同的时钟域之间使用握手信号
- 相位差固定的同步域内部的数据传输
- 准同步域之间的数据传输

6.14.1 使用FIFO进行的数据同步

当存在两个异步时钟域并且二者之间进行数据包传输时，双端口FIFO最为适合。FIFO有两个端口，一个端口写入输入数据，另一个端口读出数据，如图6.34所示。两个端口工作在相互独立的时钟域内，通过各自的指针（地址）来读写数据。由于每个端口工作在相互独立的时钟域内，因此读写操作可以独立实现并且不会出现任何差错。当FIFO变满时，应停止写操作，直到FIFO中出现空闲空间。同样，当FIFO为空时，应停止读操作，直到有新的数据被写入FIFO中。FIFO有满标志和空标志，有关FIFO操作的详细描述将在第8章给出。

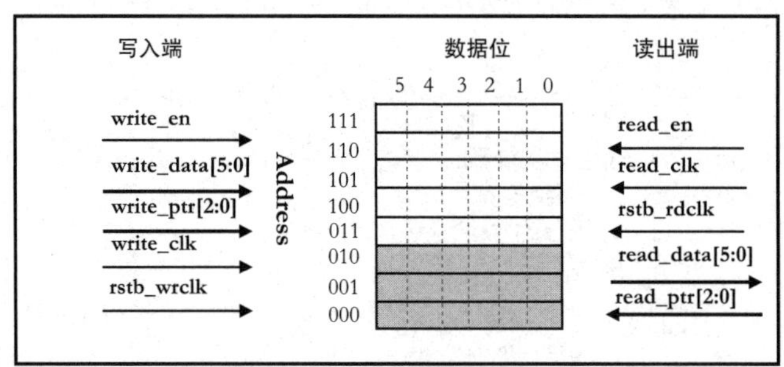

图6.34　双端口FIFO

6.14.2 握手同步方式

FIFO可用于在不同的时钟域之间进行数据包的传输，但是在一些应用中需要在不同时钟域之间进行少量数据传输。FIFO占用的硬件资源较大，此时可以考虑使用握手同步机制。

以下是握手同步机制的工作步骤：

- 用后缀_t表示发送端，用后缀_r表示接收端。发送时钟用tclk表示，接收时钟用rclk表示。数据从tclk域向rclk域传输；
- 当需要发送的数据准备好后，发送端将t_rdy信号置为有效，该信号必须在tclk下降沿时采样输出；
- 在t_rdy有效期间，t_data必须保持稳定；

- 接收端在rclk域中采用双同步器同步t_rdy控制信号，并把同步后的信号命名为t_rdy_rclk；
- 接收端在发现t_rdy_rclk信号有效时，t_data已经安全地进入了rclk域，使用rclk对其进行采样，可以得到t_data_rclk。由于数据已经在rclk域进行了正确采样，所以此后在rclk域使用该数据是安全的；
- 接收端将r_ack信号置为1，信号必须在rclk下降沿输出；
- 发送端通过双同步器在tclk域内同步r_ack信号，同步后的信号称为r_ack_tclk；
- 以上所有步骤称为“半握手”。这是因为发送端在输出下一数据之前，不会等到r_ack_tclk被置为0；
- 半握手机制工作速度快，但是，使用半握手机制时需要谨慎，一旦使用不当，会导致操作错误；
- 从低频时钟域向高频时钟域传输数据时，半握手机制较为适用，这是由于接收端可以更快地完成操作。然而，如果从高频时钟域向低频时钟域传输数据，则需要采用全握手机制；
- 当r_ack_tclk为高电平时，发送端将t_rdy置为0；
- 当t_rdy_rclk为低电平时，接收端将r_ack置为0；
- 当发送端发现r_ack_tclk为低电平后，全握手过程结束，传输端可以发送新的数据；
- 显然，全握手过程耗时较长，数据传输速度较慢。然而，全握手机制稳定可靠，可以在两个任意频率的时钟域内安全地进行数据传输。如图6.35所示为全握手机制工作波形。

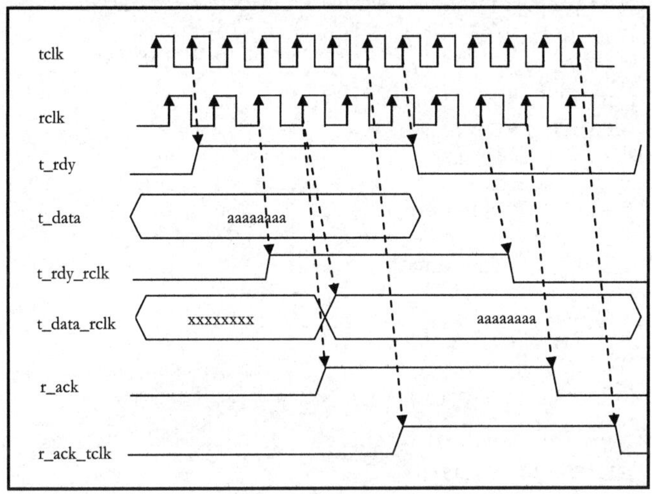

图6.35　全握手机制工作波形

全握手机制代码及仿真结果如下。

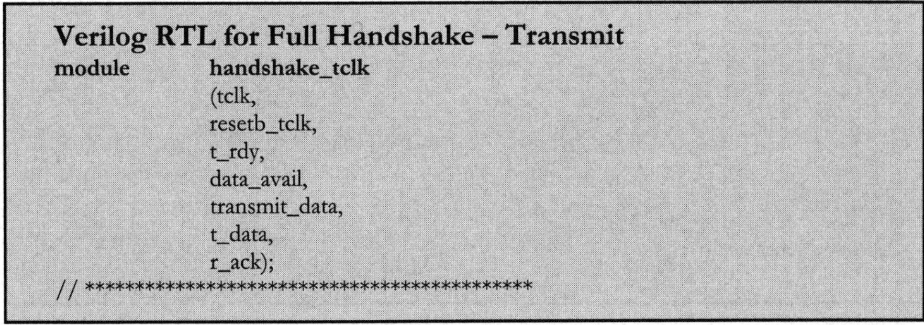

```
Verilog RTL for Full Handshake – Transmit
module      handshake_tclk
            (tclk,
            resetb_tclk,
            t_rdy,
            data_avail,
            transmit_data,
            t_data,
            r_ack);
// ******************************************
```

```
input           tclk;
input           resetb_tclk;
input           r_ack;
input           data_avail;
input   [31:0]  transmit_data;
output          t_rdy;
output  [31:0]  t_data;

localparam      IDLE_T              = 2'd0,
                ASSERT_TRDY         = 2'd1,
                DEASSERT_TRDY       = 2'd2;

reg     [1:0]   t_hndshk_state, t_hndshk_state_nxt;
reg             t_rdy, t_rdy_nxt;
reg     [31:0]  t_data, t_data_nxt;
reg             r_ack_d1, r_ack_tclk;
// **********************************************
always @(*)
 begin
        t_hndshk_state_nxt      = t_hndshk_state;
        t_rdy_nxt               = 1'b0;
        t_data_nxt              = t_data;

        case(t_hndshk_state)
         IDLE_T: begin
                if (data_avail) // when the data is available in transmit side
                 begin
                        t_hndshk_state_nxt      = ASSERT_TRDY;
                        t_rdy_nxt               = 1'b1;
                        t_data_nxt = transmit_data;//data to be transferred
                 end
         end
         ASSERT_TRDY: begin
                if (r_ack_tclk)
                 begin
                        t_rdy_nxt               = 1'b0;
                        t_hndshk_state_nxt      = DEASSERT_TRDY;
                        t_data_nxt              = 'd0;
                 end
                else
                 begin
                        t_rdy_nxt  = 1'b1; //keep driving until r_ack_tclk= 1
                        t_data_nxt = t_data; //keep supplying data
                 end
         end
         DEASSERT_TRDY: begin
                if (!r_ack_tclk)   // r_ack_tclk goes low
                 begin
                        if (data_avail)
                         begin
                                t_hndshk_state_nxt      = ASSERT_TRDY;
                                t_rdy_nxt               = 1'b1;
                                t_data_nxt              = transmit_data;
                         end
                        else
                                t_hndshk_state_nxt      = IDLE_T;
                 end
         end
        default: begin end
        endcase
 end
```

```
always @(posedge tclk or negedge resetb_tclk)
 begin
        if (!resetb_tclk)
         begin
                t_hndshk_state   <= IDLE_T;
                t_rdy            <= 1'b0;
                t_data           <= 'd0;
                r_ack_d1         <= 1'b0;
                r_ack_tclk       <= 1'b0;
         end
        else
         begin
                t_hndshk_state   <= t_hndshk_state_nxt;
                t_rdy            <= t_rdy_nxt;
                t_data           <= t_data_nxt;
                r_ack_d1         <= r_ack;
                r_ack_tclk       <= r_ack_d1;
         end
 end
endmodule
```

Verilog RTL for Full Handshake – Receive

```
module          handshake_rclk
                (rclk,
                resetb_rclk,
                t_rdy,
                t_data,
                r_ack);
input           rclk;
input           resetb_rclk;
input           t_rdy;
input   [31:0]  t_data;
output          r_ack;

localparam      IDLE_R        = 1'b0,
                ASSERT_ACK    = 1'b1;
reg             r_hndshk_state, r_hndshk_state_nxt;
reg             r_ack, r_ack_nxt;
reg     [31:0]  t_data_rclk, t_data_rclk_nxt;
reg             t_rdy_d1, t_rdy_rclk;
// **********************************************
always @(*)
 begin
        r_hndshk_state_nxt      = r_hndshk_state;
        r_ack_nxt               = 1'b0;
        t_data_rclk_nxt         = t_data_rclk;

        case(r_hndshk_state)
         IDLE_R: begin
                if (t_rdy_rclk)
                 begin
                        r_hndshk_state_nxt      = ASSERT_ACK;
                        r_ack_nxt               = 1'b1;
                        t_data_rclk_nxt         = t_data;
                 end
         end
```

```
        ASSERT_ACK: begin
            if (!t_rdy_rclk)
             begin
                r_ack_nxt                   = 1'b0;
                r_hndshk_state_nxt          = IDLE_R;
             end
            else
                r_ack_nxt                   = 1'b1;
        end
       default:  begin end
       endcase
end
always @(posedge rclk or negedge resetb_rclk)
 begin
        if (!resetb_rclk)
         begin
                r_hndshk_state  <= IDLE_R;
                r_ack           <= 1'b0;
                t_data_rclk     <= 'd0;
                t_rdy_d1        <= 1'b0;
               t_rdy_rclk       <= 1'b0;
         end
        else
         begin
                r_hndshk_state  <= r_hndshk_state_nxt;
                r_ack           <= r_ack_nxt;
                t_data_rclk     <= t_data_rclk_nxt;
                t_rdy_d1        <= t_rdy;
               t_rdy_rclk       <= t_rdy_d1;
         end
 end
endmodule
```

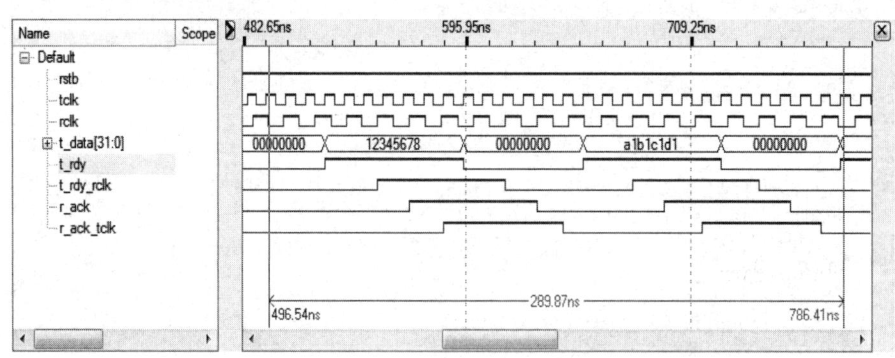

6.14.3　脉冲同步器

脉冲同步器在源时钟域内接收一个脉冲，在目的时钟域内产生一个脉冲。脉冲同步器内部通常采用全握手机制来产生输出脉冲。在讨论脉冲同步器工作原理之前，我们先讨论它的用途。有时状态机希望更新不同时钟域内寄存器的数值，它可以采用全握手同步机制来达到这一目的，但全握手同步机制存在同步延迟大的问题，在全握手完成之前，状态机都将处于等待对方响应的状态。

为了解决这一问题，可以引入脉冲同步器电路。引入脉冲同步器后，状态机在源时钟域内产生更新脉冲，此后继续执行其他操作。脉冲同步器可以接收脉冲并完成剩余的同步和输出脉冲产生工作。需要注意的是，脉冲同步器完成全握手操作需要消耗多个时钟周期，因此状态机发出的两个脉冲之间需要足够的时间间隔，否则就会出现逻辑错误。下面是脉冲同步器的工作步骤、Verilog代码及仿真结果。

步骤：

- 当源脉冲（pulse_src）有效时，在源时钟域中生成一个信号，并且保持有效（该信号称为sig_stretched）；
- 使用同步器在目的时钟域中对sig_stretched信号进行同步（称为sig_stretched_dest）；
- sig_stretched_dest信号被送回到源时钟域并进行同步（称为sig_stretched_ack）；
- 如果sig_stretched_ack = 1，则产生一个脉冲，根据这一反馈脉冲来将sig_stretched置为0（完成全握手）；
- 基于sig_stretched_dest，在目的时钟域中产生一个脉冲（称为pulse_dest）。

```
module          pulse_synchronizer
                (clksrc,
                resetb_clksrc,
                clkdest,
                resetb_clkdest,
                pulse_src,
                pulse_dest);
// *********************************************
input           clksrc;
input           resetb_clksrc;
input           clkdest;
input           resetb_clkdest;
input           pulse_src;      // pulse in source clock domain
output          pulse_dest;     // pulse in destination clock domain

reg     sig_stretched;
wire    sig_stretched_nxt;
reg     sig_stretched_sync1, sig_stretched_dest;
reg     sig_stretched_dest_d1;
reg     sig_stretched_ack_pre, sig_stretched_ack,
reg     sig_stretched_ack_d1;
wire    sig_stretched_ack_edge;
wire    pulse_dest;

assign  sig_stretched_nxt =     sig_stretched_ack_edge ? 1'b0 :
                               (pulse_src ? 1'b1 :  sig_stretched);

always @(posedge clksrc  or negedge resetb_clksrc)
 begin
        if (!resetb_clksrc)
                sig_stretched   <= 1'b0;
        else
                sig_stretched   <= sig_stretched_nxt;
 end

//First two flops for synchronizing and the third one for pulse generation
always @(posedge clkdest  or negedge resetb_clkdest)
 begin
        if (!resetb_clkdest)
```

```
            begin
                sig_stretched_sync1      <= 1'b0;
                sig_stretched_dest       <= 1'b0;
                sig_stretched_dest_d1    <= 1'b0;
            end
          else
            begin
                sig_stretched_sync1      <= sig_stretched;
                sig_stretched_dest       <= sig_stretched_sync1;
                sig_stretched_dest_d1    <= sig_stretched_dest;
            end
    end

    // First two flops are for synchronizing back to source clock domain.
    // third flop is for edge detection
    always @(posedge clksrc  or negedge resetb_clksrc)
     begin
          if (!resetb_clksrc)
            begin
                sig_stretched_ack_pre    <= 1'b0;
                sig_stretched_ack        <= 1'b0;
                sig_stretched_ack_d1     <= 1'b0;
            end
          else
            begin
                sig_stretched_ack_pre    <= sig_stretched_dest;
                sig_stretched_ack        <= sig_stretched_ack_pre;
                sig_stretched_ack_d1     <= sig_stretched_ack;
            end
     end

    assign   sig_stretched_ack_edge  = sig_stretched_ack &
                                       !sig_stretched_ack_d1;
    // Pulse generation in destination clock domain
    assign   pulse_dest        = sig_stretched_dest &
                                 ! sig_stretched_dest_d1;
    endmodule
```

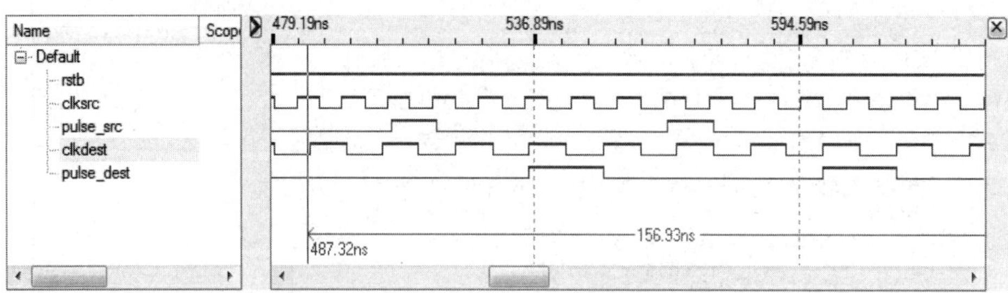

6.14.4 相位、频率关系固定时的跨时钟域数据传输

如果两个时钟具有相同或者整数倍的频率关系，上升沿之间有固定、明确的相位关系，那么在不使用FIFO或者握手协议的情况下，可以进行数据传输。此时固定明确的相位关系非常重要，数据传递时的建立时间和保持时间必须满足要求，如果相位关系不固定、不明确，则无法采用这种机制进行跨时钟域数据传递。在系统复位之后，需要调整数据延迟值（使用延迟链电路），从而确保跨时钟域数据传递时可以进行正确采样。

这种机制与使用FIFO或者握手机制相比具有更小的延迟。例如，DDR数据总线上可以使用单倍的时钟实现双倍的数据传输。前面讲过的数据位宽调整电路，也要求双方的时钟频率和相位具有固定、明确的关系。

6.14.5　准同步时钟域

如果两个时钟具有相同的标称频率和指定范围内的时钟精度误差，那么我们说这两个时钟源是准同步的。在实际应用中，通常数据发送端的本地时钟和接收端的本地时钟是独立产生的，通常都使用晶体振荡器这类高精度时钟源，二者往往具有相同的标称值和规定范围内的精度误差。例如，PCIe要求发送和接收时钟误差在300 ppm以内。这就意味着在一个相对较长的时间里（例如，对PCIe来说，超过1300个时钟周期），两个时钟将产生1个时钟周期的偏差。下面我们将讨论此时如何进行数据传输同步。

PCIe、SATA等串行通信协议中广泛使用了准同步通信机制。在数据收发电路中，弹性缓冲区（FIFO）被用于进行跨时钟域数据传输。此时FIFO不仅用于跨时钟域的同步，还需要与一定的外部电路配合，解决长时间通信时，由于时钟偏差造成的FIFO内部数据上溢或下溢的问题。PCIe和SATA要求发送端周期性地将null字符插入传输数据流中；在接收端，根据FIFO内部的数据深度，这些null字符会被丢弃或添加到FIFO中。

6.15　计时（微秒、毫秒和秒）脉冲的产生

SoC设计中，有时需要产生微秒、毫秒或者秒脉冲。同样，一个复杂电路中，很多不同的内部电路中也需要产生这类定时脉冲。比较好的方法是设计一个定时器电路，它产生不同类型的定时脉冲，供所有其他电路使用以降低逻辑资源消耗。定时器电路可以产生us_tick（微秒标记），ms_tick（毫秒标记）和sec_tick（秒标记），供整个系统使用，如图6.36所示。假设输入时钟频率为200 MHz，每个时钟周期长为5 ns，那么产生微秒标记就需要计数器进行从0到199的循环计数。此后，我们就可以利用us_tick和一个在0到999之间进行循环计数的计数器来产生ms_tick。以此类推，可以产生ms_tick和sec_tick。

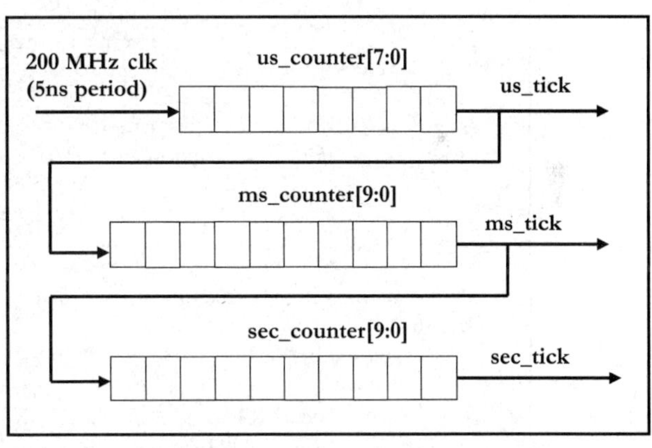

图6.36　多计时标记产生

定时器电路的代码及仿真结果如下。

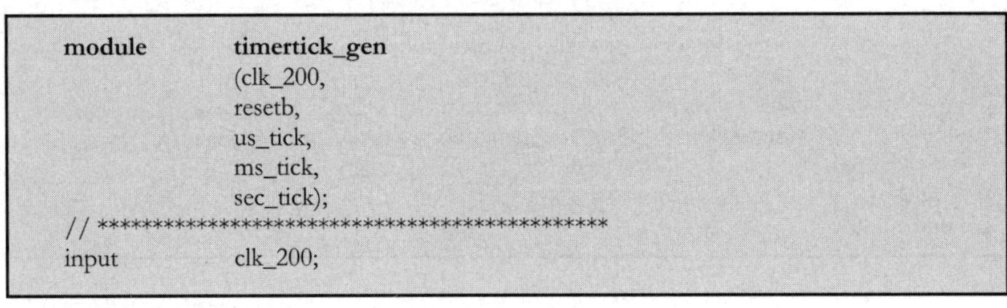

```
module          timertick_gen
                (clk_200,
                resetb,
                us_tick,
                ms_tick,
                sec_tick);
// ***********************************************
input           clk_200;
```

```
input            resetb;
output           us_tick;
output           ms_tick;
output           sec_tick;
parameter        US_COUNTER_MAX = 'd199;
reg     [7:0]    us_counter;
wire    [7:0]    us_counter_nxt;
reg              us_tick;
wire             us_tick_nxt;
reg     [9:0]    ms_counter, ms_counter_nxt;
reg              ms_tick;
wire             ms_tick_nxt;
reg     [9:0]    sec_counter;
wire    [9:0]    sec_counter_nxt;
reg              sec_tick;
wire             sec_tick_nxt;
// ****************************************************************
assign   us_counter_nxt
   = (us_counter == US_COUNTER_MAX) ? 'd0 : (us_counter+ 1'b1);
assign   us_tick_nxt =  (us_counter == US_COUNTER_MAX);

always @(*)
 begin
         ms_counter_nxt = ms_counter;
         if (us_tick)
          begin
                 if (ms_counter == 'd999)
                         ms_counter_nxt  = 'd0;
                 else
                         ms_counter_nxt  =  ms_counter + 1'b1;
          end
 end
assign   ms_tick_nxt       =  (ms_counter == 'd999);
assign   sec_counter_nxt =  ms_tick       ? ((sec_counter == 'd999)
                                          ? 'd0 : (sec_counter + 1'b1)):
                                            sec_counter;
assign   sec_tick_nxt      =  (sec_counter == 'd999);

always @  (posedge clk_200 or negedge resetb)
begin
         if (!resetb)
          begin
                 us_counter       <= 'd0;
                 ms_counter       <= 'd0;
                 sec_counter      <= 'd0;
                 us_tick          <= 1'b0;
                 ms_tick          <= 1'b0;
                 sec_tick         <= 1'b0;
          end
         else
          begin
                 us_counter       <= us_counter_nxt;
                 ms_counter       <= ms_counter_nxt;
                 sec_counter      <= sec_counter_nxt;
                 us_tick          <= us_tick_nxt;
                 ms_tick          <= ms_tick_nxt;
                 sec_tick         <= sec_tick_nxt;
          end
 end
endmodule
```

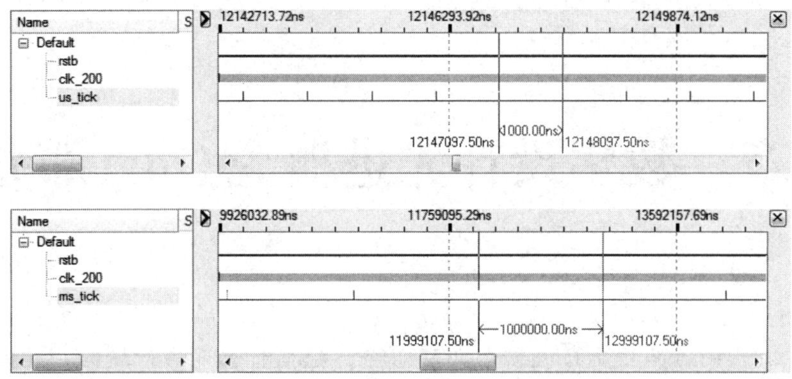

6.16　波形整形电路

有时，我们需要根据特定的输入波形产生所需的输出波形，例如，将下降沿延长几个时钟周期、去掉几个上升沿等。接下来我们将讨论一些通用的例子，理解波形整形的基本概念和方法，并推广到其他类似的应用之中。其基本思路是将一个输入波形的上升沿和下降沿通过触发器进行延迟，延迟后的波形与原始波形通过组合逻辑电路处理后得到所需的波形。

在下面的例子中，输入信号为A，我们希望产生上升沿被延迟两个时钟周期、下降沿被延迟一个时钟周期的输出信号为B，如图6.37所示。

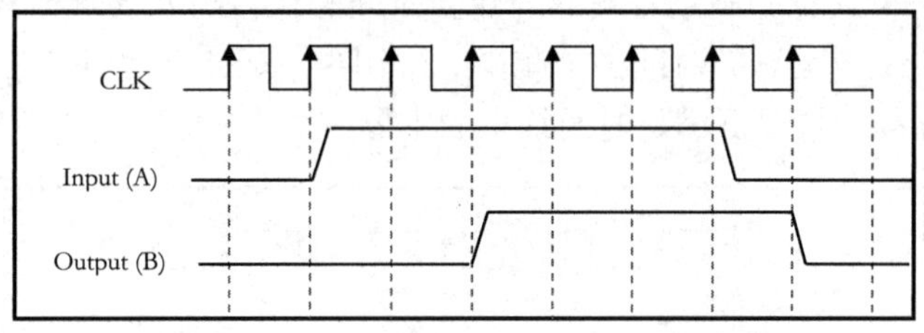

图6.37　波形整形：输入与期望的输出

输入信号A通过两个触发器进行移位寄存，产生A_del1和A_del2。使用下面的组合逻辑产生最终输出的信号B：B = A_del2 & A_del1，如图6.38所示。

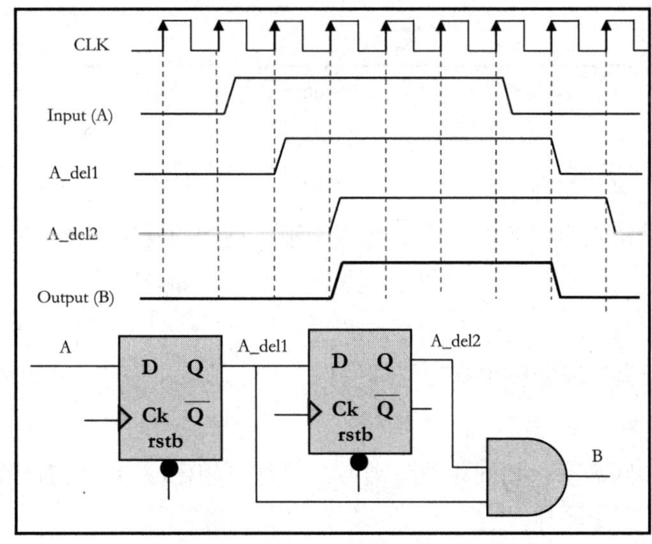

图6.38　波形整形电路

第7章 数字设计先进概念（第1部分）

本章将介绍芯片设计与芯片构架中的新概念，包括时钟和复位机制、增加吞吐率的方法、减少延迟的方法、多种流量控制机制、流水线操作以及乱序执行等。

7.1 时钟

7.1.1 频率和时钟周期

时钟频率是指每秒钟的时钟周期重复次数，单位为Hz（Hertz），如图7.1所示。例如，当时钟频率为200 MHz时，时钟周期为5 ns。可以看出，时钟周期随着时钟频率的增加而减小。时钟周期大小对于电路设计的影响主要在于触发器之间的所有逻辑电路需要在一个时钟周期内完成所需的逻辑运算并满足触发器的建立时间和保持时间要求。当时钟周期随着频率升高而减小时，完成逻辑运算的时间必须减少。采用更小的工艺尺寸（0.3 μm、0.22 μm）来降低门时延是一种在高频情况下满足时间约束的主要方法。

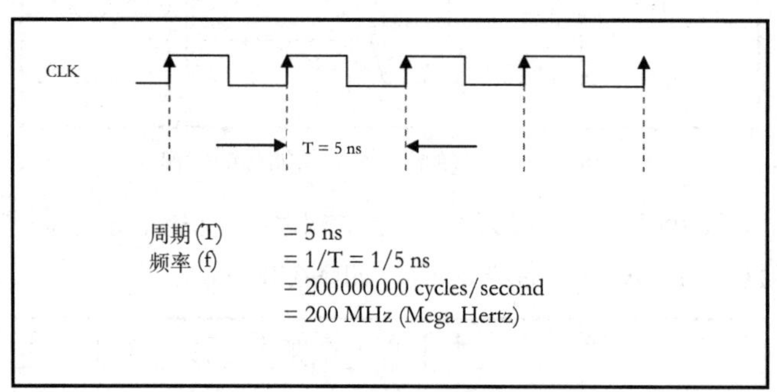

图7.1 频率和时钟周期

7.1.2 不同的时钟机制

时钟在芯片设计中具有基础性和决定性的作用，不同的时钟提供方案具有不同的应用特点，可分类如下。

同步时钟

对于所有的触发器，时钟频率和相位都是相同的，用于单一芯片内部的元件。

系统同步时钟

与同步时钟（相同频率、相同相位）类似，但是，相比在单个芯片中应用的同步时钟，系统同步时钟应用于多个芯片。

源同步时钟

应用于芯片间通信，采用源同步通信时，两个芯片之间在传递数据的同时还传递与该数据同步的时钟。例如，DDR2，DDR3，QDR，超传送（Hyper-transport）和QPI（快速路径互联）协议等都采用源同步工作方式。

嵌入式时钟

嵌入式时钟用于两个设备之间的持续通信，时钟信息嵌入在数据之中。此时数据本身就是一个有许多的0、1和1、0跳变的信号。在接收端，使用PLL从接收的数据中提取出时钟，用于数据接收处理，常见的有PCIe和SATA协议等。

准同步时钟

这意味着数据发送时钟和接收端的数据处理时钟是相互独立的，二者频率几乎相同，仅存在微小的误差。采用较好的时钟源时，频率会非常接近，例如，± 200 ppm的时钟误差。PCIe和SATA协议会使用此方案。

7.1.3　同步时钟

同步时钟用于芯片内部，时钟通过时钟树提供给所有的触发器，如图7.2所示。时钟树的设计旨在确保时钟分配网络的延迟保持相同，从而向所有的触发器提供频率和相位相同的工作时钟。

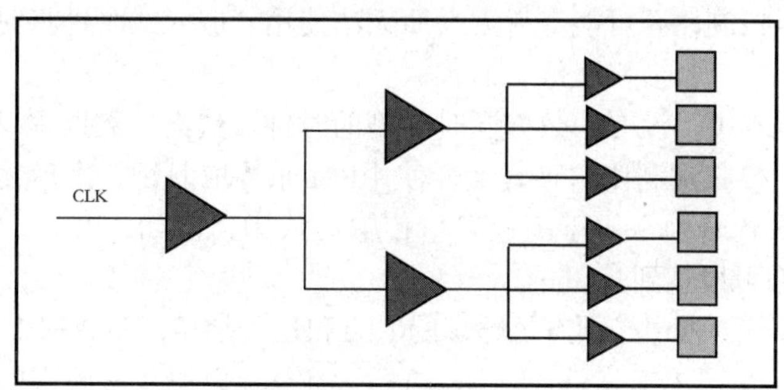

图7.2　同步时钟

7.1.4　源同步时钟

在源同步时钟机制中，芯片间传递数据的同时还传送与数据同步的时钟，时钟的上升沿对准数据的中间位置，接收端使用该时钟对接收的数据进行处理。此时要求芯片之间的数据线和时钟线应该具有相同的长度，虽然时钟和数据的驱动电路存在工艺、电压和温度的偏差，以及互联线长度存在偏差，但通过一定的设计约束这些偏差会很小并且变化趋势相同，此时，数据信号和时钟信号会具有相似的时延，确保时钟和数据相位关系的正确。

在接收端用提供的时钟将数据恢复之后，接收端可以使用一个异步FIFO将恢复的数据同步到本地时钟域，如图7.3所示。

在一些应用中，采用两个时钟（strobe、!strobe），数据速率是时钟频率的两倍，称为DDR（Double Data Rate，双倍数据速率），用于DDR存储器中（DDR2、DDR3和DDR4），如图7.4所示。

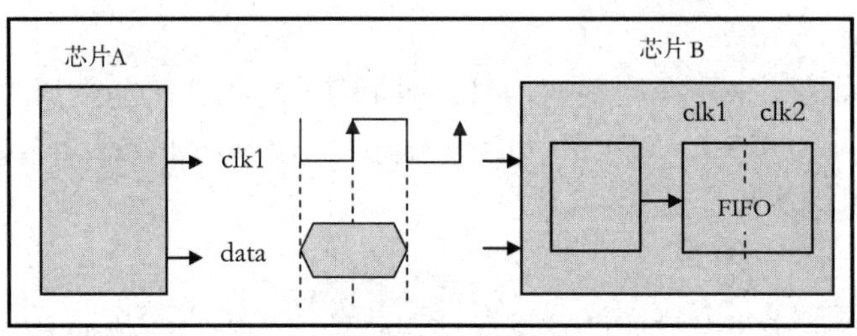

图7.3 源同步时钟

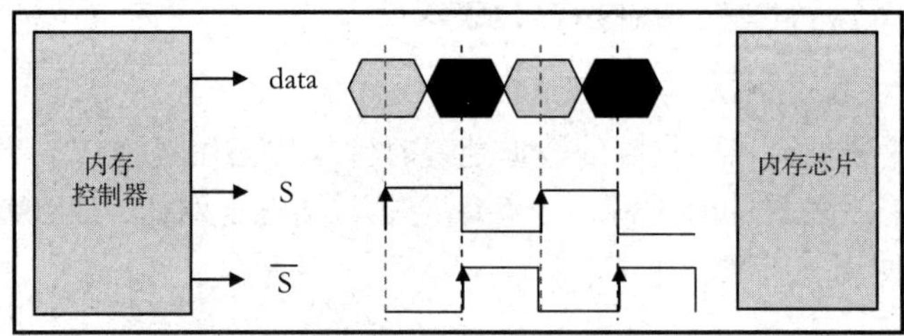

图7.4 DDR源同步时钟

7.1.5 嵌入式时钟

源同步时钟适用于短距离和并行数据传输，对于高速和长距离传输，数据与时钟之间的相位差异会更加难以控制，有可能变得太大而无法使用。嵌入式时钟将时钟嵌入数据中来克服这一局限性。

在嵌入式时钟机制中，没有与数据同时传输的时钟。然而，数据本身具有足够多的高到低和低到高的转换，接收端利用这种转换，使用PLL来提取时钟，之后使用该时钟同步接收的数据。如今，嵌入式时钟常用于高速串行传输协议中，例如，PCIe、SATA、USB和Fiber Channel等，数据速率可以达到几Gbps。

使用这种方式时，数据中必须有足够多的0、1和1、0翻转，使数据中出现尽量少的连0或连1，以避免接收端因为无法获得足够的翻转信息而出现PLL失锁。

另外，长期观察时，0和1的数量应保持平衡，否则，就会产生偏向1或0的直流漂移。稍后我们将讨论目前系统中解决这些问题的方法。图7.5为嵌入式时钟机制工作方式示意图。

图7.5是一个参考时钟分离的结构，其中发送和接收设备的参考时钟来源不同。在一些其他结构（例如，PCIe传输）中，发送端和接收端会采用同一个参考时钟。采用这种方式时，发送设备和接收设备通常都位于主板上或通过连接器进行连接。然而，对SATA类采用电缆进行连接的设备，发送设备和接收设备都

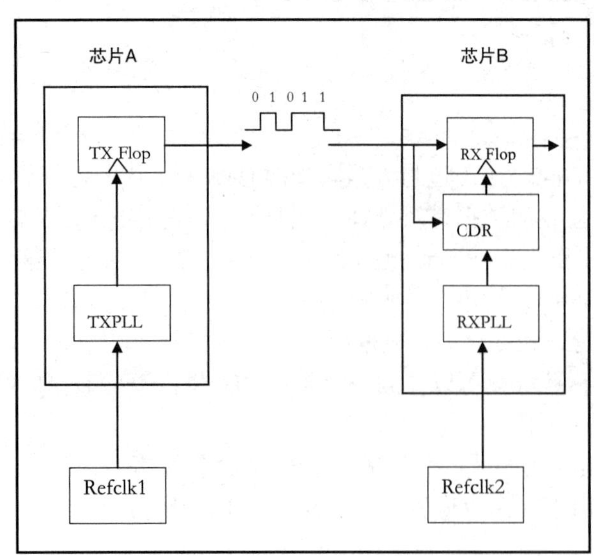

图7.5 嵌入式时钟机制工作方式示意图

有自己的参考时钟源。另外一种形式的接收结构是接收端不采用参考时钟，接收端用锁相环和CDR（Clock Data Recovery）恢复时钟和数据，使用恢复出来的时钟进行数据处理。

8b/10b编码技术被用于PCIe和SATA中，它可以对原始数据进行编码，产生0、1和1、0翻转丰富的线路传输数据和保持0、1的长期平衡。另外，对原始数据进行扰码，可以有效改变原始数据中的0、1分布情况，避免出现长的连1或连0。这些技术都有利于接收方进行时钟恢复。

7.1.6　准同步时钟

准同步表示标称值相同，误差被控制在一定范围内的时钟。对于任何标称值相同，但相互独立的时钟源，其频率都不可能绝对相同。接收端，使用恢复的时钟对接收数据进行处理，然后使用弹性FIFO（通常采用异步FIFO实现）将接收数据同步到接收电路的时钟域上来。

弹性FIFO具有两个功能：一是将数据传送到本地（芯片）时钟域，二是用作流控缓冲区。图7.6中，恢复的时钟可能比芯片工作时钟更快或更慢。当恢复的时钟频率更高时，数据写入的速度略快于读出的速度，弹性FIFO中存储的数据深度会不断增大，直到数据写满。一旦写满，后续写入的数据就会被丢掉，导致数据向上溢出。如果恢复的时钟更慢，读出速度比写入的速度快，FIFO会在某些时刻被读空，导致数据向下溢出。无论是上溢还是下溢，都会带来数据接收错误。

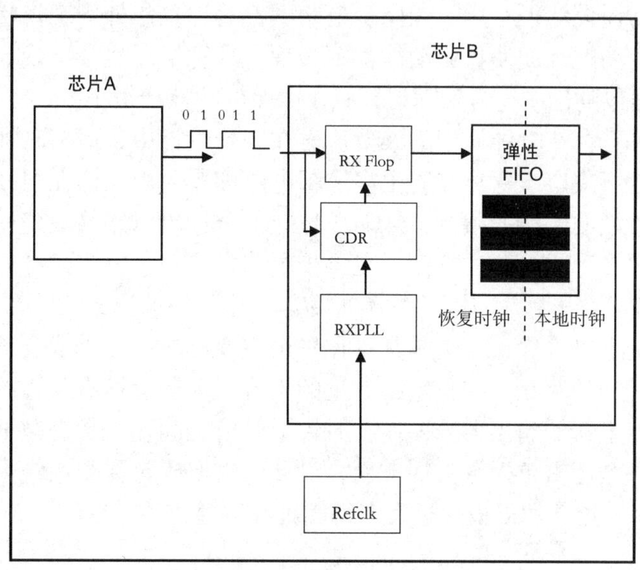

图7.6　准同步时钟工作机制示意图

为了允许收发两端的频率之间存在少量的差异，同时不引起数据溢出，发送端在数据流中插入一些无用的填充数据。填充数据出现的频率是在系统允许的收发两端频率差异最大的情况下计算得到的，它不是有用的用户信息。填充数据是一种或一组特殊的编码符号，接收端可以准确的识别。当本地时钟（芯片时钟）慢于恢复的时钟时，弹性FIFO会填满。弹性FIFO中的数据深度达到一定的上限时（还没有完全填满），接收电路开始从接收的数据流中丢弃这些填充数据。假如本地时钟的速度更快，当FIFO中数据深度达到一个很低的门限值时，读出电路可以插入填充数据，从而避免FIFO被读空后仍然进行读操作。另外还可以使用读出数据有效指示信号，如果FIFO为空，则不再读出数据，读出数据有效指示信号被置为0，通知后续电路此刻没有有效的输出数据。

以PCIe和SATA为例，在PCIe中，发送电路在数据中嵌入SKIP集（包括4个符号：COM、SKP、SKP、SKP）。当接收机检测到SKIP集时，它会根据弹性FIFO的深度丢弃一个SKP符号或增加一个SKP符号。SKP符号不携带任何用户信息，也不影响扰码和解扰码操作，因此可以安全地丢弃或增加。SATA的发送电路中使用了一个特殊的称为ALIGN的符号（每组包括4个符号）。接收机可以安全地丢弃或插入ALIGN符号，以防止弹性FIFO上溢或下溢。

7.1.7 异步系统

这个领域已经进行了许多研究工作，在这里只进行简要描述，不对异步系统的设计细节进行过多分析和说明。异步系统在数字电路设计领域并不常见。异步系统的设计不依赖于时钟，一部分电路逻辑运算的结果可以在没有时钟参与的情况下传递至另一部分电路。由于它不依赖于时钟，因此许多同步时钟设计的局限性对于异步系统来说就不存在。

异步系统中没有时钟，因此就不存在时钟偏移（clock skew）问题。时钟频率很高时，时钟偏移是同步设计中一个很现实的问题。实际上，在时钟频率非常高的情况下，由于时钟偏移的存在，使得逻辑电路可用的路径延迟被缩短，增加了电路的设计难度。在异步电路中，由于不存在时钟偏移，所以有利于提高系统的工作速度。

异步电路对低功耗设计很有用，在同步电路中，时钟总是处于工作状态，一些节点会一直发生翻转从而产生功耗，即使什么功能都不实现，这种情况也会出现。在异步电路中，如果没有一个新的数据包到达或进行实际计算时，电路的功耗会很小。

在异步电路中，不存在时钟周期的浪费。而在同步设计中，最高时钟频率由延迟最大的逻辑电路的路径延迟所决定。这意味着很多逻辑电路即使可以工作在很高的速度下，但其工作速度受工作速度最慢的电路的限制，从而导致了部分逻辑电路会浪费一个时钟周期中的部分时间，等待那些“慢”的电路。然而，在异步电路中，一个电路的计算结果实时传递给后续电路，这有助于在异步电路设计时建立不平衡但速度更快的流水线。

虽然异步电路具有很多优点，但是其存在一个主要问题：即干扰会被逐级传递下去。在同步电路中，由于时钟的存在，逻辑电路产生的干扰和毛刺会被有效地滤除。所有的触发器只会在时钟上升沿产生新的输出值。即使在时钟上升沿之间输入数据被干扰，干扰也不会被传递到输出端或下一个逻辑单元。另一方面，设计时需要确定异步系统中不存在干扰或不需要通过设计消除干扰，这会使得设计过程变得困难和费时。

7.1.8 扩频时钟

扩频时钟可以用来降低高时钟频率情况下的电磁干扰噪声。在高频情况下，能量集中在一个频率点，它就会对其他电路产生干扰。将一个低频时钟调制到高频时钟上时会用到扩频技术，它会使频谱发生扩展，由单一的谱线成为一个频带，从而能量被分布到一个频带上，而不是一个频率点上。例如，PCIe会使用30 ~ 33 kHz的时钟调制100 MHz的参考时钟。

7.1.9 时钟抖动

时钟抖动是实际时钟边沿偏离理想时钟边沿的时间大小，时钟抖动是一个非常宽泛的话题，背后有许多数学问题。我们并不打算去描述相关细节问题，但在数字系统设计时，我们需要意识到我们在仿真中看到的完美的上升和下降沿在实际系统中是不存在的。当时钟存在抖动时，会对建立时间和保持时间窗口的大小产生影响，所需要的建立时间和保持时间窗口应该进行相应的扩大。

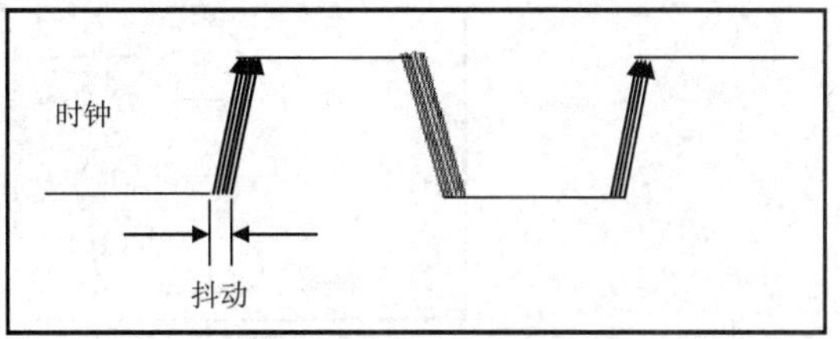

图7.7　时钟抖动

时钟抖动是由系统中的各种噪声引起的，如输入功率的变化、热噪声以及其他电路系统的干扰等，如图7.7所示。过多的时钟抖动会导致恢复接收数据时出现较高的误码率（Dit Error Rate，BER）。

抖动可以简单地分为随机抖动（Rj）和确定性抖动（Dj）。

$$\text{Tj(Total jitter)} = \text{Dj} + n \times \text{Rj}$$

其中，n是对应于所要求BER的标准偏移量。随机抖动是不可预测的，服从高斯分布，确定性抖动是可以预测和进行限制的。

7.2　复位方法

在芯片设计中，复位是一个很重要的需要考虑的问题。复位被用来将数字电路中的触发器强制设置到一个确定的初始值上，从而使状态机和其他的控制电路可以从一个已知的初始状态开始工作。带有复位引脚的触发器所占用的芯片面积比没有复位引脚的触发器略微大一些。在某些情况下，处于数据处理路径上的触发器的初始值无关紧要，此时可以使用不带复位引脚的触发器，以降低芯片的总面积。电路中有两种典型的复位方法，非同步复位和同步复位。

7.2.1　非同步复位(异步复位)

采用异步复位时，触发器中存在一个复位端。一般情况下，复位是低电平有效的，通常用reset#来表示。当reset#为低电平时，触发器输出立刻变成0或1。reset#可以在任何时刻被置为低电平，它与时钟边沿之间可以没有任何关系，因此这种复位方式被称为异步复位。

需要注意的是，当reset#被置为高电平时，它必须与时钟的上升沿同步。reset#从0到1翻转时，不能离时钟的上升沿太近，不然会产生与违反建立时间/保持时间类似的输出不稳定问题，此时它被称为复位恢复错误。有时候一个复位信号会经过不同的时钟域，此时不能直接使用该复位信号。此时它的上升沿必须与新时钟域进行同步以免产生复位恢复错误。针对跨时钟域的同步，可以使用专门设计的复位同步电路。

7.2.2　复位同步电路

图7.8给出了一种复位同步电路。如图所示，当rstb_in有效时，第二个触发器的输出rstb_sync立刻被置为0；当rstb_in由0变为1时，两个触发器都可能出现复位恢复错误，但此时这种错误是无害的，rstb_sync此后会在一个时钟周期以上的时间内保持为0，并在时钟上升沿出现后从0变为1。

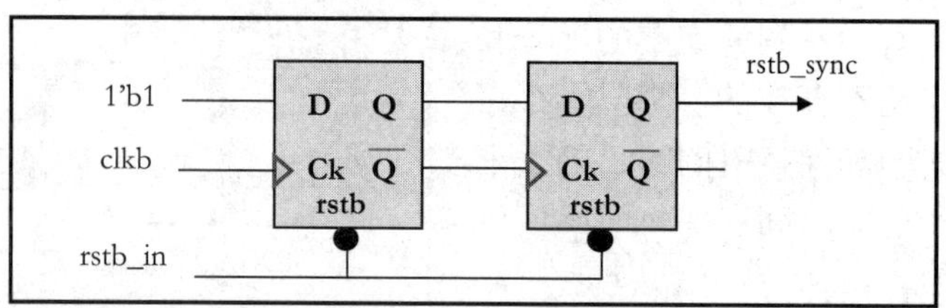

图7.8 复位同步电路

复位同步电路的代码及仿真结果如下。

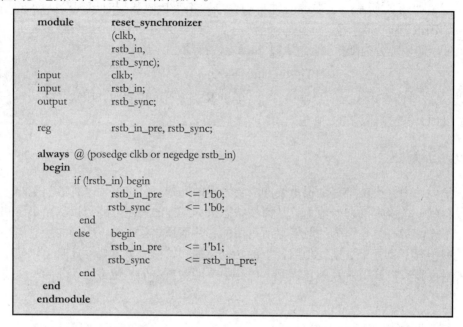

```
module          reset_synchronizer
                (clkb,
                rstb_in,
                rstb_sync);
input           clkb;
input           rstb_in;
output          rstb_sync;

reg             rstb_in_pre, rstb_sync;

always  @ (posedge clkb or negedge rstb_in)
 begin
          if (!rstb_in) begin
                rstb_in_pre     <= 1'b0;
                rstb_sync       <= 1'b0;
           end
          else  begin
                rstb_in_pre     <= 1'b1;
                rstb_sync       <= rstb_in_pre;
           end
 end
endmodule
```

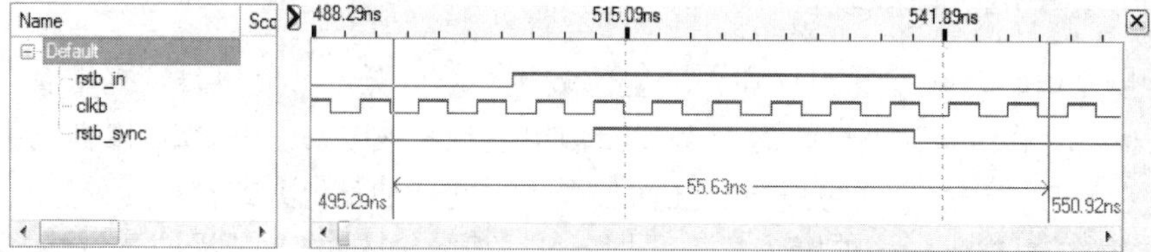

7.2.3 同步复位

采用同步复位时，没有专用的复位端。复位信号是决定触发器输入信号值的变量之一。由于复位信号被当成输入信号的一部分，因此它必须满足和一般数据输入一样的建立时间和保持时间要求。具体内容请参考3.6.2节，其中给出了没有复位端的触发器的设计代码。

7.2.4 异步复位和同步复位的选择

异步复位和同步复位都可以用于数字系统设计之中。异步复位信号必须直接来自触发器，并且复位信号中不能有毛刺。对于同步复位来说，复位信号可以容忍毛刺，前提是毛刺不出现在建立时间和保持时间窗口内。由于异步复位不依赖于时钟，因此在时钟没有运行或者根本没有时钟的情况下可以使用。对于同步复位方法，必须在有时钟的情况下才能进行复位。另外，同步复位信号会出现在数据延迟路径中，可能会带来路径延迟的增加，对于高速设计来说需要仔细考虑，可能会产生不良影响。

7.3　吞吐率

吞吐率被定义为数字电路单位时间内传输数据的量或单位时间完成的工作量。传输的数据越多或做的工作越多，则吞吐率越高。吞吐率有时候和性能、带宽可以互换使用。对于CPU来说，吞吐率定义为单位时间内能够执行的指令数。对于DDR存储器来说，吞吐率定义为从存储器中写入或读取的数据量。

经常和吞吐率一起出现的术语是延迟，我们会发现，延迟和吞吐率是两个不同的概念。当谈论吞吐率的时候，我们一般谈论的是支持多大的吞吐率。为了获得吞吐率，我们需要测量一段时间内传输的数据量或执行的指令数。这是一个平均数值而不是瞬时数值。

延迟是指从加入激励到得到第一个输出结果需要的最短时间。例如，你种植一棵柠檬树，等待它结出果实，它可能过了一年才结出第一批果实。你对降低延迟（一年）无能为力。但是，你可以通过种植10棵树来增加柠檬的产量，你会得到10倍的果实，但是你还是要等一年才能得到第一批水果。对于多数设计来说，有一些方法可以降低延迟，但大多数情况下是无能为力的。下面我们将讨论降低延迟的方法。

在一些应用中，吞吐率至关重要，而在一些情况下，降低延迟是设计的重点。例如，当对DRAM写入大量的数据时，具有高吞吐率就很重要。而另一方面，对类似于在线翻译服务器这类设备来说，用户需要快速获得返回结果，降低延迟就变得更为重要。

7.3.1　增加吞吐率的方法

当我们设计一个系统或一个芯片的架构时，希望尽力获得高吞吐率。提高吞吐率涉及多个关键技术点，假如我们能够理解这些关键技术点是如何工作的，以及它们之间存在怎样的关联，那么我们就能把这些关键技术点以最好的方式组合起来以实现期望的目标。下面将对影响吞吐率的关键技术点进行逐一分析。

7.3.2　更高的频率

当今的数字系统以同步系统为主，都需要一个或多个时钟。一个增加数据传输速率或指令执行速度的常用方法是使用更高频率的时钟。在时钟频率增加的情况下，系统的处理能力就会得到不断提升，处理器设计中通常采用这种方法。然而，这种方式会有负面效应，原因是功率消耗和时钟频率成正比例关系。假如设计的是低功耗电路，通过增加频率来满足吞吐率的要求并不是很好的方法，此时可能需要考虑其他的技术手段。当前流行的处理器设计趋势并不是仅仅把处理器时钟频率的提高作为目标。例如，通过设计多核系统和采用多通道存储器可以在不提高主频的情况下提高处理能力。

7.3.3　更宽的数据通道

设计者可以通过增加数据总线的位宽来提高数据吞吐率。在时钟频率不变的情况下，增加数据总线的位宽可以增加数据吞吐率，就像四车道的公路比两车道的公路单位时间内可以通过更多的车辆一样。例如，PCIe总线可以连接1个通道、2个通道直至32个通道。假设需要设计一个SAS PCIe控制卡，或一个PCIe SSD卡，那么需要用多少个通道的PCIe总线呢？首先，需要计算HDD或SSD读写需要的带宽，然后选择一个×1，×2，×4或甚至×8的PCIe连接器。所选择的PCIe总线连接器的带宽需要与存储器的访问带宽相同或比后者大。另外设计时要考虑到PCIe协议的开销，和任何协议一样，PCIe上并不是所有的时钟周期都可以用来传输用户数据。

在实际设计中，通常需要对总线的工作时钟频率和总线的位宽进行折中考虑。在给定系统所需传输带宽的情况下，需要选择合适的数据线的宽度和工作频率。例如，64位、800 MHz，128位、400 MHz和256位、200 MHz的总线具有相同的带宽，应如何选择呢？增大总线宽度会使接插件变得更大，芯片引脚更多，从而增加设备的硬件成本；提高总线频率会增加系统设计难度，需要更多地考虑高频信号中常出现的电磁兼容和信号传输质量问题。

我们可以假定一个这样的场景：我们选择64位数据通道进行背靠背的数据包传输，在一个时钟周期里可以并行发送4字节，它们分属于不同的数据包。在这种情况下，使用一个低速时钟进行数据处理是非常烦琐的。此外，低速时钟意味着更大的延迟（进行数据处理需要的时间更长）。如果一个设计占用的逻辑门资源不多，对延迟也不敏感，那么使用较为早期的低端工艺进行芯片设计就可以满足需求。如果希望降低延迟，同时预算充足，可以采用最为先进的工艺，使用更高的时钟频率和更窄的数据通道。

7.3.4 流水线

所有当前先进的处理器都采用流水线结构来增加吞吐率。我们已经详细讨论了流水线的概念。假如一条指令需要n个步骤才能完成执行，那么它需要n级流水线。当第一条指令开始执行第二个步骤时，一条新的指令可以开始执行第一个步骤，后续的指令依次不断进入流水线。当第一条指令完成n个步骤之后，每个时钟周期都会有一条指令执行完成。假如不使用流水线，那么需要等一条指令执行完之后才开始另一条指令，效率就只有原来的$1/n$。流水线的概念不仅适用于处理器，在许多系统中都有应用。一个PCIe IO扩展卡可以向主存储器发起读操作命令，该指令的操作需要一定的时间和操作步骤，扩展卡可以在前一条指令尚未完成时就发出后续的指令，以此来提高总线的吞吐率。设计者还可以利用此概念设计高速流水线结构的加法器和乘法器。当我们设计一个协议时，可以考虑采用流水线来增加吞吐率。

7.3.5 并行处理

并行处理与流水线不同，在并行处理中，会同时用到更多的资源。现代处理器中常常会同时存在多个线程，其中每一个线程以流水线方式工作。每条线程在一个时钟周期内执行一条指令或每秒钟执行m条指令。当有n条线程时，一秒内可以执行$m \times n$条指令。

并行处理过程可以用超级市场出口处的收银-打包台来类比。每个出口处需要两名工作人员，一个收银，一个进行商品装袋打包，两个人构成一条简单的流水线，多个收银-打包出口构成多个并行的线程。商场可以根据客流量调整出口的数量。

7.3.6 无序执行（乱序执行）

一个晴朗的周六早晨，我的妻子给我布置了六件无序的工作（列在一张纸上）。只要在一定时间内把六件事都完成她就会很开心。她并不关心我先做哪件事后做哪件事，除非它们前后有依赖关系。我看了看清单，记下了需要去的几个地方，列出了一个处理顺序，然后完成它们。我重新将它们排序可以基于总路程最短，或根据我的喜好，把喜欢做的事放在最前面，讨厌的放在后面。此时处理顺序可能不是最有效率的，但我可能更喜欢这样做。

不需要按照严格的顺序执行n项任务为在尽可能短的时间内完成全部任务提供了优化的可能，这也就增加了电路的吞吐率。SATA和SAS协议支持的NCQ（Native Command Queuing）

就是这样一种优化技术。操作系统向磁盘发送一组读写操作命令，数据存储在磁盘中，根据读/写磁头和数据的相对位置，单个命令花费的时间是不同的，磁盘驱动电路分析所有的操作命令，根据一些算法（如最少搜寻算法）确定内部的执行顺序，从而提高整体读写效率。

当前的处理器将指令分解成若干微代码，发送到指令池中。然后，微代码以无序的方式执行。然而从外部看，这些指令完成的顺序和指令取出的顺序是相同的。例如，指令1和指令2两条指令先后进入指令池进行乱序执行，如果指令2的所有微代码都已执行完毕，但是指令1中仍然有一条微代码尚未完成。在这种情况下，指令2必须等待指令1完成后才能完成并返回执行结果。从整体上看，虽然存在内部等待，但以无序方式执行微代码可以提高整体效率，因此具有更高的吞吐率。

另外一个是存储器控制器的例子。一个PCIe卡能够向主存储器发送多个存储器读操作命令。存储器控制器可以重新对存储器读操作命令进行排序（基于被读取数据所在的存储区域）。存储器控制器返回的读出数据的输出顺序和PCIe卡发出的读操作命令的顺序可能不同，PCIe会确保系统的正常工作。如果PCIe卡在某些情况下需要保证读出顺序，那么它必须等待该数据被读出后才发出后续的操作命令。从整体上说，存储器控制器的这种乱序工作方式可以提高存储访问的吞吐率。

7.3.7 高速缓存（cache）

处理器经常利用cache来提高系统性能。系统启动之后，操作系统和用户程序从硬盘加载到内存（RAM）中。所有的命令都保留在RAM中，当处理器要执行某个指令时，它会从内存中读取该指令。类似地，处理器也会对RAM进行数据读写。理论上，这就是计算机的运行方式，但是存在一个问题，那就是RAM的读写时间比较长，需要多个时钟周期（或者说指令周期）才能完成。

为了改进性能，处理器使用一个容量较小的存储器，将部分指令和数据存入其中，这个更小的存储器称为cache（高速缓存）。高速缓存离CPU更近，运行速度更快，几乎和CPU内核的速度是一样的。当处理器需要读入指令和数据时，它会首先读取缓存而不是存储器。只有当需要的指令和数据不在缓存中时，才会去内存中读取。这种方式可以减少内存访问的次数，提高系统性能。目前的高性能处理器中通常采用两级cache（L1 cache和L2 cache）。

高速缓存的概念可以进行推广，当一个系统的两个部分在运行速度方面差别较大时，可以在快速设备和慢速设备之间插入cache。一些硬件设备，如硬盘等，读写速度相对较慢，此时硬盘驱动电路中可以使用一个本地缓存来存储从磁盘读取的数据，当读操作指令到达硬盘驱动电路时，它能很快地从本地缓存中返回数据，而不是花费更长的时间读取磁盘中的数据。cache也用来提高写入的性能，当CPU向主存储区写数据时，它会花费很长的时间。这时CPU处于空置状态不能执行其他指令。此时可以设置一个写缓存，CPU将需要写入的数据写入cache中即可，此后CPU继续执行其他指令，驱动电路负责将cache中的数据以较低的速度写入存储器中。

固态盘（Solid-State Drive），如Flash存储器的驱动电路中也使用本地缓存提高写和读的性能。固态盘的一个特点是读/擦除的次数是受限的。固态盘的写缓存在数据写入时先将数据缓存下来，向CPU发出ACK确认信息，然后再将数据写入存储器。采用写缓存还有一个优点，假如存在对同一个地址的多次写操作，那么固态盘驱动电路只将最后一个数据真正写入存储器中，这就减少了闪存写入的次数，提高了固态盘的使用寿命。

cache并不只在硬件设计中使用，在软件设计中也经常用到。搜索引擎在网络中查找并在本地存储所需要的信息，当用户进行网络搜索时，可以直接在搜索引擎所存储的数据中进行查找，而不是到Internet中进行搜索，这样就可以提高搜索速度。

7.3.8 预读取

数据预读取的含义是在缓存区中预先存入比当前需求更多的数据。由于实际应用中许多数据是连续存储和使用的，提前读入一些数据到缓存区中可以减少对存储介质的访问，从而提高读取速度。

7.3.9 多核

现代的处理器经常采用多核（例如，8核或16核）结构。每个核都是一个完整的CPU，多个CPU能并行地进行数据处理。

在一个高性能存储器控制器中，可能存在多个DDR控制器，它们独立地连接不同的DDR存储器。同样，高性能的SSD控制器同时存在多个Flash控制器，它们也能独立地同时进行Flash读写。

7.4 时延

时延，如前所述，是从操作或命令开始执行到获得数据或结果的最短时间。时延和吞吐量是两个常用概念，是一个系统的两个不同方面。通常两者相互独立，但也存在着一些相互关联和影响。在同步通信中，时延决定着一个独立工作流的吞吐量。

以CPU访问存储器为例，假如CPU希望从主存储器中读取数据，那么它会发出存储器读指令以读取64字节数据（64字节通常被称为一个cache line）。假如读取数据的前8字节耗时0.5 μs，那么时延就为0.5 μs。我们再举一个PCIe网卡从主存储器中以DMA方式读取数据的例子，该读操作大概需要2 μs时间，此时时延即为2 μs。如果PCIe网卡支持背靠背的存储器读操作，那么就能够增加吞吐量。此时，获得读取的第一个数据包需要2 μs，但是后来的数据包会连续到达。如果我们在一个相对较长的时间内连续进行数据读写，那么时延就不会对吞吐量产生明显的影响。

在一些情况下，时延会影响到吞吐量。在使用一些具有互控机制的通信协议时（如处理器之间的通信），一些指令只有在收到完整的数据之后才能执行，此时吞吐率就会直接受到时延的影响。在这种情况下，我们需要尽量减小时延。另外，对于在线业务或计算机处理的股票交易中，时延也是非常重要的。假如根据用户的查询要求，设备需从存储器中读取4K字节的数据，那么系统设计者需要考虑尽可能快地返回需要的数据，使得时延越小越好。

7.4.1 降低时延的方法

有没有降低时延的有效方法呢？毫无疑问是有的。在很多应用中需要使用FIFO（First In First Out，先入先出存储器），FIFO会引入时延。在FIFO中，先到达的数据会先被读出。如果写入端的速度高于读出端，FIFO的可用存储空间就会减小到零。如果一个对时延敏感的包到了一个FIFO队列中，由于其排列在FIFO队列中的后面，因此必须等前面的数据被读出后才能读出该数据，这就会带来时延。在进行芯片架构设计时，会常常用到异步FIFO进行跨时钟域数据传递，而有时采用简单的握手机制就可以进行跨时钟域的数据传递，这有利于减少延迟。

芯片的时钟频率也会直接影响时延，对于同一个电路来说，时钟频率高时，可以更迅速地进行数据处理和操作。以PCIe交换电路为例，其目标是使输入的数据包快速地被交换到输出端。此时，使用高频内部时钟可以提高数据包转发速度并能够降低时延。

在以太网交换电路或PCIe交换电路中，可以使用直接透明分组转发模式替代存储转发模式来降低时延。目前，在大多数应用中，数据以包的形式进行转发。在以太网交换电路中，当数据包到达输入端后，先存储在缓冲区中。由于以太网帧中的CRC校验域在帧的末尾，在接收数据的过程中，本地CRC校验电路一边接收数据，一边进行CRC校验计算，当完整的帧接收完毕后，将本地的CRC计算结果和接收的校验结果进行比较，如果二者相同，则接收此帧；如果不同，则丢弃此帧。

根据CRC校验的工作机制，只有一个帧被完整地接收后才可以判断该帧是否存在错误，因此接收延迟与帧长有直接关系。采取存储转发机制时，对整个交换机而言，数据帧从输入到输出的时延与帧长有关，对于整个系统而言，端到端的延迟还与数据帧所经过的交换机数量有关。

采用直接透明分组转发模式时，交换电路可以在包到达输入端的时候就开始进行转发，这样可以大大降低时延。采用这种方式时，如果发生了CRC校验错误应该怎样处理呢？此时可以将CRC检错功能放到终端中进行，当链路误码率非常低时，这种工作方式可以有效地降低延迟。

降低时延还有许多其他的方法，下面介绍其中的一种。例如，CPU需要读取存储器中从地址8到地址15的8字节数据。考虑到读取的效率，存储器控制器从存储器中连续取64字节（1个cache line），而不是8字节。此时，存储器控制器从地址0到地址63连续读出了64字节的数据。此后，存储器控制器可以将地址0到地址63的64字节交给CPU。如果CPU希望快速读取字节8 ~ 15，存储器控制器可以从地址8开始读取数据，当地址到达63后，再读出地址0到地址7所存储的数据。

7.5　流控

当一个系统中的不同部分运算速度或者处理能力不同时，需要使用流控技术进行匹配。高速电路向低速电路发送数据时，有时需要"等待"低速部分完成当前的工作；高速部分处理完当前数据后，有时需要"等待"低速电路向其发送后续的数据。流控技术用于保证高速和低速电路之间数据的传递不发生错误。

7.5.1　介绍

在数字系统中，数据从一端传递到另一端，数据流会经过具有不同带宽的链路或具有不同处理能力的节点。流控技术可以确保快速设备能够与慢速设备进行正常通信而不使慢速设备发生溢出。流控技术可以被应用于两个彼此相连的系统节点或两个间隔很远的终端设备之间。在硬件中，流控机制主要用于两个相连的节点。在软件中，流控技术用于两个终端设备之间。例如，TCP采用滑动窗口协议来控制两台距离较远的且有许多中间节点的计算机之间的数据流。

在数据通信中采用适当的流控技术会带来很多好处。一个慢速接收设备不采用流控机制将无法正确地从快速设备那里接收数据从而导致数据丢失，丢失的数据需要重传从而造成更大的带宽浪费。多数的差错控制技术在高层软件上实现，这会导致更大的时延和较差的性能。流控机制能够避免或减轻这种情况。

为了避免数据溢出，接收设备将不得不采用更大的缓存区，这会导致芯片面积的增加。如果发送速度高于接收速度，若不采用流控机制，则可能在发送过程中出现数据帧的中断。此时慢速设备不得不在转发前接收整个数据帧，以防止造成发送帧中断。良好的流控机制可以帮助设计者找出最优的缓存区容量，以及不必接收完整的数据帧就开始转发以降低时延。下面讨论数字系统中常用的流控机制。

- Data_valid和data_ack握手机制
  - 这是一种常用的、应用于两个相连节点的方法。
- 基于信用的流控
  - 用于PCIe协议。
- 使用暂停机制控制数据传输
  - 用于SATA协议。
- 以太网流控机制
- TCP滑动窗口控制机制

7.5.2 数据转发：data_valid和data_ack

使用data_valid和data_ack控制信号传输时，如果发送电路有数据要发送，那么将待发数据驱动到数据线上的同时将data_valid置为1，向接收电路表示当前数据线上的数据位是有效的。如果接收电路可以接收此数据，则将data_ack置为1，表示接收了当前的数据。发送电路发现data_ack为1后，知道当前数据已经被接收端读取，如果此时其有后续数据要发送，则保持data_valid为1并更新数据线上的数据。如果接收电路发现data_valid为1，但此时自身无法接收该数据，则保持data_ack为0，表示目前无法接收数据，发送电路此时会持续保持data_valid为1，并保持数据线上的数据不变，直至接收电路将data_ack置为1。如果发送电路没有需要发送的数据，则将data_valid置0。

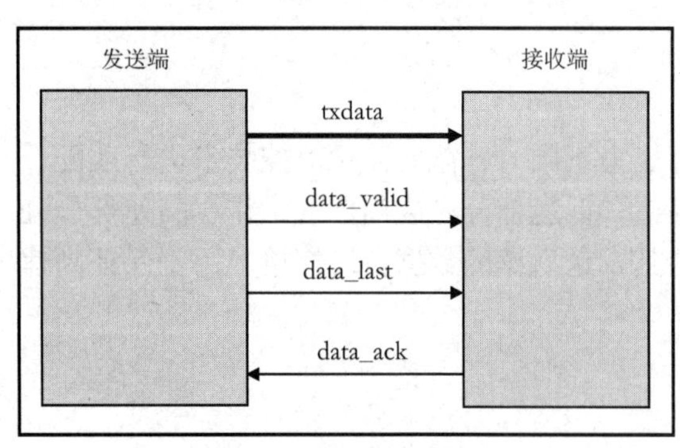

图7.9 两个模块间的数据传输

使用data_valid和data_ack的数据转发机制通常用于芯片内部。例如，在AXI数据收发电路中，AXI发送电路中的主控制器（master）可以通过data_valid控制数据的发送，AXI接收电路中的从控制器（slave）通过data_ack信号控制数据的接收。图7.9所示为发送模块和接收模块及二者之间的互联信号。图7.10所示为两个模块间的数据传输波形图。

- 在第一个周期，发送电路驱动数据a到txdata上，并将data_valid置为高电平。通过使data_ack保持为1，接收电路接收数据。数据a在一个时钟周期内完成传输；
- 在第二个周期，发送电路驱动数据b，但是接收电路无法接收该数据，因此将data_ack保持为低电平；
- 在第三个周期，发送电路继续驱动数据b，本周期中，接收电路可以接收，它将data_ack在第三周期置为高电平；

- 在第四个周期，发送电路驱动新数据c，接收电路可以接收，在该周期内数据成功转发；
- 在第五个周期，发送电路没有要发送的数据，将data_valid置为低电平，接收电路没有需要接收的数据；
- 在第六个周期，发送电路输出新数据d，将data_valid置为高电平，接收电路通过使data_ack为高电平在本周期内获得该数据；
- 在第七个周期，发送电路输出最后一个数据，并将data_last和data_valid均置为高电平，但是接收电路此时无法接收该数据；
- 在第八个周期，发送电路继续输出同一数据e并且data_last和data_valid保持高电平，接收电路通过使data_ack为高电平来获取数据，完成整个数据转发过程。

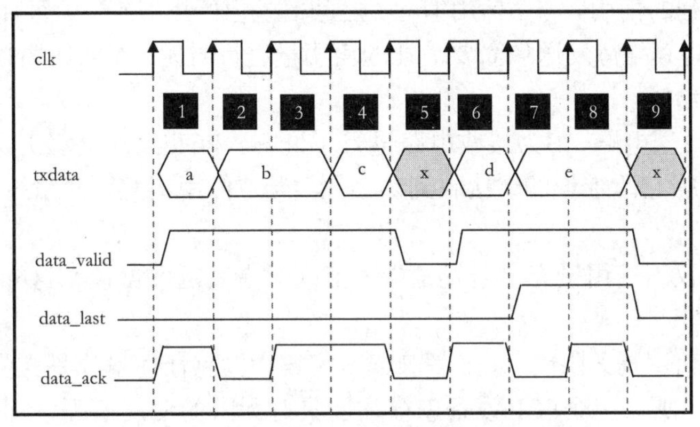

图7.10　两个模块间的数据传输波形图

7.5.3　基于信用的流控：PCIe

采用基于信用的流控机制时，参与数据收发的双方在发起数据传输之前，先通过一定机制通知对方本方所能够接收的数据量，另外一方根据此通知，确定最大的数据发送量。这是一种类似于契约的机制。PCIe采用的就是基于信用的流控机制，下面是该机制的重要特点和操作模式。

- PCIe采用一种基于包的协议，每个PCIe包有一个包头（长度为3到4 个双字，每个双字为4字节），包头后面可以不跟随有效的数据净荷，也可以跟随有效的数据净荷。这意味着有些包仅含有包头而不含数据，而有些包既有包头又有数据负荷。基于信用跟踪统计目的，一个数据包的包头计为一个头单元，4个双字的数据计为一个数据单元。
- PCIe将包分为三种类型：
  - 需返回操作响应的包（nonposted）（存储器读取包、配置读取/写入包和IO配置包）；
  - 不需返回操作响应的包（posted）（存储器写入包和消息包）；
  - 完成指示包（completion）（带数据或不带数据）。
- 合计有三种类型的包，每种类型都具有数据和头信用，这样共有6种信用类型。
- 在启动过程中（上电复位之后），两端互相传送6种类型的信用值，即nonposted头、nonposted数据、posted头、posted 数据、completion头和completion数据。这是初始的信用交互，每一端记录另一端所公布的初始信用值。

- 现在假定A正在发送，B正在接收。当A需要发送任何包时，首先计算该包需要消耗的信用量（头和数据）。所有的包都需要消耗一个头信用和零个或多个数据信用。如果头信用和数据信用值都够用，那么就允许将包发送到另一端。否则，就需要等到有信用后才开始发送。
- 每一端对于每一种信用都具有两个变量，其中一个是“接收到的信用”变量。该变量的初值就是从另一端接收的初始信用值。当B进行数据包处理并且清理出更多的缓存区时，就发送更多的信用来更新A中的“接收到的信用”变量。“接收到的信用”是一个累计值。
- 同样，A中的另一个变量是“信用消耗”变量。该变量的初值是零，当A持续向B发送包时，该变量的值不断增加，该值同样是一个累计值。
- 变量“接收到的信用”与“信用消耗”之间的差值给出了A对于每种类型的包所具有的信用量。A将其与待发送包需要消耗的信用量进行对比，如果信用量充足，那么就可以将该包发送给B。
- 上面以A为发送电路，B为接收电路进行了说明。PCIe允许全双工操作，B为发送电路时，需要根据它所维护的“接收到的信用”与“信用消耗”变量按照相同的规则进行操作。
- 可以看出，仅当信用量充足时发送端才能向对端发送数据包，这样可以保证不会出现数据溢出。
- 某些类型的信用是无限的，我们都知道，宇宙中没有任何事物是无限的，包括水、空气或任何事物。那么一个PCIe设备怎样才能具有无限的信用值呢？即有无限大的空间来接收包？对于一个PCIe端设备（在PCIe拓扑远端）来说，经常公布无限的完成指示包信用值，表示其必须接收任何完成指示包。需要注意的是，端点设备只有在向对端发送一个包之后才会收到对端发来的完成指示包。

端设备进行存储器数据读取之前应明确地知道自己的接收缓冲区中是否有足够的空间来接收完成指示包。端设备将自己的完成指示包信用值设置为无限大，就是希望通知对端在发送完成指示包时无须检查信用值是否够用。同样，端设备收到完成指示包后无须向对端发送数据包以更新对方的信用值。与PCIe类似的具有无限的完成指示信用值的设备是RC（Root Complex，根联合体），它位于PCIe交换结构的附近。

7.5.4 SATA流控机制

SATA（Serial Advanced Technology Attachment，串行硬盘接口技术规范）协议通过FIS（Frame Information Structure，帧信息结构）包来发送数据净荷和短的固定长度（一个双字）数据（称为控制信息元）。每一个SATA设备具有一条发送线和一条接收线。当其通过发送线发送FIS包时，同时从接收线上接收多种控制信息元，以此控制自己发送FIS包。

接收电路采用控制信息元控制对端的数据发送，当接收缓冲区接近于满状态时，就开始向对端发送HOLD控制信息元（见图7.11）。正在发送FIS包的对端设备收到HOLD信息后，停止发送FIS有效载荷，并开始发送HOLDA控制信息元进行确认。需要注意的是，接收电路在发送首个HOLD控制信息元时，其缓冲区应该还可以接收一定量的数据，否则由于控制信息传输延迟的存在，可能会造成接收缓冲区溢出。参照协议规范，发送电路在收到第一个HOLD控制信息元之后发送的FIS数据不会超过20个双字。

SATA发送电路在暂时没有发送数据时可以填充HOLD 控制信息元（见图7.12），接收电路会丢弃HOLD信息，直到发送电路恢复FIS包传输。

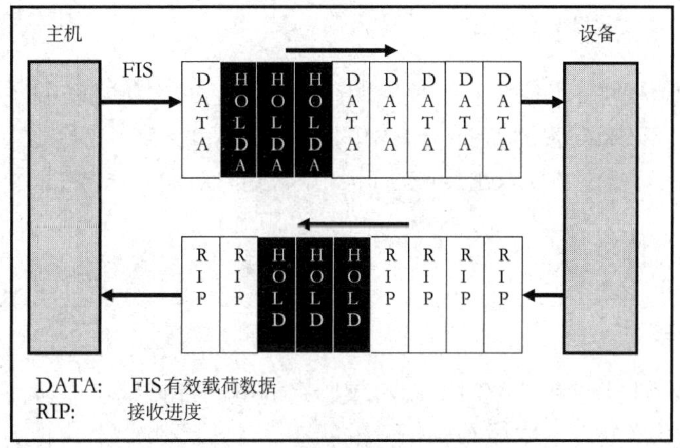

图7.11　SATA接收电路流控机制

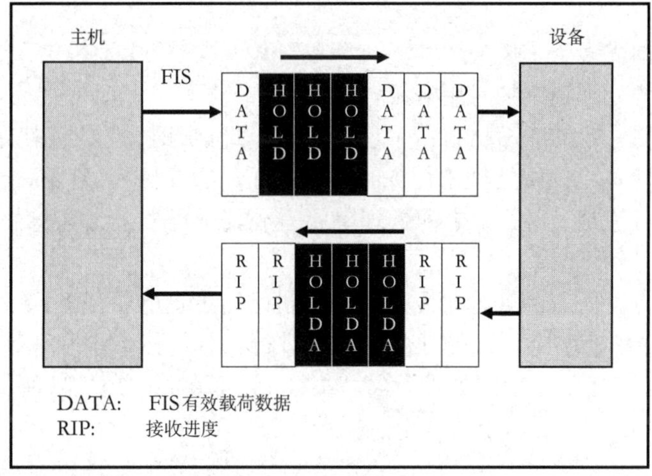

图7.12　SATA发送电路流控机制

7.5.5　吉比特以太网流控

相比于采用半双工和冲突接入（访问）机制的普通以太网，吉比特以太网使用全双工协议。一个以太网设备通过发送一种特殊的MAC层帧（PAUSE帧）来阻止对端继续发送数据帧。下面详细介绍使用PAUSE帧的流控机制。

- 接收电路中的接收数据缓冲区的深度达到预先设定的深度上限时，通过本端的发送电路向对端发送一个PAUSE帧；
- PAUSE帧有最高的发送优先级；
- 发送设备接收到PAUSE帧后，必须暂停发送数据帧，暂停时间以发送512比特（即64字节）所需要的时间为基本时间单位；
- 在PAUSE帧内携带着一个暂停时间参数n，表示发送端要暂停发送的时间为n个基本时间单位；

- 发送端在暂停n个基本时间单位后，可以恢复发送数据帧；
- 接收电路可以发送n为0的PAUSE帧，用于通知对端取消暂停，可立即发送数据。

7.5.6 TCP滑动窗流控机制

TCP使用端到端滑动窗流控机制来控制两个距离很远的设备之间的数据收发。接收端在发给对端的TCP包（ACK或普通数据包）中的“接收窗口”域中插入本端可以接收的数据量。发送端从接收的TCP包中提取出接收窗口，并据此向对端发送数据。

7.6 流水线操作

7.6.1 流水线介绍

当希望获得最高性能或吞吐率时，会希望所有的电路都持续工作，而不是有的电路处于工作状态，而有的电路处于空闲或等待任务的状态。流水线机制是一种高效的处理机制，它将一个复杂的任务分解为n个子任务，分别交给n个处理单元按照一定的顺序完成。下面是流水线概念的主要特点：

- 将主任务分割成多个子任务。
- 给单个子任务分配独立的专用资源。
- 各子任务按照一定的顺序执行，所有的子任务都完成时，主任务就完成了。
- 当第一个处理单元开始处理子任务时表示主任务的开始，最后一个处理单元执行完毕后表示主任务完成。当一个中间处理单元完成其子任务后，会将处理结果输出到下一个单元。
- 在任何时间点，所有的处理单元都在处理自己所负责的子任务，没有一个处于空闲状态。在流水线中有多个不同的任务在同时进行，有的任务刚刚开始，有的任务即将结束，而有的任务正处于中间处理阶段。每个单元都在独立地处理所负责的任务，所处理的任务分属不同任务的不同阶段。
- 由于各个处理单元之间相互独立，理想的状态是所有的处理单元消耗相同的时间完成自己的子任务。否则，就会存在相互等待，导致最大吞吐率的目标不能实现。
- 主任务所分割成的子任务的数量称为流水线深度。深度越大，每个处理单元越小，并且每个单元完成子任务的时间越小。
- 正如之前讨论的，最后一个单元完成处理任务表示一个任务的完成。如果我们持续增加流水线深度，子任务的完成时间就会缩小。换言之，持续增加流水线深度，我们就可以在单位时间内完成更多的任务，实现更大的吞吐率，理想情况下，流水线深度可以无限大。
- 然而，任务的分割有其复杂性和实际限制。在实际数字系统中，一个定义良好的子任务在完成时需要一定的时间，相应的处理电路应具有良好的外部接口，这限制了流水线的深度（级数）。
- 另外数字系统的设计复杂度会随着流水线深度的增加而增大。流水线内部不同模块之间是存在接口和相互关联的。例如，前一级模块还未输出结果时，可能会造成后一级的等待，从而导致流水线的暂时停转。另外，流水线深度越大，出现电路故障时影响就越大。例如，当中间某个环节出现问题时，所有流水线上的电路都需要被清理，并且故障恢复过程复杂。当流水线再次重启时，会同时影响到所有当时正在执行的任务，并且流水线深度越大，影响越大。

- 基于上面的分析，在实际应用中，流水线深度会被限定在一定范围内，通常为4级到8级。

下一节我们将讨论一个简单的实例来说明流水线的操作过程和观察如何提高吞吐率。

7.6.2　流水线的简单实例

以独立的洗涤机/干燥机和洗涤干燥一体机为例，一个洗涤干燥一体机是一个执行洗涤和干燥操作的设备。哪一种选择能够在单位时间内完成更多的洗衣工作呢？

- **选择1：** 洗涤干燥一体机，这将耗费60分钟完成洗涤操作和干燥操作。
- **选择2：** 单独的洗涤机/干燥机，洗涤机只完成洗涤部分，干燥机只完成干燥部分。洗涤机耗费30分钟完成洗涤操作，干燥机耗费30分钟完成干燥操作。

在洗涤干燥一体的情况下，我们每60分钟得到一批洗涤并干燥过的衣服。在洗涤干燥一体机内部，部分设备在工作时保持为空闲状态。当洗涤时，干燥部分保持为空闲状态。同样，当洗涤过的衣服正在进行干燥时，洗涤部分保持空闲状态。

在洗涤机和干燥机独立工作的情况下，当第一批衣服正在进行干燥时，第二批衣服可以进行洗涤。我们可以每30分钟完成一批（衣服的洗涤和干燥），这就意味着相比使用洗涤干燥一体机，使用单独的洗涤机和干燥机我们可以完成两倍的工作量。当然，第一批衣服完成洗涤和干燥将会耗时60分钟，但之后，只需30分钟就能完成衣服的洗涤和干燥。

这就是一个深度为2的流水线的例子，主要任务就是完成一批批衣服的洗涤和干燥。独立处理单元为洗涤机和干燥机，子任务是洗涤操作和干燥操作。图7.13所示的是表示洗涤机-干燥机流水线的概念图。

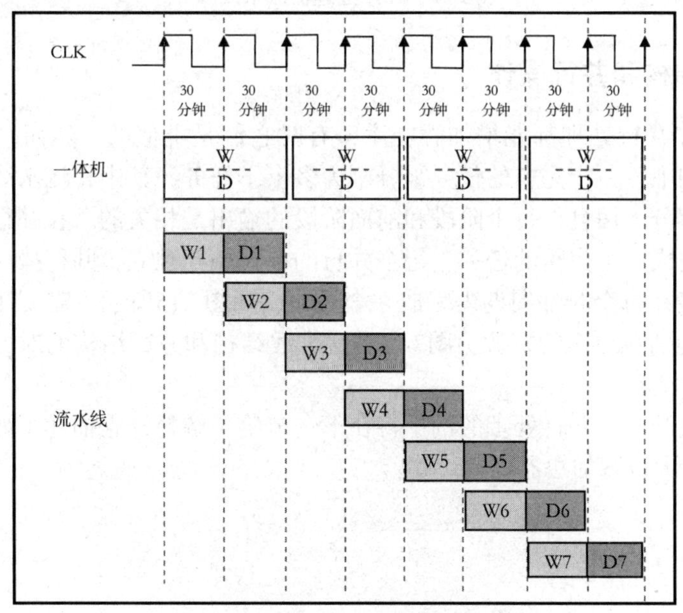

图7.13　洗涤机-干燥机流水线概念图

7.6.3 RISC——流水线处理器

RISC处理器是有5级模块的流水线结构，这5级模块为：

IF	指令发出
ID	指令译码
Exe	指令执行
Mem	存储器访问
WB	写回结果

如图7.14所示为RISC处理器流水线图。

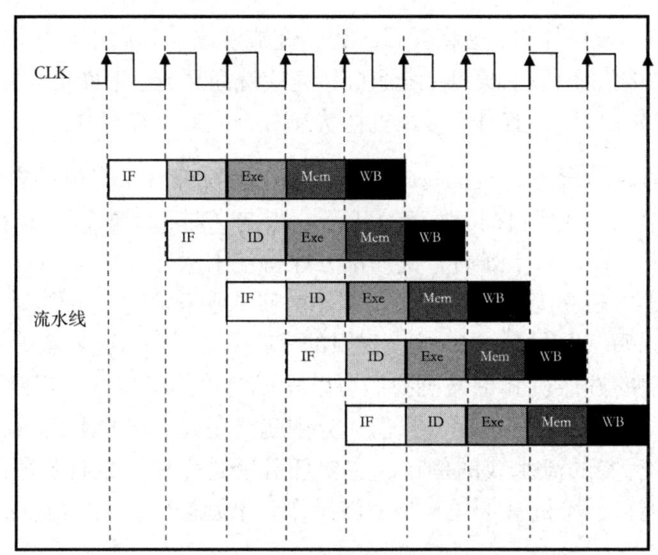

图7.14 RISC处理器流水线图

7.6.4 流水线结构和并行操作

流水线结构和并行处理都能增加吞吐率，有时它们是类似的。然而，它们本身并不相同。在流水线结构中，一个完整的任务被分割为多个子任务，其中，流水线的每个阶段只执行全部任务的一部分。而且，每个阶段和前面阶段的输出是相关的。在并行处理中，有多个单元，每个单元完成一个完整的任务。每个并行的单元相互独立，并行操作的输入也是分阶段的，因此我们能在每个时钟周期内完成一个操作，如图7.15所示。需要注意的是，并行操作会比流水线结构消耗更多的资源。图7.15是流水线结构和并行结构的对比示意图，图中每隔30分钟到达一个洗衣客户。

另一个流水线结构和并行处理的例子将在下一节给予解释，它描述了如何利用流水线结构和并行方法设计大位宽加法器。

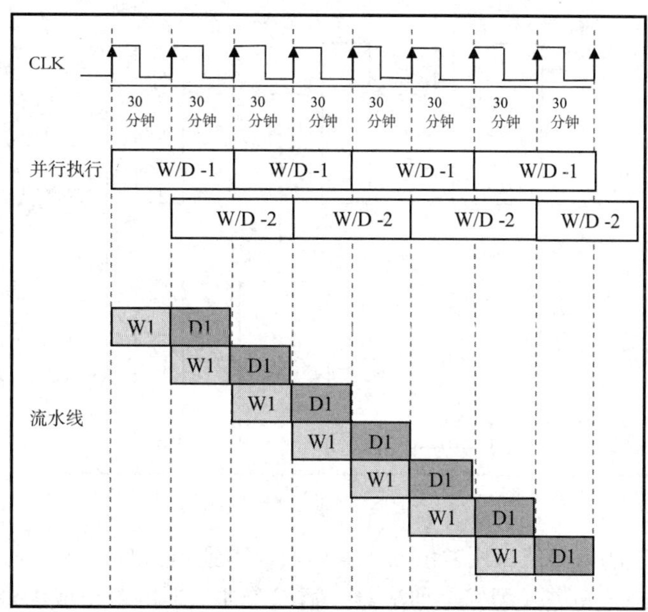

图7.15　流水线结构与并行结构的对比示意图

7.6.5　流水线加法器

下面的例子中，我们需要把两个输入数据流中的数值加起来。输入的值每个周期都在变化，并且我们需要在每个周期产生其和值。根据时钟频率和输入位宽，有可能在每个时钟周期内计算出两个输入值的和。这里要用到加法器计算其和值并在下一个时钟周期输出。32比特加法器波形如图7.16所示。

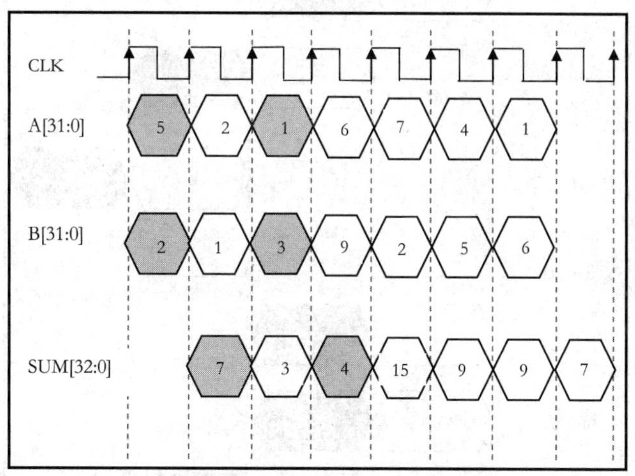

图7.16　32比特加法器波形

对于32位的加法器，我们较容易满足其定时要求，但如果我们需要把两个64位的输入值相加，并且时钟频率保持不变，那么应该怎么做呢？如果加法器不能在一个时钟周期内完成两个值的相加（因为64位加法器的计算延迟是32位加法器的两倍），那么此时可以考虑使用流水线来解决这个问题。我们可以使用两个32位的加法器，其中第一个加法器执行低32位的加法，而第二个加法器执行高32位的加法。第一组计算结果会出现在两个时钟周期之后，但之后每个时钟周期都会得到一个新和值，其电路结构如图7.17所示。

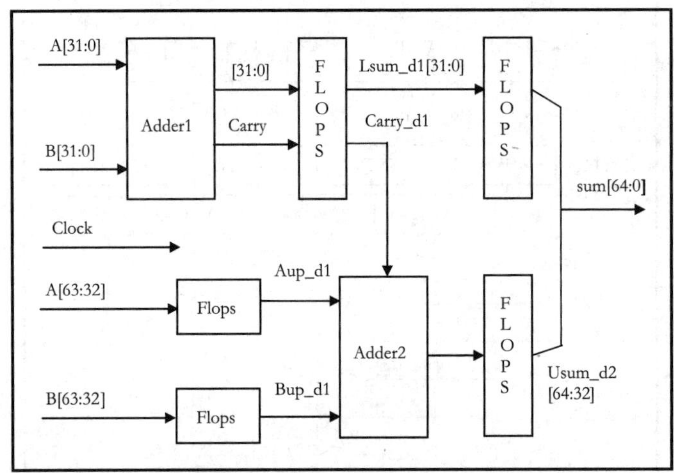

图7.17　流水线加法器电路结构图

两个输入值A和B的低32位采用32位加法器相加，得到相加的和值以及进位输出carry_out。A和B的高32位和carry_out进入第二个加法器。第二个加法器的输出成为最终结果的高33位。加法器1的输出通过两级触发器寄存，并且最终产生相加结果的低32位。流水线加法器波形图如图7.18所示。

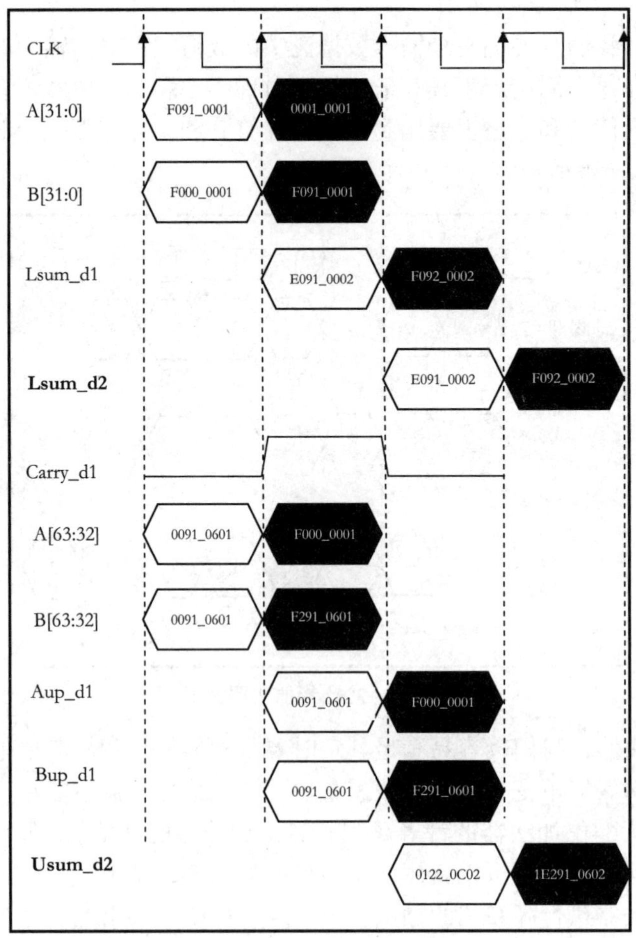

图7.18　流水线加法器波形图

流水线加法器代码及仿真结果如下。

```
module              adder_pipelined
                    (clk, resetb,
                    A,B, FinalSUM);
input               clk;
input               resetb;
input   [63:0]      A;
input   [63:0]      B;
output  [64:0]      FinalSUM;
reg     [32:0]      Lsum_d1;
wire    [32:0]      Lsum_d1_nxt;
wire                Carry_d1;
reg     [31:0]      Lsum_d2, Aup_d1, Bup_d1;
reg     [32:0]      Usum_d2;
wire    [32:0]      Usum_d2_nxt;
wire    [64:0]      FinalSUM;
// **********************************************************
assign  Lsum_d1_nxt  = A[31:0] + B[31:0];
assign  Carry_d1     = Lsum_d1[32];
assign  Usum_d2_nxt  = Carry_d1 + Aup_d1 + Bup_d1;
assign  FinalSUM     = {Usum_d2, Lsum_d2};
// **********************************************************
always  @(posedge clk or negedge resetb)
 begin
        if (!resetb)
         begin
                Lsum_d1       <= 'd0;
                 Lsum_d2      <= 'd0;
                 Aup_d1       <= 'd0;
                 Bup_d1       <= 'd0;
                 Usum_d2      <= 'd0;
          end
        else
          begin
                 Lsum_d1      <= Lsum_d1_nxt;
                 Lsum_d2      <= Lsum_d1[31:0];
                 Aup_d1       <= A[63:32];
                 Bup_d1       <= B[63:32];
                 Usum_d2      <= Usum_d2_nxt;
          end
 end
endmodule
```

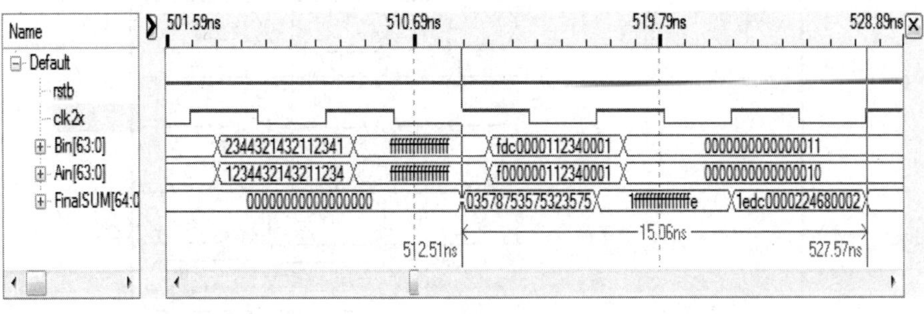

7.6.6 并行加法器

并行加法器的电路结构如图7.19所示，波形图如图7.20所示。

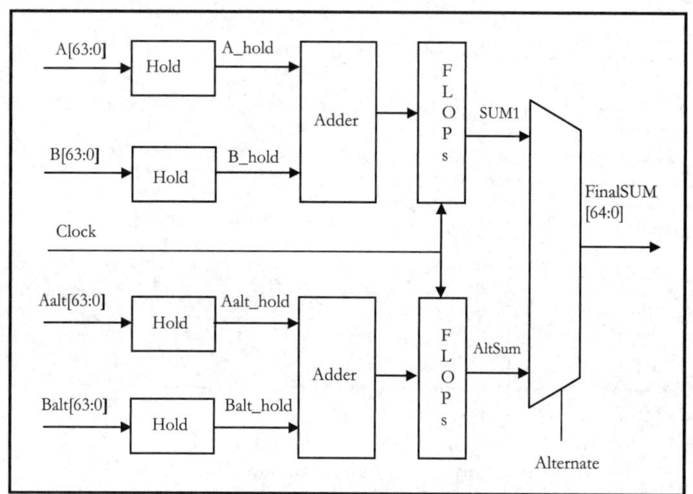

图7.19 并行加法器

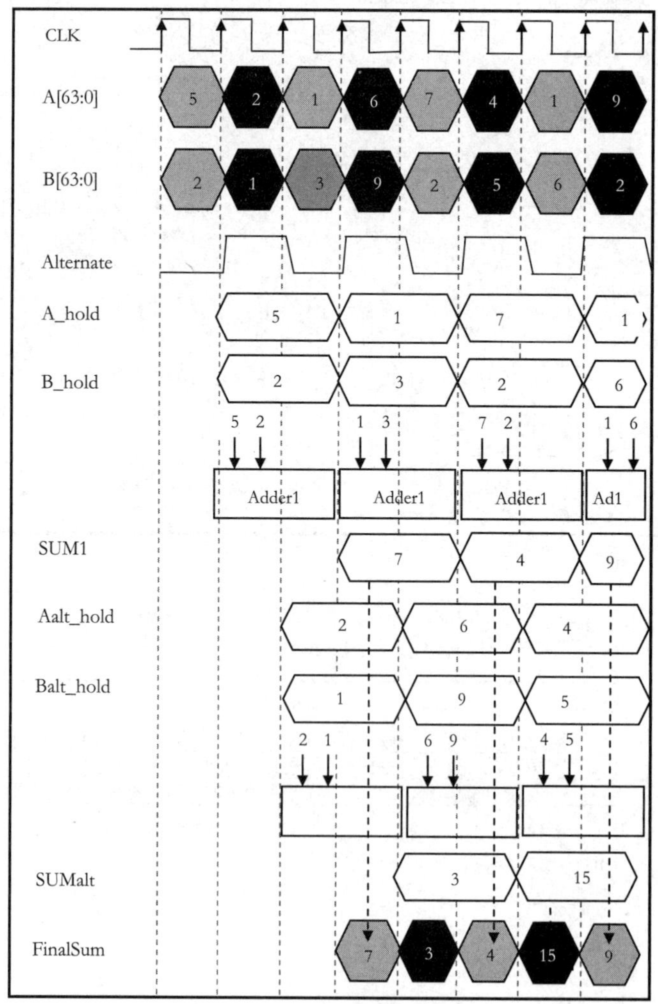

图7.20 并行加法器波形图

并行加法器代码及仿真结果如下。

```
module                  adder_parallel
                        (clk, resetb,
                        A, B,
                        start_adding,
                        FinalSUM);
// ********************************
input                   clk;
input                   resetb;
input     [63:0]        A;
input     [63:0]        B;
input                   start_adding;
output    [64:0]        FinalSUM;
// ********************************
reg       [63:0]        A_hold, B_hold, Aalt_hold, Balt_hold;
wire      [63:0]        A_hold_nxt, B_hold_nxt, Aalt_hold_nxt;
wire      [63:0]        Balt_hold_nxt;
reg       [64:0]        SUM1, AltSUM;
wire      [64:0]        SUM1_nxt, AltSUM_nxt;
wire      [64:0]        FinalSUM;
reg                     Alternate;
wire                    Alternate_nxt;
// ************************************************
assign  Alternate_nxt   = start_adding ? 1'b1: !Alternate;
assign  A_hold_nxt      = (start_adding | !Alternate) ? A : A_hold;
assign  B_hold_nxt      = (start_adding | !Alternate) ? B : B_hold;
assign  Aalt_hold_nxt   = (Alternate) ? A : Aalt_hold;
assign  Balt_hold_nxt   = (Alternate) ? B : Balt_hold;
assign  SUM1_nxt        = A_hold + B_hold;
assign  AltSUM_nxt      = Aalt_hold + Balt_hold;
assign  FinalSUM        = (Alternate) ? SUM1 : AltSUM;
// ****************************************************
always @(posedge clk or negedge resetb)
 begin
        if (!resetb)
         begin
                Alternate       <= 1'b0;
                 A_hold         <= 'd0;
                 B_hold         <= 'd0;
                 Aalt_hold      <= 'd0;
                 Balt_hold      <= 'd0;
                 SUM1           <= 'd0;
                AltSUM          <= 'd0;
         end
        else
         begin
                 Alternate      <= Alternate_nxt;
                 A_hold         <= A_hold_nxt;
                 B_hold         <= B_hold_nxt;
                 Aalt_hold      <= Aalt_hold_nxt;
                 Balt_hold      <= Balt_hold_nxt;
                 SUM1           <= SUM1_nxt;
                AltSUM          <= AltSUM_nxt;
         end
 end
endmodule
```

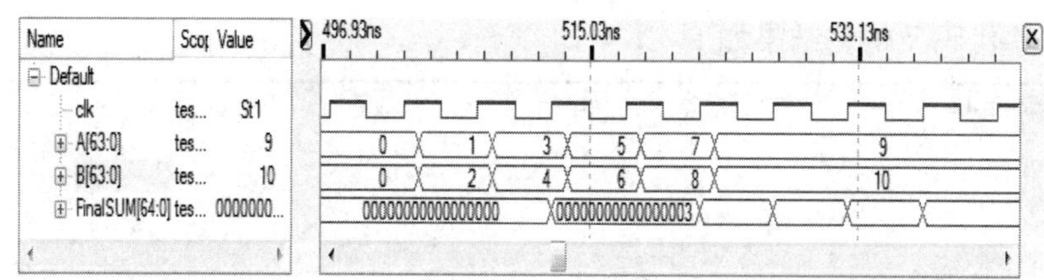

7.6.7 系统设计中的流水线

前面我们讨论的是电路级流水线的特点。在采用大量元器件组成的系统中，也可以采用流水线机制。以计算机中的以太网控制器为例，RC（Root Complex）芯片与系统存储器连接，以太网控制器位于拓扑结构的终端，二者之间可能有一台或多台交换机。如图7.21所示，在这个例子中，我们假设带有以太网控制器的设备（以太网设备）和RC之间只有一台交换机。

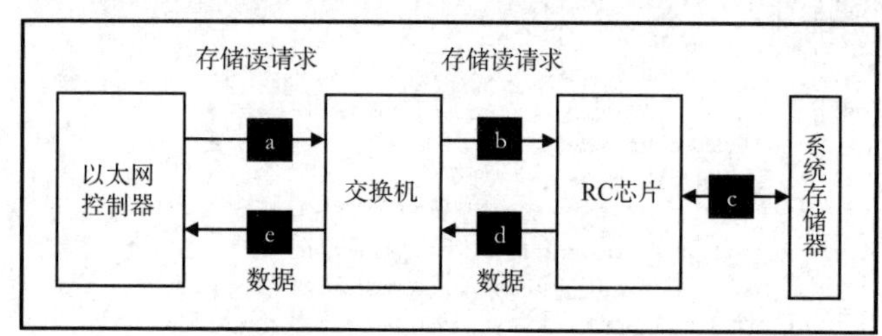

图7.21 系统设计中的流水线

如果以太网设备希望从存储器中读取数据，它向RC发出存储读请求，正如我们所知道的，从发出读请求到数据返回需要一些时间。为了简单起见，我们以32比特数单次读操作为例加以说明，并且，假设每一步（a，b，c，d和e）操作都需要一个时钟周期，如图7.22所示。我们可以用两种方法进行设计：非流水线结构和流水线结构。在非流水线结构的设计中，每5个周期完成一次数据读操作，而在流水线结构的设计中，每个周期完成一次数据读操作。

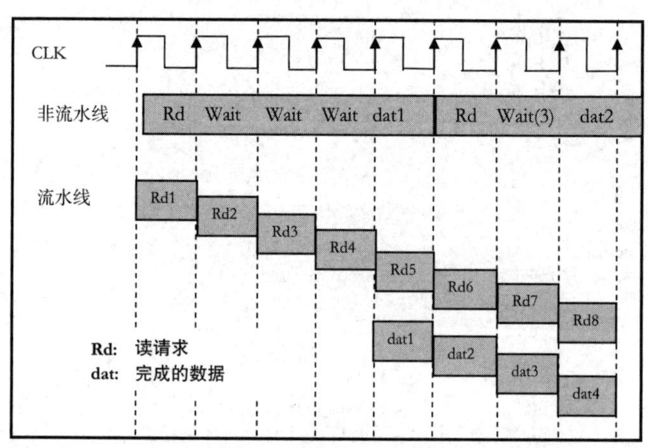

图7.22 非流水线和流水线结构的读操作波形图

在非流水线结构的设计中，以太网设备发送存储读请求，并等待数据的到达，数据到达后才能发送新的读请求。在流水线结构的设计中，设备具有两个状态机，第一个发送存储读请求，第二个接收完成的数据。它可以在第一个读请求完成之前发送多个读请求。与非流水线结构相比，采用流水线结构可以实现更高的吞吐率。

7.7 out-of-order执行（乱序执行）

out-of-order执行是一种操作机制，当命令的执行者（执行器）需要处理一组命令时，执行器可以自行决定这些命令的执行顺序，而不是必须采用先到先执行的顺序操作。out-of-order执行方式可以提高系统或子系统的整体性能和吞吐量。例如，英特尔的处理器将指令分解为微指令后将它们置于一个微指令执行池中。微指令随后以out-of-order方式执行。串行ATA硬盘驱动器使用一个名为NCQ（Native Command Queuing，内部命令队列）的技术，它采用了out-of-order的机制。硬盘驱动器接收到多个磁盘读/写命令，然后对命令重新排序，从而提供最佳的磁盘读/写性能。PCIe同样支持out-of-order操作。内存控制器从PCIe设备接收多个读取命令，然后对其进行重新排序以达到最佳的数据吞吐率。我们将在后面的章节进行详细讨论。

正如前面提到的，out-of-order是一种处理机制，需要从软件、硬件的角度进行整体考虑。例如，此时需要将原来一个个连续发出的指令调整为同时发出多个操作指令。一些老的协议，如PCI或AHB（这些都是进行数据传输的总线协议）没有在上一个操作未完成就连续发出多个操作命令的能力，因此这些协议不能体现出out-of-order的优势。PCIe和AXI是比较新的协议，这些协议支持连续发出多个未完成的命令和以out-of-order的方式完成命令。

out-of-order在提高性能和吞吐率的同时增加了系统的复杂度。这种复杂性分别来自于命令执行部分（命令执行器）和命令调度部分（命令调度器）。命令执行部分采用某种算法来决定具体的执行顺序，算法可以采用状态机或者本地处理器来实现。命令调度部分需要为命令的完成做出准备。在out-of-order的情况下，它必须在逻辑上将缓冲区划分为多个不同的小缓冲区，这样out-of-order完成后得到的数据可以被分别存储到对应的缓冲区中。此外，命令调度部分为不同的命令分配不同的ID，以便于基于ID监测命令执行情况。复杂性的另一方面体现在错误或异常处理上，当有的数据包被破坏时，调度部分需要有选择地重新发出特定的命令或从出错的地方开始执行后续所有的命令。有时候，可能需要重新启动系统才能正常工作。

我们可以看到，out-of-order机制有显著优势的同时也存在很大的设计难度。进行系统架构设计时必须做出合理的权衡。对于需要高性能和高吞吐率的设计，out-of-order机制是一个非常不错的选择，哪怕设计难度会增大。但是，对于低速、低带宽、点对点的简单应用而言，通常采用简单的数据传输协议就可以满足系统设计要求。接下来，我们将讨论一些更具体的例子。

7.7.1 现代处理器：out-of-order执行

让我们以一个现代处理器Intel Sandy Bridge为例来理解out-of-order机制的特点。处理器中采用的out of-ordcr机制所涉及的技术与SATA或PCIe中用于存储器访问的out-of-order机制相比更为复杂。我们将在较高的层面上介绍Sandy Bridge 中采用的out-of-order机制，其具体实现要复杂得多。

Sandy Bridge的指令执行部分包括前端的in-order执行单元和后端的out-of-order执行单元，如图7.23所示。

- L1 cache缓存Intel架构指令（这些都是 CISC指令）。
- 这些指令按照程序执行顺序存储在L1 cache中。
- 指令经过预解码电路后进入指令队列。

- 4条指令并行地从指令队列中读出，解码成RISC指令（这些指令被称为微操作指令），并存储到微操作cache中。
- 微操作cache可存储多达1536条微操作指令，也被称为L0 cache。
- out-of-order执行单元从微操作cache中读取微操作指令，调度器在微操作所需要的操作数都准备好后，将微操作指令和操作数发送到执行单元。
- 调度器在每个周期可以发送多达6条微操作指令。
- 微操作指令完成后，相应的结果存储到对应的缓冲区中。
- 最后，微操作指令按照最初的程序顺序退出程序执行。
- 由于微操作是out-of-order执行的，一些微操作可以执行，而有些则需要等待其所需的操作数，如果没有准备好操作数，那么该微操作将停止执行，直到所需的操作条件都具备。设计者只要保证功能和最终结束时执行顺序正确就可以了，至于具体的中间执行顺序则无须关心。

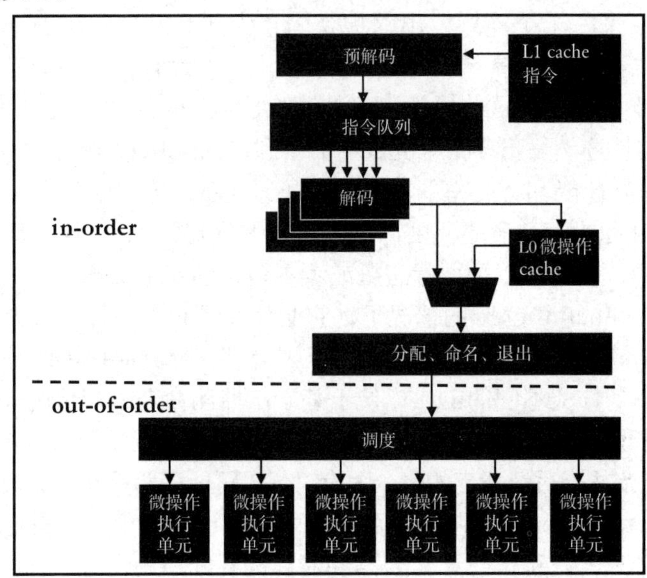

图7.23　Sandy Bridge CPU：out-of-order执行

7.7.2　SATA NCQ：out-of-order执行

应用程序可以向硬盘控制器发出多个读写命令来完成数据的读写。应用程序要读取硬盘上的数据时发送读命令（例如，加载应用程序或读取电影文件）；当它要在磁盘中保存数据时，它会发出写命令。这些命令源于应用程序，经过芯片组和SATA接口后到达该硬盘驱动控制器。硬盘控制器执行这些命令时可以不依据命令的到达顺序，而是着眼于提高整体读写速度。

要了解out-of-order执行带来的好处，我们需要了解硬盘的机械部件是如何工作的。硬盘是由磁盘构成并以扇区方式进行组织的。读取一个特定的存储区域时，磁盘需要旋转同时磁头需要到达数据存储的位置。这些都是需要一定时间才能完成的机械操作。如果读/写命令针对的存储区域是随机的，磁盘与磁头的运动将会是没有规律的，这会导致读写性能非常差。采用out-of-order执行后，磁盘驱动器控制逻辑着眼于一组读写命令，计算出最佳的命令执行顺序以减少不必要的磁盘旋转。此时，不仅命令执行速度要快得多，而且因为不必随机旋转磁盘而可以降低设备功耗。这种硬盘读写方式就好比我们外出完成多项工作时进行了路径优化，从整体上提高了系统性能。

第8章　数字设计先进概念（第2部分）

本章将继续介绍数字系统设计中的先进概念，包括FIFO的功能和设计、状态机设计、仲裁、现代总线接口类型、链表数据结构，以及LRU算法的使用与实现。

8.1　状态机

8.1.1　引言

状态机在数字设计中的作用非常重要，它由多个相互跳转的状态组成。对于简单状态机来说，状态数通常为2个或3个；但对于复杂状态机来说，状态数在10个以上。默认或复位状态通常称为IDLE（空闲）状态。当复位信号有效后，状态机转移到状态IDLE。状态机的功能可以分解为两部分：第一部分根据外部变化实现状态转移；第二部分根据特定状态和输入数值来驱动输出。

状态机将待实现的功能任务分解在各个状态中，从而保证在相似条件下每次工作的方式都是可预测的。通常，即使任务再简单，我们也总是通过状态机实现任务，而不是使用一些逻辑电路来做相同的工作。用状态机比较容易捕捉不同的边界条件和例外情况，有助于避免设计错误。

状态机中的状态有现态（current state）和次态（next state）之分。现态是状态机在某个特定时刻的状态，次态是状态机将要转移到达的状态。在转移条件满足前，状态机会一直驻留在某个状态。有时，一个状态的转移路径可以有多条。在此情形下，具有最高优先级的转移路径决定了状态如何转移。

在经过编码的状态机（encoded state machine）中，触发器组合起来的编码数值用于表示不同的状态。下面我们举个例子，该状态机有六个不同的状态，也就是需要三个触发器。实际上，三个触发器可以表示八个状态，本例中有两个状态未被使用。n个触发器可以表示的状态数为2^n。如果只有两个触发器，能够表示四个状态，而三个触发器则可以表示八个状态，等等。

```
reg     [2:0]   curr_state, next_state;
                curr_state = 3'b000   : IDLE (STATE1)
                curr_state = 3'b001   : STATE2
                curr_state = 3'b010   : STATE3
                curr_state = 3'b011   : STATE4
                curr_state = 3'b100   : STATE5
                curr_state = 3'b101   : STATE6
                curr_state = (3'b110, 3'b111)    : not used
```

另一种状态编码类型被称为独热码状态编码（one-hot state encoding）。在此编码中，每个触发器表示一个状态。例如，对于我们前面所举例子来说，需要六个触发器表示六个状态。之所以称为独热码，是因为表示状态的编码中只有1位取值为真（1'b1）。如果每次不止一个触发器为真，则该编码是非法的。状态IDLE典型的表示是第0位为真。下面是独热码的编码方案：

```
reg    [5:0]    curr_state, next_state;
                curr_state = 6'b00_0001   : IDLE (STATE1)
                curr_state = 6'b00_0010   : STATE2
                curr_state = 6'b00_0100   : STATE3
                curr_state = 6'b00_1000   : STATE4
                curr_state = 6'b01_0000   : STATE5
                curr_state = 6'b10_0000   : STATE6
```

下一节我们将介绍泡泡图（bubble diagram，也称为状态转移图），回顾用于两类状态机的Verilog RTL语法，并对这两种方法进行对比。

8.1.2 状态机泡泡图

泡泡图是状态转移的图形表示法。每个泡泡（圆圈）表示一个状态，旁边的弧形线表示状态发生转移的条件。同时，在泡泡图中也给出了输出值。泡泡图不仅外形美观，而且还具有两个典型的功能：一是它有助于更加直接的展示状态转移，可以在对状态机进行RTL级编码前进行状态机优化；二是它提供了很好的文档帮助，有利于人们理解某个状态机是如何工作的。下面我们以简化的洗碗机状态机为例，画出其状态机的泡泡图，如图8.1所示。

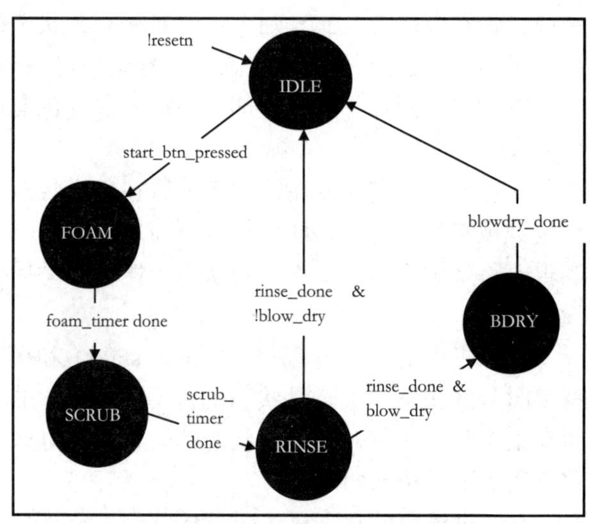

图8.1 洗碗机状态机的泡泡图

首先，将洗碗机的功能分解成不同的步骤或阶段，用于确定需要的状态。当还未开始工作时，洗碗机处于空闲状态，等待输入选择和启动按钮被按下。

洗碗机的输入有：

- 吹干或常规烘干按钮
- 按下开始按钮

状态有：

- IDLE：洗碗机不做任何事（处于空闲状态）
- FOAM：准备泡沫，用泡沫浸泡碗碟
- SCRUB：擦洗碗碟，从碗碟上去除污渍
- RINGE：用水冲洗去除污渍
- BLOW DRY：当选择吹干时，吹热空气烘干碗碟

8.1.3　状态机：推荐方式

状态机的编码方案有多种，取决于个人的设计风格和选择。下面给出了一些一般建议，这是很多设计者所喜欢的：

- 使用两个不同的always块，一个包含次态方程，另一个隐含着触发器。这使得在现态基础上求得次态的过程简单得多。
  - 另一种有效的方法是使用一个always块，在同一个always块内不仅隐含触发器，还包括次态方程。
- 使用同一个组合逻辑always块求得次态方程和输出方程。通过将输出和次态方程放在一个地方，很容易同时对它们进行操作。
  - 另一种有效方法是使用两个不同的组合逻辑always块，一个包含次态方程，另一个用于输出方程。如果一个块发生变化，需要另一个块发生相应的变化。
- 在包括次态逻辑的组合逻辑always块开始时，要在case语句之前为输出和次态定义默认值。对于后面的case语句内的输出和次态，则不一定需要再赋值。这使得代码的行数减少很多，而且代码更具可读性。
- 在默认部分为变量分配最常出现的值，包括0，1或某个特定的值。此后，在代码中，只在与默认值相比出现变化时才分配其他值。这有利于减少代码的行数，增强代码的可读性。
- 使输出取自触发器，而不是组合逻辑。
- 如果对定时特性要求较高，建议使用独热码编码方案。

8.1.4　二进制编码的状态机

下面是二进制编码的洗碗机状态机的RTL代码及仿真结果。

```
module          dishwash_stm
                (clk,
                rstb,
                start_but_pressed,
                hfminute_tick,
                blow_dry,
                do_foam_dispensing,
                do_scrubbing,
                do_rinsing,
                do_drying);
// ****************************************************************
input           clk;                    // clock for the state machine
input           rstb;                   // active –low reset signal
input           start_but_pressed;      //  1 = start button is pressed
input           hfminute_tick;          //goes high one clock every 1/2 minute
input           blow_dry;       // when 1, blow dry the dishes after rinsing
output          do_foam_dispensing;     // when 1, it applies foam
output          do_scrubbing;           // when 1, it scrubs the dishes
output          do_rinsing;             // when 1, it rinses the dishes
output          do_drying;      //when 1, it blows hot air to dry dishes

/* Local parameters are used locally and are not passed across modules.
Good for state declarations.*/
localparam      IDLE                    = 3'd0,
                FOAM                    = 3'd1,
                SCRUB                   = 3'd2,
                RINSE                   = 3'd3,
                BLOWDRY                 = 3'd4;
```

```
parameter       FOAM_DURATION           = 10,   // 5 minutes
                SCRUB_DURATION          = 16,   // 8 minutes
                RINSE_DURATION          = 10,   // 5 minutes
                BLOWDRY_DURATION        = 12;   // 6 minutes

reg     [2:0]   dw_state, dw_state_nxt;
reg     [4:0]   minutes_timer, minutes_timer_nxt;
reg             do_foam_dispensing, do_foam_dispensing_nxt;
reg             do_scrubbing, do_scrubbing_nxt;
reg             do_rinsing, do_rinsing_nxt;
reg             do_drying, do_drying_nxt;
wire            foam_done, scrub_done,
wire            rinse_done, blowdry_done;
wire            timer_expired;
wire    [4:0]   minutes_timer_minus_one;
// ******************************************************
assign  timer_expired   = (minutes_timer == 'd0);
assign  foam_done       = timer_expired;
assign  scrub_done      = timer_expired;
assign  rinse_done      = timer_expired;
assign  blowdry_done    = timer_expired;
assign  minutes_timer_minus_one         = minutes_timer - 1'b1;

// Combinational always block for the state machine
// Generates next_state and Output equations
always@(*)
 begin
        // assign all default values here
        dw_state_nxt            = dw_state;
        minutes_timer_nxt       = minutes_timer;
        do_foam_dispensing_nxt = 1'b0;
        do_scrubbing_nxt        = 1'b0;
        do_rinsing_nxt          = 1'b0;
        do_drying_nxt           = 1'b0;

        case(dw_state)

        IDLE: begin
                if(start_but_pressed)
                 begin
                        dw_state_nxt            = FOAM;
                        do_foam_dispensing_nxt = 1'b1;
                        // load timer here that will count down in next state
                        minutes_timer_nxt       = FOAM_DURATION;
                end
        end
        FOAM: begin
                if (foam_done) // timer has expired
                  begin
                        do_foam_dispensing_nxt = 1'b0;
                        dw_state_nxt            = SCRUB;
                        do_scrubbing_nxt        = 1'b1;
                        minutes_timer_nxt       = SCRUB_DURATION;
                  end
                else
                  begin
                        do_foam_dispensing_nxt = 1'b1;
                        if (hfminute_tick)
                            minutes_timer_nxt   = minutes_timer_minus_one;
                  end
        end
```

```
        SCRUB: begin
                if (scrub_done)
                 begin
                        do_scrubbing_nxt          = 1'b0;
                        dw_state_nxt              = RINSE;
                        do_rinsing_nxt            = 1'b1;
                        minutes_timer_nxt         = RINSE_DURATION;
         end
                else
                 begin
                        do_scrubbing_nxt          = 1'b1;
                        if (hfminute_tick)
                          minutes_timer_nxt       = minutes_timer_minus_one;
                 end
        end
        RINSE: begin
                if (rinse_done)
                 begin
                        do_rinsing_nxt              = 1'b0;
                        if (blow_dry)
                         begin
                                dw_state_nxt        = BLOWDRY;
                                do_drying_nxt       = 1'b1;
                                minutes_timer_nxt = BLOWDRY_DURATION;
                         end
                        else
                                 dw_state_nxt     = IDLE;
                 end
                else
                 begin
                        if (hfminute_tick)
                          minutes_timer_nxt       = minutes_timer_minus_one;
                         do_rinsing_nxt           = 1'b1;
                 end
        end
        BLOWDRY: begin
                if (blowdry_done)
                 begin
                        do_drying_nxt             = 1'b0;
                        dw_state_nxt              = IDLE;
                 end
                else
                 begin
                        do_drying_nxt             = 1'b1;
                        if (hfminute_tick)
                          minutes_timer_nxt       = minutes_timer_minus_one;
                 end
        end

        // default can be empty as default already declared in the beginning
        default:  begin   end
        endcase
  end

// Flops Inference
always @(posedge clk or negedge rstb)
 begin
        if (!rstb)
         begin
                dw_state                 <= IDLE;
                minutes_timer            <= 'd0;
```

```
                    do_foam_dispensing      <= 1'b0;
                    do_scrubbing            <= 1'b0;
                    do_rinsing              <= 1'b0;
                    do_drying               <= 1'b0;

            end
          else
            begin
                    dw_state                <= dw_state_nxt;
                    minutes_timer           <= minutes_timer_nxt;
                    do_foam_dispensing      <= do_foam_dispensing_nxt;
                    do_scrubbing            <= do_scrubbing_nxt;
                    do_rinsing              <= do_rinsing_nxt;
                    do_drying               <= do_drying_nxt;
            end
    end
endmodule
```

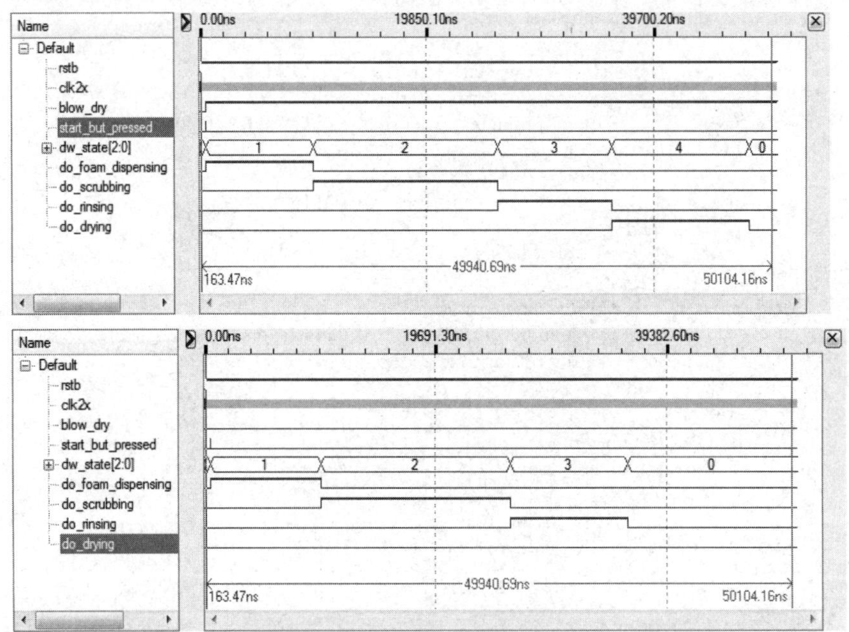

8.1.5　独热码编码的状态机

下面是独热码编码时洗碗机状态机的RTL代码及仿真结果。如前面所描述的，在独热码方案中，每个状态用一个触发器表示，状态机的触发器数等于状态数。

```
module          dishwash_stm_1hot
                (clk, rstb,
                start_but_pressed,
                hfminute_tick,
                blow_dry,
                do_foam_dispensing,
                do_scrubbing,
                do_rinsing,
                do_drying);
// *******************************************************************
```

```
input          clk;                      // clock for the state machine
input          rstb;                     // active –low reset signal
input          start_but_pressed;        // when 1, start button is pressed
input          hfminute_tick;        // goes high for one clock every half minute
input          blow_dry;           // when 1, blow dry dishes after rinsing
output         do_foam_dispensing;       // when 1, it applies foam to dishes
output         do_scrubbing;             // when 1, it scrubs the dishes
output         do_rinsing;       // when 1, it rinses the dishes
output         do_drying;        // when 1, it blows hot air to dry dishes
// *************************************************************
localparam     IDLE           = 5'b0_0001,
               FOAM           = 5'b0_0010,
               SCRUB          = 5'b0_0100,
               RINSE          = 5'b0_1000,
               BLOWDRY        = 5'b1_0000;

localparam     IDLE_ID        = 0,
               FOAM_ID        = 1,
               SCRUB_ID       = 2,
               RINSE_ID       = 3,
               BLOWDRY_ID= 4;

parameter      FOAM_DURATION     = 10,    // 5 minutes
               SCRUB_DURATION    = 16,    // 8 minutes
               RINSE_DURATION    = 10,    // 5 minutes
               BLOWDRY_DURATION = 12;// 6 minutes
// *************************************************************
reg      [4:0]    dw_state, dw_state_nxt;
reg      [4:0]    minutes_timer, minutes_timer_nxt;
reg               do_foam_dispensing, do_foam_dispensing_nxt;
reg               do_scrubbing, do_scrubbing_nxt;
reg               do_rinsing, do_rinsing_nxt;
reg               do_drying, do_drying_nxt;
wire              foam_done, scrub_done;
wire              rinse_done, blowdry_done;
wire              timer_expired;
wire     [4:0]    minutes_timer_minus_one;
//*************************************************************
assign  timer_expired     = (minutes_timer == 'd0);
assign  foam_done         = timer_expired;
assign  scrub_done        = timer_expired;
assign  rinse_done        = timer_expired;
assign  blowdry_done      = timer_expired;
assign  minutes_timer_minus_one = minutes_timer - 1'b1;
// Combinational always block for the state machine
always@(*)
 begin
        // assign all default values here
        dw_state_nxt              = dw_state;
        minutes_timer_nxt         = minutes_timer;
        do_foam_dispensing_nxt = 1'b0;
        do_scrubbing_nxt          = 1'b0;
        do_rinsing_nxt            = 1'b0;
        do_drying_nxt             = 1'b0;
        case(1'b1)
        dw_state[IDLE_ID]: begin
                if(start_but_pressed)
                 begin
                        dw_state_nxt              = FOAM;
                        do_foam_dispensing_nxt = 1'b1;
                        // load timer here that will count down in next state
```

```
                minutes_timer_nxt         = FOAM_DURATION;
            end
    end
    dw_state[FOAM_ID]: begin
            if (foam_done)
             begin
                do_foam_dispensing_nxt = 1'b0;
                dw_state_nxt           = SCRUB;
                do_scrubbing_nxt       = 1'b1;
                minutes_timer_nxt      = SCRUB_DURATION;
             end
            else
             begin
                do_foam_dispensing_nxt = 1'b1;
                if (hfminute_tick)
                  minutes_timer_nxt    = minutes_timer_minus_one;
             end

    end
    dw_state[SCRUB_ID]: begin
            if (scrub_done)
             begin
                do_scrubbing_nxt       = 1'b0;
                dw_state_nxt           = RINSE;
                do_rinsing_nxt         = 1'b1;
                minutes_timer_nxt      = RINSE_DURATION;
             end
            else
             begin
                do_scrubbing_nxt       = 1'b1;
                if (hfminute_tick)
                  minutes_timer_nxt    = minutes_timer_minus_one;
             end
    end
    dw_state[RINSE_ID]: begin
            if (rinse_done)
             begin
                do_rinsing_nxt         = 1'b0;
                if (blow_dry)
                  begin
                      dw_state_nxt     = BLOWDRY;
                      do_drying_nxt    = 1'b1;
                      minutes_timer_nxt = BLOWDRY_DURATION;
                  end
                else
                        dw_state_nxt           = IDLE;
             end
            else
             begin
                do_rinsing_nxt         = 1'b1;
                if (hfminute_tick)
                  minutes_timer_nxt    = minutes_timer_minus_one;
             end
    end
    dw_state[BLOWDRY_ID]: begin
            if (blowdry_done)
             begin
                do_drying_nxt          = 1'b0;
                dw_state_nxt           = IDLE;
             end
            else
```

```
                    begin
                            do_drying_nxt                  = 1'b1;
                            if (hfminute_tick)
                                minutes_timer_nxt          = minutes_timer_minus_one;
                    end
            end
            default: begin end
            endcase
    end
// Flops Inference
always @(posedge clk or negedge rstb)
 begin
        if (!rstb)
          begin
                dw_state                    <= IDLE;
                minutes_timer               <= 'd0;
                do_foam_dispensing          <= 1'b0;
                do_scrubbing                <= 1'b0;
                do_rinsing                  <= 1'b0;
                do_drying                   <= 1'b0;
          end
        else
          begin
                dw_state                    <= dw_state_nxt;
                minutes_timer               <= minutes_timer_nxt;
                do_foam_dispensing          <= do_foam_dispensing_nxt;
                do_scrubbing                <=  do_scrubbing_nxt;
                do_rinsing                  <= do_rinsing_nxt;
                do_drying                   <= do_drying_nxt;
          end
 end
endmodule
```

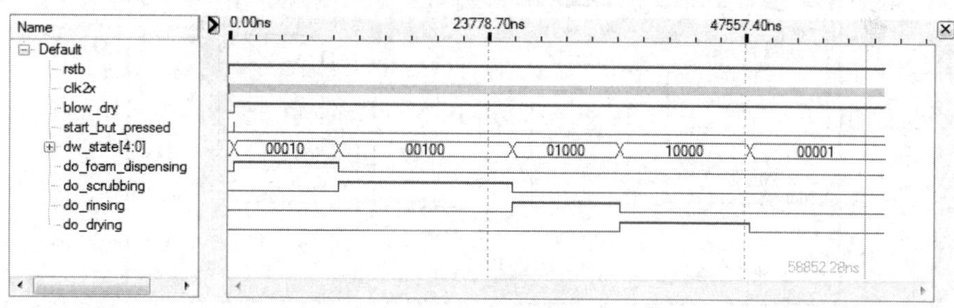

8.1.6 二进制编码和独热码比较

二进制编码和独热码方案的优缺点如下表所示。

	二进制编码方案	独热码方案
优点	• 需要的触发器个数较少	• 状态译码的组合逻辑较少 • 状态信息使用单个触发器表示，因此具有良好的定时裕量（timing margin），对状态译码的定时路径中不需要额外组合逻辑 • 适用于ECO（Engineering Change Order，工程设计变更） – 状态信息得以保持，即综合后所有的触发器都会被保留 – 由于状态变量易于读取、方便使用，修改使用某一状态的方程会变得非常容易

（续表）

	二进制编码方案	独热码方案
缺点	• 状态译码需要额外的组合逻辑 • 对状态进行译码时需要增加额外的组合逻辑，从而在定时路径上增加了额外延迟 • 不适用于ECO • 有时状态触发器与其他逻辑合并在一起，使得特定状态的推导变得困难	• 需要的触发器个数较多

8.1.7 米里型和摩尔型状态机

在摩尔型（Moore）状态机中，输出只取决于状态，与输入没有关系。而在米里型（Mealy）状态机中，输出既取决于状态，又取决于输入。由于摩尔型状态机的输出来自组合逻辑，可能会有毛刺，从而产生不利的影响。在米里型状态机中，因为输出与输入有关，输出的时序变得更加糟糕，限制了工作频率。更好的方法是将摩尔型和米里型这两种方法混合起来使用，也就是说输出既与状态有关，又与输入有关，并且采用寄存器输出。图8.2描述的是摩尔型和米里型状态机，图8.3描述的是寄存器型输出，将两种方法混合使用。

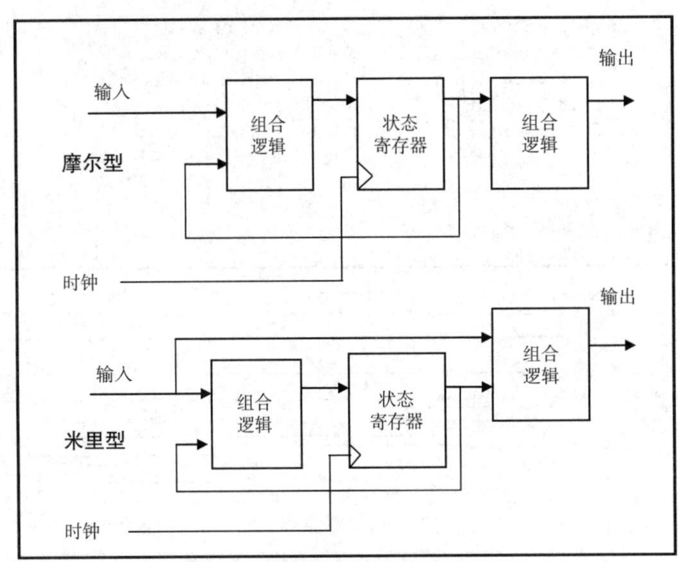

图8.2 米里型和摩尔型状态机

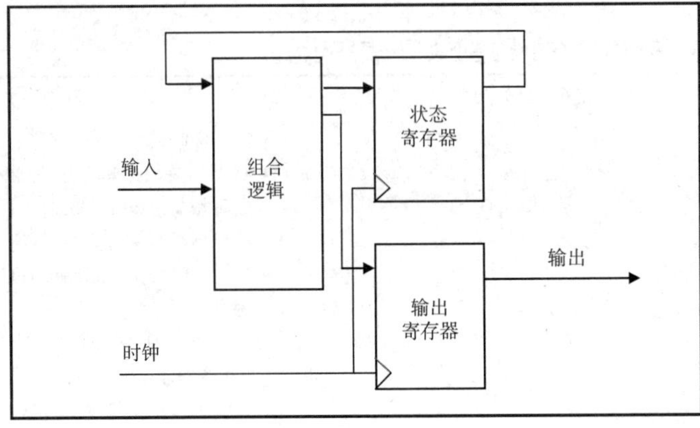

图8.3 寄存器型输出

8.1.8　子状态机

有时，主状态机中的一些状态执行相似的子任务。处理这些类型子任务的一种方法是将它们嵌入主状态机的不同状态中。然而，这将导致主状态机的状态数较多，既不利于阅读，也不利于跟踪时序，而且也不是模块化的。处理这些子任务的最好方法是使用子状态机。在某一个状态，主状态机可以转到子状态机中，等待完成任务后再回到主状态循环中。

子状态机在得到工作触发信号后，开始执行任务，完成后给主状态机传送一个“已完成”信号。这类似于软件中的过程或子程序调用。主状态机可以提供开始信号，也可以提供其他参数。这使设计变得模块化，时序非常清晰，如图8.4所示。

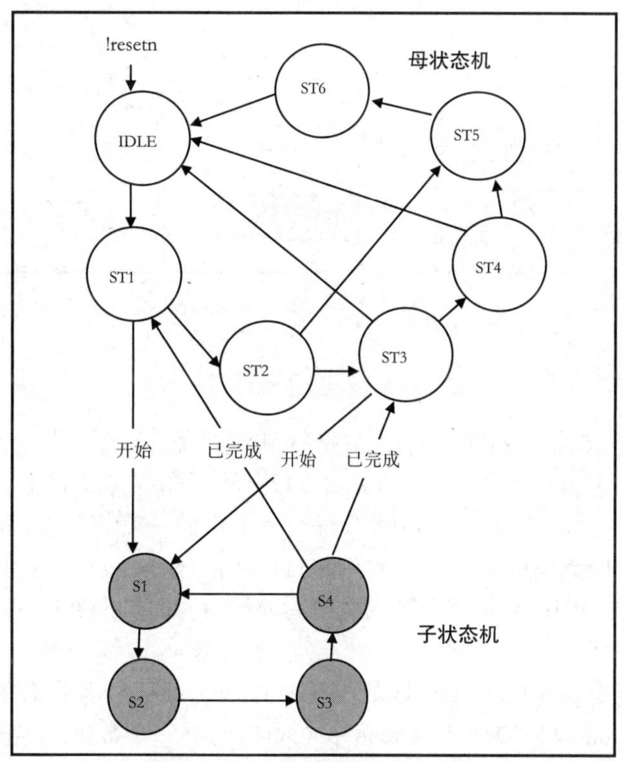

图8.4　母状态机和子状态机

8.2　FIFO

8.2.1　引言

FIFO表示先入先出，它是一种存储器结构，被广泛应用于芯片设计中。FIFO由存储单元队列或阵列构成，第一个被写入队列的数据也是第一个从队列中读出的数据。在芯片设计中，FIFO可以满足下列需求：

（1）当输入数据速率和输出速率不匹配时，作为临时存储单元。例如，CPU可以先将数据写入FIFO，然后继续做其他工作，设备可以很方便地从FIFO中读取数据。再如因特网控制器，它将从网络接收来的数据存入FIFO，后端的DMA（Direct Memory Access，直接存储器访问）控制器（位于PCIe或者PCI接口电路中）从FIFO中读取数据，然后写入系统存储器。

（2）用于不同时钟域之间的同步。实际应用中，数据将不得不从一个时钟域进入另一个时钟域，此时FIFO不仅用作临时数据存储单元，也起到数据同步的作用。

（3）输入数据路径和输出数据路径之间数据宽度不匹配时，可用于数据宽度调整电路。

我们将在后面详细介绍这些应用，但是现在需要先给出FIFO的符号及其输入和输出端口，如图8.5所示。此后，我们再从一些基本单元开始，一点一点地建立FIFO，最后为FIFO增加更为复杂的特性。下面的图形表示的是一个宽度为6、深度为8的FIFO。这就意味着FIFO中有8个存储位置，每个位置可以存储6位数值。

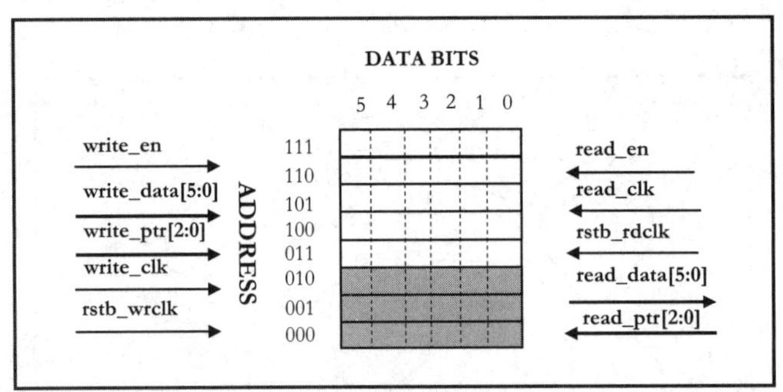

图8.5 FIFO的输入/输出端口

8.2.2 FIFO操作

一开始（电路复位后），FIFO为空，写指针和读指针都指向同一个位置，该位置通常为零。write_data端口进来的数据被依次写入FIFO内的不同存储位置上。当FIFO被读出时，read_data端口将数据送出。如果我们持续以每次一个字的速度将数据写入FIFO，write_ptr将不断增加，当达到地址范围的最大值（本例是111）时，write_ptr又回到0。将数据写入FIFO时，write_en信号有效，同时数据需要被提供给写入端口。时钟周期结束时，写指针调整为下一个值。

类似地，当我们需要从FIFO中读取数据时，将read_en信号置为有效。在下一个时钟周期开始时，总线read_data的数据可用，read_pointer指向下一个数值，当其达到最大值时，返回到0。换句话说，写指针和读指针以环形的方式移动，写指针在前，读指针追随。持续写入时，写指针会按照如下方式变化：000 -> 001 -> 010 -> 011 -> 100 -> 101 -> 110 ->111 -> 000-> 001。写操作和读操作也被称为push/pop、put/get或fill/drain操作。

我们也可以同时对FIFO进行写入和读取操作，因为两种操作使用各自的指针、使能信号和数据总线。FIFO的这种操作就像一个水箱，它有一个进水口让水进入水箱，还有一个出口让水流出水箱。在任何时刻，都可以让水进入水箱，同时又可以从水箱取水。我们只需要关心在任一时钟周期，写入和读取的位置不能相同，因为只有当FIFO为满或空时，写入和读取指针才可能相同。很明显，我们要确保不要发生两种情形，一是给满的FIFO写入数据（所有位置都有有效数据，没有多余位置）；二是从空的FIFO中读取数据（FIFO中没有有效数据）。它们分别被称为上溢（overrun，写入满的FIFO）和下溢（underrun，从空的FIFO中读取数据）。FIFO将产生fifo_full和fifo_empty信号，用于表示FIFO是满的还是空的。当FIFO为满时，禁止继续写入数据；当FIFO为空时，禁止继续读取数据。

你一定会质疑为什么会发生上溢或者下溢，认为没有人会这样做。然而，这样的事的确会发生，而且后果非常严重。这种错误操作都不是故意的，而是由于设计错误造成的。下面我们将进一步对此加以分析，使得我们能避免出现上溢和下溢。在详细描述具体设计之前，先通过时序图来进一步增强我们的理解，如图8.6所示。

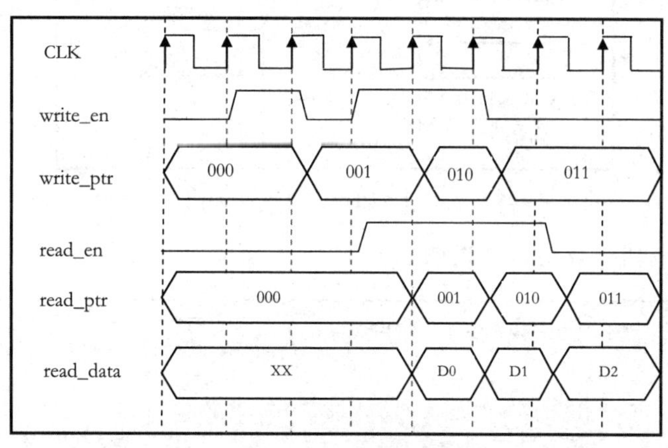

图8.6　FIFO的读和写时序图

8.2.3　同步FIFO

在同步FIFO中，单一时钟同时用于写入和读取操作。数据流和相关的控制逻辑在同一个时钟域内处理和工作。同步FIFO用于临时存储数据，此时写入和读取操作可以同时发生，也可发生在不同时刻。由于同步FIFO中只使用了一个时钟，其控制逻辑相对于异步FIFO来说简单得多。前面讨论过一些输入和输出端口，现在需要增加一些有用的输出，如fifo_full、fifo_empty、room_available和data_available。从名称可以看出，fifo_full信号表示FIFO为满的状态，fifo_empty信号表示FIFO为空的状态。这两个信号（在工业上也被广泛地称为标识）是边界条件，用于提醒外部电路不要对满的FIFO写入和对空的FIFO读出。

FIFO还提供其他标识，如almost_full和almost_empty，用于提供关于FIFO再写入多少会满以及再读出多少会空的信息。例如，所设计的FIFO中还剩余2到3个位置时almost_full有效，那么当almost_full有效时，负责写入的外围电路就应该考虑停止写入，因为从决定停止到write_en信号被置为无效可能还需要多个时钟周期。如果写入逻辑等待fifo_full标识有效后才将write_en信号置为无效，就可能太迟了，当前流水线中可能仍旧有一个或两个数据会被写入FIFO从而导致操作不正确。另外，这也取决于具体的外围电路实现方式，总之必须确保fifo_full开始有效时，write_en无效，这样上溢才不会发生。almost_empty信号也采用类似的工作方式用于阻止某个时刻的数据读取，从而避免下溢。相对于almost_full或almost-empty标识，我们有时更愿意使用room_available和data_available信号所提供的准确数据深度信息。写入逻辑使用room_avail信号，读逻辑使用data_avail信号，结合相关外围逻辑，外部电路可以主动决定采取不同操作的时机。

8.2.4　同步FIFO

同步FIFO的输入/输出如图8.7所示。

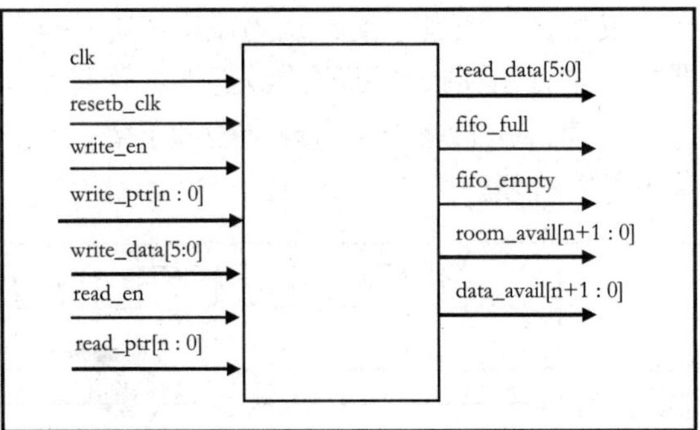

图8.7 同步FIFO的输入/输出

同步FIFO实现的代码及仿真结果如下。

```
module          synch_fifo      #(parameter     FIFO_PTR    = 4,
                                                FIFO_WIDTH = 32,
                                                FIFO_DEPTH = 16)
                (fifo_clk, rstb,
                fifo_wren,
                fifo_wrdata,
                fifo_rden,
                fifo_rddata,
                fifo_full,
                fifo_empty,
                fifo_room_avail,
                fifo_data_avail);
// ***********************************************
input                           fifo_clk;
input                           rstb;
input                           fifo_wren;
input   [FIFO_WIDTH - 1: 0]     fifo_wrdata;
input                           fifo_rden;
output  [FIFO_WIDTH - 1: 0]     fifo_rddata;
output                          fifo_full;
output                          fifo_empty;
output  [FIFO_PTR:0]            fifo_room_avail;
output  [FIFO_PTR:0]            fifo_data_avail;
localparam      FIFO_DEPTH_MINUS1 = FIFO_DEPTH - 1;
// *****************************************************
reg     [FIFO_PTR - 1 : 0]      wr_ptr, wr_ptr_nxt;
reg     [FIFO_PTR - 1 : 0]      rd_ptr, rd_ptr_nxt;
reg     [FIFO_PTR : 0]          num_entries, num_entries_nxt;
reg                             fifo_full, fifo_empty;
wire                            fifo_full_nxt, fifo_empty_nxt;
reg     [FIFO_PTR:0]            fifo_room_avail;
wire    [FIFO_PTR:0]            fifo_room_avail_nxt;
wire    [FIFO_PTR:0]            fifo_data_avail;

// write-pointer control logic
// *******************************************************
always@(*)
 begin
        wr_ptr_nxt      = wr_ptr;
        if (fifo_wren)
         begin
                if (wr_ptr == FIFO_DEPTH_MINUS1)
                        wr_ptr_nxt = 'd0;
```

```
                else
                        wr_ptr_nxt = wr_ptr + 1'b1;
          end
  end

// read-pointer control logic
// ****************************************************
always@(*)
 begin
        rd_ptr_nxt        = rd_ptr;
        if (fifo_rden)
          begin
                if (rd_ptr == FIFO_DEPTH_MINUS1)
                        rd_ptr_nxt = 'd0;
                else
                        rd_ptr_nxt = rd_ptr + 1'b1;
          end
 end

// Calculate number of occupied entries in the FIFO
// ****************************************************
always@(*)
 begin
        num_entries_nxt = num_entries;

        if (fifo_wren && fifo_rden)        // no change to num_entries
                num_entries_nxt = num_entries;
        else if (fifo_wren)
                num_entries_nxt = num_entries + 1'b1;
        else if (fifo_rden)
                num_entries_nxt = num_entries - 1'b1;
 end

assign  fifo_full_nxt      = (num_entries_nxt == FIFO_DEPTH);
assign  fifo_empty_nxt  = (num_entries_nxt == 'd0);
assign  fifo_data_avail   = num_entries;
assign  fifo_room_avail_nxt = (FIFO_DEPTH - num_entries_nxt);

// *******************************************************
always @(posedge fifo_clk or negedge rstb)
 begin
        if(!rstb)
          begin
                wr_ptr          <= 'd0;
                rd_ptr          <= 'd0;
                num_entries     <= 'd0;
                fifo_full       <= 1'b0;
                fifo_empty      <= 1'b1;
                fifo_room_avail <= FIFO_DEPTH;
          end
        else
          begin
                wr_ptr          <= wr_ptr_nxt;
                rd_ptr          <= rd_ptr_nxt;
                num_entries     <= num_entries_nxt;
                fifo_full       <= fifo_full_nxt;
                fifo_empty      <= fifo_empty_nxt;
                fifo_room_avail <= fifo_room_avail_nxt;
          end
 end
```

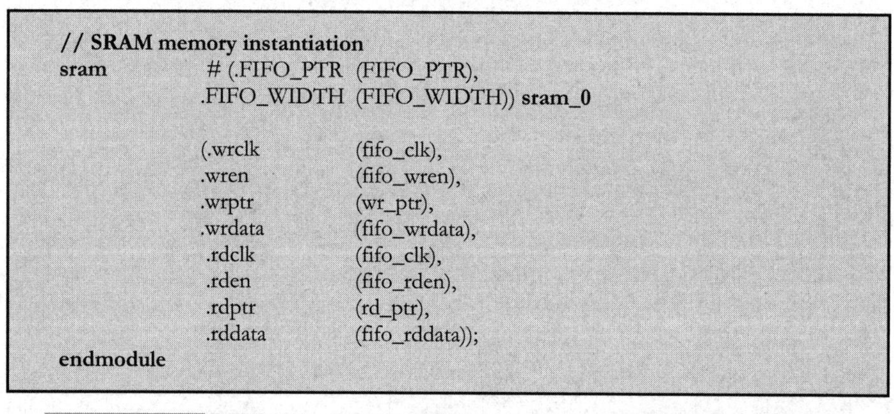

```
// SRAM memory instantiation
sram          # (.FIFO_PTR   (FIFO_PTR),
              .FIFO_WIDTH  (FIFO_WIDTH)) sram_0

              (.wrclk        (fifo_clk),
              .wren          (fifo_wren),
              .wrptr         (wr_ptr),
              .wrdata        (fifo_wrdata),
              .rdclk         (fifo_clk),
              .rden          (fifo_rden),
              .rdptr         (rd_ptr),
              .rddata        (fifo_rddata));
endmodule
```

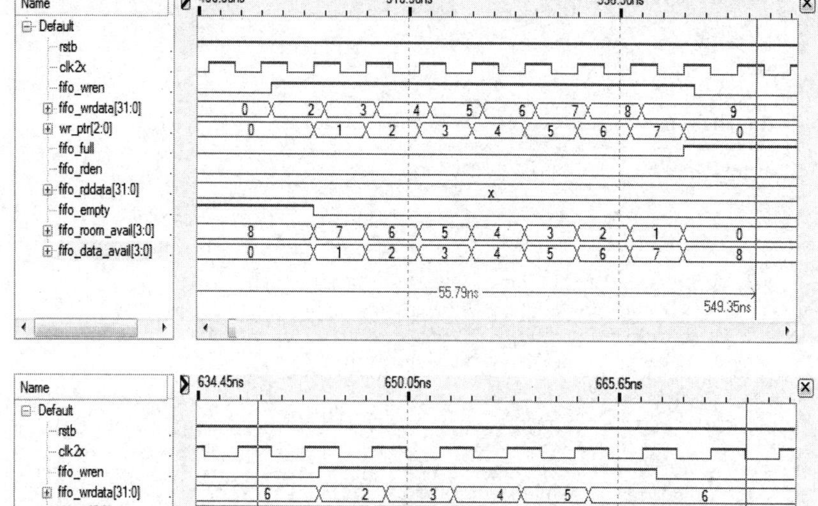

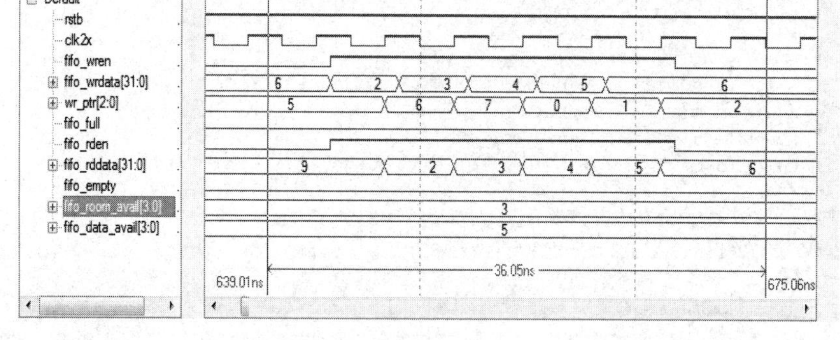

同步FIFO可以满足一些应用需求，同时我们还需要使用异步FIFO，例如，在两个不同时钟域之间传送数据时，就可以使用异步FIFO进行隔离。下一节将介绍异步FIFO。

8.2.5 异步FIFO的工作机制

在上一节中，我们讨论了同步FIFO，由于其具有单一时钟，因此应用范围有限。在实际系统中，我们经常遇到多个时钟域的情况，此时数据需要在两个时钟域之间实现无缝传送，并且不能有任何毛刺。我们以PCIe插槽上的以太网适配器板卡为例加以说明。该板卡从局域网（LAN）或以太网接收数据包，然后将数据传送给系统存储器。反过来，它从系统存储器接收数据包，然后传送给网络。板卡的一侧与网络通信，用以太网本地时钟处理相关操作。板卡的另一侧与PCIe接口交互，以板卡自身的时钟工作。这两个时钟不仅频率不同，而且是异步的（频率不是倍数关系）。此时需要使用异步FIFO将数据从一个时钟域传送到另一个时钟域。

尽管异步FIFO的操作原理与同步FIFO类似，但由于前者与两个时钟有关，电路的复杂度也会增加。对异步FIFO进行数据写入操作或读出操作的方式与同步FIFO极其相似，写入和读出操作有自己的信号集，其复杂度主要在于产生fifo_full、fifo_empty、room_available、data_available等标识。异步FIFO中产生这些标识的方法比同步FIFO中要复杂得多。

我们知道，当FIFO为满或空时，写入指针和读取指针都是相等的。但这是不够的，我们需要另外的条件将“满”和“空”进行区分。前面介绍过，FIFO工作时，写入指针在前，读取指针跟随写入指针。当FIFO为满时，写入指针往前移动，返回并等于在后面跟随的读取指针，这就是所谓的“环绕”。如果我们再增加一位给写入和读取指针，可以使用这个比特来指示是否两个指针都绕回（表示为空），或者一个指针绕回，另一个没有，在此情形下，表明FIFO为满。

我们以一个深度为4的FIFO为例进行说明。此时，计数器需要2位表示，计数序列为 00 -> 01 -> 10 -> 11 -> 00。再增加一位表示环绕特性后，序列为：000 -> 001 -> 010 -> 011 ->100 -> 101 -> 110 -> 111。正如我们所看见的，两位计数器将遍历计数序列两次，环绕位（第2位）是0或者1。采用类似的方式，可以得到不同深度FIFO的指针位宽。

通过比较写入和读取指针以及环绕位，可以产生“满”和“空”的条件。但仍旧存在一个主要问题，即指针产生于各自时钟域，不能相互比较，否则将导致亚稳态和不正确的操作。解决这个问题的方法是将指针从一个时钟域传递到另一个时钟域，然后做比较。而且，要注意的是我们传递的是多位矢量，而不是一位信号。此时需要使用格雷码编码和译码电路将指针进行跨时钟域安全传送。在格雷编码方案中，连续数值中只有一位发生变化，该特性被用于跨异步时钟域矢量传递。我们将所有这些零散的知识放在一个图中以便于浏览和理解具体的操作方法，如图8.8所示。

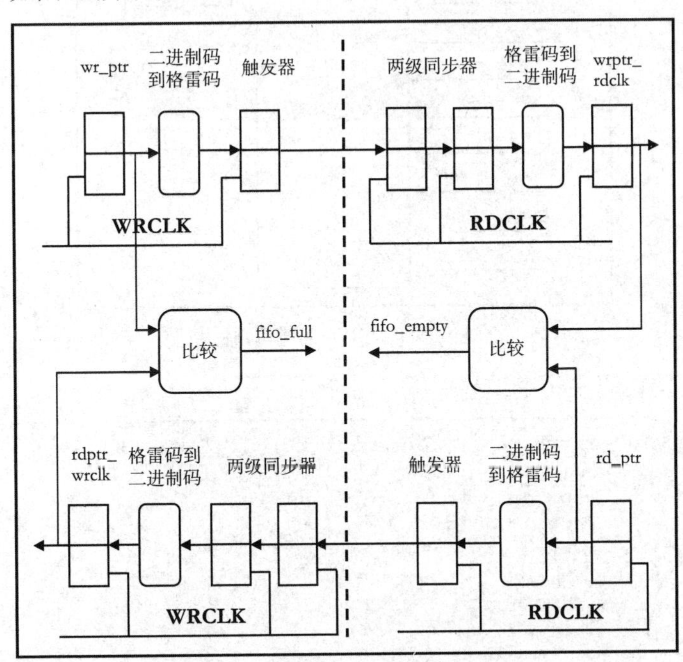

图8.8　异步FIFO指针同步电路

写入指针首先被转换为格雷码，并被寄存到写入时钟域的触发器中。然后，再经读取时钟域同步，后面接格雷码到二进制转换电路。写入指针值被传送到读取时钟域后，用于和读取时钟域的读指针做比较，求得fifo_empty信号。环绕位是写入指针数值的一部分，需要同样经历上面的步骤。读取指针经过相似步骤，在写入时钟域与写入指针做比较，得到fifo_full信号。

当读取指针被传送给写入时钟域时，相对于读取时钟域中的rd_ptr来说，将会有3到4个周期的延时。这意味着可用于写入数据的位置要比显示的可能多3到4个。这是异步FIFO操作保守的一面，如此才不会引起数据上溢。当从FIFO中读取数据时，rdptr_wrclk数值在3到4个周期内将会跟上真实的rdptr数值。另外，由于FIFO具有一定的深度，其中有足够的数据被读取，因此不会影响数据传递性能。类似地，当写入指针被传送给读取一侧时，同样会延时3到4个周期。这意味着显示fifo_empty时，可能实际上有3到4个数据可用。这也是异步FIFO操作保守的一面，当写入一侧停止写入数值时，最终指针数值将跟上实际数值。指针数值有临时性落后现象，在几个周期后会被更新为正确数值。

8.2.6 异步FIFO的实现

异步FIFO的输入/输出如图8.9所示。

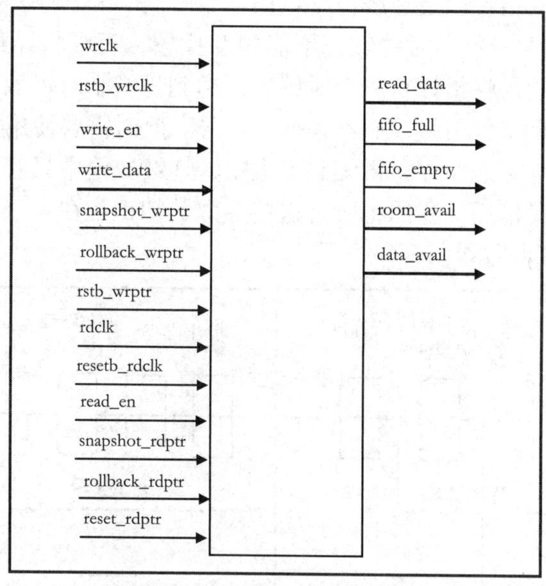

图8.9 异步FIFO的输入/输出

异步FIFO实现的代码及仿真结果如下。

```
module    asynch_fifo    #(parameter    FIFO_PTR    = 4,
                                        FIFO_WIDTH = 32)
          (wrclk, rstb_wrclk,
          write_en, write_data,
          snapshot_wrptr, rollback_wrptr,
          reset_wrptr,
          rdclk, rstb_rdclk,
          read_en,
          read_data,
          snapshot_rdptr, rollback_rdptr,
          reset_rdptr,
          fifo_full, fifo_empty,
          room_avail, data_avail);
```

```
input          wrclk;
input          rstb_wrclk;
input          write_en;
input   [FIFO_WIDTH - 1: 0]   write_data;
input          snapshot_wrptr; // record wrptr at that instant
input          rollback_wrptr;    //restore wrptr to the snapshot value
input          reset_wrptr;       // reset wrptr to 0
input          rdclk;
input          rstb_rdclk;
input          read_en;
input          snapshot_rdptr;  // record rdptr at that instant
input          rollback_rdptr;  // restore rdptr to the snapshot value
input                        reset_rdptr;      // reset rdptr to 0
output  [FIFO_WIDTH - 1: 0]  read_data;
output                       fifo_full;
output                       fifo_empty;
output  [FIFO_PTR:0]         room_avail;
output  [FIFO_PTR:0]         data_avail;
// ****************************************************************
localparam     FIFO_DEPTH  = (1 << FIFO_PTR);
localparam     FIFO_TWICEDEPTH_MINUS1= (2*FIFO_DEPTH) -1;
// ****************************************************************
reg     [FIFO_PTR: 0]  wr_ptr_wab, wr_ptr_wab_nxt;//extra (wraparound) bit
reg     [FIFO_PTR: 0]  room_avail;
wire    [FIFO_PTR: 0]  room_avail_nxt;
reg     [FIFO_PTR: 0]  wr_ptr_snapshot_value;
wire    [FIFO_PTR: 0]  wr_ptr_snapshot_value_nxt;
reg                    fifo_full;
wire                   fifo_full_nxt;
wire    [FIFO_PTR -1: 0]       wr_ptr; // write ptr without wrap-around bit
reg     [FIFO_PTR: 0]  rd_ptr_wab, rd_ptr_wab_nxt; //extra (wraparound) bit
reg     [FIFO_PTR: 0]  data_avail;
wire    [FIFO_PTR: 0]  data_avail_nxt;
reg     [FIFO_PTR: 0]  rd_ptr_snapshot_value;
wire    [FIFO_PTR: 0]  rd_ptr_snapshot_value_nxt;
reg                    fifo_empty;
wire                   fifo_empty_nxt;
wire    [FIFO_PTR -1: 0] rd_ptr;         // rd ptr without wrap-around bit

// Write pointer control logic
// ****************************************************
always@(*)
 begin
      wr_ptr_wab_nxt= wr_ptr_wab;

      if (reset_wrptr)
            wr_ptr_wab_nxt= 'd0;
      else if (rollback_wrptr)
            wr_ptr_wab_nxt= wr_ptr_snapshot_value;
      else if (write_en && (wr_ptr_wab == FIFO_TWICEDEPTH_MINUS1))
            wr_ptr_wab_nxt= 'd0;
      else if (write_en )
            wr_ptr_wab_nxt= wr_ptr_wab + 1;
 end

// Take a snapshot of write pointer that can be used to reload it later
// ****************************************************************
assign  wr_ptr_snapshot_value_nxt =
                  snapshot_wrptr ? wr_ptr_wab: wr_ptr_snapshot_value;

always@(posedge wrclk or negedge rstb_wrclk)
```

```
  begin
        if (!rstb_wrclk)
         begin
              wr_ptr_wab                <= 'd0;
              wr_ptr_snapshot_value     <= 'd0;
         end
        else
         begin
              wr_ptr_wab                <= wr_ptr_wab_nxt;
              wr_ptr_snapshot_value     <= wr_ptr_snapshot_value_nxt;
         end
  end
// convert the binary wr ptr to gray, flop it, and then pass it to read domain
// ****************************************************************
reg     [FIFO_PTR: 0]  wr_ptr_wab_gray;
wire    [FIFO_PTR: 0]  wr_ptr_wab_gray_nxt;

// instantiate the module
binary_to_gray #(.PTR (FIFO_PTR))  binary_to_gray_wr
               (.binary_value            (wr_ptr_wab_nxt),
               .gray_value               (wr_ptr_wab_gray_nxt));

always@(posedge wrclk or negedge rstb_wrclk)
  begin
        if (!rstb_wrclk)
              wr_ptr_wab_gray <= 'd0;
        else
              wr_ptr_wab_gray <= wr_ptr_wab_gray_nxt;
  end

// synchronize wr_ptr_wab_gray into read clock domain
// ************************************************
reg     [FIFO_PTR: 0]  wr_ptr_wab_gray_sync1;
reg     [FIFO_PTR: 0]  wr_ptr_wab_gray_sync2;

always@(posedge rdclk or negedge rstb_rdclk)
  begin
        if (!rstb_rdclk)
         begin
              wr_ptr_wab_gray_sync1 <= 'd0;
              wr_ptr_wab_gray_sync2 <= 'd0;
         end
        else
         begin
              wr_ptr_wab_gray_sync1 <= wr_ptr_wab_gray;
              wr_ptr_wab_gray_sync2 <= wr_ptr_wab_gray_sync1;
         end
  end

// convert wr_ptr_wab_gray_sync2 back to binary form
// ************************************************
reg     [FIFO_PTR: 0]  wr_ptr_wab_rdclk;
wire    [FIFO_PTR: 0]  wr_ptr_wab_rdclk_nxt;
gray_to_binary #(.PTR (FIFO_PTR))   gray_to_binary_wr
               (.gray_value              (wr_ptr_wab_gray_sync2),
               .binary_value             (wr_ptr_wab_rdclk_nxt));

always@(posedge rdclk or negedge rstb_rdclk)
  begin
        if (!rstb_rdclk)
              wr_ptr_wab_rdclk  <= 'd0;
```

```
        else
                wr_ptr_wab_rdclk  <= wr_ptr_wab_rdclk_nxt;
 end
// read pointer control logic
// ************************************************************
always@(*)
 begin
        rd_ptr_wab_nxt = rd_ptr_wab;

        if (reset_rdptr)
                rd_ptr_wab_nxt = 'd0;
        else if (rollback_rdptr)
                rd_ptr_wab_nxt = rd_ptr_snapshot_value;
        else if (read_en && (rd_ptr_wab== FIFO_TWICEDEPTH_MINUS1))
                rd_ptr_wab_nxt = 'd0;
        else if (read_en )
                rd_ptr_wab_nxt = rd_ptr_wab + 1;
 end

// take a snapshot of the read pointer that can be used to reload later
// *****************************************************************
assign  rd_ptr_snapshot_value_nxt =
        snapshot_rdptr ? rd_ptr_wab : rd_ptr_snapshot_value;

always@(posedge rdclk or negedge rstb_rdclk)
 begin
        if (!rstb_rdclk)
          begin
                rd_ptr_wab              <= 'd0;
                rd_ptr_snapshot_value   <= 'd0;
          end
        else
          begin
                rd_ptr_wab              <= rd_ptr_wab_nxt;
                rd_ptr_snapshot_value   <= rd_ptr_snapshot_value_nxt;
          end
 end

// convert the binary rd_ptr to gray and then pass it to write clock domain
// *****************************************************************
reg     [FIFO_PTR: 0]           rd_ptr_wab_gray;
wire    [FIFO_PTR: 0]           rd_ptr_wab_gray_nxt;

binary_to_gray  #(.PTR (FIFO_PTR))  binary_to_gray_rd
                (.binary_value          (rd_ptr_wab_nxt),
                .gray_value             (rd_ptr_wab_gray_nxt));

always@(posedge rdclk or negedge rstb_rdclk)
 begin
        if (!rstb_rdclk)
                rd_ptr_wab_gray  <= 'd0;
        else
                rd_ptr_wab_gray  <= rd_ptr_wab_gray_nxt;
 end

// synchronize rd_ptr_wab_gray into write clock domain
// ***************************************************
reg     [FIFO_PTR: 0]  rd_ptr_wab_gray_sync1;
reg     [FIFO_PTR: 0]  rd_ptr_wab_gray_sync2;

always@(posedge wrclk or negedge rstb_wrclk)
```

```
 begin
        if (!rstb_wrclk)
         begin
                rd_ptr_wab_gray_sync1  <= 'd0;
                rd_ptr_wab_gray_sync2  <= 'd0;
         end
        else
         begin
                rd_ptr_wab_gray_sync1  <= rd_ptr_wab_gray;
                rd_ptr_wab_gray_sync2  <= rd_ptr_wab_gray_sync1;
         end
 end
// convert rd_ptr_wab_gray_sync2 back to binary form
// ****************************************************
reg     [FIFO_PTR: 0]           rd_ptr_wab_wrclk;
wire    [FIFO_PTR: 0]           rd_ptr_wab_wrclk_nxt;

gray_to_binary #(.PTR (FIFO_PTR))  gray_to_binary_rd
                (.gray_value           (rd_ptr_wab_gray_sync2),
                 .binary_value         (rd_ptr_wab_wrclk_nxt));

always@(posedge wrclk or negedge rstb_wrclk)
 begin
        if (!rstb_wrclk)
                rd_ptr_wab_wrclk  <= 'd0;
        else
                rd_ptr_wab_wrclk  <= rd_ptr_wab_wrclk_nxt;
 end

assign  wr_ptr  = wr_ptr_wab[FIFO_PTR -1 :0];
assign  rd_ptr  = rd_ptr_wab[FIFO_PTR -1 :0];

// SRAM memory instantiation
//**********************************************************
sram            # (.FIFO_PTR           (FIFO_PTR),
                   .FIFO_WIDTH         (FIFO_WIDTH))        sram_0
                (.wrclk                (wrclk),
                 .wren                 (write_en),
                 .wrptr                (wr_ptr),
                 .wrdata               (write_data),
                 .rdclk                (rdclk),
                 .rden                 (read_en),
                 .rdptr                (rd_ptr),
                 .rddata               (read_data));

// Generate fifo_full: pointers equal, but the wrap-around bits are different
// ****************************************************
assign  fifo_full_nxt  =
   (wr_ptr_wab_nxt[FIFO_PTR] != rd_ptr_wab_wrclk_nxt[FIFO_PTR])    &&
   (wr_ptr_wab_nxt[FIFO_PTR - 1:0]== rd_ptr_wab_wrclk_nxt[FIFO_PTR-1 :0]);

assign  room_avail_nxt          =
        (wr_ptr_wab[FIFO_PTR] == rd_ptr_wab_wrclk[FIFO_PTR]) ?
        (FIFO_DEPTH -
        (wr_ptr_wab[FIFO_PTR - 1:0] - rd_ptr_wab_wrclk[FIFO_PTR - 1:0])):
        (rd_ptr_wab_wrclk[FIFO_PTR - 1:0] - wr_ptr_wab[FIFO_PTR - 1:0]);

// Generate fifo_empty: pointers are equal including the wrap-around bits
// ***********************************************
assign  fifo_empty_nxt  =
        (rd_ptr_wab_nxt[FIFO_PTR:0]== wr_ptr_wab_rdclk_nxt[FIFO_PTR:0]);
```

```
assign  data_avail_nxt  =
        (rd_ptr_wab[FIFO_PTR] == wr_ptr_wab_rdclk[FIFO_PTR]) ?
        (wr_ptr_wab_rdclk[FIFO_PTR - 1:0] - rd_ptr_wab[FIFO_PTR - 1:0]) :
        (FIFO_DEPTH -
        (rd_ptr_wab[FIFO_PTR - 1:0] - wr_ptr_wab_rdclk[FIFO_PTR - 1:0]));

always@(posedge wrclk or negedge rstb_wrclk)
 begin
        if (!rstb_wrclk)
         begin
                fifo_full       <= 1'b0;
                room_avail      <= 'd0;
         end
        else
         begin
                fifo_full       <= fifo_full_nxt;
                room_avail      <= room_avail_nxt;
         end
 end

always@(posedge rdclk or negedge rstb_rdclk)
 begin
        if (!rstb_rdclk)
         begin
                fifo_empty      <= 1'b1;
                data_avail      <= 'd0;
         end
        else
         begin
                fifo_empty      <= fifo_empty_nxt;
                data_avail      <= data_avail_nxt;
         end
 end
endmodule
```

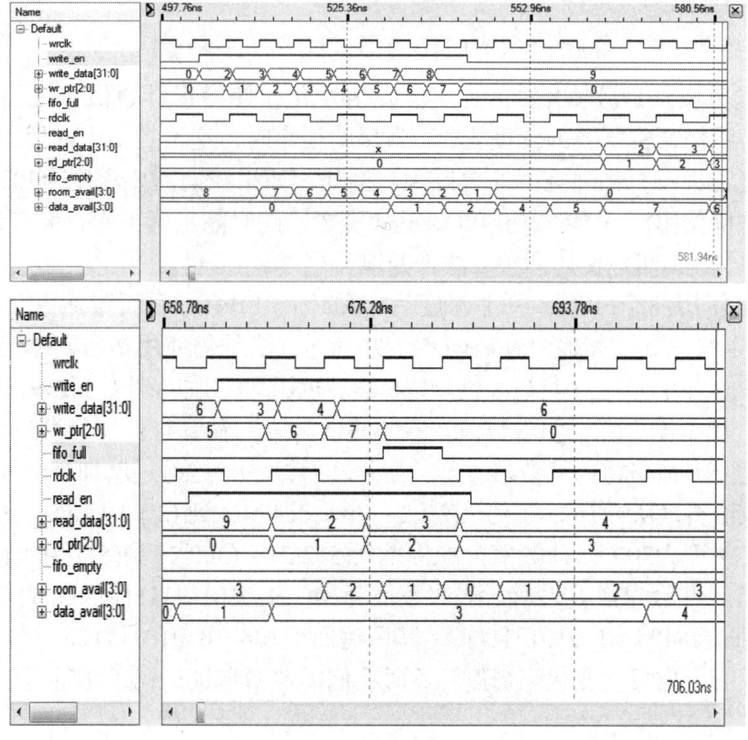

8.3 FIFO高级原理

8.3.1 FIFO的大小

由于FIFO会占用芯片面积，选择容量合适的FIFO显得非常重要。特别是当有多个FIFO时，这种需求更加突出。FIFO过大将导致面积浪费，过小将导致FIFO上溢，造成数据丢失。FIFO的宽度由数据路径宽度决定，在决定深度时有一些经验和技巧。有很多方法可以弄清楚什么样的宽度最合适，以及最坏情形下最小深度应该怎样选择。

在有些情况下，FIFO的深度是由需求决定的。例如，在PCIe中，一个设备可以发出多个读取请求，它要保证有足够的缓冲器来存储所有读回来的数据。当设备接收来自于系统存储器的数据时，它会将接收的数据通过本地总线（如AHB或AXI）传送给另一个元件。当本地总线暂时不可用时，FIFO中的数据就不能被读出。如果总线设备能发出多达8个读取请求，每个请求包括32个双字，则必须提供256（8×32）个双字的缓冲器空间以应对最坏情形。

8.3.2 FIFO的深度

同步FIFO的深度可以是任何一个正数，取值可能为8、9或12。然而，异步FIFO有一些限制，通常深度是2^n，这里n是正数。一些有效的深度数值是2、4、8、16、32、64、128等。这是因为异步FIFO指针传递时使用格雷码进行跨时钟域传送。在格雷码方案中，完整的序列长度通常是2的幂次。如果序列短于这个2的幂次，只有一位发生变化的特性也就不再有，在计数到边界并返回时会有不止一位发生变化。

让我们看一个2^3的例子。格雷码序列是：

$$000 > 001 > 011 > 010 > 110 > 111 > 101 > 100 > 000$$

返回发生在从100到000，正如我们所见，只有一位发生变化。让我们看看如果得到深度为6的FIFO，此时序列为：

$$000 > 001 > 011 > 010 > 110 > 111 > 000$$

现在返回发生在从111到000时，有三位发生变化，使得指针数值非法，导致不正确操作。这意味着，我们通常需要的深度为2^n。当深度很小时，这不是个大麻烦，额外空间也不多。但是当深度很大时，额外空间非常巨大。例如，如果我们需要深度为300的FIFO，应该如何做？我们可以使用深度为512的FIFO，也就是2^9。此时能正确工作，但有近200个额外空间没有真正使用，此时可以使用两种方法来处理。

一种方法是使用两个FIFO，一个深度为300的同步FIFO，后面跟随一个小的异步FIFO（深度为8），用于将数据与其他时钟域同步。另一种方法是仍使用格雷码方案，但是进行一些修改。FIFO中的指针通常从0到最大值计数，然后返回为0。如果计数到299，然后返回到0，会有多位发生变化（作为练习，求数值299和0的格雷码，看看有多少位发生变化）。我们可以对任何数值建立偶数格雷码计数器（不一定是2的幂次），这通过增加一个计数偏移量来实现。此时，计数值不是从0到2^n，而是从$(2^n)/2 - (\text{fifo_depth}/2)$ 到 $(2^n)/2 + (\text{fifo\_depth}/2) - 1$。

对于本例（深度为300），计数值范围将是从$(512/2) - (300/2)$ 到$(512/2) + (300/2) - 1$，也就是从106到405。表示为格雷码后，这些数值为106 (0_0101_1111)到405 (1_0101_1111)。当计数器的计数值达到405（1_0101_1111），其后返回到106（0_0101_1111）。正如我们所见到的，此时仍旧只有一位发生变化。当然，此时我们需要对地址译码逻辑进行一些调整。指针值106对应FIFO的第一个存储位置，指针值405对应的是FIFO的第300个位置。为了完成此项工作，需要从wrptr和rdptr中减去106，然后送给FIFO地址译码器。

8.3.3　辅助数据或标签

FIFO主要用来存储数据包或其他需要传送的数据。此外，我们可以在FIFO的每个数据位置上对应地存储一个与之相关的标签或辅助数据。对于传送数据包的协议，如Ethernet或PCIe，可以使用一个end-of-packet标签，表明其对应的数据是数据包的最后一个数据。这样，从FIFO中读取数据包时，根据此标签就可以非常容易地确定数据包的尾端。标签的另一个用途是作为字节或字的有效指示，例如，一个FIFO的数据位宽是64位（2个双字），如果输入数据流是32位宽，要求的输出数据流是64位宽。在此情形下，可以将两个32位数据拼接起来构成64位数据写入FIFO中。如果输入的32位数据的个数为单数，那么最后一个64位数中只有32位是有效的，此时可以使用标签说明64位数据中哪32位是有效的。如图8.10所示为用于FIFO的标签。

设计者可以根据需要使用多种方法对标签或辅助数据进行定义，然后加入FIFO中与常规数据一起传送。至于选择多少位的标签，取决于特定的需求和电路结构。有些情况下，可能不需要额外的标签位。然而，增加标签位可以使后续电路易于处理从FIFO中读出的数据，很多对数据的预处理工作可以在数据写入FIFO时完成并通过标签以更直接的方式表示出来，从而简化读出电路对数据的处理。

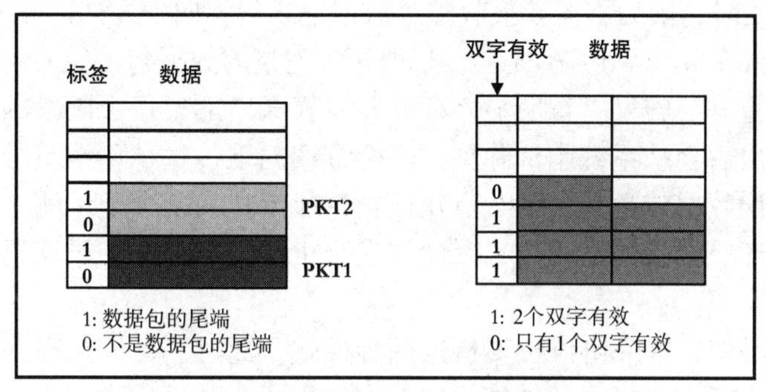

图8.10　用于FIFO的标签

8.3.4　快照/回退操作

8.2节中提到过FIFO的两个输入，snapshot_wrptr和rollback_wrptr，下面讨论它们的用途。对于有些应用来说，使用它们非常方便。例如，我们从PCIe设备中接收数据包并写入FIFO中，数据包的最末端，有一个CRC区域，用于检查数据包是否被无差错接收。在接收数据包时，我们同时进行CRC运算，直到接收完最后一个数据，校验电路才能知道本地计算出的CRC结果是否和数据包中传送的CRC值相匹配。此时我们已经将数据写入FIFO中，如果发现数据包校验错误，那么该如何做呢？我们需要找到一种方法以便于从FIFO中删除这个特殊数据包，注意这里不是删除FIFO中所有的数据，因为FIFO中的其他数据可能是正确的，也可能好的数据包恰好在错误的数据包之后，需要存储到FIFO中。

一种解决办法是增加一个FIFO临时存储数据包，仅当数据包正确时才将其写入主用FIFO。这种方法是非常有效的，但存在一定问题，那就是当数据包在两个FIFO中传送时，会导致附加的逻辑门以及造成更高的接收处理延时。另一种解决方法是使用没有负面影响的快照-回退技术。

在新数据包刚到达时，产生具有一个时钟周期宽度的信号snapshot_wrptr，用于将wrptr存储于一个独立的寄存器中。在数据包结束时，如果发现CRC不匹配，我们将产生具有一个时钟周期宽度的rollback_wrptr信号，FIFO将原来寄存的初始指针值赋予FIFO的主wrptr，使wrptr回溯到上一个正确数据包的尾部。这种方式仅仅通过对写指针进行操作就可以有效地将错误数据包从FIFO中清除掉。

在格雷码编码中，对于顺序变化的指针来说，只有一位会发生变化。然而，在指针回溯操作时，指针值变化较大，将会有多位同时发生变化，这将导致错误。解决办法是指针回溯操作时给出一个包含3到4个时钟周期的时间窗口，在时间窗口内，不去读取full、empty、data_avail、room_avail等信号，时间窗口之后，这些信号会进入正确状态。

8.3.5 直通交换和存储转发模式

直通交换和存储转发是网络芯片设计中的常用术语，网络芯片被用于网络设备中，负责在不同端口之间进行数据包的转发。交换芯片会以尽量快的速度实现包的转发，以降低端到端的延迟。在数据包转发期间，它将穿越很多缓冲器（FIFO）。这些数据包带有CRC校验，每个交换设备收到一个数据包后都会进行校验结果检查，以判断数据包是否有错误。在直通交换（cut-thru）操作模式中，接收的数据包写入FIFO的同时，就开始将其读出并向外发送。这有助于减少交换延时，因为不需要接收整个数据包之后才向外发送。

在存储转发（store-forward）模式中，必须先将完整的数据包接收下来，判断其正确性，然后对正确的数据包进行转发。很明显，存储转发模式增加了每个阶段的延时，但其优点是错误数据包被检测出后会从系统中清除掉，不会继续向下传送从而浪费带宽。与之相反，直通交换模式会将错误数据传送到目的节点从而会造成带宽浪费。至于哪一个更好，取决于具体应用。如果网络环境中误码率较高，存储转发是更好的选择。如果误码率低，直通交换模式更为合适。

与以太网协议类似，PCIe协议也支持这两种模式，此时，数据包在到达目的地前会穿越多个节点。为改善直通交换模式的性能，PCIe中使用了一种被称为“废止数据包”的技术。当将数据包进入接收FIFO时，可以同时发送该数据包。如果在接收数据时发现有错误，或者存在下溢，发送电路会终止发送并在数据包的尾部插入废止信息。接收端识别出该废止信息后，不需要再继续向上游或下游转发该数据包。另外，这不会被认为是一种错误情况。

8.3.6 FIFO指针复位

上电后，芯片从复位状态开始工作，此时写指针和读指针都为0，FIFO为空。此后，随着数据的写入和读出，指针将持续变化。在有些情形下，可能需要对指针进行复位。FIFO使用两个信号reset_wrptr和reset_rdptr，分别对wr_ptr和rd_ptr复位。复位操作时要确保当一个指针（写或读）通过reset_ptr信号进行复位时，另一个也被复位。reset-wrptr和reset_rdptr需要同时有效，这样指针才会同时复位为0。如果只有一个指针复位，FIFO可能会显示为非空，这会造成外部电路对FIFO状态的错误判断，使系统工作出现错误。

8.3.7　不同的写入、读取数据宽度

另外，还存在FIFO输入数据宽度与输出数据宽度不同的情形。例如，FIFO的写入数据位宽是32，读出数据位宽是64。此时，写入侧要每两个时钟周期写入一次，其中一个时钟周期用于收集数据。类似地，当写入数据位宽为64，读出数据位宽为32时，针对每个写入的64位数据，我们需要通过两个时钟周期将其读出。

如图8.11所示为支持不同读写数据宽度的FIFO。

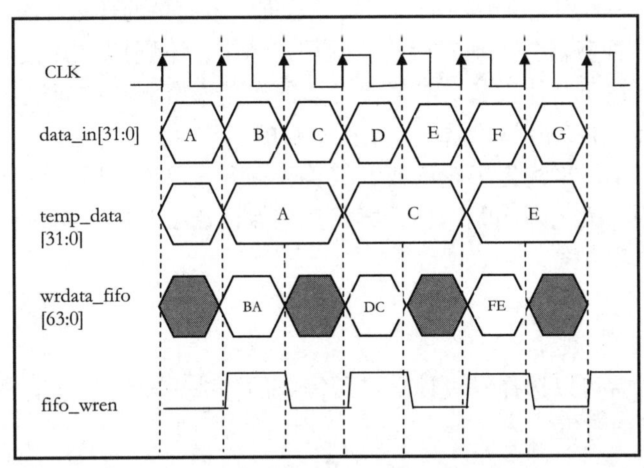

图8.11　支持不同读写数据宽度的FIFO

8.3.8　使用FIFO的缺点

FIFO是进行数据速率匹配和数据缓冲非常好的电路元件。然而，它也有一些缺点：在数据穿越FIFO时，路径中的延时更长；同时，FIFO中会用到多个计数器，增大了门电路的规模。因此，当构造数据路径时，应分析FIFO是否是必须选择的。另外，在设计中有多个FIFO时，应考虑这些FIFO是否可以合并，从而减少FIFO的数量。

8.3.9　基于触发器或者SRAM的FIFO

前面对FIFO的讨论都是围绕控制逻辑进行的，我们还没有讨论存储每位信息的实际存储器单元。FIFO内部使用的是二维存储器阵列。存储器可以采用SRAM（静态RAM）或者由触发器组成。SRAM是存储器单元，类似于DRAM（动态RAM），相对容量较小，但操作速度更快。与DRAM相比，SRAM多用于片内，DRAM多用于片外。存储器单元还可以采用D触发器实现，根据经验，如果存储器容量小于1K位，使用触发器作为存储单元是合适的；如果大于1K位，使用SRAM作为存储器单元更为合适。

在FIFO中，地址译码器和其他逻辑单元会占用很大的FIFO面积。当FIFO容量很小时，例如，4×16，最好使用基于触发器的FIFO。另一方面，如果FIFO容量为1K×32，使用触发器（一个触发器在面积上近似6到8个与非门）实现时，需要使用的触发器个数将是非常巨大的，FIFO的芯片面积将会远大于使用SRAM的方案。另一个需要考虑的是FIFO的位宽与深度的比值。如果存储器深度过大而宽度过窄，或者宽度很大而深度很窄，SRAM都不是最好的选择。无论选择哪一种存储方案，所需要的控制逻辑的规模都是相同的。

8.4 仲裁

8.4.1 关于仲裁

当多个源和用户需要共享同一资源时，需要某种仲裁形式，使得所有用户基于一定的规则或算法得到获取或访问共享资源的机会。例如，共享总线上可以连接多个总线用户。另一个例子是交换中的端口仲裁，当多个入口希望通过某一个出口输出数据时，需要使用一定的端口仲裁机制来选择某一时刻允许哪一个入口发送数据。最简单的仲裁方案是公平轮询（round-robin）方案，此时，仲裁器公平地对待所有的用户请求，不同用户具有均等的机会。然而，如果某些设备的速度快于其他设备，它需要更多的对共享资源的访问机会，或者某些用户具有更高的处理优先级，那么简单的循环方案是不够的。

在此情形下，使用严格优先级轮询或者权重轮询方案更为合适。也有一些方案将多种轮询方案结合起来使用。无论采用哪一种方案，都应保证让某些用户始终得到资源。下面我们将讨论通常使用的仲裁方案。

8.4.2 常规仲裁方案

根据需要，设计者可以选择和设计自己所需要的仲裁（轮询）方案。接下来要讨论的是工业上经常使用的经典方案。

- 严格优先级轮询
  - 根据优先级的差异，用户访问共享资源的机会也不同。
  - 低优先级的用户可能始终无法得到资源。
- 公平轮询
  - 公平地对待所有请求。
  - 所有用户获得均等的访问机会，不会有用户始终无法得到资源。
- 权重轮询
  - 兼顾了公平性和差异性。
  - 在一个轮询周期内，不同权重的用户会得到不同的访问次数。
  - 在一个轮询周期内，不同权重的用户会得到不同的访问时间片。
- 混合优先级（高优先级组和低优先级组）
  - 组间按照优先级轮询，组内采用公平轮询。

8.4.3 严格优先级轮询

在严格优先级轮询方案中，发出请求的用户有固定的优先级。我们假设有8个用户（agent），agent0具有最高优先级，agent7具有最低优先级。在本方案中，优先级高的用户只要保持请求，就会持续得到授权。随着优先级不断降低，用户得到授权的机会也随之下降。该方案可以根据用户的重要性提供不同的服务，但低优先级用户可能长时间得不到服务。此时可以通过对高优先级用户增加一些请求约束的方法来避免低优先级用户被“饿死”。如图8.12所示为严格优先级轮询的波形。

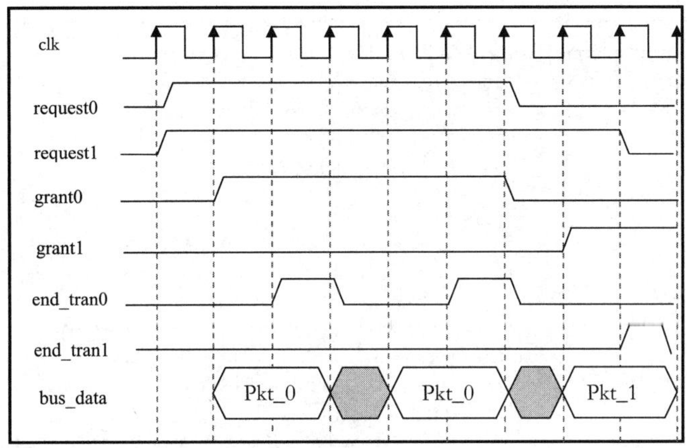

图8.12　严格优先级轮询的波形

严格优先级轮询代码及仿真结果如下。

```
module        arbiter_strict_priority
              (clk, resetb,
              req_vector,
              end_access_vector,
              gnt_vector);
// ***************************************************
input         clk;
input         resetb;
input   [3:0] req_vector;
input   [3:0] end_access_vector;
output  [3:0] gnt_vector;
// ************************************************
reg     [1:0] arbiter_state, arbiter_state_nxt;
reg     [3:0] gnt_vector, gnt_vector_nxt;
wire          any_request;
// ************************************************
parameter     IDLE                = 2'b01,
              END_ACCESS          = 2'b10;
parameter     IDLE_ID             = 0,
              END_ACCESS_ID       = 1;
// ************************************************
assign  any_request       = (req_vector != 'd0);
always  @(*)
 begin
        arbiter_state_nxt = arbiter_state;
        gnt_vector_nxt    = gnt_vector;
        case (1'b1)
        arbiter_state[IDLE_ID]: begin
              if (any_request)
                    arbiter_state_nxt = END_ACCESS;
              // ******************************************
              if (req_vector[0])
                    gnt_vector_nxt  = 4'b0001;
              else if (req_vector[1])
                    gnt_vector_nxt  = 4'b0010;
              else if (req_vector[2])
                    gnt_vector_nxt  = 4'b0100;
              else if (req_vector[3])
                    gnt_vector_nxt  = 4'b1000;
        end
```

```
        arbiter_state[END_ACCESS_ID]: begin
            if (    (end_access_vector[0] & gnt_vector[0])  ||
                    (end_access_vector[1] & gnt_vector[1])  ||
                    (end_access_vector[2] & gnt_vector[2])  ||
                    (end_access_vector[3] & gnt_vector[3]))
             begin
                if (any_request)
                    arbiter_state_nxt = END_ACCESS;
                else
                    arbiter_state_nxt = IDLE;
                // ****************************************
                if (req_vector[0])
                    gnt_vector_nxt    = 4'b0001;
                else if (req_vector[1])
                    gnt_vector_nxt    = 4'b0010;
                else if (req_vector[2])
                    gnt_vector_nxt    = 4'b0100;
                else if (req_vector[3])
                    gnt_vector_nxt    = 4'b1000;
                else
                    gnt_vector_nxt    = 4'b0000;
             end
        end
        endcase
  end

always @(posedge clk or negedge resetb)
  begin
        if (!resetb)
          begin
                arbiter_state       <= IDLE;
                gnt_vector          <= 'd0;
          end
        else
          begin
                arbiter_state       <= arbiter_state_nxt;
                gnt_vector          <= gnt_vector_nxt;
          end
  end
endmodule
```

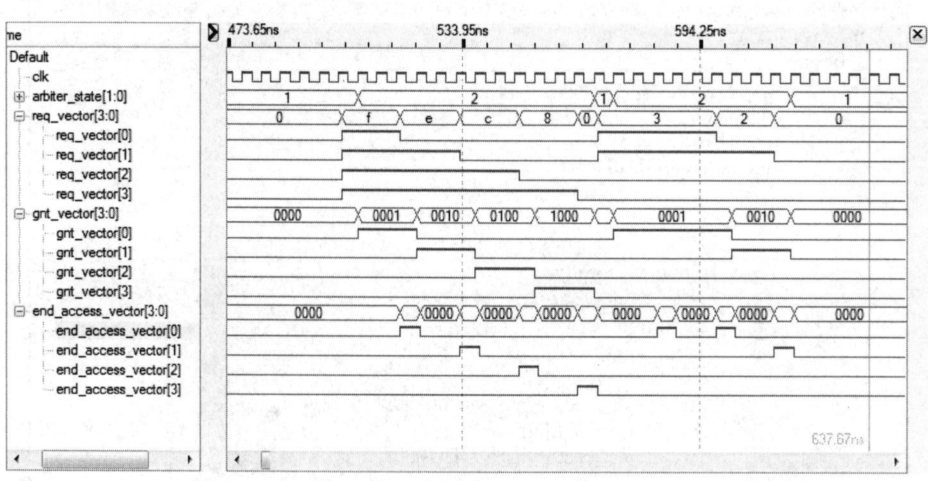

8.4.4 公平轮询

在公平轮询方案中，所有用户优先级相等，每个用户依次获得授权。一开始，选择用户的顺序可以是任意的，但在一个轮询周期内，所有发出请求的用户都有公平得到授权的机会。以具有4个用户的总线为例，它们全部将请求信号置为有效（高电平）。request0将首先被授权，紧跟着是request1、request2，最后是request3。当循环完成后，request0才会被重新授权。仲裁器每次仲裁时，依次查看每个用户的请求信号是否有效，如果一个用户的请求无效，那么将按序查看下一个用户。仲裁器会记住上一次被授权的用户，当该用户的操作完成后，仲裁器会按序轮询其他用户是否有请求。

一旦某个用户得到了授权，它可以长时间使用总线或占用资源，直到当前数据包传送结束或一个访问过程结束后，仲裁器才会授权其他用户进行操作。这种方案的一个特点是仲裁器没有对用户获得授权后使用总线或访问资源的时间进行约束。该方案适用于基于数据包的协议，例如，以太网交换或PCIe交换机，当多个入口的包希望从一个端口输出时，可以采用这种机制。此外还有一种机制，每个用户获得授权后，可以占用资源的时间片长度是受约束的，每个用户可以占用资源的时间不能超过规定的长度。如果一个用户在所分配的时间结束之前完成了操作，仲裁器将轮询后续的用户。如果在分配的时间内用户没有完成操作，则仲裁器收回授权并轮询后续用户。此方案适用于突发操作，每次处理一个突发（一个数据块），此时没有数据包的概念。传统的PCI总线或AMBA、AHB总线采用的就是这种方案。在PCI中，仲裁器会给当前获得授权的主机留出一个或多个时钟周期的时间供主机保存当前操作信息，下一次再获得授权时，该主机可以接着传输数据。

公平轮询的波形如图8.13所示。

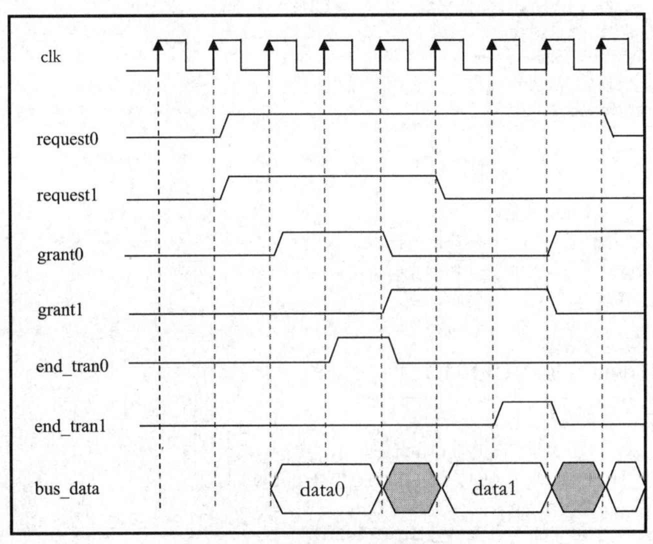

图8.13　公平轮询的波形

公平轮询的代码及仿真结果如下。

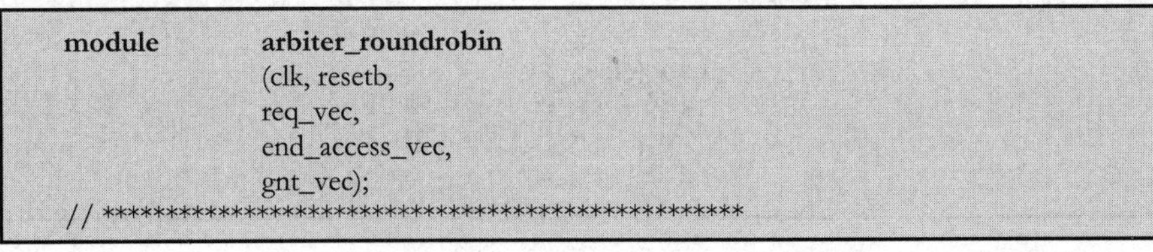

```
module          arbiter_roundrobin
                (clk, resetb,
                req_vec,
                end_access_vec,
                gnt_vec);
// ***************************************************
```

```
input           clk;
input           resetb;
input    [2:0]  req_vec;
input    [2:0]  end_access_vec;
output   [2:0]  gnt_vec;

reg      [1:0]  arbiter_state, arbiter_state_nxt;
reg      [2:0]  gnt_vec, gnt_vec_nxt;
reg      [2:0]  relative_req_vec;
wire            any_req_asserted;
reg      [1:0]  grant_posn, grant_posn_nxt;
// ************************************************************
parameter       IDLE              = 2'b01,
                END_ACCESS        = 2'b10;

parameter       IDLE_ID           = 0,
                END_ACCESS_ID     = 1;
// ************************************************************
assign  any_req_asserted = (req_vec != 'd0);

/* based on the last granted agent, it re-positions the requests such that the highest-
priority agent moves to bit0. This helps the decision logic to always process a fixed
request vector than a request vector that is variable. Then based on the relative
grant, decide the actual position of the grant */

always  @(*)
 begin
        relative_req_vec = req_vec;
        // rotate to the right
        // ********************
        case (grant_posn)
         2'd0:  relative_req_vec = {req_vec[0], req_vec[2:1]};
         2'd1:  relative_req_vec = {req_vec[1:0], req_vec[2]};
         2'd2:  relative_req_vec = {req_vec[2:0]};
         default: begin end
        endcase
 end

always  @(*)
 begin
        arbiter_state_nxt = arbiter_state;
        grant_posn_nxt  = grant_posn;
        gnt_vec_nxt       = gnt_vec;

        case (1'b1)
        arbiter_state[IDLE_ID]: begin
                if (      (gnt_vec == 'd0)                      ||
                          (end_access_vec[0] & gnt_vec[0]) ||
                          (end_access_vec[1] & gnt_vec[1]) ||
                          (end_access_vec[2] & gnt_vec[2]))
                  begin
                          if (any_req_asserted)
                                  arbiter_state_nxt          = END_ACCESS;
                          // ******************************************
                          if (relative_req_vec[0])
                            begin

                                  case (grant_posn)
                                   2'd0:  gnt_vec_nxt = 3'b010;
                                   2'd1:  gnt_vec_nxt = 3'b100;
                                   2'd2:  gnt_vec_nxt = 3'b001;
```

```
                        default: begin end
                    endcase

                    case (grant_posn)
                        2'd0:   grant_posn_nxt = 'd1;
                        2'd1:   grant_posn_nxt = 'd2;
                        2'd2:   grant_posn_nxt = 'd0;
                        default: begin end
                    endcase
            end
        else if (relative_req_vec[1])
            begin
                    case (grant_posn)
                        2'd0:   gnt_vec_nxt = 3'b100;
                        2'd1:   gnt_vec_nxt = 3'b001;
                        2'd2:   gnt_vec_nxt = 3'b010;
                        default: begin end
                    endcase


                    case (grant_posn)
                        2'd0:   grant_posn_nxt = 'd2;
                        2'd1:   grant_posn_nxt = 'd0;
                        2'd2:   grant_posn_nxt = 'd1;
                        default: begin end
                    endcase
            end
        else if (relative_req_vec[2])
            begin
                    case (grant_posn)
                        2'd0:   gnt_vec_nxt = 3'b001;
                        2'd1:   gnt_vec_nxt = 3'b010;
                        2'd2:   gnt_vec_nxt = 3'b100;
                        default: begin end
                    endcase

                    case (grant_posn)
                        2'd0:   grant_posn_nxt = 'd0;
                        2'd1:   grant_posn_nxt = 'd1;
                        2'd2:   grant_posn_nxt = 'd2;
                        default: begin end
                    endcase
            end
        else
                    gnt_vec_nxt = 3'b000;
    end
end
arbiter_state[END_ACCESS_ID]: begin
    if (    (end_access_vec[0] & gnt_vec[0]) | |
            (end_access_vec[1] & gnt_vec[1]) | |
            (end_access_vec[2] & gnt_vec[2]) )
    begin
        arbiter_state_nxt           = IDLE;
        if (relative_req_vec[0])
            begin
                    case (grant_posn)
                        2'd0:   gnt_vec_nxt = 3'b010;
                        2'd1:   gnt_vec_nxt = 3'b100;
                        2'd2:   gnt_vec_nxt = 3'b001;
                        default: begin end
                    endcase
```

```
                        case (grant_posn)
                         2'd0:   grant_posn_nxt = 'd1;
                         2'd1:   grant_posn_nxt = 'd2;
                         2'd2:   grant_posn_nxt = 'd0;
                         default: begin end
                        endcase
                  end
                 else if (relative_req_vec[1])
                  begin
                        case (grant_posn)
                         2'd0:   gnt_vec_nxt = 3'b100;
                         2'd1:   gnt_vec_nxt = 3'b001;
                         2'd2:   gnt_vec_nxt = 3'b010;
                         default: begin end
                        endcase
                        case (grant_posn)
                         2'd0:   grant_posn_nxt = 'd2;
                         2'd1:   grant_posn_nxt = 'd0;
                         2'd2:   grant_posn_nxt = 'd1;
                         default: begin end
                        endcase
                  end
                 else if (relative_req_vec[2])
                  begin
                        case (grant_posn)
                         2'd0:   gnt_vec_nxt = 3'b001;
                         2'd1:   gnt_vec_nxt = 3'b010;
                         2'd2:   gnt_vec_nxt = 3'b100;
                         default: begin end
                        endcase
                        case (grant_posn)
                         2'd0:   grant_posn_nxt = 'd0;
                         2'd1:   grant_posn_nxt = 'd1;
                         2'd2:   grant_posn_nxt = 'd2;
                         default: begin end
                        endcase
                  end
                 else
                        gnt_vec_nxt = 3'b000;
            end
        end
        endcase
  end


always @(posedge clk or negedge resetb)
 begin
        if (!resetb)
         begin
              arbiter_state     <= IDLE;
              gnt_vec           <= 'd0;
              grant_posn        <= 'd2;
         end
        else
         begin
              arbiter_state     <= arbiter_state_nxt;
              gnt_vec           <= gnt_vec_nxt;
              grant_posn        <= grant_posn_nxt;
         end
 end
endmodule
```

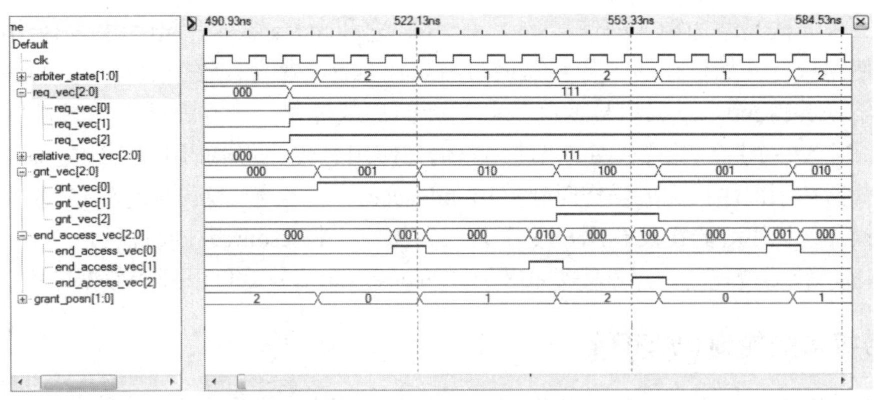

8.4.5　公平轮询（仲裁w/o死周期）

在前面公平轮询仲裁器的Verilog RTL代码中，每个用户有三个信号：request（请求）、grant（授权）和end_access（结束访问）。为了满足定时要求，我们希望grant为寄存器输出的，同时用户的输出数据也是寄存器输出而不是通过组合逻辑输出的。在总线使用时，我们能观察到总线上存在不能进行数据传输的死周期。当传输的数据包较长或每个突发比较长时，其对传输效率影响不大。然而，当数据包很短时，死周期会影响到总线的使用效率。如图8.14所示为没有间隔的公平轮询仲裁波形。下面给出了一些方法，用于减少甚至消除死周期。

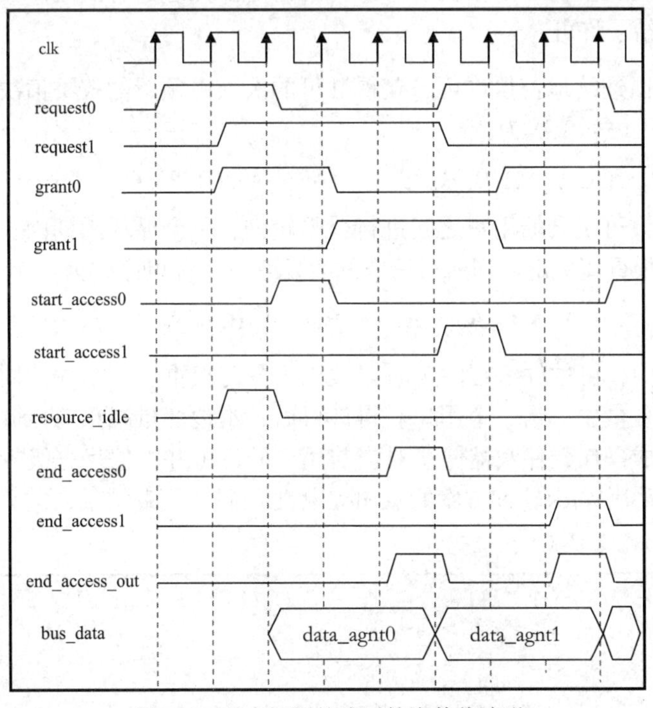

图8.14　没有间隔的公平轮询仲裁波形

- 当grant信号有效时，该用户的第一个数据已经准备好并且有效输出。原来的方案中，在用户的grant有效后，它在下一个周期输出数据，现在改为当grant采样为高时，在同一个周期就开始输出数据。此时需要用户提前从内部电路中读出第一个数据。采用这种方案时，仲裁器的设计不变，用户部分需要进行修改。

- 第二种方法是增加额外的信号start_access，它和end_access一起使用。一个用户获得总线使用权并开始操作后，仲裁器通过将start_accees置为有效表示开始新的仲裁过程，而不是等待end_access信号变高来开始新的仲裁过程，这样就减少了转换期间的死周期。当下一个用户被授权时，当前用户仍在使用总线，此时新用户不能立即使用总线。仲裁器在当前用户完成操作时会给出end_access_out信号，新的授权用户此后就可以开始操作了。仲裁器在没有用户使用公共资源时，将resource_idle置为1。当resource_idle为1时，获得授权的用户不需要查看end_access_out信号就可以开始数据操作。

8.4.6 带权重的轮询（WRR）

带权重的轮询（Weighted Round Robin，WRR）方案与常规的轮询方案类似，所不同的是不同的用户得到许可的机会存在差异，也就是说，不同的用户权重不同，权重高的用户得到许可的机会更多。权重的分配存在多种方式，这里介绍两种。第一种方法是为每个用户分配一个变量，该变量决定了在一个轮询周期内该用户能够得到许可（被授权）的次数。该变量是可以通过软件编程进行修改的，因此其轮询权重也可以相应调整。例如，有三个用户，agent0权重为3、agent1权重为2、agent2权重为1。在一个轮询周期中，agent0最大可以得到3次许可，agent1可以得到2次许可，agent2可以得到1次许可。在一个轮询周期开始时，变量N_agnt0、N_agnt1和N_agnt2 分别被预置为3、2和1。每次轮询后对应的变量值减1，一个轮询周期结束后，这些变量会被重新设置为预置的初值。如果所有的用户同时请求，仲裁器将按照下面两种方式给予许可：

1. 一个用户可以连续地获得许可，获得许可的次数由预置的权重值决定。当所有用户同时发出请求时，许可序列依次为：

- (A, A, A), (B, B), C,　　(A, A, A), (B, B), C　　……

2. 在所有存在许可机会的用户之间进行公平轮询，一个循环周期内，不同用户得到的总许可机会由预置的权重值决定。当所有请求同时发生时，许可序列为：

- A, B, C, A, B, A,　　B, C, A, B, A, A　　……

在另一种方案中，可软件编程的定时器被用于分配权重。一个仲裁周期开始时，定时器数值被加载到本地变量中。当一个用户获得许可后，本地变量减1，直到减至0为止。如果被轮询的用户没有完成操作，仲裁器停止对当前用户的许可并根据优先级轮询下一个用户。接下来，我们给出了采用WRR轮询方案的Verilog RTL代码及仿真结果，它采用的是第一种许可方式，序列为A, A, A, B, B, C…。

```
module          arbiter_wrr
                (clk,
                resetb,
                req_vec,
                //req_vec_wt,
                req_vec_wt_0,
                req_vec_wt_1,
                req_vec_wt_2,
                req_n_valid,
                end_access_vec,
                gnt_vec);
// ***************************************************
```

```
input                    clk;
input                    resetb;
input   [2:0]            req_vec;
//input [3:0]    [2:0]   req_vec_wt; // from software writable registers
input   [3:0]            req_vec_wt_0;
input   [3:0]            req_vec_wt_1;
input   [3:0]            req_vec_wt_2;
input                    req_n_valid; // when 1, req_vec_wt_X are valid
input   [2:0]            end_access_vec;
output  [2:0]            gnt_vec;
// ***********************************************
reg     [2:0]            arbiter_state, arbiter_state_nxt;
reg     [2:0]            gnt_vec, gnt_vec_nxt;
reg     [3:0]            count_req_vec          [2:0];
reg     [3:0]            count_req_vec_nxt      [2:0];
wire    [3:0]            req_vec_wt  [2:0];
reg     [3:0]            req_vec_wt_stored      [2:0];
reg     [3:0]            req_vec_wt_stored_nxt  [2:0];
wire    [2:0]            cnt_reqdone_vec;
// ***********************************************
parameter                IDLE           = 3'b001,
                         ARM_VALUE  = 3'b010,
                         END_ACCESS = 3'b100;

parameter                IDLE_ID                = 0,
                         ARM_VALUE_ID           = 1,
                         END_ACCESS_ID          = 2;
// ***********************************************
assign   req_vec_wt[0]    = req_vec_wt_0;
assign   req_vec_wt[1]    = req_vec_wt_1;
assign   req_vec_wt[2]    = req_vec_wt_2;

always @(*)
 begin
        arbiter_state_nxt           = arbiter_state;
        gnt_vec_nxt                 = gnt_vec;
        count_req_vec_nxt[0]        = count_req_vec[0];
        count_req_vec_nxt[1]        = count_req_vec[1];
        count_req_vec_nxt[2]        = count_req_vec[2];

        case (1'b1)
        arbiter_state[IDLE_ID]: begin
                if (req_n_valid)
                 begin
                        arbiter_state_nxt           = ARM_VALUE;
                        count_req_vec_nxt[0]        = req_vec_wt[0];
                        count_req_vec_nxt[1]        = req_vec_wt[1];
                        count_req_vec_nxt[2]        = req_vec_wt[2];
                        req_vec_wt_stored_nxt[0] = req_vec_wt[0];
                        req_vec_wt_stored_nxt[1] = req_vec_wt[1];
                        req_vec_wt_stored_nxt[2] = req_vec_wt[2];
                        gnt_vec_nxt                 = 3'b000;
                end
        end
        arbiter_state[ARM_VALUE_ID]: begin
                if (    (gnt_vec == 'd0)                    ||
                        (end_access_vec[0] & gnt_vec[0]) ||
                        (end_access_vec[1] & gnt_vec[1]) ||
                        (end_access_vec[2] & gnt_vec[2]))
                 begin
                        if (req_vec[0] & !cnt_reqdone_vec[0])
```

```
                        begin
                          arbiter_state_nxt       = END_ACCESS;
                          gnt_vec_nxt             = 3'b001;
                          count_req_vec_nxt[0] = count_req_vec[0] - 1'b1;
                        end
                      else if (req_vec[1] & !cnt_reqdone_vec[1])
                        begin
                          arbiter_state_nxt       = END_ACCESS;
                          gnt_vec_nxt             = 3'b010;
                          count_req_vec_nxt[1] = count_req_vec[1]- 1'b1;
                        end
                      else if (req_vec[2] & !cnt_reqdone_vec[2])
                        begin
                          arbiter_state_nxt       = END_ACCESS;
                          gnt_vec_nxt             = 3'b100;
                          count_req_vec_nxt[2] = count_req_vec[2] - 1'b1;
                        end
                      else
                        begin
                            count_req_vec_nxt[0] = req_vec_wt_stored[0];
                            count_req_vec_nxt[1] = req_vec_wt_stored[1];
                            count_req_vec_nxt[2] = req_vec_wt_stored[2];
                            gnt_vec_nxt               = 3'b000;
                        end
                end
        end
        arbiter_state[END_ACCESS_ID]: begin
                if (      (end_access_vec[0] & gnt_vec[0]) ||
                          (end_access_vec[1] & gnt_vec[1]) ||
                          (end_access_vec[2] & gnt_vec[2]))
                  begin
                      arbiter_state_nxt           = ARM_VALUE;

                      if (req_vec[0]  & !cnt_reqdone_vec[0])
                        begin
                          gnt_vec_nxt             = 3'b001;
                          count_req_vec_nxt[0] = count_req_vec[0] - 1'b1;
                        end
                      else if (req_vec[1]  & !cnt_reqdone_vec[1])
                        begin
                          gnt_vec_nxt             = 3'b010;
                          count_req_vec_nxt[1] = count_req_vec[1] - 1'b1;
                        end
                      else if (req_vec[2]  & !cnt_reqdone_vec[2])
                        begin
                          gnt_vec_nxt             = 3'b100;
                          count_req_vec_nxt[2] = count_req_vec[2] - 1'b1;
                        end
                      else
                        begin
                          count_req_vec_nxt[0] = req_vec_wt_stored[0];
                          count_req_vec_nxt[1] = req_vec_wt_stored[1];
                          count_req_vec_nxt[2] = req_vec_wt_stored[2];
                          gnt_vec_nxt             = 3'b000;
                        end
                  end
        end
        endcase
    end
    assign  cnt_reqdone_vec[0] = (count_req_vec[0] == 'd0);
    assign  cnt_reqdone_vec[1] = (count_req_vec[1] == 'd0);
```

```
assign   cnt_reqdone_vec[2] = (count_req_vec[2] == 'd0);
// ********************************************************
always @(posedge clk or negedge resetb)
 begin
        if (!resetb)
         begin
                arbiter_state                <= IDLE;
                gnt_vec                      <= 'd0;
                count_req_vec[0]             <= 'd0;
                count_req_vec[1]             <= 'd0;
                count_req_vec[2]             <= 'd0;
                req_vec_wt_stored[0]         <= 'd0;
                req_vec_wt_stored[1]         <= 'd0;
                req_vec_wt_stored[2]         <= 'd0;
         end
        else
         begin
                arbiter_state                <= arbiter_state_nxt;
                gnt_vec                      <= gnt_vec_nxt;
                count_req_vec[0]             <= count_req_vec_nxt[0];
                count_req_vec[1]             <= count_req_vec_nxt[1];
                count_req_vec[2]             <= count_req_vec_nxt[2];
                req_vec_wt_stored[0]         <= req_vec_wt_stored_nxt[0];
                req_vec_wt_stored[1]         <= req_vec_wt_stored_nxt[1];
                req_vec_wt_stored[2]         <= req_vec_wt_stored_nxt[2];
         end
 end
endmodule
```

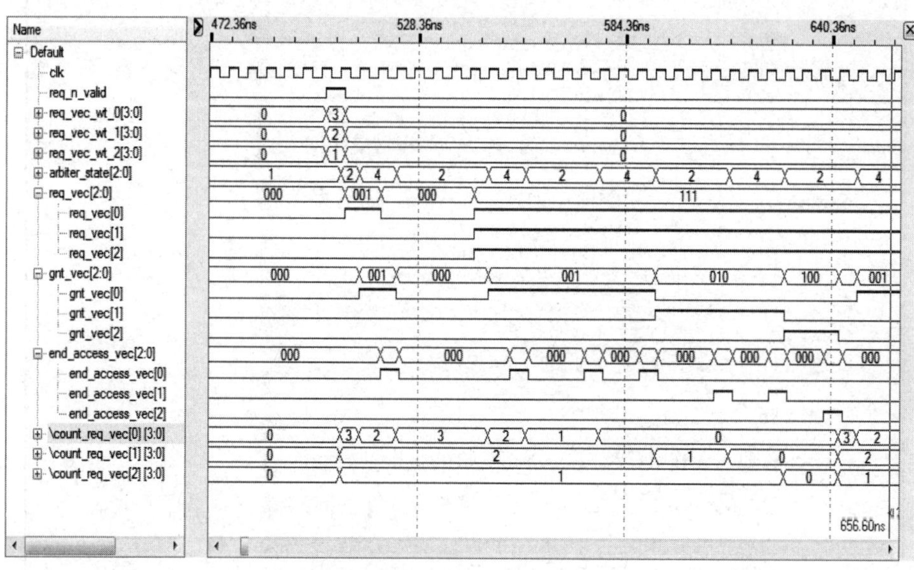

8.4.7　权重轮询（WRR）：第二种方法

下面是采用第二种权重轮询方式的Verilog代码及仿真结果，当所有用户都同时发出请求时，轮询序列为：

- A, B, C, A, B, A,　　B, C, A, B, A, A　　……

```
module                  arbiter_wrr
                        (clk,resetb,
                        req_vec,
                        //req_vec_wt,
                        req_vec_wt_0,
                        req_vec_wt_1,
                        req_vec_wt_2,
                        req_n_valid,
                        end_access_vec,
                        gnt_vec);
// ***********************************************
input                   clk;
input                   resetb;
input   [2:0]           req_vec;
//input [3:0]    [2:0]  req_vec_wt ;/from software writable reg
input   [3:0]           req_vec_wt_0;
input   [3:0]           req_vec_wt_1;
input   [3:0]           req_vec_wt_2;
input                   req_n_valid;
input   [2:0]           end_access_vec;
output  [2:0]           gnt_vec;
// ***********************************************
reg     [2:0]           arbiter_state, arbiter_state_nxt;
reg     [2:0]           gnt_vec, gnt_vec_nxt;
reg     [3:0]           count_req_vec  [2:0];
reg     [3:0]           count_req_vec_nxt  [2:0];
wire    [2:0]           cnt_reqdone_vec;
reg     [2:0]           relative_req_vec;
reg     [1:0]           grant_posn, grant_posn_nxt;
reg     [2:0]           relative_cntdone_vec;
reg     [3:0]           req_vec_wt_stored [2:0];
reg     [3:0]           req_vec_wt_stored_nxt [2:0];
wire    [3:0]           req_vec_wt  [2:0];
parameter               IDLE                = 3'b001,
                        ARM_VALUE           = 3'b010,
                        END_ACCESS          = 3'b100;

parameter               IDLE_ID             = 0,
                        ARM_VALUE_ID        = 1,
                        END_ACCESS_ID       = 2;
// ***********************************************
assign  req_vec_wt[0]  =  req_vec_wt_0;
assign  req_vec_wt[1]  =  req_vec_wt_1;
assign  req_vec_wt[2]  =  req_vec_wt_2;

always  @(*)
 begin
        relative_req_vec = req_vec;
        // rotate to the right
        // ********************
        case (grant_posn)
        2'd0:   relative_req_vec = {req_vec[0], req_vec[2:1]};
        2'd1:   relative_req_vec = {req_vec[1:0], req_vec[2]};
        2'd2:   relative_req_vec = {req_vec[2:0]};
        default: begin end
        endcase
 end

always  @(*)
 begin
   relative_cntdone_vec  = cnt_reqdone_vec;
   //rotate to the right
```

```
  // ********************
  case (grant_posn)
   2'd0: relative_cntdone_vec = {cnt_reqdone_vec[0], cnt_reqdone_vec[2:1]};
   2'd1: relative_cntdone_vec = {cnt_reqdone_vec[1:0], cnt_reqdone_vec[2]};
   2'd2: relative_cntdone_vec = {cnt_reqdone_vec[2:0]};
  default: begin end
  endcase
 end

always @(*)
 begin
      arbiter_state_nxt          = arbiter_state;
      gnt_vec_nxt                = gnt_vec;
      count_req_vec_nxt[0]       = count_req_vec[0];
      count_req_vec_nxt[1]       = count_req_vec[1];
      count_req_vec_nxt[2]       = count_req_vec[2];
      grant_posn_nxt = grant_posn;

      case (1'b1)
      arbiter_state[IDLE_ID]: begin
            if (req_n_valid)
             begin
                  arbiter_state_nxt          = ARM_VALUE;
                  count_req_vec_nxt[0]       = req_vec_wt[0];
                  count_req_vec_nxt[1]       = req_vec_wt[1];
                  count_req_vec_nxt[2]       = req_vec_wt[2];
                  req_vec_wt_stored_nxt[0] = req_vec_wt[0];
                  req_vec_wt_stored_nxt[1] = req_vec_wt[1];
                  req_vec_wt_stored_nxt[2] = req_vec_wt[2];
                  gnt_vec_nxt                  = 3'b000;
             end
      end
      arbiter_state[ARM_VALUE_ID]: begin
            if (      (gnt_vec == 'd0)                  ||
                      (end_access_vec[0] & gnt_vec[0]) ||
                      (end_access_vec[1] & gnt_vec[1]) ||
                      (end_access_vec[2] & gnt_vec[2]))
             begin
                  if (relative_req_vec[0] & !relative_cntdone_vec[0])
                   begin
                     arbiter_state_nxt = END_ACCESS;
                     case (grant_posn)
                     2'd0:  gnt_vec_nxt = 3'b010;
                     2'd1:  gnt_vec_nxt = 3'b100;
                     2'd2:  gnt_vec_nxt = 3'b001;
                     default:  begin end
                     endcase
                     case (grant_posn)
                      2'd0: count_req_vec_nxt[1] =count_req_vec[1]- 1'b1;
                      2'd1: count_req_vec_nxt[2] =count_req_vec[2]- 1'b1;
                      2'd2: count_req_vec_nxt[0] =count_req_vec[0]-1'b1;
                      default: begin end
                     endcase
                     case (grant_posn)
                     2'd0:  grant_posn_nxt = 'd1;
                     2'd1:  grant_posn_nxt = 'd2;
                     2'd2:  grant_posn_nxt = 'd0;
                     default: begin end
                     endcase
                   end
                  else if (relative_req_vec[1] & !relative_cntdone_vec[1])
```

```
                    begin
                      arbiter_state_nxt = END_ACCESS;
                      case (grant_posn)
                      2'd0:  gnt_vec_nxt = 3'b100;
                      2'd1:  gnt_vec_nxt = 3'b001;
                      2'd2:  gnt_vec_nxt = 3'b010;
                      default: begin end
                      endcase
                      case (grant_posn)
                      2'd0: count_req_vec_nxt[2] =count_req_vec[2]- 1'b1;
                      2'd1: count_req_vec_nxt[0] =count_req_vec[0]-1'b1;
                       2'd2: count_req_vec_nxt[1] =count_req_vec[1]- 1'b1;
                      default: begin end
                      endcase
                      case (grant_posn)
                      2'd0:  grant_posn_nxt = 'd2;
                      2'd1:  grant_posn_nxt = 'd0;
                      2'd2:  grant_posn_nxt = 'd1;
                      default: begin end
                      endcase
                    end
                  else if (relative_req_vec[2] & !relative_cntdone_vec[2])
                    begin
                      arbiter_state_nxt = END_ACCESS;
                      case (grant_posn)
                      2'd0:  gnt_vec_nxt = 3'b001;
                      2'd1:  gnt_vec_nxt = 3'b010;
                      2'd2:  gnt_vec_nxt = 3'b100;
                      default: begin end
                      endcase
                      case (grant_posn)
                      2'd0: count_req_vec_nxt[0] = count_req_vec[0]- 1'b1;
                      2'd1: count_req_vec_nxt[1] = count_req_vec[1]- 1'b1;
                      2'd2: count_req_vec_nxt[2] = count_req_vec[2]- 1'b1;
                      default: begin end
                      endcase
                      case (grant_posn)
                      2'd0: grant_posn_nxt = 'd0;
                      2'd1: grant_posn_nxt = 'd1;
                      2'd2: grant_posn_nxt = 'd2;
                      default: begin end
                      endcase
                    end
                  else
                    begin
                          gnt_vec_nxt        = 3'b000;
                          count_req_vec_nxt[0] = req_vec_wt_stored[0];
                          count_req_vec_nxt[1] = req_vec_wt_stored[1];
                          count_req_vec_nxt[2] = req_vec_wt_stored[2];
                    end
            end
    end
    arbiter_state[END_ACCESS_ID]: begin
          if (     (end_access_vec[0] & gnt_vec[0])          ||
                   (end_access_vec[1] & gnt_vec[1]) ||
                   (end_access_vec[2] & gnt_vec[2]))
            begin
                  arbiter_state_nxt = ARM_VALUE;
                  if (relative_req_vec[0] & !relative_cntdone_vec[0])
                    begin
                      case (grant_posn)
                      2'd0:  gnt_vec_nxt = 3'b010;
```

```
          2'd1:  gnt_vec_nxt = 3'b100;
          2'd2:  gnt_vec_nxt = 3'b001;
          endcase
          case (grant_posn)
           2'd0: count_req_vec_nxt[1]=count_req_vec[1]- 1'b1;
           2'd1: count_req_vec_nxt[2]=count_req_vec[2]- 1'b1;
           2'd2: count_req_vec_nxt[0]=count_req_vec[0]- 1'b1;
           default: begin end
           endcase
           case (grant_posn)
            2'd0: grant_posn_nxt = 'd1;
            2'd1: grant_posn_nxt = 'd2;
            2'd2: grant_posn_nxt = 'd0;
            default: begin end
           endcase
      end
     else if (relative_req_vec[1] & !relative_cntdone_vec[1])
      begin
          case (grant_posn)
          2'd0: gnt_vec_nxt = 3'b100;
          2'd1: gnt_vec_nxt = 3'b001;
          2'd2: gnt_vec_nxt = 3'b010;
          default: begin end
          endcase
          case (grant_posn)
           2'd0: count_req_vec_nxt[2] =count_req_vec[2]-1'b1;
           2'd1: count_req_vec_nxt[0] =count_req_vec[0]-1'b1;
           2'd2: count_req_vec_nxt[1] =count_req_vec[1]-1'b1;
           default: begin end
           endcase
           case (grant_posn)
           2'd0:  grant_posn_nxt = 'd2;
           2'd1:  grant_posn_nxt = 'd0;
           2'd2:  grant_posn_nxt = 'd1;
           default: begin end
          endcase
      end
     else if (relative_req_vec[2] & !relative_cntdone_vec[2])
      begin
           case (grant_posn)
           2'd0:  gnt_vec_nxt = 3'b001;
           2'd1:  gnt_vec_nxt = 3'b010;
           2'd2:  gnt_vec_nxt = 3'b100;
           default: begin end
           endcase
           case (grant_posn)
            2'd0:count_req_vec_nxt[0] =count_req_vec[0]-1'b1;
            2'd1:count_req_vec_nxt[1] =count_req_vec[1]-1'b1;
            2'd2:count_req_vec_nxt[2] =count_req_vec[2]-1'b1;
            default: begin end
            endcase
           case (grant_posn)
           2'd0:  grant_posn_nxt = 'd0;
           2'd1:  grant_posn_nxt = 'd1;
           2'd2:  grant_posn_nxt = 'd2;
           default: begin end
           endcase
      end
     else
      begin
              gnt_vec_nxt              = 3'b000;
```

```
                                        count_req_vec_nxt[0] = req_vec_wt_stored[0];
                                        count_req_vec_nxt[1] = req_vec_wt_stored[1];
                                        count_req_vec_nxt[2] = req_vec_wt_stored[2];
                                   end
                              end
                    end
                    endcase
          end

     assign  cnt_reqdone_vec[0] = (count_req_vec[0] == 'd0);
     assign  cnt_reqdone_vec[1] = (count_req_vec[1] == 'd0);
     assign  cnt_reqdone_vec[2] = (count_req_vec[2] == 'd0);

     always @(posedge clk or negedge resetb)
      begin
          if (!resetb)
           begin
                arbiter_state              <= IDLE;
                gnt_vec                    <= 'd0;
                count_req_vec[0]           <= 'd0;
                count_req_vec[1]           <= 'd0;
                count_req_vec[2]           <= 'd0;
                req_vec_wt_stored[0]       <= 'd0;
                req_vec_wt_stored[1]       <= 'd0;
                req_vec_wt_stored[2]       <= 'd0;
                grant_posn                 <= 'd2;
           end
          else
           begin
                arbiter_state              <= arbiter_state_nxt;
                gnt_vec                    <= gnt_vec_nxt;
                count_req_vec[0]           <= count_req_vec_nxt[0];
                count_req_vec[1]           <= count_req_vec_nxt[1];
                count_req_vec[2]           <= count_req_vec_nxt[2];
                req_vec_wt_stored[0]       <= req_vec_wt_stored_nxt[0];
                req_vec_wt_stored[1]       <= req_vec_wt_stored_nxt[1];
                req_vec_wt_stored[2]       <= req_vec_wt_stored_nxt[2];
                grant_posn                 <= grant_posn_nxt;
           end
      end
     endmodule
```

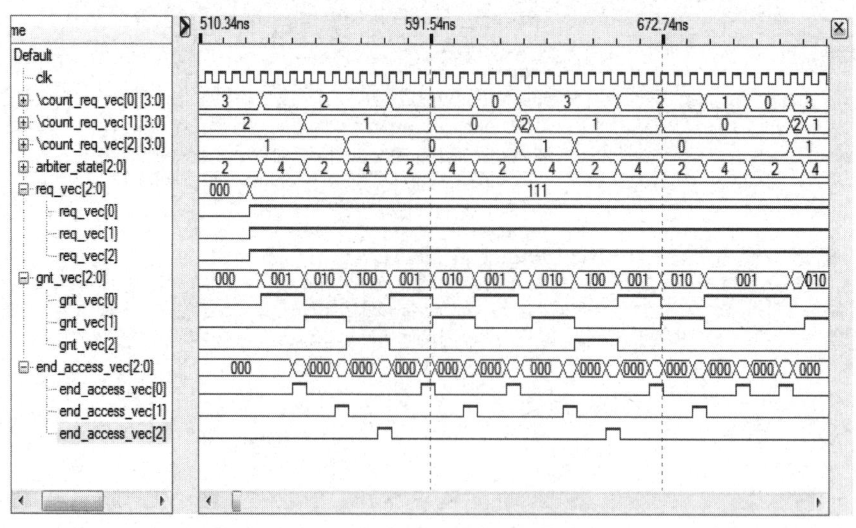

8.4.8　两组轮询

在一些应用中，用户被分成两组：快组和慢组。如图8.15所示，快组内的用户具有相同的优先级，内部采用公平轮询方式。类似地，慢组内的用户也具有相同优先级，慢组内部也采用公平轮询方式。快组、慢组之间采用权重轮询方式。例如，快组有两个用户（A, B），慢组也有两个用户（C, D）。如果所有用户都发出请求，那么轮询序列为：

A, B, C, A, B, D, A, B, C, A, B, D ……

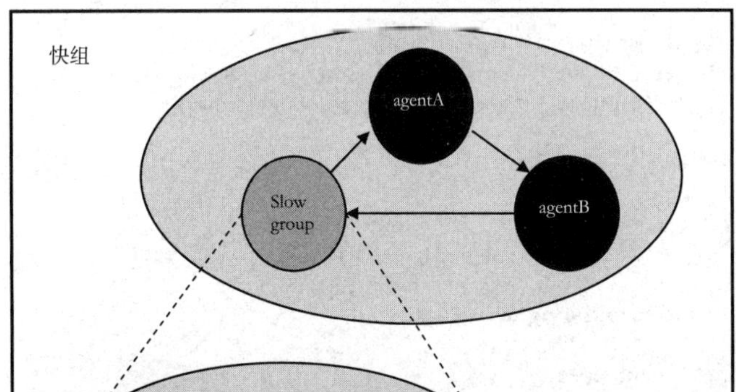

图8.15　两组轮询

两组轮询的代码及仿真结果如下。

```
module              arbiter_twogroups
                    (clk,
                    resetb,
                    req_vec_groupa,
                    end_access_vec_groupa,
                    req_vec_groupb,
                    end_access_vec_groupb,
                    gnt_vec_groupa,
                    gnt_vec_groupb);
// ****************************************************
input               clk;
input               resetb;
input    [1:0]      req_vec_groupa;
input    [1:0]      end_access_vec_groupa;
input    [1:0]      req_vec_groupb;
input    [1:0]      end_access_vec_groupb;
output   [1:0]      gnt_vec_groupa;
output   [1:0]      gnt_vec_groupb;
// ************************************************
reg      [1:0]      arbiter_state, arbiter_state_nxt;
reg      [2:0]      gnt_vec, gnt_vec_nxt;
reg      [2:0]      relative_req_vec;
wire                any_req_asserted;
reg      [1:0]      grant_posn, grant_posn_nxt;
wire                any_req_asserted_slow;
wire     [1:0]      gnt_vec_groupa;
wire     [1:0]      gnt_vec_groupb;
```

```
reg     [1:0]           grant_posn_slow, grant_posn_slow_nxt;
// ************************************************************
localparam              IDLE                = 2'b01,
                        END_ACCESS          = 2'b10;

localparam              IDLE_ID             = 0,
                        END_ACCESS_ID       = 1;
// ************************************************************
assign  any_req_asserted = (req_vec_groupa != 'd0) && (req_vec_groupb != 'd0);
assign  any_req_asserted_slow   = (req_vec_groupb != 'd0);

assign  gnt_vec_groupa    = gnt_vec[1:0];
assign  gnt_vec_groupb[0] = gnt_vec[2] & grant_posn_slow[0];
assign  gnt_vec_groupb[1] = gnt_vec[2] & grant_posn_slow[1];

always @(*)
 begin
       relative_req_vec = { any_req_asserted_slow,
                            req_vec_groupa[1],
                            req_vec_groupa[0]};
       // rotate to the right
       // ********************
       case (grant_posn)
       2'd0:    relative_req_vec = {req_vec_groupa[0],
                                    any_req_asserted_slow,
                                    req_vec_groupa[1]};
        2'd1:   relative_req_vec = {req_vec_groupa[1],
                                    req_vec_groupa[0],
                                    any_req_asserted_slow};
        2'd2:   relative_req_vec = {any_req_asserted_slow,
                                    req_vec_groupa[1],
                                    req_vec_groupa[0]};
        default: begin end
       endcase
 end

always @(*)
 begin
       arbiter_state_nxt        = arbiter_state;
       grant_posn_nxt           = grant_posn;
       gnt_vec_nxt              = gnt_vec;
       grant_posn_slow_nxt      = grant_posn_slow;

       case (1'b1)
       arbiter_state[IDLE_ID]: begin

              if ( ((gnt_vec_groupa == 'd0) && (gnt_vec_groupb == 'd0)) ||
                   (end_access_vec_groupa[0] & gnt_vec_groupa[0])         ||
                   (end_access_vec_groupa[1] & gnt_vec_groupa[1])         ||
                   (end_access_vec_groupb[0] & gnt_vec_groupb[0])         ||
                   (end_access_vec_groupb[1] & gnt_vec_groupb[1]) )
               begin
                   if (any_req_asserted)
                          arbiter_state_nxt         = END_ACCESS;
                   // ******************************************
                   if (relative_req_vec[0])
                    begin
                          case (grant_posn)
                           2'd0:  gnt_vec_nxt = 3'b010;
                           2'd1:  begin
                                  gnt_vec_nxt = 3'b100;
```

```
                    if (grant_posn_slow[0])
                     begin
                       if (req_vec_groupb[1])
                           grant_posn_slow_nxt = 2'b10;
                       else if (req_vec_groupb[0])
                           grant_posn_slow_nxt = 2'b01;
                     end
                    else if (grant_posn_slow[1])
                     begin
                       if (req_vec_groupb[0])
                           grant_posn_slow_nxt = 2'b01;
                       else if (req_vec_groupb[1])
                           grant_posn_slow_nxt = 2'b10;
                     end
              end
              2'd2:   gnt_vec_nxt = 3'b001;
              default: begin end
            endcase

            case (grant_posn)
              2'd0:   grant_posn_nxt = 3'd1;
              2'd1:   grant_posn_nxt = 3'd2;
              2'd2:   grant_posn_nxt = 3'd0;
              default: begin end
            endcase
      end
    else if (relative_req_vec[1])
      begin
            case (grant_posn)
              2'd0:   begin
                    gnt_vec_nxt = 3'b100;
                    if (grant_posn_slow[0])
                     begin
                       if (req_vec_groupb[1])
                           grant_posn_slow_nxt = 2'b10;
                       else if (req_vec_groupb[0])
                           grant_posn_slow_nxt = 2'b01;
                     end
                    else if (grant_posn_slow[1])
                     begin
                       if (req_vec_groupb[0])
                           grant_posn_slow_nxt = 2'b01;
                       else if (req_vec_groupb[1])
                           grant_posn_slow_nxt = 2'b10;
                     end
              end
              2'd1:   gnt_vec_nxt = 3'b001;
              2'd2:   gnt_vec_nxt = 3'b010;
              default: begin end
            endcase
            case (grant_posn)
              2'd0:   grant_posn_nxt = 3'd2;
              2'd1:   grant_posn_nxt = 3'd0;
              2'd2:   grant_posn_nxt = 3'd1;
              default: begin end
            endcase
      end
    else if (relative_req_vec[2])
      begin
            case (grant_posn)
              2'd0:   gnt_vec_nxt = 3'b001;
              2'd1:   gnt_vec_nxt = 3'b010;
```

```
                    2'd2:   begin
                            gnt_vec_nxt = 3'b100;
                            if (grant_posn_slow[0])
                              begin
                                if (req_vec_groupb[1])
                                      grant_posn_slow_nxt = 2'b10;
                                else if (req_vec_groupb[0])
                                      grant_posn_slow_nxt = 2'b01;
                              end
                            else if (grant_posn_slow[1])
                              begin
                                if (req_vec_groupb[0])
                                      grant_posn_slow_nxt = 2'b01;
                                else if (req_vec_groupb[1])
                                      grant_posn_slow_nxt = 2'b10;
                              end
                    end
                    default: begin end
                  endcase

                  case (grant_posn)
                    2'd0:   grant_posn_nxt = 3'd0;
                    2'd1:   grant_posn_nxt = 3'd1;
                    2'd2:   grant_posn_nxt = 3'd2;
                    default: begin end
                  endcase
              end
            else
                  gnt_vec_nxt = 3'b000;
        end
end

arbiter_state[END_ACCESS_ID]: begin

      if ((end_access_vec_groupa[0] & gnt_vec_groupa[0])          ||
         (end_access_vec_groupa[1] & gnt_vec_groupa[1])           ||
         (end_access_vec_groupb[0] & gnt_vec_groupb[0])           ||
         (end_access_vec_groupb[1] & gnt_vec_groupb[1]))
        begin
             arbiter_state_nxt          = IDLE;
             if (relative_req_vec[0])
               begin
                  case (grant_posn)
                    2'd0:   gnt_vec_nxt = 3'b010;
                    2'd1:   begin
                            gnt_vec_nxt = 3'b100;
                            if (grant_posn_slow[0])
                              begin
                                if (req_vec_groupb[1])
                                      grant_posn_slow_nxt = 2'b10;
                                else if (req_vec_groupb[0])
                                      grant_posn_slow_nxt = 2'b01;
                              end
                            else if (grant_posn_slow[1])
                              begin
                                if (req_vec_groupb[0])
                                      grant_posn_slow_nxt = 2'b01;
                                else if (req_vec_groupb[1])
                                      grant_posn_slow_nxt = 2'b10;
                              end
                    end
```

```
          2'd2:   gnt_vec_nxt = 3'b001;
          default: begin end
         endcase

         case (grant_posn)
          2'd0:   grant_posn_nxt = 3'd1;
          2'd1:   grant_posn_nxt = 3'd2;
          2'd2:   grant_posn_nxt = 3'd0;
          default: begin end
         endcase
   end
  else if (relative_req_vec[1])
   begin
         case (grant_posn)
          2'd0:   begin
                 gnt_vec_nxt = 3'b100;
                 if (grant_posn_slow[0])
                  begin
                    if (req_vec_groupb[1])
                         grant_posn_slow_nxt = 2'b10;
                    else if (req_vec_groupb[0])
                         grant_posn_slow_nxt = 2'b01;
                  end
                 else if (grant_posn_slow[1])
                  begin
                    if (req_vec_groupb[0])
                         grant_posn_slow_nxt = 2'b01;
                    else if (req_vec_groupb[1])
                         grant_posn_slow_nxt = 2'b10;
                  end
          end
          2'd1:   gnt_vec_nxt = 3'b001;
          2'd2:   gnt_vec_nxt = 3'b010;
         endcase
         case (grant_posn)
          2'd0:   grant_posn_nxt = 3'd2;
          2'd1:   grant_posn_nxt = 3'd0;
          2'd2:   grant_posn_nxt = 3'd1;
         endcase
   end
  else if (relative_req_vec[2])
   begin
         case (grant_posn)
          2'd0:   gnt_vec_nxt = 3'b001;
          2'd1:   gnt_vec_nxt = 3'b010;
          2'd2:   begin
                 gnt_vec_nxt = 3'b100;
                 if (grant_posn_slow[0])
                  begin
                    if (req_vec_groupb[1])
                         grant_posn_slow_nxt = 2'b10;
                    else if (req_vec_groupb[0])
                         grant_posn_slow_nxt = 2'b01;
                  end
                 else if (grant_posn_slow[1])
                  begin
                    if (req_vec_groupb[0])
                         grant_posn_slow_nxt = 2'b01;
                    else if (req_vec_groupb[1])
                         grant_posn_slow_nxt = 2'b10;
                  end
          end
```

```
                        default: begin end
                       endcase
                       case (grant_posn)
                        2'd0:   grant_posn_nxt = 3'd0;
                        2'd1:   grant_posn_nxt = 3'd1;
                        2'd2:   grant_posn_nxt = 3'd2;
                        default: begin end
                       endcase
                 end
                else
                       gnt_vec_nxt = 3'b000;
            end
      end
      default: begin end
      endcase
 end

always @(posedge clk or negedge resetb)
 begin
      if (!resetb)
       begin
            arbiter_state      <= IDLE;
            gnt_vec            <= 'd0;
            grant_posn         <= 'd2;
            grant_posn_slow <= 'd2;
       end
      else
       begin
            arbiter_state      <= arbiter_state_nxt;
            gnt_vec            <= gnt_vec_nxt;
            grant_posn         <= grant_posn_nxt;
            grant_posn_slow <= grant_posn_slow_nxt;
       end
 end
endmodule
```

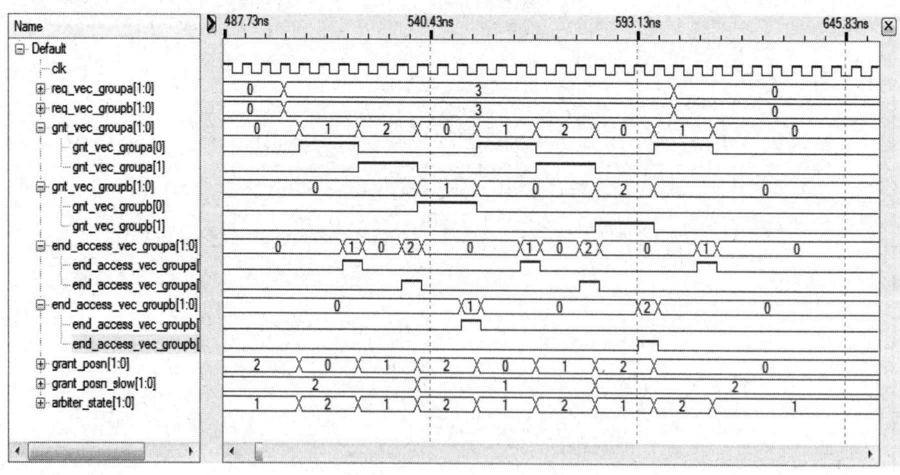

8.5 总线接口

当多个（两个或两个以上）用户需要共享资源或相互之间传送数据时，可以使用总线进行互联。PCI总线就是一种典型的并行总线，不同的用户可以通过它进行数据收发。典型的总线具有三组信号：地址线、数据线和控制信号。此外还需要一定的总线仲裁机制，使每个用户可以获得总线的使用许可，从而可以使用总线传送数据和命令。

在获取许可之后，用户可以开始向总线上发送命令、数据和地址。有的总线中地址线和数据线是复用的。获得许可后，用户首先输出地址，随后输出一个或多个数据。需要注意的是，获得许可后，用户可能不会立刻输出地址或数据。获得许可意味着它被选为下一个可以使用总线的用户，它需要等待（通过特定的信号）最后一个用户完成总线操作后才能开始自己的总线操作。为了提高总线效率，在选择下一个用户之前仲裁已经进行，但只有在当前用户完成总线操作后，该用户才能访问总线。

8.5.1　总线仲裁

正如我们前面介绍过的，有多种仲裁机制用于确保每个用户在没有冲突的情形下使用总线，也不会发生多个用户抢夺总线的情形。下面将对仲裁机制加以介绍。

集中式仲裁

采用集中式仲裁方案时，中央仲裁器接收来自不同用户的请求，根据仲裁机制，向其中一个用户发出许可。每个总线用户都有一个request和一个grant信号线。当一个用户需要访问总线时，它就将request信号置为有效。总线仲裁器查看所有的request信号，向其中之一发出许可。仲裁器可以采用公平轮询的方式处理所有用户的请求，也可以根据优先级或权重向不同的用户发出许可。PCI总线使用集中仲裁方案示意图，如图8.16所示。

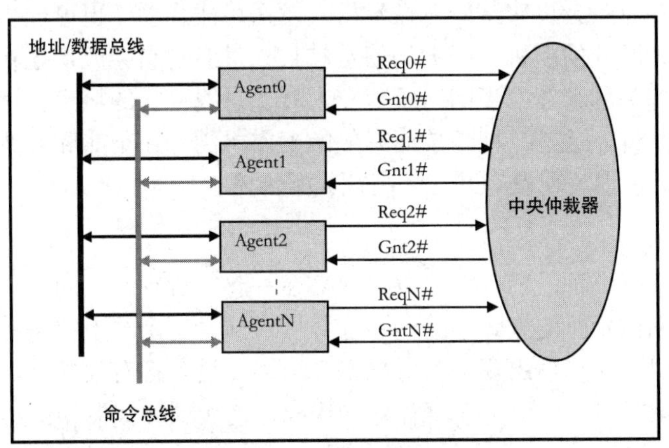

图8.16　PCI总线集中仲裁示意图

分布式仲裁

在分布式仲裁方案中，每个用户都参与仲裁，没有独立的中央仲裁器。分布式仲裁方案中，每个用户都有一个ID，ID在复位时获取，可以通过软件进行修改。基于预先设定好的规则，用户中的某一个会成为赢家，获得许可。由于所有用户遵循共同的仲裁规则，因此，所有的用户会得到公平的机会。例如，Intel架构中的APIC总线就使用了分布式仲裁方式，如图8.17所示。

- 系统为每个APIC分配一个APIC ID；
- 上电后，APIC ID 寄存器存有APIC ID值；
- 每个APIC都有一个介于0 ~ 15之间的唯一数值，且彼此不同，存于APIC ID寄存器中；

- APIC ID寄存器中数值最大的APIC成为仲裁的赢家；
- 获得许可的用户将APIC ID寄存器的值置为0，其他用户将各自APIC ID数值加1；
- 在这种仲裁方式中，所有用户自行判断谁是赢家。

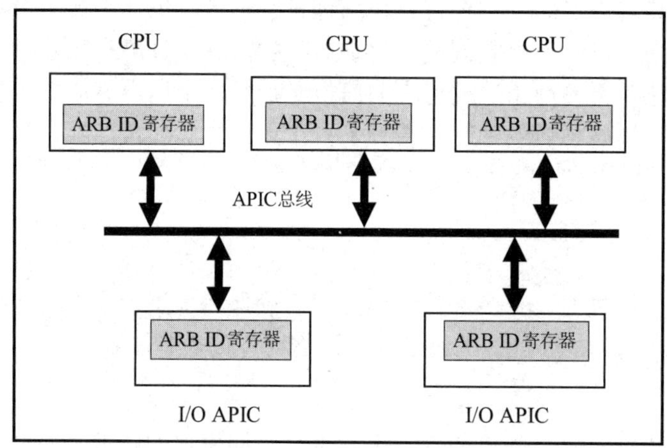

图8.17 采用分布式仲裁方式的APIC总线

在以太网中会用到另一种形式的分布式仲裁机制，也称为CSMA/CD（Carrier Sense Multiple Access with Collision Detection，载波监听多路访问/冲突检测）。多个以太网设备可以同时向总线上发送数据，然后监听是否有冲突。如果有冲突，每个设备会自动断开一段随机的时间。然后，这些设备会再次试图发送数据，发送可能成功，也可能再次碰撞。每次发生碰撞后，用户从总线断开的随机时间的均值会越长。最终，它会成功地将数据没有冲突地发送到总线上。由于冲突的存在，当网络负荷较大时，总线冲突的概率会增加，总线效率会下降。但对于以太网来说，这是一种简单而有效的工作机制。在千兆和万兆位以太网中，通过使用以太网交换机，可以实现没有冲突的高效数据传输。

菊花链式仲裁

在该方案中，所有设备以菊花链的方式串接在一起，所有设备的请求信号连接到仲裁器上，这些请求线以漏极开路的方式连接到一起，然后通过一个弱上拉寄存器与电源相连。当某个用户发出请求时，它将输出驱动为低电平。当多个设备都有请求时，请求线仍然为低。当所有用户都没有请求时，由于上拉寄存器的缘故，连接到仲裁器的Req#引脚为高电平，如图8.18所示。

授权信号（grant信号）将所有用户串行地链接在一起。最靠近仲裁器的用户可以自己使用授权（许可），也可以将其向相邻的下一个用户传递。这种仲裁体制非常简单，很容易增加新的用户。然而，远离仲裁器的用户获得授权的机会少于距离仲裁器近的用户。在设备对申请等待时间要求不高，以及没有用户由于负荷过重，会过多地发出申请的情况下，这种方案是简单可行的。

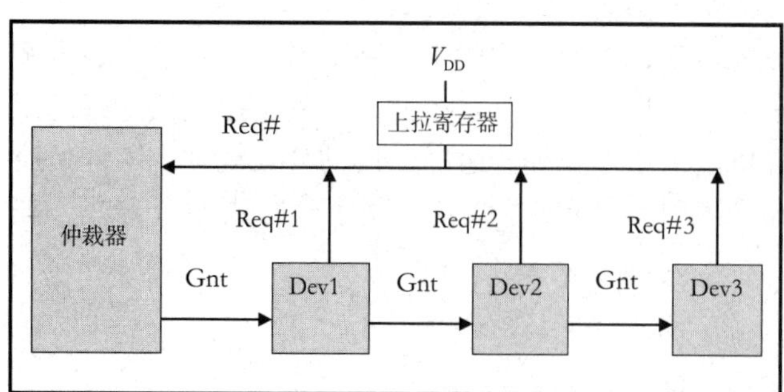

图8.18 菊花链式仲裁

8.5.2　split-transaction（分割处理）总线

在split-transaction（分割处理）总线协议中，请求阶段和数据传输阶段是分开的。首先，用户设备将请求置为有效，以便发送命令（如读请求）。当其获得授权后，将读命令输出到总线上。此后，该设备不再等待数据被读出。当该用户的目标总线设备准备好被读出的数据时，它向仲裁器发出请求，请求访问总线，向发出读请求的用户发送数据。为了理解这种工作机制，我们以PCI并行总线为例加以分析，它不支持split-transaction。

当一个PCI设备发起请求，希望从另一个PCI设备中读取数据时，它将读命令置于总线上。目标设备如果没有准备好数据，发起者将不得不进行等待。在等待数据时，其他PCI设备不能使用总线，这会降低总线使用效率。对于采用split-transaction机制的总线（如AXI）来说，发起请求的设备将读命令置于总线上之后就离开总线。当目标设备准备好数据时，会向仲裁器发出传送数据的请求。在此期间，其他用户可以利用总线发送操作请求或进行数据传输。split-transaction机制还有一个优点，它能够将多个读取命令发送给目标。目标设备可以乱序执行这些命令，以提高响应速度和带宽利用率。PCIe不是总线（采用点到点连接方式），但它使用了split-transaction机制。在一个PCIe器件内可能有多个用户电路需要进行数据收发操作，它们可以利用split-transaction机制，发出各自的数据传输请求。

8.5.3　流水线式总线

总线是一组信号线，总线操作包括请求/授权阶段、地址发送阶段和数据传输阶段。在流水线式总线协议中，总线操作的不同阶段以流水线方式出现，这有助于提高仲裁器的处理速度，因为每个阶段只完成任务的一小部分。例如，有些Intel奔腾处理器会采用FSB（Front Side Bus，前端总线），FSB是处理器和北桥芯片之间共享总线。流水线式总线举例，如图8.19所示。

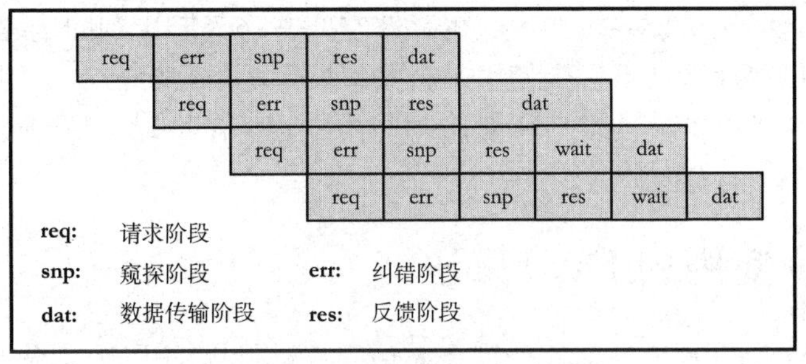

图8.19　流水线式总线举例

8.6　链表

链表是一种数据结构，如图8.20所示，它可以将多个存储段链接在一起构成更大的存储空间。例如，Windows OS需要为用户程序在内存中分配一块较大的存储空间，而此时没有连续的大块存储空间可用，只有很多分散在不同位置的小块存储空间。Windows OS会采用链表结构将这些存储空间链接起来提供给用户。

每个存储块中有一个区域，里面存储着下一个块的首地址，还有一个比特用于说明下一块地址是否有效，或者说当前块就是链表中的最后一个块。当程序执行时，处理器获得下一块的地址，并将操作移到下一块。它继续遍历链表，直到最后一块（最后一块会指出后续块为空）。

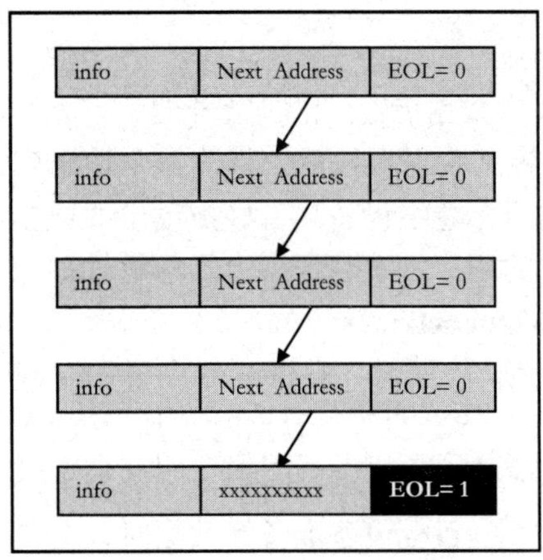

图8.20 链表结构

除了上述的存储管理，链表还可以用于数据处理。假设用户正在编辑一个大型文件，做了一些改动，然后需要进行保存。如果整个文件是由一个大的块构成，则插入新数据时需要将原有的数据进行移动，这是非常困难的。另外，在大块存储空间之中可能已经没有多余的空间来插入新的数据了。通过使用链表，如果文件规模增大，OS可以通过链接更多的块来解决。下面以PCIe配置空间结构为例加以分析。

PCIe支持固定配置和可选配置。系统为固定配置区域分配了固定的地址映射空间，可选配置可以涵盖内存的任何位置，如PCIe配置表中的基地址寄存器会被映射在内存中的指定位置，而基地址的值可以指向内存中的任何位置。基地址寄存器的值由驱动程序根据总线设备的具体应用特点进行配置。PCIe中可以有多个基地址寄存器，因此可以为一个PCIe设备在内存中分配多块存储区，这些存储区可以被链接起来构成一个链表结构。驱动程序可以识别和利用这个链表结构。这种结构可以给设计带来很大的灵活性。

芯片内部的缓冲器管理也经常使用链表。例如，我们需要为交换机中的每个端口分配缓冲空间。我们可以为每个端口分配固定大小的缓存。这对于芯片实现和缓存管理来说更加容易，但不是最佳方案。例如，有些端口业务流量大，需要多分配一些缓存，而有的端口业务流量非常小，甚至没有，那么该端口就可以分配很少的缓存空间。此时可以考虑使用动态缓存分配方案。采用动态缓存分配方案时，每个端口固定分配一块较小的缓存，所有剩余的缓存构成一个公共缓冲区。所有的缓存都被分割成固定大小的存储单元。当某个端口固定分配的缓冲区用完后，它们能从公共缓冲区获得存储空间并将其链接到固定缓冲区的后面，这样就构成了更大的端口缓冲区。当一个使用了公共缓冲区的端口释放一个缓冲块后，该缓冲块就成为空闲缓冲块，可以被其他端口所使用。公共缓冲区在物理上是一个连续的存储区，在逻辑上被分割成多个小的存储块。

8.7 近期最少使用（LRU）算法

LRU算法用于cache管理或任何其他需要对访问权进行周期更新的场合。基于时间和空间考虑，cache中存储着近期将会用到的数据项。当cache被用满后，如果有新的数据项到来，需要将某个现有的数据项从cache中清除，为新进入者提供空间。此时通常使用的算法被称为LRU（Least Recently Used，近期最少使用），通过LRU算法可以找到最久未被使用过的数据项，cache将该数据项清除，并将新的数据项写入此处。

另一个会用到LRU算法的地方是网络设备中的路由表管理电路。路由表的地址空间非常大，而在网络设备中用于存储路由表的存储器相对小得多，因此只有一部分路由表表项可以存储在CAM（Content Addressable Memory）存储器中。当CAM被用满后，如果有新的路由表表项到来，那么需要采用LRU算法找到当前CAM中最久未用过的表项，将其清除后把新的表项写入，新的表项成为最新表项。

8.7.1　LRU的矩阵实现

在RTL级实现LRU算法的方法有多种。一种采用硬件实现LRU的方法是矩阵法。例如，有一个表，可存储4个表项，当前表项为A、B、C和 D。我们的目标是确定哪一个是最久没有被访问过的，具体步骤如下：

- 构建一个4 × 4的存储单元矩阵（每个存储单元是一个触发器）。
- 将所有触发器初始化为零。
- 无论何时，只要有一个表项被访问，其对应的一行全部置为1，其对应列全部置为0。
- 只要某个表项被访问，重复上一步操作。
- 全零的一行对应的表项是近期最少使用者，是要被新的表项替代的对象。

假定访问顺序为A、D、C、A、B，在此情形下，D是最近使用最少的表项，它应该被替换掉。下面用4 × 4矩阵解释上述算法。

初始条件

	A	B	C	D
A	0	0	0	0
B	0	0	0	0
C	0	0	0	0
D	0	0	0	0

参考序列：A

	A	B	C	D
A	0	1	1	1
B	0	0	0	0
C	0	0	0	0
D	0	0	0	0

参考序列：A、D

	A	B	C	D
A	0	1	1	0
B	0	0	0	0
C	0	0	0	0
D	1	1	1	0

参考序列：A、D、C

	A	B	C	D
A	0	1	0	0
B	0	0	0	0
C	1	1	0	1
D	1	1	0	0

参考序列：A、D、C、A

	A	B	C	D
A	0	1	1	1
B	0	0	0	0
C	0	1	0	1
D	0	1	0	0

参考序列：A、D、C、A、B

	A	B	C	D
A	0	0	1	1
B	1	0	1	1
C	0	0	0	1
D	0	0	0	0

D行为全零，是近期最少使用者。B行的1最多，是近期最多使用者。

8.7.2 采用矩阵法实现LRU的Verilog代码

```
module          matrix_lru      #(parameter SIZE = 8)
                (clk, rstb,
                update_the_entry,  // When 1, a new entry has been accessed
                update_index,      // the index for the entry
                lru_index);
input           clk;
input           rstb;
input           update_the_entry;
input   [2:0]   update_index;
output  [2:0]   lru_index;
// ***************************************************************
reg     [(SIZE -1):0]   matrix      [0 : (SIZE -1 )];
reg     [(SIZE -1):0]   matrix_nxt  [0 : (SIZE -1 )];
reg     [2:0]           lru_index;
reg     [2:0]           lru_index_nxt;

generate
        genvar i;
        for (i=0; i<(SIZE); i=i+1)
        begin
                always  @(posedge clk or negedge rstb)
                  begin
                        if (!rstb)
                                matrix[i] <= 'd0; //Initialize all flops to zero
                        else
                                matrix[i] <= matrix_nxt[i];
                  end
        end
endgenerate

generate
        genvar j, k;
        for (j=0; j<(SIZE); j=j+1)
        begin
        for (k=0; k<(SIZE); k=k+1)
        begin
         always @(*)
         begin
                matrix_nxt[j][k] = matrix[j][k];
                if (update_the_entry && (j == update_index) &&
                                        (k != update_index))
                        matrix_nxt[j][k]  = 1'b1;
                else if (update_the_entry && (k == update_index))
                        matrix_nxt[j][k]  = 1'b0;
         end
```

```
        end
        end
endgenerate

// Then determine the entry that all the elements as zeros.
always @(*)
 begin
        lru_index_nxt     = lru_index;

        if (matrix[0] == 8'b0)
                lru_index_nxt   = 'd0;
        else if (matrix[1] == 8'b0)
                lru_index_nxt   = 'd1;
        else if (matrix[2] == 8'b0)
                lru_index_nxt   = 'd2;
        else if (matrix[3] == 8'b0)
                lru_index_nxt   = 'd3;
        else if (matrix[4] == 8'b0)
                lru_index_nxt   = 'd4;
        else if (matrix[5] == 8'b0)
                lru_index_nxt   = 'd5;
        else if (matrix[6] == 8'b0)
                lru_index_nxt   = 'd6;
        else if (matrix[7] == 8'b0)
                lru_index_nxt   = 'd7;
 end
always @(posedge clk or negedge rstb)
 begin
        if (!rstb)
                lru_index <= 'd0;
        else
                lru_index <= lru_index_nxt;
 end
endmodule
```

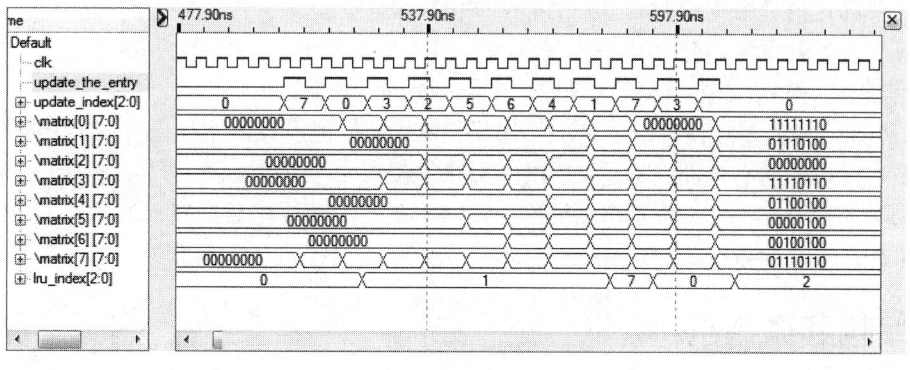

第9章　设计ASIC/SoC

今天的SoC（System on a Chip，片上系统）规模可达数百万门，且功能齐全，10至15年前由很多块芯片完成的工作现在只要一块芯片就能完成。本章将介绍专用芯片的设计方法和步骤。

9.1　设计芯片——如何开展

在设计芯片前，设计者需要考虑并回答很多问题。下面是一些与设计SoC有关的问题。

- 芯片是应用于对功耗要求高的移动终端中吗？待设计芯片要达到怎样的性能？
- 需要使用嵌入式处理器来实现某个算法还是使用硬件来实现某些算法？
- 选择什么处理器？
- 需要什么类型的本地存储器？
- 需要内部（片内）SRAM、外部DRAM存储器芯片，或两者都需要？需要的容量多大？
- 需要本地存储器接口吗？如果需要，那么需要SSD存储器还是磁盘？
- 需要什么类型的外部接口？是PCIe gen2、gen3、x1、x4或x8结构吗？
- 在SoC内需要以太网控制器吗？
- 需要多少个时钟？时钟频率分别是多少？复位方案是什么？
- 需要高速内部数据缓存来改善性能和减少延时吗？
- 芯片需要耗费的门数和功率各是多少？引脚是多少个？
- 是焊盘受限（pad-limited）还是内核受限（core-limited）？
- SoC如何构造才能使其既支持多个市场需求，又使得设计的主体部分保持相同？
- 要自己设计所有电路，还是从IP供应商获得授权？
- 为了获得更高性能，需要定制标准IP吗？需要购买授权然后加以修改吗？
- 可能还有一些别的问题……

9.2　结构和微结构

当综合考虑并确定芯片的性能、工作时钟、典型特征等几大设计要素之后，下一阶段要考虑的是芯片内部的微结构，即每个部件是如何工作的？它们是如何相互作用的？

确定芯片微结构的过程可被划分成三个阶段：

- 划分芯片结构；
- 确定芯片内的数据路径；
- 确定芯片内的控制单元。

确定微结构应按照上面三个阶段顺序进行，不能随意改变顺序。在大型的SoC中，结构划分有助于将其分解为更简单易懂的功能块，类似于“分而治之”的方法。当基于功能划分SoC时，对于工程师来说，更易于理解和便于进行RTL描述。

第二步是设计数据路径。要考虑是否需要FIFO、数据选择器、加法器、ECC、CRC编码/译码、扰码/解扰等基本电路单元，要考虑内部数据路径位宽应该为64比特、128比特还是32比特。

确定微结构的最后一步是设计控制单元。明确是否需要状态机，需要几个，需要二进制编码状态机还是独热码编码状态机；针对不同时钟域间的数据传递，需要使用完全握手还是半握手方案。

通常，一个精力充沛、充满热情的新手都会从控制逻辑开始设计，将内部状态序列直接表示出来。然而，这个设计习惯并不好，应该首先划分结构，确定数据路径，而不是确定控制单元。

9.2.1　尽可能保持简单

KISS（Keep It Simple Stupid）的含义是尽可能保持简单。应用该原理可以使开发周期缩短，且由于结构简单，避免了许多返工。指令或方法越简单，就越易于理解、交流和确认。另外，结构越简单，就越可靠，并且不容易最终失败，也越容易验证。在介绍KISS原理时，仍旧需要满足性能、延时、功耗等对于产品来说最重要的基本要求。

9.2.2　善于平衡

作为一名优秀工程师，一个重要方面是善于平衡。在特殊市场中，可能先前进入的玩家已经进行了投资和拥有了产品。因此，你的产品必须体现差异，在性能上优于对方。由于你选择的结构不可能面面俱到，因此，善于平衡非常关键。即使能做到面面俱到，代价可能也是你承受不了的。

另一种平衡方案是“80–20规则”，此时20% 的工作占用了80%的时间，其余80%的工作只占用了 20%的时间。你要给予80%和20%这两个阵营相同的优先级吗？最好的处理方法是优化最重要部分，保持其余部分尽可能简单。

9.2.3　处理好错误和异常

在每个系统中，都有可能出现错误和异常，需要对此进行处理以使得系统回到正常轨道上来。但问题是如何以及在哪里处理这些错误。需要设计硬件电路来处理这些错误吗？还是向软件报告这些错误？软件在处理错误方面具有更多的灵活性。另外，如果这些错误情形很罕见，应尽量保证它们不会对性能产生影响。

9.3　数据路径

9.3.1　数据流

设计者需要对数据流有清晰的了解。数据是如何进入，并且如何在芯片内部使用的？数据在被存储前需要进行变换吗？在芯片内部怎样进行数据同步？这些都是与数据流有关的关键部分。下面以以太网控制器为例进行说明。

以太网控制器从因特网上获取数据包，在显示器上显示，然后将其存储于磁盘。以太网控制器需要考虑以太网物理层和链路层功能。由于有效载荷数据需要进入主存储器，数据如何从控制器本地缓冲器传送到主存储器？它需要DMA引擎来完成这项工作。我们需要什么类型的DMA引擎呢？是分-集式DMA吗？它需要驱动程序来建立DMA描述符和在DRAM开辟存储空间吗？这些充分描述出了以太网控制器内部数据流的主要特征。DMA引擎将使用这些描述符，并且基于描述符中的地址将数据传送到主存储器。

类似地，需要明确控制器怎样将内存中的数据发送到网络上去。驱动程序从磁盘读取文件并将其加载到RAM中，然后基于描述符地址，DMA引擎将从主存储器中读取数据并转发到网络中。另外还需要明确它是否同时支持数据发送和接收，如果支持，那么需要专用的DMA引擎用于发送和接收操作，以及专用的本地发送和接收缓冲区与数据路径。设计者要在大脑中想象出并在纸上描绘出数据流的具体走向，这样才能更好地理解需要进行的操作。

9.3.2 时钟

时钟方案也需要前期预先确定。需要多少个时钟？需要低频时钟和更宽的数据路径，还是用最高的时钟频率和更窄的数据路径？如何处理同步问题？需要使用FIFO实现数据同步还是采用握手机制实现同步？还是同时使用两种同步方式？对于某些特殊应用来说，是否需要对时钟精度提出要求？需要使用昂贵的晶振产生本地时钟并且使用PLL来恢复RX数据吗？或者是使用参考时钟和输入数据来恢复数据吗？

9.4 控制单元

一旦确定了数据路径和时钟，控制单元的逻辑设计就可以开始了。下面的知识需要设计者熟练掌握。

9.4.1 关注边界条件

尽管看上去边界条件不可能发生，但在某些情形下边界条件确实会发生。我们可能会认为当FIFO的容量足够大时不会发生溢出，但在实际工作时，FIFO可能会收到外围电路的背压信号，阻止从FIFO中读出数据，如果此时数据不断输入，那么即使FIFO容量非常大，也可能会出现溢出。此时，设计者需要考虑怎样防止溢出。处理溢出的最好方法是当FIFO的数据深度达到一定的门限时，通过背压信号阻止外部电路继续写入数据。

即使你设置的背压技术发挥了作用，也有可能由于其他设备没有马上停止数据传输，存在一些正在流动的数据。因此设计者需要知道在背压有效之后，还可能流向FIFO的最大数据量，此时所设定的门限需要恰当选择，使得剩余的空间可以容纳仍然会流入的数据。

实际应用中还存在下溢的情况。此时，数据输入的速度低于数据输出的速度，也就是说可能发生由于FIFO中没有待发送数据而造成数据中断的情况。在SATA协议中，当没有要发送的有效载荷数据时，可以插入HOLD字符。在PCIe协议中，这样做是不允许的，此时可以废弃该数据包，这意味着进入下溢时刻，你可以终止数据发送。另一侧将把数据包丢弃，并且不认为是错误。此后，当所有数据字节接收完整后，数据包被再次发送出去。

9.4.2 注意细节

一个好的设计者需要注意细节，周密考虑。在RTL编码阶段，设计者需要考虑所有可能的情形。有时需要考虑以不同方式实现一个电路，然后查看其工作情况。在设计过程中，需要为代码做大量注释。经验丰富的设计者通常不喜欢在设计中使用很多松散的、不加注释的代码。如果基于目前信息确信方法“Y”优于方法“X”，那么可以删除“X”，使用方法“Y”。这样，RTL代码得以保持整齐、紧凑和易于阅读。如果需要保留方法“X”，应对它做足够的注释，这样不会干扰其余逻辑设计。

9.4.3 多输入点

在复杂状态机中，可能有很多状态、变量和计数器。变量和计数器每次在需要使用时都可以获得正确复位吗？有从多个其他状态都可以进入的状态吗？某个数值是某个变量或计数器的预期值吗？从任何可能的其他状态进入该状态时，它们都一直保持那些值吗？

另一个典型的错误情况是：对不同事件的发生进行过充分考虑或者仿真吗？如果在操作过程中出现了复位，那么电路怎样工作？它能够以明确的状态重新开始工作吗？所有变量、计数器和输出都可以重新正常工作吗？

如果停电，会发生什么？需要在以辅助电源（备用电池）工作的备用系统中存储一些工作状态信息吗？异步事件会同时出现吗？

9.4.4 正确理解规范

为了正确实现设计，设计者需要正确理解规范，这有时需要多次反复后才能做到。规范中有一些已经理解的部分，应列出不能理解或不够清楚的内容。然后，对这些内容进行重点研究，并与结构设计师交流。这样，你的理解会变得更加清晰。有时规范的某些部分需要重新编写，以使得事情说得更清楚；有时规范可能是错误的，需要纠正；有时设计者发现系统工作速度太慢，或者硬件上耗费逻辑门过多，设计者可以提出更好的解决办法，礼貌地与结构师提出，说明自己发现的问题。

9.5 其他考虑

9.5.1 门数

在已综合网表中，有多种类型的门，如与非门、非门、反相器、触发器和复杂逻辑门。然而，门数一般是通过和2输入与非门的面积比较得到的，这使得对比变得简单。为什么门数很重要呢？因为它直接与芯片/裸片的价格有关。假设可以节省1个mil（千分之一英寸）的面积，对应于每个裸片成本可以降低1到2美分。这听起来不是很大，但如果产品批量很大（如Intel、Apple公司的某些产品），芯片将在其产品周期内被卖出10亿个，就相当于1百万到2百万美元。另外，如果某个设计单元在芯片内的多个地方使用，节省的面积还会增加。通过好的设计和结构来节省面积将会带来很多好处。那么如何才能节省逻辑门呢？

获得低门数最好的方法是一开始就使用正确的结构，然后注意使用加法器、减法器、乘法器、除法器、FIFO和存储单元这些使用广泛的功能模块。在Verilog代码中，一些不起眼的符号（+、–、*等）会使电路占用很大面积。同时，注意不要过于痴迷于节省逻辑门的数量，否则会让设计变得不够灵活，缺乏特点。

好的设计具有鲜明的自身特点和灵活性，同时门数最佳。但困难是如何确定最佳门数没有固定的公式。好的设计实践、丰富的设计经验和对资源的持续关注，会有助于实现最佳设计。门数少的另一个好处是功耗更低。

9.5.2 焊盘受限与内核受限

设计者需要选择合适的裸片尺寸和芯片封装。由于涉及成本，这显得非常重要。芯片有两个主要部分：实现所有功能的内核电路和围绕在内核逻辑周围的焊盘。焊盘将内核连接到芯片外部的电路。需要注意的是，焊盘有最小尺寸要求，并且焊盘之间要有最小间隔。这样，芯片的面积决定了其周长，从而决定了其周边能够放置多少个焊盘。

如果芯片面积小，而需要放置的焊盘多，那么就必须增大芯片面积来安放足够的焊盘，此时会浪费芯片面积，此时的芯片被称为焊盘受限。如果芯片面积大而焊盘数量少，此时的芯片被称为内核受限。对于一个设计来说，最好是二者之间达到平衡，这需要在结构设计时就充分考虑，但总的来说减少引脚数量对设计会更有利。通过使用串行总线代替并行总线可以减少引脚数目，最近工业上的发展趋势是使用引脚数更少的串行总线。

并行总线，如PCI、PCI-X，被PCIe串行总线代替。并行ATA或IDE被串行ATA（SATA）总线代替。另一个减少引脚数的方法是将引脚进行复用，此时两个不同功能块可以共享引脚。

9.5.3 时钟树和复位树

在大型芯片中，一个时钟可能需要驱动几千个触发器，同时要求时钟树上叶节点之间的时钟偏移维持在很窄的范围内。时钟树可以通过专用设计工具（时钟树综合工具）自动建立。在芯片内，每个时钟都有自己独立的时钟树。

与时钟类似，每个触发器都有异步复位引脚。该工具还可以构建复位树来驱动一个个触发器。对复位树叶节点之间偏移的要求可能不像时钟树那么关键，但应满足系统复位的要求。

9.5.4 EEPROM、配置引脚

EEPROM代表电可擦除可编程只读存储器。即使断电，其存储的数据也不会丢失。EEPROM用于存储与器件有关的，上电或开机期间需要使用的数据，也可用于存储与器件有关的驱动数据。EEPROM提供了芯片工作过程中所需要的可编程性和灵活性。

上电后，操作系统、应用驱动或相关外部电路读取器件中存储的数据。这些数据可以在芯片中通过对RTL代码综合得到，但此时的数据是通过硬编码（hard-code）方式存储的，不能改变，因此不具有灵活性。如果需要对数据进行微调以满足不同的需要，那么要对芯片进行重新设计。使用EEPROM可以提供一定的灵活性，此时不需要修改芯片，只需要对EEPROM存储的内容进行修改即可。

对于某个特定的应用，在EEPROM中要存储的数据被确定后，需要将相应的二进制数据编程到EEPROM芯片中。EEPROM是只读的，其内部数据只有通过重新编程才能被覆盖。可编程EEPROM芯片被焊接在电路板上，可以烧录另一组数据以实现不同的应用。此时，如果设计出现了问题，那么可以通过修改烧录的数据加以修正。简单地说，EEPROM提供了灵活性，使得芯片按照预期的方式工作。

为什么不能像通过软件对寄存器进行读写一样对EEPROM进行读写呢？这与具体的系统工作机制有关。在典型的设备启动过程中，需要先从EEPROM中读取相关的配置数据，而操作系统和应用程序开始进入工作状态的时间会晚得多。也就是说，上电后EEPROM控制器先读取EEPROM中的数据，设置芯片内部寄存器（这通常要花费一点时间），此后操作系统和应用程序才会进入工作状态。例如，在PCI卡中，驱动软件直到上电100ms后才会进入工作状态，EEPROM控制器有足够的时间读取EEPROM中的内容，并对内部寄存器进行初始化。EEPROM控制器使用类似于I2C的串行接口，从EEPROM芯片中读取数据。

EEPROM用于需要存储的数据量相对较大的场合，如果配置信息较少，当芯片上电时，一些引脚可以被用于输入，引脚上的电平会被读取（可能是1或0）作为配置信息。基于这些数值，一些电路功能可以被改变。在上电后，这些引脚上的电平值不再被采样。这种方法的优点在于不需要EEPROM芯片，但是它的应用范围有限，只能用于数据位数很少的情况。

第10章 设计经验

在今天的复杂SoC设计和开发中，设计经验非常重要。要想实现好的设计，必须反复分析与修改，要在这件事上投入足够的时间。

10.1 文档

10.1.1 可读性

我们都喜欢阅读结构清晰、易于理解的书，这也非常适用于RTL代码。好的程序要结构清晰，附带有恰当的注释。有人可能会说，无论是否有注释，综合工具都会产生相同的结果，没有注释有什么关系呢？一个大的设计往往是由多个小的模块组成的，良好的注释有助于使整合设计的过程变得简单而富有效率，同时也会使最终的设计更为可靠。

10.1.2 注释

注释使设计者可以把说明性的文字与RTL代码放在一起。结构和微结构（micro-architecture）文档用于详细描述电路的工作原理和一些需要注意的特殊情况。然而，当浏览RTL或者编写RTL代码时，阅读这些文档有时并不直接，也不实用。我们经常看到有关注释过多和注释多少的讨论，这些都是主观的判断。

下面是注释时应遵循的规则。

- 代码开始时，描述模块功能：
  - 操作原理。
  - 它在设计中的作用是什么？
  - 它与其他模块的相互关系是什么？
  - 是否有一些特殊的假设？
- 在模块内部，对含义不太明显的输入和输出进行描述。
- 状态机：描述状态机的功能和描述它经历的状态。
- 任何特殊的置位/复位标识。
- 任何不太明显但需要关注的事项。
- 不需要对明显的事物进行注释，如语法或语言本身。

10.1.3 命名规则

Verilog对大小写敏感。例如，FIFO_empty和fifo_empty是两个不同的信号。然而，使用相同的名称对两个不同的信号进行命名不是一个好方法，容易产生混淆。除了Verilog关键字外，人们能够使用几乎所有字母字符（除一些特殊字符外）用于Verilog名称定义。

选择对功能或操作有提示性的名称。有经验的设计者更愿意使用长而有提示性的名称，而不是使用短且没有传递任何信息的名称。例如，datafifo_empty比“dfe”长得多，但是它有助于帮你理解，易于让别人熟悉你的设计。另外，不要使名称和表达式一样长，看起来很笨拙。

关于命名规则，一些设计者喜欢使用小写字母，并用下画线“_”分隔每个部分。下画线有助于将长名称分成有意义的子名称。这里有一些例子，如datafifo_empty、datafifo_full、arbstate_nxt。使用大写字母定义参数，让模块名称和Verilog文件名称相同。

10.2 在编写第一行代码之前

10.2.1 直到你脑海里有了蓝图才开始

正如谚语所说：除非你知道自己要去的地方，否则你不可能到达那里。好的设计者一般都要对电路要实现的功能有清晰的认识，对数据流很清楚，知道数据如何从一个点移动到另一个点，这就是所谓的“勾划”（walk-through）。一旦设计蓝图在脑海中变得清晰，此后采用Verilog编写数据路径和控制逻辑就会变得思路清晰。

10.2.2 脑海中的模拟

正如大多数人玩过的国际象棋游戏，我们都知道提前谋划是何等重要，要在下一次移动棋子之前考虑好此后的几步棋应该怎么走，以确保不会出错，不被对手捕捉到机会。电路设计过程与下棋非常相似。当设计状态机、数据路径或者控制逻辑时，我们知道它们的功能。在进行设计仿真之前，我们需要思考代码在不同输入和边界条件下如何工作。如果用心去做好这一步工作，并且分析可能出现的问题，验证工作将会变得非常高效。另外，这一步也给我们建立了自信，使我们确信整个设计非常扎实，可以很好地工作。否则，很可能出现的情况是在验证阶段反复发现问题并进行电路修改，不断进行补救工作，并且最终也不能确定设计是否还隐含着没有被发现的问题。

10.3 一些建议

10.3.1 哪种风格——数据流或算法

描述组合逻辑有两种方式——使用wire（对应数据流描述方式）或者使用reg（对应算法描述方式）。这两种方式都能实现相同的逻辑功能，综合后得到相同的门电路，具体使用哪一种方式可以根据个人喜好。

数据流——短表达式举例

```
wire    [7:0]    reg10_nxt;
assign  reg10_nxt = wren ? data_in : reg10;
```

算法——短表达式举例

```
reg     [7:0]    reg10_nxt;
always @(*)  begin
        reg10_nxt = reg10;
        if (wren)
                reg10_nxt = data_in;
end
```

当表达式非常简单时，一般更倾向于使用数据流风格来实现，此时代码行数很少。然而，当表达式很长并且与很多条件有关时，数据流风格阅读起来较为费力。此时可以使用算法风格，可以采用if-else语句进行描述，以易于阅读和减少错误发生。

数据流——长表达式举例

```
wire    [7:0]    count255_nxt;
assign  count255_nxt    =

        enable_cnt_dn_risedge ? cnt_preset_stored:
        (enable_cnt_up_risedge ? 'd0:
        (pause_counting ? count255:
        ((enable_cnt_dn && ctr_expired)? cnt_preset_stored:
        (enable_cnt_dn ? (count255 – 1'b1):
        ((enable_cnt_up  && ctr_expired) ? 'd0:
        (enable_cnt_up ? (count255 + 1'b1): count255))))));
```

算法——长表达式举例

```
reg     [7:0]    count255_nxt;

always @(*) begin
        count255_nxt = count255;
        if (enable_cnt_dn_risedge)
                count255_nxt = cnt_preset_stored;        // initialize to max
        else if (enable_cnt_up_risedge)
                count255_nxt = 'd0;                      // initialize to 0
        else if (pause_counting)
                count255_nxt = count255;
        else if (enable_cnt_dn  && ctr_expired)
                count255_nxt = cnt_preset_stored;        // auto load
        else if (enable_cnt_dn)                          //  hasn't expired
                count255_nxt = count255 – 1'b1;
        else if (enable_cnt_up  && ctr_expired)
                count255_nxt = 'd0;                      // auto load
        else if (enable_cnt_up)                          // hasn't expired
                count255_nxt = count255 + 1'b1;
end
```

10.3.2 寄存器型输出

大型设计可被分解为很多块，每个块可进一步分解为多个模块。模块相互联接形成完整芯片。模块的输出或者驱动另一个模块的输入，或者作为顶层芯片的输出引脚。在结构化和大型设计中，综合后整个电路要保持层次化结构，而不是使整个设计扁平化。当层次化得以保留时，输出有时必须通过相对长的路径到达另一个模块，这会导致互联延时增大。为了更容易满足芯片内对建立时间的要求，内部模块应尽量采用寄存器输出，而不是组合逻辑输出，如图10.1和图10.2所示。采用寄存器输出时，可以为后续电路留下相对宽裕的布线延迟和输入组合逻辑延迟。尽量使用寄存器输出是一个非常好的设计经验。

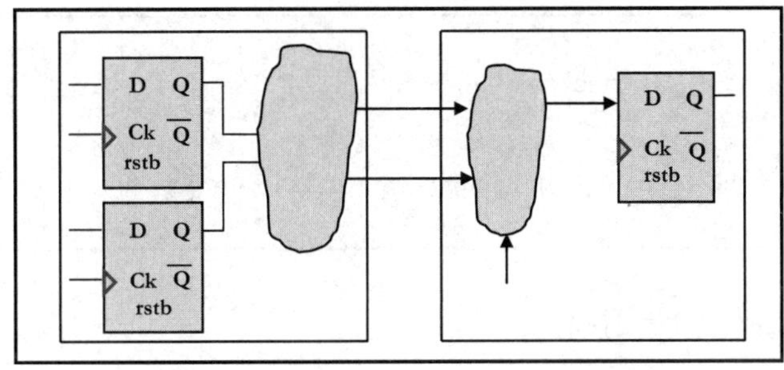

图10.1　来自组合逻辑的输出：不推荐使用

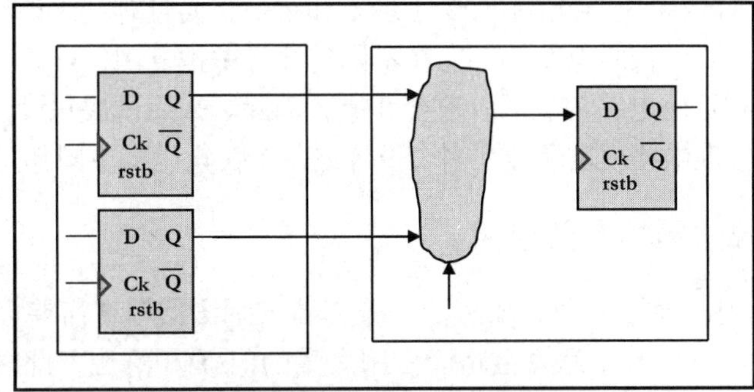

图10.2　寄存器输出：推荐使用

10.3.3　使用状态机而不是松散的控制逻辑

状态机可以实现复杂的控制功能，它可以非常容易地将所有可能的情况和边界条件考虑进去。通过设置多个状态，并将它们相互联接可实现复杂的、重复的控制流程。如果状态机需要完成的功能很少，可以用2个或3个状态来实现。采用状态机来实现控制功能是一个好方法，即使是只有2个或3个状态的简单状态机，都可以有效减少设计差错。

10.3.4　综合和仿真不匹配

在Verilog 2001出现之前，设计者需要确定always块敏感列表中包含了所有输入信号。下面是一个例子：

```
always @ (in1, in2, in3) // sensitivity list
 begin
        out1 = ini1 – in2;
        out2 = (in3 > 5) ? in1 : in2;
 end
```

设计者必须确保所有输入（位于表达式右边）都出现在敏感信号列表中。对于小型always块，这很简单。但是对于大型always块来说，敏感信号列表中很可能会漏项。设计者必须付出额外的努力和时间，用于查找所有输入并将它们放入敏感信号列表中。

如果某个输入从敏感信号列表中漏掉了，会发生什么情况呢？如果一个输入发生了变化，仅当它出现在敏感信号列表中时，仿真器才进入always块中执行其中的语句。如果漏掉了某个敏感信号，那么该部分电路的仿真结果与综合后的逻辑功能相比可能会有很大差别。

由于Verilog 2001版标准中不再需要将这些输入放在敏感信号列表中，仿真器会自动弄清楚所有的敏感信号，综合后的结果也会与仿真结果相同。举例如下。

```
// Verilog 2001
always @ (*) // no sensitivity list
 begin
        out1 = ini1 – in2;
        out2 = (in3 > 5) ? in1 : in2;
 end
```

10.3.5 设计的模块化和参数化

结构化设计比非结构化设计更有用。管理者和决策者可以根据结构化设计作出明智的判断。类似地，结构化或者模块化设计不仅易于理解和维护，而且有利于设计共享。某些电路单元（加法器、乘法器、CRC校验电路等）能在不同的设计中被复用，可以对一组逻辑电路使用门控时钟，冗余或者相近的电路功能可以被合并或者消除。采用模块化设计后，所有这些都可能成为现实。此外，标准电路模块还能在多个设计或一个公司内部不同部门之间共享。

10.3.6 加法器、减法器的有效使用

在数字系统设计中，会经常用到加法器、减法器、乘法器等，需要大量数学运算时更是如此。需要特别提醒的是，数学运算电路会占用大量的门/面积资源，此时，有效使用这些电路以降低硬件资源消耗就会非常有意义。设计者可以通过改进算法，使运算电路在不同的时间为不同的其他内部电路提供运算服务，从而减少运算电路的数量。另一种方法是优化RTL代码，减少运算电路在具体实现时消耗的资源。下面的例子，展示了如何减少加法器/减法器的数量。

```
case (selx)
3'b000:  calx = base;
3'b001:  calx = base + 16;
3'b010:  calx = base + 32;
3'b011:  calx = base + 48;
3'b100:  calx = base + 64;
3'b101:  calx = base + 80;
3'b110:  calx = base + 96;
3'b111:  calx = base + 112;
endcase
```

上面的例子需要使用7个加法器和1个复用器。通过编写不同的RTL代码可以实现同样的功能，此时只需要1个加法器和1个复用器。

```
        case (selx)
        3'b000:  base_offset = 0;
        3'b001:  base_offset = 16;
        3'b010:  base_offset = 32;
        3'b011:  base_offset = 48;
        3'b100:  base_offset = 64;
        3'b101:  base_offset = 80;
        3'b110:  base_offset = 96;
        3'b111:  base_offset = 112;
        endcase

assign  calx  = base + base_offset;
```

图10.3是两段代码的综合结果。

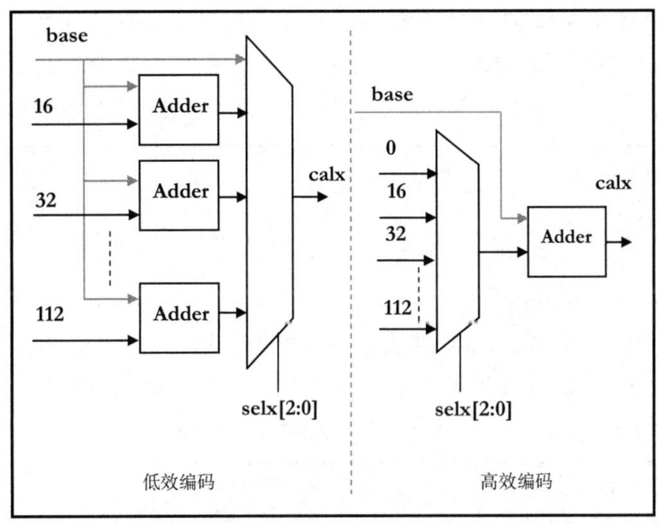

图10.3　加法器的有效使用

10.4　需要避免的情况

10.4.1　不要形成组合逻辑环路

当路径中有反馈，却没有触发器这类时序元件时，有可能出现组合逻辑环路，如图10.4所示。对于有经验的设计者来说，模块内简单的组合逻辑环路易于发现和避免。然而，当信号由组合逻辑电路产生，穿过多个模块，最后返回到原模块所形成的组合逻辑环路却难以识别。可能直到对整个电路进行仿真时才会注意到该环路。此时，仿真器无法仿真出有效的结果或者会因为进入死循环而长时间停留在某一仿真时刻。查找组合逻辑环路的起点较为困难，采用单步仿真方式查找环路起点的工作非常烦琐且令人厌烦。采用寄存器输出的方式可以有效地减少形成组合逻辑环路的机会。

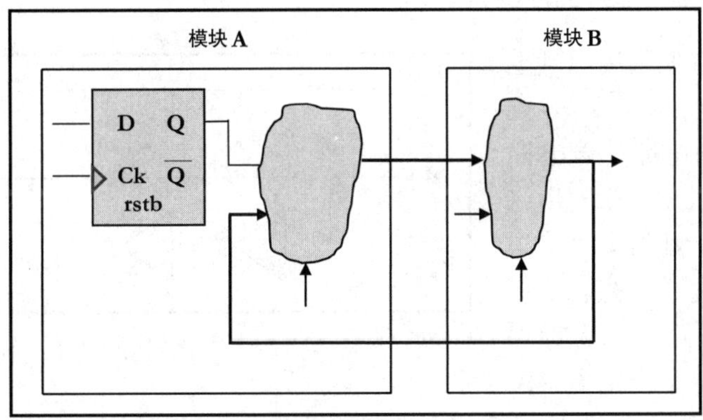

图10.4　组合逻辑环路：必须避免

10.4.2　避免意外生成锁存器

在时序电路设计中，一般会选择D触发器作为存储元件。锁存器也能存储数值，但有一些不好的特性，除非真的需要，否则不应在设计中使用它。在编写RTL代码时，如果没有遵循一定的规则，可能会出现意想不到的锁存器。

下面是一些综合后会生成锁存器的例子。生成锁存器并不是设计的初衷，因此要熟悉容易生成锁存器的代码结构并加以避免。使用always块生成组合逻辑电路时，如果变量所有可能的取值没有被考虑完全，那么综合后可能会生成锁存器，如下面代码所示。

```
always @*
 begin
        if (a < b)
                c = d;
 end
```

在上面的例子中，给出了a < b条件为真时c的取值为d，没有说明如果a大于b时c取什么值。综合工具会认为a大于b时c保持原来的值不变，这样综合后的电路中就会出现锁存器。为了避免产生意想不到的锁存器，可以按照如下方式编写代码。

```
always @*
 begin
        if (a < b)
                c = d;
        else
                c = 0;
 end
```

一种简单的避免产生锁存器的方法是给变量赋初值，如下面代码所示。这样即使后面的代码没有覆盖所有的取值，也不会生成锁存器。

```
always @*
 begin
        c = 0;
        if (a < b)
                c = d;
 end
```

10.4.3 不要采用基于延迟的设计

逻辑设计中要避免利用门延迟产生所需要的脉冲。

如图10.5所示的电路，该电路利用反相器的门延迟在与门输出端产生了一个正脉冲。延迟大小取决于PVT（集成电路生产工艺、工作电压和环境温度），这意味着延迟不是固定的，将随着工作电压、温度和制作工艺而改变。当设计被移植到更先进的工艺上生产时（例如，65 ~ 28 nm集成电路工艺），脉冲宽度将减小，最终成为毛刺。因此，这样的逻辑设计不推荐使用，应该被避免。

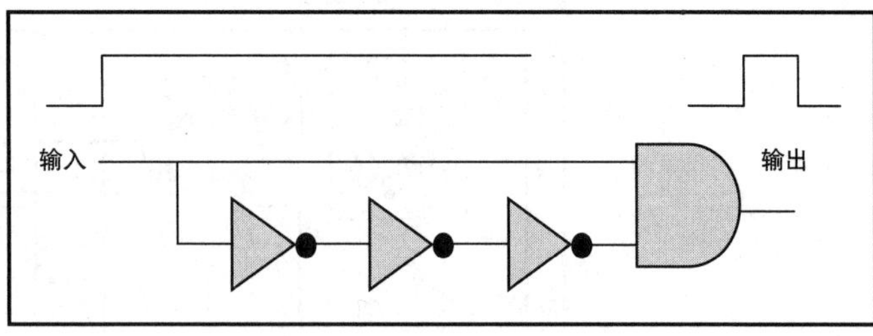

图10.5　基于延迟的设计：不推荐使用

10.4.4 不要对一个变量多次赋值

在Verilog中，不要在多个always块内对同一个变量赋值。综合工具将产生两个独立的逻辑块，并将它们用“线或”方式连接，从而造成设计错误。对一个变量的赋值必须在一个always块内进行，下面是一个进行对比分析的例子。

不正确的代码

```
always @*
 begin
        if (a & b & !c)
           x_flag_nxt  = 1'b1;
        else
           x_flag_nxt  = x_flag;
 end
always @*
 begin
        if (d & !c)
           x_flag_nxt  = 1'b0;
        else
           x_flag_nxt  = x_flag;
 end
```

正确的代码

```
always @*
 begin
        if (a & b & !c)
           x_flag_nxt  = 1'b1;
        else if (d & !c)
           x_flag_nxt  = 1'b0;
        else
           x_flag_nxt  = x_flag;
 end
```

在多个always块内对同一个变量赋值可能不会报错，always块较少时也很容易发现这一问题，如下面代码所示。但当一个电路规模较大时，内部可能有多个always块，此时容易犯的错误是在一个always块可能对某个变量赋了初值，而在另一个always块中赋了实际值。应仔细检查，避免这类问题出现。

```
always @*
 begin
        addr_nxt           = addr;
        data_nxt           = 'd0;
        wren_nxt           = 1'b0;
        wrstate_nxt        = wrstate;
        x_flag_nxt         = x_flag;
        IDLE: begin
               addr_nxt = 0;
               data_nxt = 'd0;
               wren_nxt = 1'b0;
               if (start_wr)
                  wrstate_nxt = WR1;
        end
        ...
        endcase
 end
```

```
always @*
 begin
        y_flag_nxt = y_flag;

        if (a & b & !c)
         begin
           x_flag_nxt = 1'b1;
           y_flag_nxt  = 1'b0;
         end
        else if (d & !c)
         begin
           x_flag_nxt  = 1'b0;
           y_flag_nxt  = 1'b1;
         end
 end
```

10.5 初步完成RTL代码之后

10.5.1 初步完成代码之后的回顾

无论编写代码时有多么仔细，代码中都会出现bug。应在完成代码编写后趁热打铁，趁着对代码还熟悉及时查找问题，不要留到以后再解决。很多情况下，你并没有意识到代码中存在错误，也不是想把问题留到以后去解决，而是设计团队的其他人告诉你时，你才意识到这个代码存在设计错误。此时也许已经过了2天、2个月甚至2年，再查找问题的难度就会增大很多。

代码编写完成并进行第一遍修改后，应再一次对代码进行查看，按照你脑海中的步骤重新对设计检查一遍，这样不止会避免较为明显的错误，还可能发现隐藏较深的边界问题，这将大大提高工作效率。最为重要的是，验证工程师的工作量会减少，设计者本人也不需要花费更多的时间来重新消化原来的设计并修改代码中的问题。总之，问题越早解决越好。

10.5.2 目测RTL代码

多数情况下，进行代码编写时，我们会使用剪切和粘贴来避免重复和枯燥的代码输入工作，此后再对粘贴的代码段进行修改，比如修改地址、索引等。对于这类枯燥的工作，设计者本能地会感到厌烦并且注意力不容易集中，恰恰此时最容易出现低级错误。代码编写完成后，应对代码进行目测检查，一些简单的问题，比如代码缩进、空格和对齐等，很容易进行目测检查，也很容易找出剪切和粘贴时出现的错误。编写完RTL代码之后，应及时目测检查一遍。

10.5.3 对发现bug感到惊喜

我们不会因为设计中有bug就否定设计者的成绩，而是要让设计者明白bug的确会存在。简单的bug，比如拼写错误，在每个设计者身上都会发生，这在验证过程中很容易发现。然而，对于边界问题、由于没有充分理解而造成的设计错误，或者多个事件组合在一起时才会发生的错误等，在仿真期间有时也难以发现。当进行代码分析时，你可能会发现，在那么努力地进行设计和检查之后，仍然存在一些问题。此时，对问题进行深入分析有助于使设计者获得更多的设计经验从而变得更加成熟，并在以后的设计中避免类似的问题。

10.6 设计要面向未来使用需求

10.6.1 易于实现的寄存器结构

典型的芯片或电路内部都有映射在处理器存储空间中的寄存器，驱动程序可以对寄存器进行配置或者通过读取状态寄存器的值得到电路的工作状态。进行寄存器定义时，建议将功能相同的比特位单独分组并编址，不要将功能不同的寄存器合并在一起编址。例如，要定义3个状态位和3个控制位，不要将它们放在一个字节中，应将3个状态位放到一个字节中（剩下的5比特作为保留位），将3个控制位放到另一个字节中，这样，状态位和控制位就被编入不同的字节中，具有不同的内存映射地址。另外应将粘滞位（sticky bit）和常规比特位（regular bit）放在不同的字节中，因为粘滞位需要单独的电源供电。在电路中恰当地设置寄存器并进行合理的编址，会简化硬件电路和驱动程序的设计。

10.6.2 考虑将来需求

另外，进行电路设计时要考虑到今后的设计需求。在电路架构设计时，即使已经做了充分的考虑，也可能会进行设计修改。例如，目前所需的编码数值为6，使用了一个3位寄存器，考虑到将来的需求，可以选择4位寄存器，以便于今后增大编码数值。

另外，应确保重要的比特位或寄存器可以被软件访问，虽然这会增加硬件资源消耗，但如果不这样做该数值就不能被软件读取，这会给调试带来不便。

10.7 高速设计

有很多技术可以用于提高电路的工作频率，下面给出了一些常用的方法。

10.7.1 使用独热码进行状态编码

状态机的状态编码经常被用于决定次态、产生中间信号以及输出信号。使用独热码有利于减小组合逻辑电路的延迟。采用二进制完全编码进行状态编码时，会有多个比特参与逻辑运算，确定次态或其他逻辑信号的值。采用独热码编码时，不需要为确定次态进行进一步译码，产生中间信号或输出信号的逻辑也将更为简单。

10.7.2 使用互斥的数据选择器而不是优先级编码器

如果输出寄存器或中间寄存器可以从多个值中选择一个进行加载，那么建议不要使用if-else这类语句，这类语句综合后的逻辑电路层级更多，因而延迟更大。假如可供选择的加载值之间是互斥的，可以使用数据选择器结构来选择所需的加载信号，这一结构的逻辑层级更少，更有利于提高电路的工作速度。

10.7.3 避免大量散乱的组合逻辑电路

如果电路中散乱地分布着一些组合逻辑电路，那么对于整个电路来说，这些组合逻辑电路可能会级联在一起，造成较大的电路延迟。尽量替代散乱的逻辑电路，以便于能够确定组合逻辑电路的级数。建议使用流水线结构提高电路的工作速度（如流水线型加法器、流水线型乘法器）。

10.7.4 复制或克隆

信号扇出较大时会使信号变化速度变慢，对电路的定时特性影响很大。一种提高电路工作速度的方法是复制信号/触发器。复制品在功能上等效于原始信号，但提供了更多的驱动器。然而，进行复制时要特别小心，不要创建已同步信号的复制品。因为此时复制后的信号可能与原始信号不在同一个时钟周期发生变化，这会带来系统功能错误。正确的复制方法是首先对信号进行同步，然后通过增加一级或多级触发器实现复制。

10.7.5 使用同步复位时要小心

除了使用异步复位，在电路中的某些部分也会用到同步复位。在数字系统中经常会用到的软复位就是同步复位。使用同步复位时，寄存器被强制进入指定的初始值，与异步复位不同的是，该初始值是从寄存器的数据端（如D触发器的D端）输入的，当同步复位信号有效时，相关的D触发器的输入端输入的是预定的初始值。此时的复位控制逻辑会出现在数据路径中，可能会带来延迟的增加。因此，使用同步复位一定要慎重，可以用在控制逻辑或状态机中，不应不加选择地用在任何触发器上。

10.7.6 将后到的信号放在逻辑的前面

有时，需要对延迟路径进行平衡，使后到的信号穿过最少数量的逻辑门。如果后到的信号放在延迟路径的最开始部分，它将穿越所有的逻辑门才能到达D触发器的输入端，此时路径延迟最大。如果综合时可以对逻辑电路进行重新优化排列，后到的信号可以被移到组合逻辑部分的前面，通过综合与逻辑优化减小延时。

10.8 SoC设计经验

10.8.1 使用双触发器同步电路

单比特信号穿过不同的时钟域时经常使用双触发器同步电路。这里有一些有助于改进设计的相关建议：

- 将双触发器同步电路作为基本模块加入单元库中，当需要进行信号同步时，直接例化该模块，此时的双触发器同步电路使用的是特殊触发器，它能快速脱离亚稳态进入稳定状态。
- 同步器模块的命名应易于识别，这样设计者就可以方便地列出整个设计中所有同步器模块的名称。
  - 这有利于对电路的同步情况进行查看。
  - 进行静态定时分析时可以提供帮助。对于同步器的第一级触发器，设计者可以使用列表进行错误路径声明，避免对其进行建立时间、保持时间等定时检查功能。
  - 有助于进行带SDF（Standard Delay Format，标准延迟格式）标注的定时特性分析。有的同步器的第一级触发器会存在建立时间或保持时间冲突问题，这是一件好事，因为实际芯片中很可能出现这种情况。当建立时间和保持时间不能满足时，第一级触发器的输出为不确定值X。这一不定值会向后级电路传递，造成不定值扩展。解决此问题的方法是将第一级触发器定义为“no_timing_check”的触发器，也就是说不进行定时检查，这样就不会产生任意态了，同时也避免了任意态的传播。对同步器模块加以分类命名，有助于对这些触发器快速、准确地设置“no_timing_check”属性，以避免遗漏。
- 另一个建议是把所有的同步器放置在顶层的一个或两个模块内，不要将它们分散在不同的电路模块中。这有助于进行同步检查，确保没有遗漏或不恰当的处理。在芯片设计中，在同步方面的遗漏和不恰当处理可能会使设计者付出高昂的代价。

10.8.2 将所有复位电路放在一起

在SoC中，有很多类型的复位信号——上电复位、软复位和带内复位等。与其在多个地方产生这些复位信号，不如在一个模块或几个模块中产生所有的复位信号，然后采用层次化方式在使用这些复位信号的顶层模块中进行电路例化。将所有复位逻辑放在一起，有助于进行电路检查，并确保复位的正确性，如复位信号上是否有毛刺，复位信号同步是否正确等。同时，还有助于在复位路径上放置扫描元件，以及为不同的复位信号建立复位树。

例如，PCIe协议中会用到多种类型的复位信号，包括被PCIRST#信号控制的上电复位信号。除辅助时钟域中的部分逻辑外，典型的情况下，电路中所有的逻辑都会被复位。那些没有被复位的触发器被称为粘着位（sticky bit），在PCIRST#有效时，它们仍然要保持自己的值。PCIe中还有另一个复位，称为data_link复位，它能够对PCIe协议栈中的一些上层协议进行复位。PCIe中还有一个带内复位信号。链路的端设备可以以物理层包的方式发送一个复位信号，它可以复位对端除物理层以外的所有上层协议。可以看出，这些复位信号具有不同的特点，需要进行良好的维护和管理。在大型SoC中，同时支持多种协议，有很多复位信号需要进行正确的组织和维护。

第11章　系统概念（第1部分）

本章涉及存储器、存储器等级结构、高速缓存、中断和直接存储器访问（Direct Memory Access，DMA）操作。

11.1　PC系统结构

个人计算机（Personal Computer，PC）是今天最为常见的数字系统。本章将介绍台式计算机和便携式计算机最主要的组成元件，介绍这些元件之间怎样相互配合构成一个完整的数字系统，如图11.1所示。

传统的PC主板上安装有一个处理器单元和由两个芯片构成的芯片组（北桥和南桥）。北桥连接主存储器（DRAM）和图形处理器等高速器件。南桥连接其余的各种低速外设和接口。南桥有多个USB host（主设备）端口，可用于连接键盘、鼠标、打印机以及U盘。南桥上还有SATA host（SATA主设备）端口，连接着硬盘驱动器，用于长期保存数据。所有程序（操作系统、应用程序、用户程序）和用户数据都存放在硬盘中。计算机启动后，它从硬盘中将操作系统、应用程序和用户数据加载到DRAM中。这一操作完成后，CPU在工作过程中主要跟内存打交道，而不是与硬盘进行交互。只有在用户想要载入新的程序或者想要将文件或数据写入硬盘时，才与硬盘进行数据交互。南桥还提供多个PCI Express插槽（x1、x4和x8），用户可以在这些插槽上扩展各种适配卡（如数据采集卡、PCIe固态盘等）。

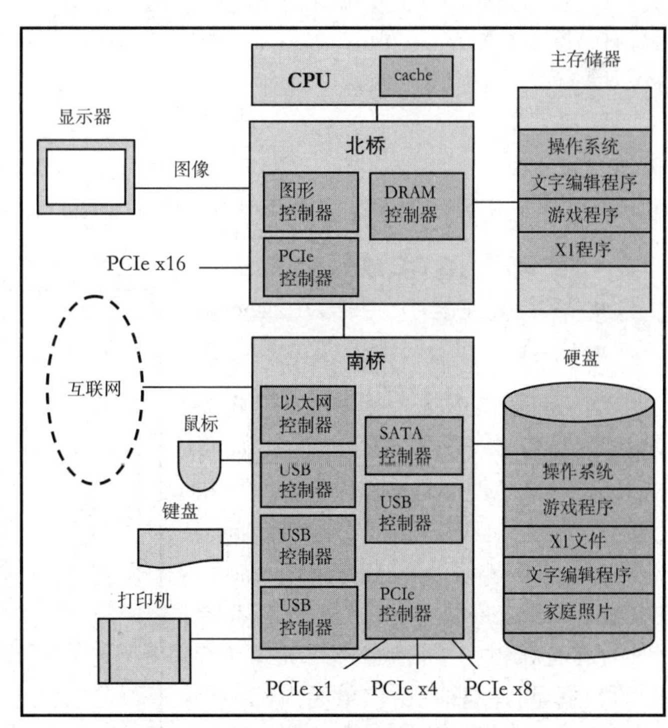

图11.1　典型个人计算机架构

随着计算机体系结构的发展，传统的双芯片结构（北桥和南桥）正在被单芯片所取代。内存控制器可以被集成到CPU中以提高系统性能，单一的外围芯片处理剩余的IO功能。也许在不远的将来，CPU可以和其他外围芯片集成在一起，PC机的主板上只需要一块芯片即可。

11.2 存储器

11.2.1 存储器层次结构

计算机架构师心目中最理想的存储器是容量无穷大、访问时无须任何等待的。这只是一种不切实际的理想情况。计算机系统的现实设计目标是拥有容量尽可能多、在一定延迟约束范围内访问速度尽可能快的存储器。

存储器在决定计算机系统性能方面扮演了非常重要的角色。当计算机完成启动引导之后，操作系统将从硬盘载入至内存中。硬盘在系统断电之后仍然可以保存数据，因此被称为非易失（non-volatile）存储器。而内存属于随机访问存储器（Random Access Memory，RAM），它是易失（volatile）的，也就是说电源关闭之后，RAM中所存储的内容就会丢失。在操作系统载入内存之后，其他应用程序，如电子邮件收发程序、文字编辑程序等，将陆续根据需要被加载到内存中。

CPU访问内存以取出指令和数据，同时将运行结果写回到内存中。CPU持续这样的操作直至系统电源关闭。硬盘的读写访问时间远大于内存的读写访问时间，因此应尽可能地减少对硬盘的访问，这也是计算机系统架构师追求的目标之一。

CPU对内存的读写访问速度远快于对硬盘的读写访问速度，不过，CPU对另一种被称为高速缓存（cache）的内部存储器的访问速度比对内存的访问速度还要更快一些。如果计算机每次读取指令和数据、返回操作结果都必须对内存直接操作的话，那么计算机系统的运行会非常慢。原因在于内存器件是独立于CPU的芯片，CPU访问内存所花费的时间仍然是比较长的（虽然比访问硬盘快得多）。内存访问速度比较慢的另一个原因是目前的内存容量都非常大，内存器件内部的地址译码需要花费较长的时间。另外，从系统架构上看，内存是CPU与其他I/O设备共享的，CPU在得到对内存的访问权限之前，必须先获得仲裁器的许可。针对这一问题，目前的解决方案是在CPU内部设立容量较小但速度更快的高速存储器，即cache。

在现代计算机系统中采用了一种层次化的存储结构，访问速度最快的cache被放置在最靠近CPU的位置，速度相对慢一点但容量更大的存储器被放置在离CPU稍远一点的位置。典型的计算机系统中所使用的存储器一般有三级（见图11.2）：

- 第1级高速缓存，或称为L1 cache
- 第2级高速缓存，或称为L2 cache
- 内存

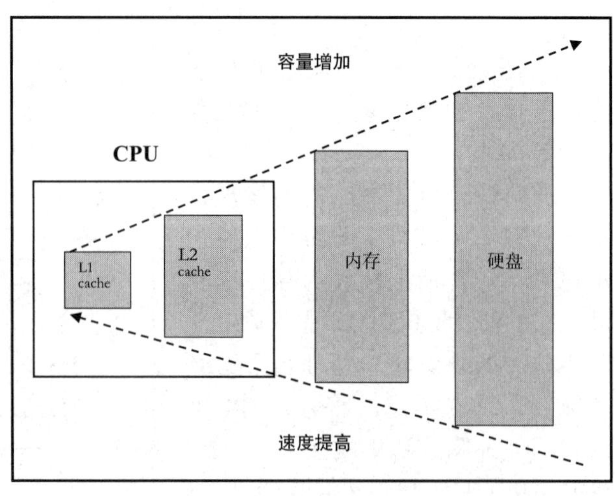

图11.2 存储器层次结构

L1 cache和L2 cache采用的是静态随机访问存储器（Static Random Access Memory，SRAM）。cache和内存都是随机访问存储器，但内存是动态随机访问存储器（Dynamic Random Access Memory，DRAM）而cache是静态随机访问存储器。在DRAM中，1个存储器单元中所存储的数据是1还是0是由该单元内部一个微小的电容中是否存有电荷决定的，如果该电容中存有一定量的电荷，那么表示其储存的数据为1，否则为0。对DRAM内部的存储单元来说，电容中所存储的电荷会随着时间的推移逐渐泄漏，为了避免数据丢失，需要在其泄漏过程中周期性地对其充电（称为刷新）以保持数据，这会降低DRAM的访问速度。对于SRAM来说，存储单元的结构与DRAM不同，不需要周期性的刷新操作，从而可以达到比DRAM更快的访问速度。不过，与DRAM相比，每个SRAM存储单元比DRAM的存储单元大得多，其容量不易做得很大。在目前的设计中，通常在CPU附近放置一个容量远小于内存但运行速度非常快的SRAM作为cache，可以在系统性能和CPU芯片规模之间取得良好的折中。

11.2.2　CPU使用高速缓存的方法

CPU将内存中的部分指令和数据加载到cache中，这样CPU运行时就可以对cache而不是对内存操作。理想情况下，CPU希望始终访问cache而不访问内存以获得最高的性能。但这是不可能的，原因是cache在容量上远小于内存。当CPU想要取出一条指令或数据时，它首先访问cache，如果该指令或数据已经存储在cache中了，就可以从cache中读出该指令或数据，这被称为cache命中。但是，有时候CPU所查找的指令或数据并不在cache中，这会迫使CPU停顿下来，这个过程被称为cache未命中。此时，CPU将被迫从内存中读取指令或数据，由于访问DRAM比访问cache慢得多，这会造成系统性能下降。计算机程序有两种重要性质有助于确保多数cache访问是可以命中的，只有很少数不会命中。

局部性和临时性

多数情况下，计算机程序是按顺序执行的，这意味着下一条要执行的指令就存储在紧邻的下一个存储位置。如果我们已经将内存里一段连续存储空间中的内容加载到cache中，那么在cache中命中下一条指令的机会就非常大。另外，大多数情况下，程序还会以循环方式执行，也就是说，最近刚使用过的某个代码区域很可能不久会再次使用，CPU会到cache中查找这些指令。

开始时，cache是空的，没有存储有效内容，因此CPU从中取第一条指令时不会命中。此时CPU会访问内存，取出所需的指令并交给CPU执行。同时，CPU将取出的内容加载到cache中。CPU从内存中取指令时，它不仅仅读取当前所需的指令，它会多读出一些指令并将它们一并存到cache中。我们将会在后面看到，内存访问以突发的方式进行，每次突发访问可以读出或写入一个固定数量的指令或数据。

11.2.3　cache的架构

上一节中，我们讨论了CPU怎样使用cache存储从内存中读取的信息，以及CPU会尽可能地访问cache而不是内存。然而，由于cache在容量上远小于内存，不是所有从内存中读取的信息都可以存储到cache中。在cache的设计中需要考虑两件事情：内存与cache的对应关系以及cache的更新。

我们需要为cache制定一种寻址方案，当CPU给出一个内存地址时，我们能够使用该地址从cache中读取数据。另外，对于cache的更新来说，当CPU读一个内存地址并且没有在cache中命中时，CPU将从内存中读取所寻址的内容并将其同时加载到cache中。此时，常常需要从cache中清理出某些存储空间存放需要加载进来的内容。确定将哪些内容清理出来是一件困难的事情，因为我们无法确定哪些位置上存储的内容将不会再用到。目前有许多算法可用于决定清理出哪些存储位置，其中最流行的算法之一是近期最少使用（Least Recently Used,

LRU）算法。近期最少使用到的那些cache空间未来最有可能不会被用到，因此考虑清理出这些存储空间。但如果事件的发生完全是随机的，那么可能就要反过来考虑了，长时间未使用到的位置再次被使用的机会将更高。但是，由于计算机程序的局部性和临时性的特点，程序的执行顺序不是随机的，一些存储位置上的指令最近没有被用到是有合理原因的。

cache的结构可以根据对cache读写访问操作的模式进行划分。对于读操作，cache可以设计成look-aside模式或look-through模式。类似地，对于写操作，cache可以设计成write-back模式（回写模式）或者write-through模式（直写模式）。下面我们将更加细致地对这些操作模式进行讨论。

Look-Aside cache

CPU的读周期对cache和内存同时进行，如果cache命中了，即cache中含有CPU所寻址的数据或指令，那么cache将数据返回给CPU。如果未命中，内存将数据返回给CPU，cache也会将数据在本地存储下来供将来使用。这种方式较为简单，但存在访问效率问题，因为CPU从内存中读取数据时会影响其他外围设备对内存的访问，同样，当其他外围设备访问内存时，CPU也不能访问cache。

Look-Thru cache

CPU读指令或数据时发起读周期，读周期首先从cache开始，如果命中了，cache将数据返回给CPU，如果没有命中，则针对内存进行读操作。这种架构的好处在于内存与CPU之间被cache隔开了，当其他外围设备访问内存时，CPU能够访问cache，仅当访问cache没有命中时，才会出现存储器访问竞争。但是，look-thru cache的操作比look-aside cache更复杂。

Write-Thru cache

在这种架构中，CPU通过cache对内存进行写操作。cache控制器首先将数据写入cache中，然后再将其写入内存。写操作过程中，计算机必须等待，直到对内存的写操作完成。这种方式有个明显的缺点，那就是写周期执行过程中会让CPU的运行速度慢下来。但是，这种设计方式更简单，并且数据一致性能得到很好的维持——cache和内存中总是具有相同的数据。

Write-Back cache

在这种架构中，cache控制接收需要写入的数据并将其写入cache中，然后它立即向CPU返回操作完成指示信号。这种方式的优点是CPU无须长时间的等待就能够快速处理后续指令。cache能够将一定量的数据累积起来然后写至内存，能够累积的数据量取决于cache中允许的可用空间的大小。这种设计更复杂一些，需要维护复杂的一致性协议。cache和内存中的数据相互之间可能并不是同步的。

11.2.4 cache的组织方式

我们知道，任何一个时刻cache中只能存储一部分内存区域中的内容。cache有很多种组织方式将cache的一个存储位置与一个内存位置相对应。这种组织方式被称为cache-内存关联方式（cache-memory association），可以用很多方法来定义。以下是cache的部分组织方式。

全关联式cache

在这种方案中，内存中任何一个存储位置中的内容可以进入cache中的任何一个存储位置，这就是将其称为全关联的原因，它们之间没有固定的对应关系，如图11.3所示。内存和

cache被划分成不同的行，行是内存中用于关联的基本单元。这一架构提供了最佳的性能，因为没有对使用做任何限制。但是，在cache里面进行查找操作会更困难一些。cache存储器有两部分，一部分用于实际内容保存，另一部分用于存放内存地址。保存内容的部分以SRAM实现，保存内存地址的部分采用三态内容可寻址存储器（Ternary Content-Addressable Memory，TCAM）来实现。当一个读周期或写周期到达cache时，它首先需要查明cache中是否存有该内容。它使用读操作或写操作地址，将地址输入给TCAM，让其进行硬件查找操作。如果TCAM中存有该地址，那么从cache的SRAM部分读出该地址对应的数据。如果我们在TCAM中存放完整的内存地址，那么查找操作将会更慢，从而CPU操作会更慢。全关联式cache提供的命中机会更大但是运行得会更慢一些。

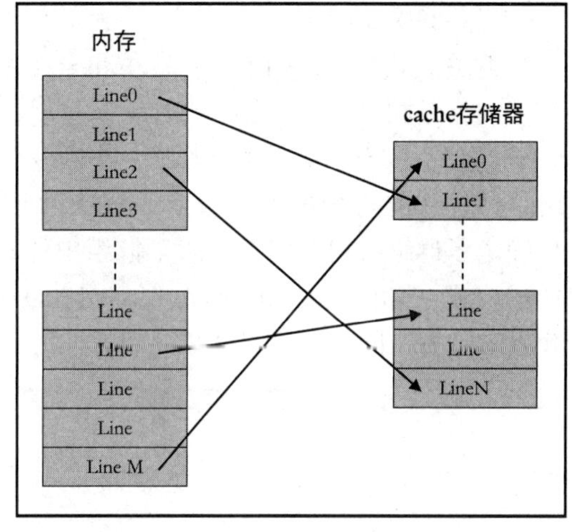

图11.3　全关联式cache

直接映射式cache

在这种方案中，内存被划分成若干个页面。页面大小等于cache的大小。然后，每个页面进一步划分成若干个行。在这种方案中，只有0行（可以来自内存的任何一个页面）可以进入cache的0行、1行可以进入cache的1行，以此类推。因为内存位置和cache位置之间存在着直接对应关系所以被称为直接映射式，如图11.4所示。除了指定的位置外，内存中一个位置上的内容不能进入cache里面其他任何位置。这种方案的主要优点在于TCAM内的查找操作速度更快。它不必查找所有的地址位，只需要比较地址中的高位部分。但是，其性能不如全关联式cache，因为内存位置和cache位置之间的映射存在限制条件。

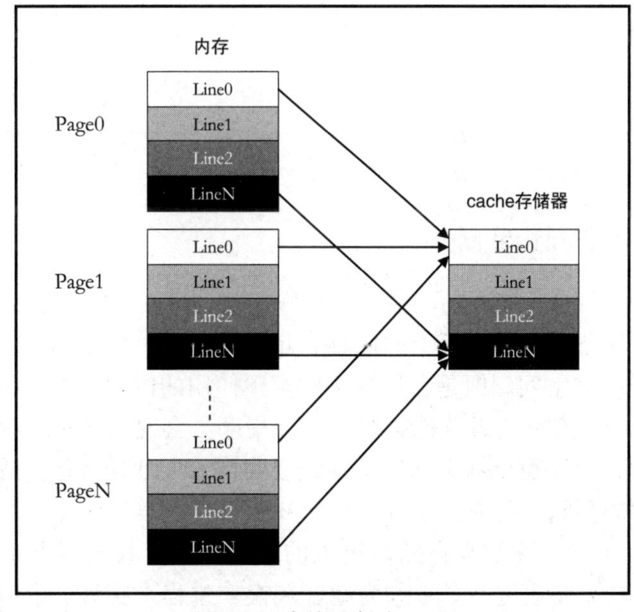

图11.4　直接映射式cache

组关联式cache

组关联式cache采用了全关联和直接映射两种思路。cache被划分成*n*个组或称*n*路（如2路、4路、8路等），如图11.5所示。这里，我们以4路相联cache的组织为例加以说明。cache分成4组或称4路。内存可以划分成4组，使用2位地址。这样，内存从概念上划分成4个群组。内存中的每个群组对应于cache中的一个组。这种架构模式与直接映射式cache相似。一旦确定了群组身份，内存中一个群组中任意一个存储器位置都将进入cache存储器中对应组的任意位置。这与全关联cache相似。组关联方式是全关联方式和直接映射方式的折中。其性能介于这两者之间，查找时间也介于这两种方式之间。

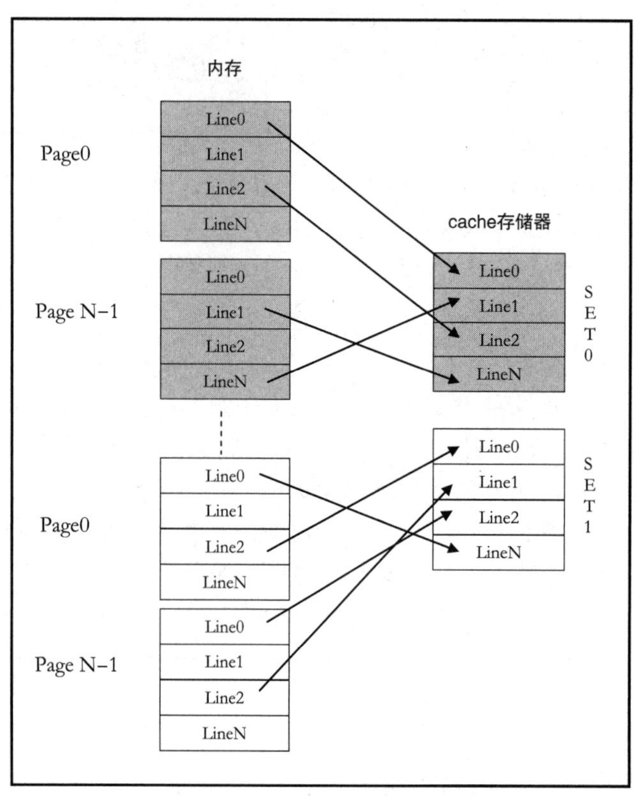

图11.5 2路组关联式cache

11.2.5 虚拟存储器（Virtual Memory）

在计算机系统中，内存指的是安装在计算机主板上的DIMM（Dual In-Line Memory Module，DIMM）存储条。通常主板上的内存容量是固定的。CPU的地址总线宽度为34位，最大可以寻址16 G的存储空间。但是在计算机中实际使用的内存容量要小于16 G。人们编写计算机程序时通常会使用C++或者其他高级语言。程序员会使用变量对存储器寻址，不会直接使用固定的地址值，程序编译器会在16 G地址空间内分配地址。每个程序都会被编译到自己的被称为虚拟内存的存储空间中。

虚拟存储器提供了比实际物理存储器更大的地址空间。我们接下来怎样将编译后的程序存入DIMM中呢？这需要通过一个被称为地址转换的过程来实现。虚拟地址通过地址转换成为实际的物理地址，相关的转换信息被存储在一张被称为页表的表格中。当软件使用虚拟地址发起存储转换时，会使用页表发现对应的物理地址，接着就可以使用物理地址访问DIMM。由于页表非常大，它自身也被存储在DIMM中。这种操作方式是否意味每次有存储地址转换时都要先从DIMM中读出页表来获取物理地址呢？如果是这样的话那么这一过程就会变得很慢。

一种被称为TLB（translation look-aside buffer，变换查找缓冲器）的硬件结构被用于保留最近转换过的物理地址。TLB是一个保留最近翻译过的地址的cache。当一个存储器操作到来时，它首先查找TLB cache，看所需的虚拟地址到物理地址的关系表项是否已经存在。考虑到程序执行时的时间顺序性和存储使用上的空间连续性，TLB中存在所需记录的可能性是很大的。如果存在所需的记录，那么程序就可以从TLB获取物理地址并访问相应的物理存储器。这会提高存储器的访问速度，因为我们不需要从内存中读出页表然后获得存储操作所需的物理地址。如果TLB中没有所需的记录，那么我们就不得不从内存中读取页表了。

除程序开发时可以使用更大的存储空间这种便利之外，虚拟存储的另一个主要优势在于能够将程序从硬盘中倒换到内存中。地址转换也可以在硬盘地址和物理存储器地址之间进行。我们可以在硬盘上存储很多程序，然后使用地址转换将它们存放到内存中。当物理存储器中没有足够的空间来加载一个新程序时，可以临时性地将内存中的现有的程序倒换到硬盘中，同时将硬盘中的新程序倒换到内存中。

11.2.6　动态随机访问存储器（DRAM）

DRAM代表动态随机访问存储器，其最小组成单位是比特单元，能够储存1或0。大量的比特单元按照行和列组织起来构成更大的存储容量。在一个大的存储器中，访问任意比特所需要的访问时间都是相同的，因此这种访问被称为随机访问。这不同于对硬盘这类磁性储存介质的访问，硬盘访问时间取决于磁轨/扇区与磁头的相对位置。

为了理解DRAM的工作特点，我们需要先理解一个比特单元的构成。每一个比特单元是由一个微小的电容和一个放大器构成的。当电容被充电，代表存储的数据为“1”；当电容被放电（没有存储电荷），代表存储的数据为“0”。关于DRAM的另一问题是电容漏电，这意味着电容充电后经过一段时间其中存储的电荷会缓慢泄漏。因此比特单元需要进行周期性的刷新（充电）以确保比特单元保持原有的电荷状态。刷新操作的具体做法是读出数据然后将其重新写入。假设比特单元中的值为1，那么刷新逻辑会在其内部电荷泄漏到一定程度之前将其读出，然后将1写回该单元，使其重新充满电荷。

对DRAM主要有三种操作：写入、读出和刷新。写入和读出操作是根据用户需要进行的，而刷新操作由DRAM控制器负责。刷新操作的出现频率比较低，比如，每60毫秒到70毫秒发生一次。正常的写入和读出操作经过纳秒级的时间间隔就会发生一次。刷新操作会暂时阻碍用户对DRAM的读写操作，不过这不是一个需要特别关注的问题，因为它远没有正常的写入/读出操作频繁。图11.6给出了单个DRAM比特单元的电路。

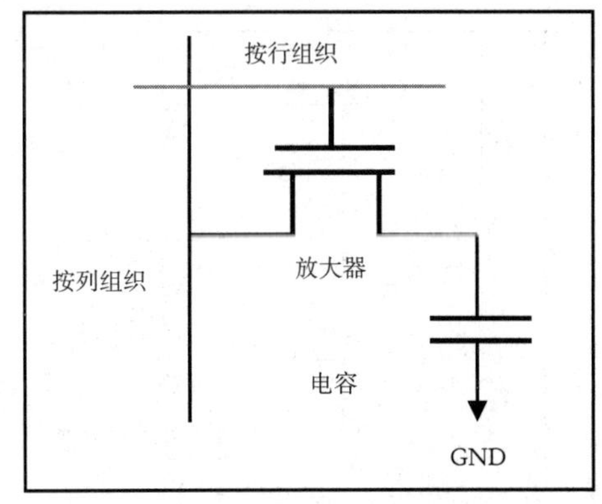

图11.6　DRAM的比特单元结构

DRAM阵列

DRAM阵列是通过将各个比特单元以矩阵方式排列而构成的，其中行代表行地址、列代表数据线，如图11.7所示。下面我们的例子展示了如何以DRAM阵列排列成4字节存储区的。

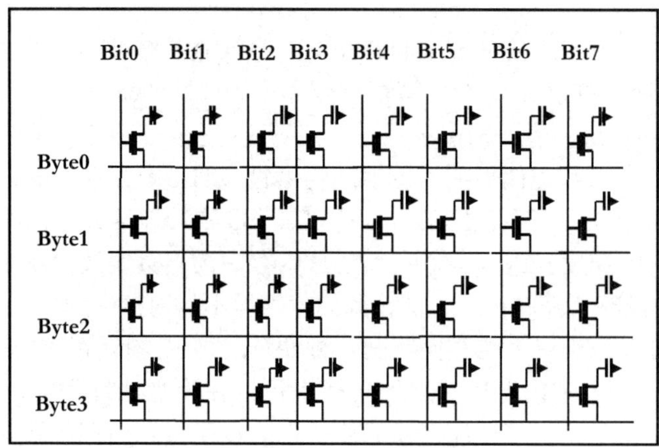

图11.7　DRAM的比特单元结构

因为DRAM采用单个晶体管和电容构成一个比特单元，这不同于SRAM比特单元中采用的六晶体管结构，因此比特单元的尺寸小得多。所以，对面积相近的芯片裸片而言，DRAM能够实现的比特单元数量远多于SRAM。这导致每兆字节DRAM的成本比SRAM少得多。DRAM可用于系统内存，在很多应用中也作为本地存储器使用。

11.2.7　静态随机访问存储器（SRAM）

SRAM代表静态随机访问存储器。SRAM具有随机访问存储器的性质，对任何一个比特单元的访问时间都相同，与其在存储器阵列中的位置无关。它也有易丢失的特点，意味着当电源关闭时它存储的内容会丢失。每个SRAM比特位由6个晶体管制成。每个比特单元的尺寸远远大于DRAM比特单元的尺寸。因此，与DRAM存储器相比，它的成本高得多。不过，它的运行速度比DRAM快得多，没有刷新操作的负担，而DRAM需要考虑定时刷新问题。

由于SRAM具有更高的运行速度，因此被用来构建处理器内的cache。它还可以被用来构建内容可寻址存储器（CAM）。SRAM还通常被当成芯片的内部存储器，构建缓冲区、先进先出存储器（First In First Out，FIFO）或寄存器文件（register file）。由于它操作简单，因此SRAM控制器比DRAM控制器更容易实现。很多公司将SRAM作为知识产权（IP）授权给其他设计者使用，其他设计者通过例化可以构造出所需的SRAM内核用于芯片设计。图11.8给出了一种SRAM的比特单元结构。

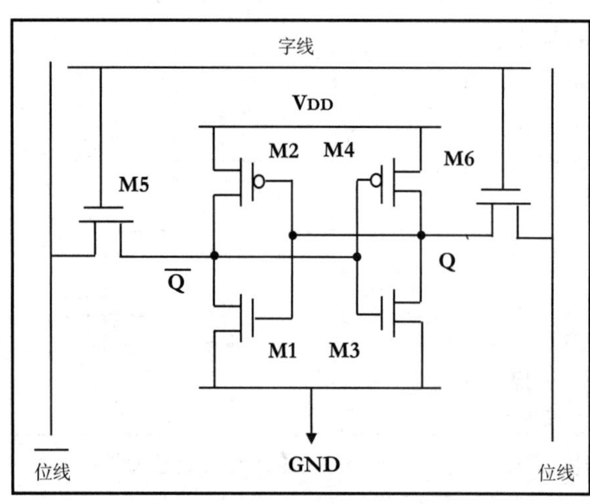

图11.8　SRAM的比特单元结构

在这6个晶体管中，中间4个（M1、M2、M3和M4）形成两个交叉耦合的反相器。M1和M2构成一个CMOS反相器，M3和M4构成另一个CMOS反相器。这两个反相器交叉耦合从而为储存数据提供了反馈电路。这与触发器（flip-flop）中的储存机制类似。旁边的两个晶体管（M5和M6）用于对比特单元进行写和读。

SRAM写操作

- 向比特单元写入“1”时，需将“1”施加到位线上，将“0”施加到反相位线上。然后字线信号有效使得交叉耦合的反相器将数值“1”储存下来。
- 写入“0”时，需将“0”施加到位线上，将“1”施加到反相位线上。因为两侧的晶体管（M5和M6）尺寸更大一些（驱动能力更强一些），它们迫使锁存器（即交叉耦合的反相器）中的值翻转并存数值“0”。

SRAM读操作

读一个比特单元时，首先将位线和反相位线预充电置1电平，然后字线信号有效。如果比特单元中储存的是1，那么位线和反相位线分别被拉向1和0。如果位单元中储存的是0，那么位线和反相位线分别被拉向0和1。这将造成位线和反相位线之间在电压上稍有差别，该差别随即被馈入传感放大器。传感放大器根据位线和反相位线之间的差别，确定出位单元中储存的是1还是0。读操作是非破坏性的，对于后续的读操作该值仍然有效。

11.2.8　内容可寻址存储器（CAM）

内容可寻址存储器（Content Addressable Memory，CAM）是一种特殊的存储器件，其输入的是用户提供的内容（即存储的数值），如果该内容在存储器中存在（即内容匹配成功），则CAM返回该内容所存储的地址。 这与DRAM和SRAM的操作正好相反，它们是用户提供地址，读出该地址中的内容。CAM用在需要进行快速查找的硬件中。

以太网交换机快速查找目的端口时常常使用CAM，如图11.9所示。它在CAM中维护着一个内部转发表。CAM初始时为空，当以太网MAC帧到达路由器的不同端口时，以太网帧中的源MAC地址被存储到CAM中。分组转发电路使用CAM确定其输出端口号，以便将报文从对应的端口输出。为了更好地理解这一点，我们需要回顾以太网寻址的知识。每个以太网MAC帧中都有一个源MAC地址和一个目的MAC地址。分组转发所查找的转发表中的表项是根据MAC帧的源地址以及从哪个端口进入交换机来确定的。互联网路由器同样可以使用CAM，此时需要根据目的IP地址查找输出端口号。

实际上CAM中内容的填充过程包括两个步骤，查找过程也是如此。当一个新的分组抵达输入端口时，其源地址和端口号被记录下来，然后源地址被提供给CAM作为输入。如果匹配成功，那么不用再做任何事情。如果没有匹配成功，那么该源地址将被写入CAM中一个空的位置。如果没有可写入的空间，那么原来存储的某一表项将被删除，新的表项被写入到该位置。此后，以CAM索引（即源地址在CAM中所写入的位置）为地址，将对应的端口号写入一个SRAM中。

查找过程也分为两步。为了转发分组，我们需要查找其对应的输出端口号。查找时，目的地址被当成需要匹配的内容提供给CAM，如果匹配成功，CAM返回目的地址的索引。此后以返回的索引为地址，从存储输出端口信息的RAM中读出所需的输出端口号并将分组从该端口转发出去。如果目的地址没有匹配成功，根据以太网协议要求，该分组被广播到除入口外的所有输出端口上。

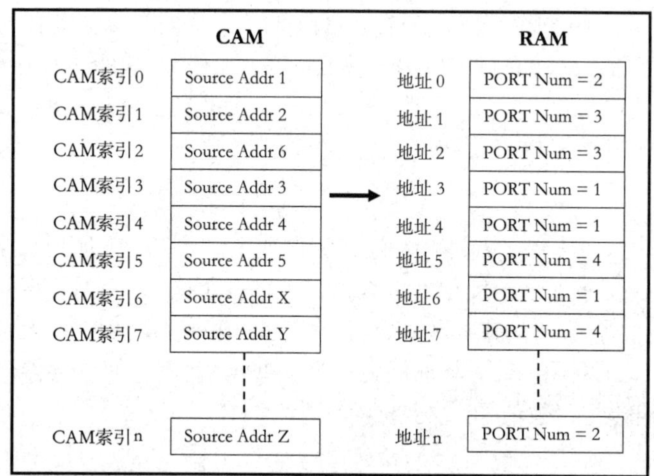

图11.9 以太网交换机中使用的CAM

CAM与SRAM有相似之处，不过CAM中有额外的比较电路用于在一个时钟周期之内快速产生匹配结果。如图11.10所示为CAM的一般结构。

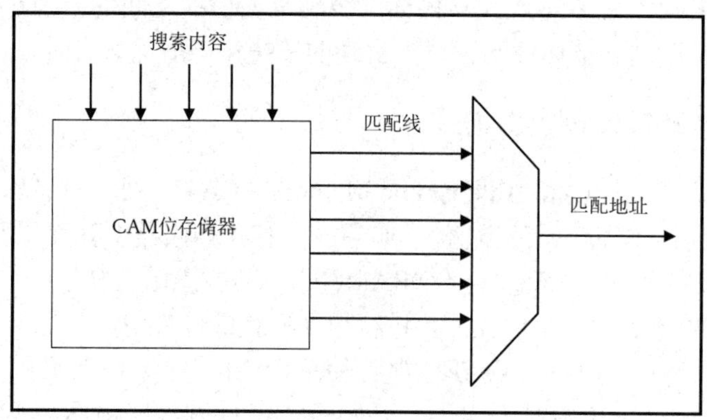

图11.10 CAM的一般结构

三态内容可寻址存储器（Ternary CAM）

我们前面介绍的CAM是二值的，所查找的非1即0。此外还有一种CAM，被称为三态内容可寻址存储器（Ternary CAM，TCAM），能够查找三种比特值（1、0和X），X表示无关值。例如，我们要查找111**00**、111**01**、111**10**或111**11**这4个值，它们具有相同的查找结果。如果我们使用二值CAM，那么需要在CAM中存储4个表项，每一项的查找结果相同。然而，使用TCAM时，可以只建立一个表项（111XX），当高三位相同时就可以产生匹配结果，不需要关心低两位的值。TCAM可用于存储网络中的路由表，此时一个网段所对应的一组地址都去往一个端口，只需要在TCAM中建立一个表项就可以了。

11.2.9 CAM的Verilog模型

在本节中，我们将给出一个CAM的行为模型和一个概念化的以太网帧处理器模型，以太网帧处理器将所接收MAC帧的源地址储存在CAM中，用MAC帧的目的地址查找CAM，并根据查找结果将分组转发到对应的输出端口去。

以下是一个概念性化的帧处理引擎。

```
module          pkt_processor
                # (parameter     CAM_WIDTH = 48,
                                 CAM_DEPTH = 8,
                                 CAM_PTR        = 3)
                (clk, rstb,
                got_newpkt,
                DA_Address, SA_Address,
                ingress_portnum,
                search, contents,
                match, match_address,
                valid_status,
                srch_empty_loc, got_empty_loc,
                camaddr_empty,
                write_tocam, wr_addr,
                evict_one_loc,
                camaddr_evict,
                got_oneloc_evicted,
                wrdata_ram,
                read_ram, write_ram);
input                           clk;
input                           rstb;
input                           got_newpkt;
input   [(CAM_WIDTH -1) :0]     DA_Address;
input   [(CAM_WIDTH -1) :0]     SA_Address;
input   [4:0]                   ingress_portnum;
output                          search;
output  [(CAM_WIDTH -1) :0]     contents;
input                           match;
input   [CAM_PTR -1:0]          match_address;
input   [0:(CAM_DEPTH -1)]      valid_status;
output                          srch_empty_loc;
input                           got_empty_loc;
input   [CAM_PTR -1:0]          camaddr_empty;
output                          write_tocam;
output  [CAM_PTR -1:0]          wr_addr;
output                          evict_one_loc;
input   [CAM_PTR -1:0]          camaddr_evict;
input                           got_oneloc_evicted;
output  [4:0]                   wrdata_ram;
output                          read_ram;
output                          write_ram;
// *******************************************************
localparam      IDLE                = 2'b00,
                EVAL_SRCH_RESLTS = 2'b01,
                EVICT               = 2'b10,
                FIND_EMPTY_LOC     = 2'b11;
// *******************************************************
reg     [1:0]                   state, state_nxt;
reg                             search, write_tocam, srch_empty_loc;
reg                             evict_one_loc;
reg     [CAM_PTR -1:0]          wr_addr;
wire    [0:(CAM_DEPTH -1)]      all_ones;
reg     [(CAM_WIDTH -1) :0]     contents;
reg     [4:0]                   wrdata_ram;
reg                             read_ram;
reg                             write_ram;

assign  all_ones = {CAM_DEPTH{1'b1}};
```

```
always @*
 begin
        state_nxt       = state;
        search          = 1'b0;
        write_tocam     = 1'b0;
        srch_empty_loc = 1'b0;
        wr_addr         = 'd0;
        evict_one_loc   = 1'b0;
        contents        = 'd0;
        wrdata_ram      = 'd0;
        read_ram        = 1'b0;
        write_ram       = 1'b0;

        case(state)
        IDLE: begin
                if (got_newpkt)
                 begin
                        search    = 1'b1;
                        contents  = DA_Address;
                        state_nxt = EVAL_SRCH_RESLTS;
                 end
        end

        EVAL_SRCH_RESLTS: begin
                if (match)
                 begin
                        state_nxt        = IDLE;
                        read_ram         = 1'b1;
                        wr_addr          = match_address;
                 end
                else if (valid_status == all_ones)
                 begin
                        state_nxt        = EVICT;
                        evict_one_loc    = 1'b1;
                 end
                else
                 begin
                        state_nxt        = FIND_EMPTY_LOC;
                        srch_empty_loc = 1'b1;
                 end
        end

        EVICT: begin
                if (got_oneloc_evicted)
                 begin
                        write_tocam      = 1'b1;
                        wr_addr          = camaddr_evict;
                        contents         = SA_Address;
                        write_ram        = 1'b1;
                        wrdata_ram       = ingress_portnum;
                        state_nxt        = IDLE;
                 end
        end

        FIND_EMPTY_LOC: begin
                if (got_empty_loc)
                 begin
                        write_tocam      = 1'b1;
                        wr_addr          = camaddr_empty;
                        contents         = SA_Address;
                        write_ram        = 1'b1;
```

```
                    wrdata_ram      = ingress_portnum;
                    state_nxt       = IDLE;
                end
        end

        default: begin end
        endcase
 end

always @(posedge clk or negedge rstb)
 begin
        if (!rstb)
                state     <= IDLE;
        else
                state     <= state_nxt;
 end
endmodule
```

以下是一个CAM的行为模型。

```
module      cam_mem #(parameterCAM_DEPTH  = 8,
                                CAM_WIDTH  = 48,
                                CAM_PTR    = 3)
            (clk,
            search,
            contents,
            match,
            match_address,
            valid_status,
            write_tocam,
            wr_addr,
            srch_empty_loc,
            got_empty_loc,
            camaddr_empty,
            evict_one_loc,
            camaddr_evict,
            got_oneloc_evicted);
// *****************************************************************
input                          clk;
input                          search;
input   [(CAM_WIDTH -1) :0]    contents;
output                         match;
output  [CAM_PTR -1:0]         match_address;
output  [0:(CAM_DEPTH -1)]     valid_status;
input                          write_tocam;
input   [CAM_PTR -1:0]         wr_addr;
input                          srch_empty_loc;
output                         got_empty_loc;
output  [CAM_PTR -1:0]         camaddr_empty;
input                          evict_one_loc;
output  [CAM_PTR -1:0]         camaddr_evict;
output                         got_oneloc_evicted;
// *****************************************************************
reg     [(CAM_WIDTH -1) :0]    cam     [0:(CAM_DEPTH -1)];
reg     [0:(CAM_DEPTH -1)]     valid_status;
reg     [CAM_PTR -1:0]         camaddr_empty;
reg     [CAM_PTR -1:0]         match_address;
reg                            match;
reg     [CAM_PTR -1:0]         camaddr_evict;
reg                            got_oneloc_evicted;
reg                            got_empty_loc;
```

```
// initializes the CAM
integer          i;
initial
 begin
       for (i = 0;  i < CAM_DEPTH;  i = i +1)
        begin
              valid_status[i]     = 1'b0;
              cam[i]              = 'd0;
        end
 end

// Performs write to the CAM
always  @(posedge clk)
 begin
       if (write_tocam)
        begin
              cam[wr_addr]                = contents;
              valid_status[wr_addr]       = 1'b1;
              $display ("Writing a new SA_Address to CAM location=
                        %d", wr_addr);
        end
 end

// Searches CAM for possible match
integer          j;
always  @(posedge clk)
 begin
       match              = 1'b0;
       match_address      = j;
       if (search)
        begin
              for (j = 0;  j < CAM_DEPTH;  j = j +1)
               begin
                     if ((contents === cam[j]) && (!match))
                      begin
                       $display ("contents match CAM location= %d", j);
                       match    = 1'b1;
                       match_address  = j;
                      end
               end
              if (!match)
                $display ("contents do not match any location in CAM");
        end
 end

// Looks for empty location in the CAM
// ************************************
always  @(posedge clk)
 begin
       if (srch_empty_loc)
        begin
              if (!valid_status[0]) begin
                     got_empty_loc    = 1'b1;
                     camaddr_empty  = 'd0;
               end
              else if (!valid_status[1]) begin
                     got_empty_loc    = 1'b1;
                     camaddr_empty  = 'd1;
               end
              else if (!valid_status[2]) begin
                     got_empty_loc    = 1'b1;
```

```
                        camaddr_empty  = 'd2;
                    end
                    else if (!valid_status[3]) begin
                        got_empty_loc    = 1'b1;
                        camaddr_empty  = 'd3;
                    end
                    else if (!valid_status[4]) begin
                        got_empty_loc    = 1'b1;
                        camaddr_empty  = 'd4;
                    end
                    else if (!valid_status[5]) begin
                        got_empty_loc    = 1'b1;
                        camaddr_empty  = 'd5;
                    end
                    else if (!valid_status[6]) begin
                        got_empty_loc    = 1'b1;
                        camaddr_empty  = 'd6;
                    end
                    else if (!valid_status[7]) begin
                        got_empty_loc    = 1'b1;
                        camaddr_empty  = 'd7;
                    end
                end
            else
                    got_empty_loc    = 1'b0;
  end

// When CAM is full, it evicts one location for a new entry
// ***************************************************
always  @(posedge clk)
 begin
        if (evict_one_loc)
          begin
                got_oneloc_evicted          = 1'b1;
                camaddr_evict                   = ($random% CAM_DEPTH);
                $display ("Got one location evicted@ address = %d",
                          camaddr_evict);
          end
        else
                got_oneloc_evicted          = 1'b0;
 end
endmodule
```

以下是包含所有子模块的顶层模块。

```
module          pkt_processor_top
                #( parameter    CAM_WIDTH  = 48,
                                CAM_DEPTH  = 8,
                                CAM_PTR       = 3)
                (clk,
                rstb,
                got_newpkt,
                DA_Address,
                SA_Address,
                ingress_portnum);
// ***************************************************
input                                   clk;
input                                   rstb;
```

```
input                           got_newpkt;
input   [(CAM_WIDTH -1) :0]     DA_Address;
input   [(CAM_WIDTH -1) :0]     SA_Address;
input   [4:0]                   ingress_portnum;

wire    [(CAM_WIDTH -1) :0]     contents;
wire    [CAM_PTR -1:0]          match_address;
wire    [0:(CAM_DEPTH -1)]      valid_status;
wire    [CAM_PTR -1:0]          camaddr_empty;
wire    [CAM_PTR -1:0]          wr_addr;
wire    [CAM_PTR -1:0] camaddr_evict;
wire    [4:0]           wrdata_ram;
wire                    read_ram;
wire                    write_ram;
wire    [4:0]           ram_rddata;
wire    [4:0]           ingress_portnum;
// ************************************************************
pkt_processor  #(.CAM_DEPTH         (CAM_DEPTH),
                 .CAM_WIDTH         (CAM_WIDTH),
                 .CAM_PTR           (CAM_PTR))
               pkt_processor_0
               (
               .clk                 (clk),
               .rstb                (rstb),
               .got_newpkt          (got_newpkt),
               .DA_Address          (DA_Address),
               .SA_Address          (SA_Address),
               . ingress_portnum    (ingress_portnum),
               .search              (search),
               .contents            (contents),
               .match               (match),
               .match_address       (match_address),
               .valid_status        (valid_status),
               .srch_empty_loc      (srch_empty_loc),
               .got_empty_loc       (got_empty_loc),
               .camaddr_empty       (camaddr_empty),
               .write_tocam         (write_tocam),
               .wr_addr             (wr_addr),
               .evict_one_loc       (evict_one_loc),
               .camaddr_evict       (camaddr_evict),
               .got_oneloc_evicted  (got_oneloc_evicted),
               .wrdata_ram          (wrdata_ram),
               .read_ram            (read_ram),
               .write_ram           (write_ram));

cam_mem        #(.CAM_DEPTH         (CAM_DEPTH),
                 .CAM_WIDTH         (CAM_WIDTH),
                 .CAM_PTR           (CAM_PTR))
               cam_mem_0
               (
               .clk                 (clk),
               .search              (search),
               .contents            (contents),
               .match               (match),
               .match_address       (match_address),
               .valid_status        (valid_status),
               .write_tocam         (write_tocam),
               .wr_addr             (wr_addr),
               .srch_empty_loc      (srch_empty_loc),
               .got_empty_loc       (got_empty_loc),
               .camaddr_empty       (camaddr_empty),
               .evict_one_loc       (evict_one_loc),
```

```
                .camaddr_evict          (camaddr_evict),
                .got_oneloc_evicted     (got_oneloc_evicted));

sram            # (.FIFO_PTR  (CAM_PTR),
                   .FIFO_WIDTH          (CAM_WIDTH))
                sram_0
                (.wrclk                 (clk),
                .wren                   (write_ram),
                .wrptr                  (wr_addr),
                .wrdata                 (wrdata_ram),
                .rdclk                  (clk),
                .rden                   (read_ram),
                .rdptr                  (wr_addr),
                .rddata                 (ram_rddata));
endmodule
```

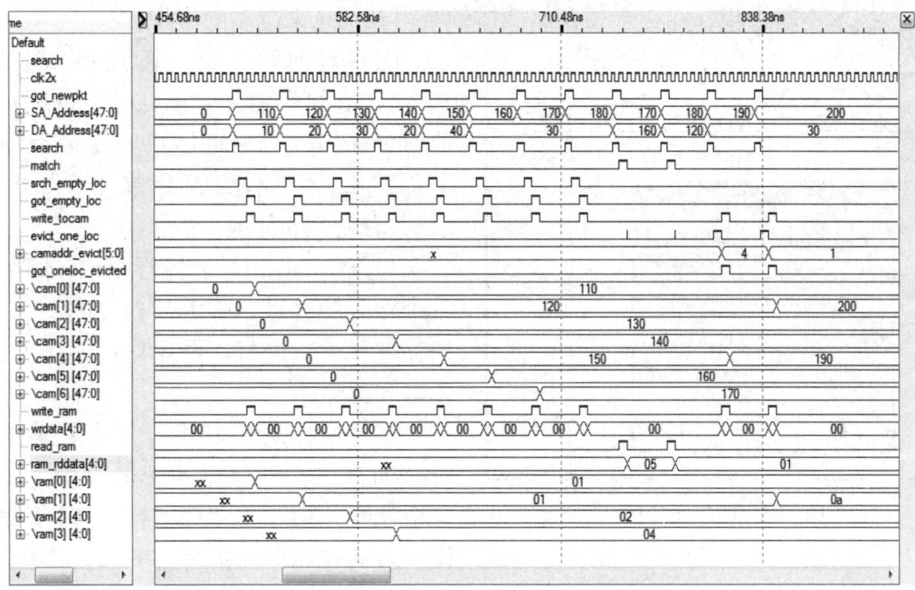

11.2.10　ROM、PROM、EPROM和EEPROM

ROM

ROM（Read Only Memory）代表只读存储器。ROM是由一个“与”平面和一个“或”平面构成的。根据输入地址值，ROM输出所读出的内容。它主要被用于实现查找表功能。早期的ROM只能在制造过程中进行一次性的编程，用户不能使用它来定义自己所需的查找功能。

PROM

ROM之后出现了PROM，PROM的含义是可编程ROM（Programmable ROM）。用户可以定义自己的查找功能，但仍然只能对其进行一次编程。它提供了一定的灵活性，但如果用户想改变存储的内容，那就需要使用另一块PROM芯片了。

EPROM

在PROM之后出现了EPROM。EPROM的含义是可擦除PROM（Erasable PROM）。EPROM芯片可以在紫外线光源的照射下进行内容擦除。每块EPROM芯片顶部都有一个透明的“窗口”，用于进行紫外线照射。EPROM芯片可以擦除很多次，也可以相应地多次写入新数据。

EEPROM

在EPROM之后出现了EEPROM（Electrically Erasable PROM，电可擦除PROM）。EEPROM芯片可以通过电信号进行擦除，不再需要使用紫外线光源。电子擦除更加方便，可以用PC机通过其USB接口轻松地对EEPROM芯片编程。

闪存（Flash Memory）是EEPROM的一种，其工作原理和平常的EEPROM相似，但能够进行快速擦除。闪存通常被用于实现固态盘（Solid State Drives，SSD）。本章后面将进一步介绍闪存和固态盘。

11.2.11　闪存

NAND型闪存是一种非易失的存储器，它可以在电源关闭之后仍然保存原有的数据，这与DRAM和SRAM完全不同。闪存是Fujio Masuoka博士在1984年发明的。NAND型闪存经过多年发展，技术不断进步，并在永久存储载体领域得到了越来越多的应用。

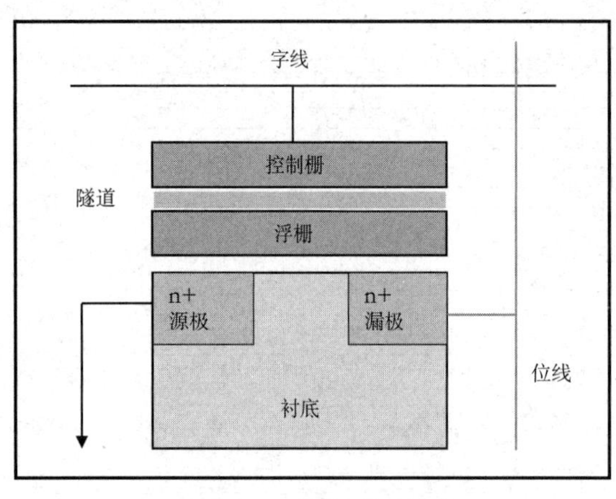

图11.11　闪存的单元结构

闪存有两种类型：基于NAND的闪存和基于NOR的闪存。NAND型闪存具有更高的存储密度，今后可能更容易被市场接受。下面将介绍基本的闪存单元（如图11.11所示），看它是如何操作的。

与正常的CMOS晶体管相比，闪存单元有一个额外的栅极，称为浮栅（floating gate）。闪存单元可以进行三种操作：编程（写入）、读出和擦除。

芯片应用之初或执行完擦除操作之后，所有闪存单元中存储的逻辑值均为“1”。向一个比特位中写入“1”时，不需要做任何操作。当向存储单元中写“0”时，电子在控制栅和浮栅之间的隧道内穿行，这代表逻辑值“0”。电子在隧道中被捕获，并长时间停留，从而实现了永久储存。当我们说永久时，意味着在关闭电源之后电子仍然停留在那里，虽然电子也会非常缓慢地泄露，但完全放电需要数年的时间。

与DRAM或硬盘相比，闪存有一个特别之处：在擦除之前不能够再次写入。这意味着每一次写入/编程之后，需要进行擦除，然后才能够写入新的数据。闪存内部的存储单元包括单层单元（Single-Level Cell，SLC）、多层单元（Multi-Level Cell，MLC）和三层单元（Triple-Level Cell，TLC）三类。在SLC中，使用两个电平代表逻辑1和逻辑0。MLC中有四种电平，能够储存四种逻辑状态（00、01、10和11）。

TLC有8种电平，可以表示8种逻辑状态（000、001、010、011、100、101、110和111）。这意味着MLC和TLC提供了更高的存储密度。但是，对于MLC和TLC，随着存储密度的提高和电平的增加，其噪声裕量变小了。这导致与SLC相比，MLC和TLC可靠性更低，更容易出现差错。图11.12中展示了SLC、MLC和TLC的电平与逻辑状态。在SSD控制器一节中，我们将讨论智能控制器设计技术是怎样补偿MLC和TLC中出现的差错的。

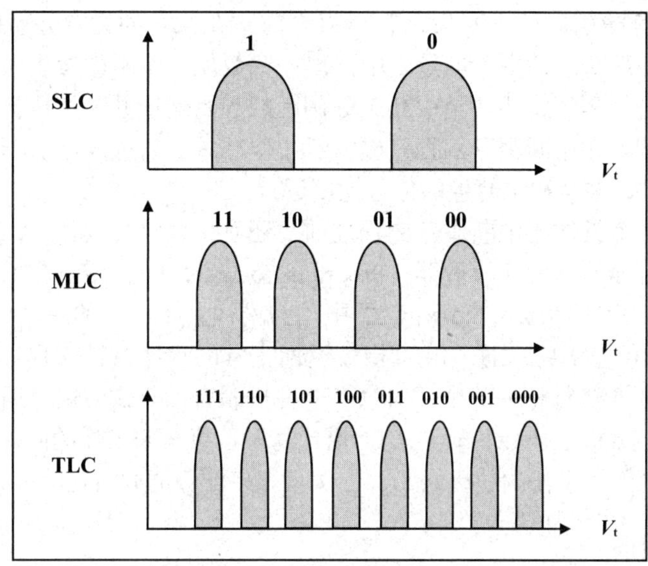

图11.12　SLC、MLC和TLC的电平与逻辑状态

11.3　中断

中断是计算机系统中所使用的一种工作机制，I/O外围设备、软件应用程序或CPU自身都可以通过向CPU发送一条信号或一条消息表示它需要被引起关注。中断是I/O外围设备与CPU之间的一种交流方式，发出关注请求有时候是因为一些正常事件，如设备完成了一项任务并申请更多的事情去做；有时候是因为遇到一些困难或异常需要被处理，如CPU试图将一个数除以0。

想到中断时，我们头脑中常常会出现一个负面印象。没有人喜欢被中断。但是，在计算机系统中，各个部分都需要顺畅、协调地工作，大老板（CPU）需要找出一种方式进行交流。一种做法是采用轮询方式——别喊我、我会叫你的。此时，CPU不得不频繁读取设备内部的状态以获悉某件事情是否已准备就绪。接下来，我们很快会发现轮询不是一种高效通信方式。

以键盘操作为例。当我们打字时，字母和单词不仅需要存储至文件，而且需要显示到显视器上。CPU不得不周期性地轮询键盘是否键入了新的字母。这种方式效率非常低，因为CPU不得不花费大量时间反复轮询键盘操作。可以想象到，如果有大量的设备和软件程序需要轮询，CPU将陷入泥淖，运行速度被大大减缓。反过来，CPU会说，当你需要我的关注时再提醒（中断）我吧，那样我就不会疯掉了。

11.3.1　中断不同部分

我们已经讨论了为何中断机制比轮询机制更为优越。接下来我们需要理解中断机制的各个组成部分。我们在前面介绍过，中断可以由I/O外围设备、软件或处理器产生。下面，我们将关注I/O设备所产生的中断及其处理。当设备产生一个中断时，处理器的INTR引脚上的信号将变为有效，表示有中断产生。实际上，来自不同I/O设备的各种中断通过中断路由器汇集和处理后，由中断路由器统一向CPU的INTR引脚发出中断信号。

CPU收到来自INTR引脚的中断后，它结束当前正在执行的指令并暂停执行后续指令。CPU会根据中断号，从对应的中断向量表中读出一些数值。中断向量表中包含有中断服务例程在存储器中的地址。程序将跳转至中断服务例程的起始地址并开始执行。每个中断都有其各自的中断服务例程。在中断服务例程完成中断操作之后，通过执行IRET指令，CPU返回到正常的执行流程之中，并从原来暂停的位置恢复运行。

CPU在跳转至一个具体的中断服务例程之前，还有一些事情要做。CPU执行一个任务时会涉及一组内部寄存器，如程序计数器（Program Counter，PC）等。CPU将所有与任务执行有关的上下文信息储存（即压入）到存储器中称为堆栈（stack）的一个特定区域中。当ISR（中断服务程序）执行完毕后，通过IRET指令返回正常的程序执行流程，CPU将从堆栈中取回（即弹出）与原任务执行相关的全部信息。这种机制有助于CPU快速返回并开展工作，也被称为上下文切换（context switching）。CPU堪比一个从事全职工作的同时仍然能够完美地处理好各项家务和养育孩子重任的超级妈妈，在执行很多任务的同时还能够处理中断请求。

11.3.2 中断向量表

中断向量表最多可以储存256个中断向量——0至255。在实模式下，每个表项或入口占据4字节，中断向量表位于存储器中地址值最低的1 K字节。在保护模式下，每个表项占8字节，中断向量表可以位于内存中的任何位置。中断向量表中不含有中断服务例程，仅仅给出它们在内存中存储的地址，它担当了中断服务例程的指针。当中断路由器芯片向CPU通过INTR引脚发出中断请求时，CPU并不知道具体的中断号。CPU随后向中断路由器发出中断确认，并取得中断号。考虑到有多个设备需要中断服务，必须给不同的中断设备分配不同的中断编号。

例如，设备B向中断路由器发出中断请求，中断路由器随后将INTR引脚置为有效，接着CPU向中断路由器发出INTA作为回应。中断路由器将中断编号32提供给CPU，CPU据此从中断向量表中读出第32个中断表项（每个表项均为8字节）。这8字节包括设备B对应ISR的起始地址和一些其他相关信息。CPU随后将从中断向量表中读取出来的ISR 32的起始地址载入程序计数器中，如图11.13所示。

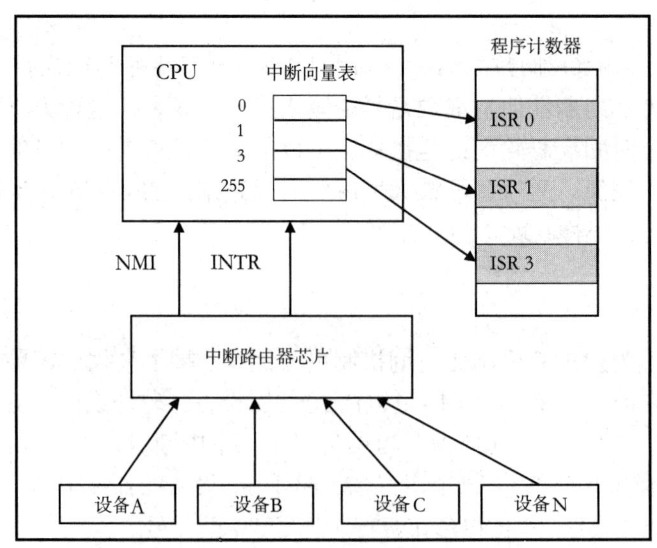

图11.13 中断路由机制

在255个中断中，编号较小的几个由处理器使用，其余的由I/O设备和软件程序使用。通常，中断编号越小则中断优先级越高。下表列出了一些常用的中断向量编号。

中断向量号	中断描述
00h	被零除
01h	调试器
02h	不可屏蔽中断（NMI）
03h	断点
04h	溢出
05h	越界
06h	非法操作码
07h	协处理器未就绪
08h	双重故障
70h	实时时钟（Real Time Clock，RTC）
255	

11.3.3 I/O设备产生的中断

I/O设备（鼠标、键盘、硬盘、PCIe适配卡和局域网卡等）有两种产生中断的方式——通过专用的中断信号或通过发送中断消息（Message Signal Interrupts，MSI）。通过专用信号发出中断请求是延续传统的做法，通过发送中断消息是较新的方式。传统设备通过IRQ引脚（如IRQ0至IRQ15）产生中断。PCI设备通过4个中断引脚（INTA#、INTB#、INTC#和INTD#）产生中断。

一个PCI设备最多可以使用4个中断引脚。如果PCI设备有一项功能，它就需要使用INTA# 引脚。如果PCI设备具有多于一项功能，那么它就需要使用两个引脚，即需要INTA#和INTB#，以此类推。在早期的PC中，会使用Intel 8259中断控制器对各种IRQ和INTx输入进行汇集和管理，并驱动处理器的INTR和NMI引脚。目前，Intel 8259已经被高级可编程中断控制器（Advanced Programmable Interrupt Controller，APIC）所替代。

11.3.4 高级可编程中断控制器

APIC由一个或多个Local-APIC（本地APIC）与一个或多个IO-APIC构成，如图11.14所示。每个处理器内部都有一个Local-APIC。IO-APIC将来自外围设备的中断收集整理后交给处理器。可以有1个或多个IO-APIC，它们可以被集成到芯片组中，不以多个单独芯片的方式存在。

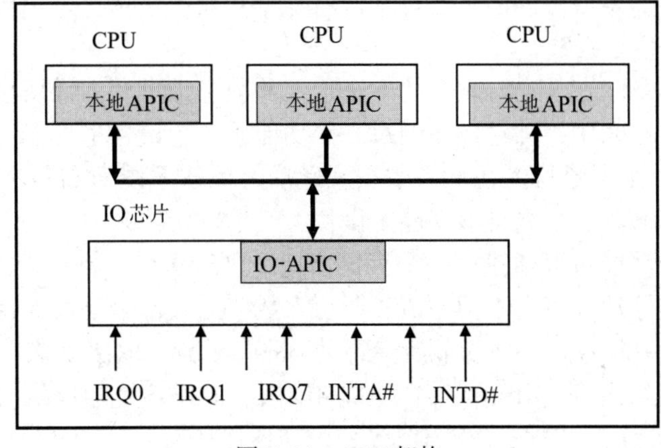

图11.14 APIC架构

APIC之间的通信通过APIC总线进行。当一个APIC想将中断向量号传递给处理器时，它首先通过仲裁取得APIC总线的访问权限。APIC获得权限后，它将中断号放入总线上，目标CPU将获悉中断的到来并抓取该中断向量号。

11.3.5 INTx中断共享

即使PCI设备最多可以用到4个中断引脚（INTA#、INTB#、INTC#和INTD#），但是在系统中有许多PCI设备时仍然不够用。在主板上，多个PCI设备以漏极开路方式共享INTx#引脚，如图11.15所示。INTx#是连接在一起的漏极开路信号，通过上拉电阻连接到电源上。当没有中断源驱动INTx#引脚时，引脚上的信号电平由于上拉电阻的存在而为1。如果有一个或者多个信号源输出0电平时，该引脚电平将变为0。

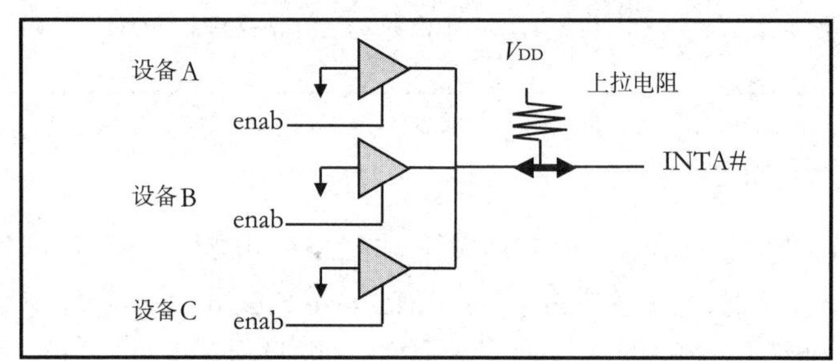

图11.15 INTx中断共享

当多个设备共享一个INTx引脚时，各个ISR在存储中构成一条链。例如，设备A和设备B都驱动了INTA#引脚，设备C没有驱动该引脚。IO-APIC将中断向量号传递给CPU，CPU就将运行该中断向量对应的ISR。软件知道多少个设备共享此中断向量，并将这些设备的ISR根据预先约定的优先级依次链接起来。比如说，设备A的ISR在这条链的最前面，它将最先执行。

当执行设备A的ISR时，设备A内的挂起/状态位被清零，使设备A停止驱动INTA#引脚。CPU接着运行设备B的ISR，设备B的ISR执行完结之后，CPU将运行设备C的ISR。它将读取设备C内的中断挂起状态位并发现其值为0，说明其没有发出中断申请，因此退出设备C的ISR。此后CPU将从ISR的执行中退出，重新进入原来的指令执行过程。

11.3.6 MSI中断

MSI（Message Signaled Interrupt）代表消息式中断。对于MSI，设备不再通过某个INTx#引脚发起中断申请，而是通过向内存进行一次写操作来发出申请。每个设备如何知道该向哪个内存地址写入什么信息呢？

上电之后，操作系统在某一时刻会将一个特定的内存地址写入设备内部。事实上，在设备内部的配置寄存器空间中，针对设备的每一项功能（一个设备里可能完成多项功能）都有一个寄存器用于供操作系统写入地址和数据。此后，操作系统对与每项功能对应的被称为MSI_en的比特位进行置位，以允许该功能（设备）产生MSI中断。

设备中的每一项功能可以通过向一个存储器地址进行多个写操作而产生多个MSI中断，不过每次须向该存储器地址写入不同的值。所写入数值的大部分字段保持相同，仅较低位不同，它们依赖于MSI中断号。一项功能所允许的MSI中断数，取决于该功能和操作系统之间的协商过程。该功能给出发送MSI消息个数的期望值，操作系统随后给出允许中断请求数目的上限，该值至少应为1。如图11.16所示为MSI中断传递过程。

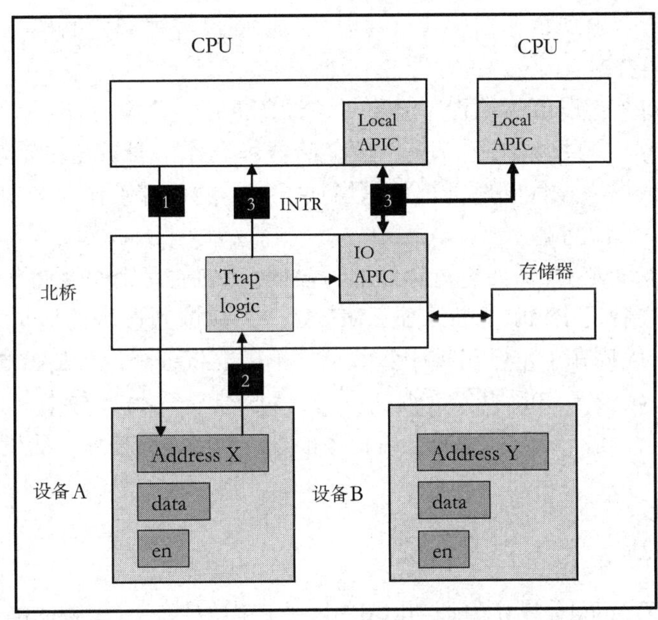

图11.16　MSI中断传递过程

第1步

- CPU向设备中的地址寄存器写入一个个特定的地址。
- 然后将一个数值写入数据寄存器。
- 最后向MSI_en位写入1。
- 如果一个PCI设备中有多项功能，那么CPU将它们视为不同的实体，必须将特定的地址写入每个功能对应的寄存器中。
- 这时候，设备中的各个功能已经做好准备，可以产生单个或多个MSI中断了。
- 我们正在使用设备就意味着每个功能的存在。

第2步

- 当设备中出现内部中断事件时，设备会产生一个对内存中指定地址的写操作。
- 存储器写操作的地址是操作系统原来写入设备内部中断专用地址寄存器中的地址值。
- 存储器写操作中写入的数据是原来写入设备内部中断专用数据寄存器中的值。

第3步

- 当存储器写操作到达北桥芯片时，北桥将捕获该存储器写操作，不会允许其对内存进行实际操作。
- 同样，在第1步期间，操作系统将所有设备期望的存储器地址值写入北桥内部的寄存器中。
- 北桥将存储器写操作的地址与所捕获的值进行比较并阻止对内存的写操作。
- 然后，它能够驱动CPU的INTR引脚，或者通过APIC总线向CPU发送中断号。

MSI中断机制是一种新型的中断传递方式，现在已经使用过一段时间了。与使用INTR引脚相比，它具有很多优势。首先，它减少了引脚数量，因为MSI本质上就是存储器写操作，不需要任何额外的引脚。另外，当使用INTR引脚时可能潜在地出现数据一致性问题。例如，I/O设备将数据写入存储器，然后向其驱动程序发出中断。因为数据传递和INTR引脚驱动是异步事件，可能会出现数据到达其目的地之前中断已经先到达的情况。这可能会造成设备驱动程序读取错误数据。

为了克服这一问题，设备驱动程序需要对该设备进行一次哑存储器读操作，其结果是促使设备将所有存储器中的数据向上提交，哑存储器读操作本身读出的数据可以被忽略。这样就解决了INTx的数据一致性问题，代价是增加了额外的处理工作。使用MSI进行中断传递时，没有这种数据一致性问题。

正常的数据传送和MSI都需要进行存储器写操作。PCI的写操作遵循严格的传递顺序。如果在数据传送完成之后发出MSI中断，那么MSI只会在数据到达目的地之后自己才会抵达目的地。MSI的另一个优势在于不会出现中断共享，不需要将各个设备的ISR链接起来。这有助于更快地执行ISR，减少了中断服务延迟。不过，MSI会引入另一种中断延迟，因为只有当MSI消息之前的所有存储器访问都完成之后，才能处理MSI存储操作，否则MSI消息不会传递给CPU。

11.3.7 MSI-X中断

MSI-X（MSI eXtended）操作原理与MSI中断传递类似。它采用相同的存储器写操作，操作的地址和数据由操作系统提供。二者的主要不同之处在于容量，即每项功能可以传递的中断数。针对每个功能，MSI可以支持最多32个中断，而MSI-X可以支持多达2048个中断。

为了支持如此大量的中断（可多达2048个），MSI-X要求产生中断的设备在自己的存储空间中建立一张表格来存储每个中断特定的地址和数据。相比较而言，MSI只需要一个地址寄存器和一个数据寄存器，不需要一张大表格。MSI-X向量实现更为复杂，可用于多处理器系统中，这类系统支持多项功能，需要大量的中断。

11.3.8 中断聚合

中断聚合（interrupt coalescing）是将多个内部中断事件合并起来产生一次中断而不是每个事件各自产生一次中断的机制。以网卡（Network Interface Card，NIC）为例，它接收报文并向CPU发出中断，请求CPU的处理。它可以在每接收到一个报文之后发出一次中断，也可以在接收到多个报文之后发出一次中断。

在很多现代IO协议中都会使用中断聚合功能，如SATA AHCI和NVM Express协议。当系统负载沉重时，密集的中断会占用大量的CPU操作，造成系统运行缓慢。中断聚合有助于减少系统中的中断总体数量。需要注意的是，这种机制会增大中断处理的延迟。不过，鉴于这种机制能够有效减少对CPU的中断总量从而提升CPU的处理效率，这种延迟是可以接受的。

中断聚合的实现是用户可编程的。在第一次内部中断事件出现之后，控制逻辑启动一个定时器。当定时器计时结束或出现过n次内部事件之后（不论哪种情况先出现），中断都将产生。

11.3.9 中断产生的RTL示例

接下来我们将设计一个典型I/O设备中的中断产生器电路，下面是其详细设计规范。

- 有8个内部中断事件。
- 每个中断都有自己的中断使能控制位，通过将某个使能位置0，可以关闭相应的中断。

- 每一个中断都有自己的中断状态位。
- 整个设备有一个主中断使能位，将其置1时设备才能够发出中断。
- 有一个主中断挂起或状态位，其为1时表示有一个挂起的中断。
- 电路的输出是一个连接至其他模块的信号，用于产生INTx#或MSI中断。不过那部分逻辑在此处没有给出。
- ISR首先读取主中断状态位，如果它已置1，那么将读取下一个层次的所有中断的状态位。
- 它为所有中断状态位置1的中断提供服务。
- 当ISR开始处理中断时，它会首先清除各个低层次状态位，然后清除主中断状态位。

中断产生电路图如图11.17所示。

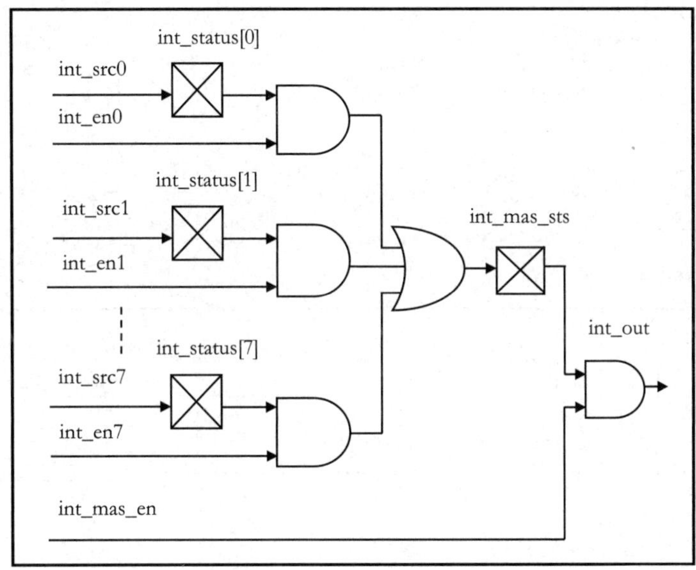

图11.17　中断产生电路图

代码及仿真结果如下。

```
module      intrpt_generator
            (clk, rstb,
            int_src, int_en,
            int_mas_en, clr_int_status,
            clr_mas_sts, int_out);
// *******************************************
input           clk;
input           rstb;
input   [7:0]   int_src;
input   [7:0]   int_en;
input   [7:0]   clr_int_status;
input           int_mas_en;
input           clr_mas_sts;
output          int_out;
reg     [7:0]   int_status;
wire    [7:0]   int_status_nxt;
reg             int_mas_sts;
wire            int_mas_sts_nxt;
wire            int_out;
wire            set_int_mas_sts;
```

```
generate
        genvar i;
        for (i=0; i<(8); i=i+1)
         begin
               assign int_status_nxt[i] = int_src[i] ? 1'b1 : (clr_int_status[i] ? 1'b0 :
                                                                   int_status[i]);
         end
endgenerate

assign  set_int_mas_sts = |(int_status & int_en);
assign  int_mas_sts_nxt = set_int_mas_sts ? 1'b1: (clr_mas_sts ? 1'b0 :
                                                   int_mas_sts);
assign  int_out = int_mas_sts & int_mas_en;

always  @(posedge clk or negedge rstb)
 begin
        if (!rstb)  begin
                int_status          <= 'd0;
                int_mas_sts         <= 1'b0;
        end
        else     begin
                int_status          <= int_status_nxt;
                int_mas_sts         <= int_mas_sts_nxt;
        end
 end
endmodule
```

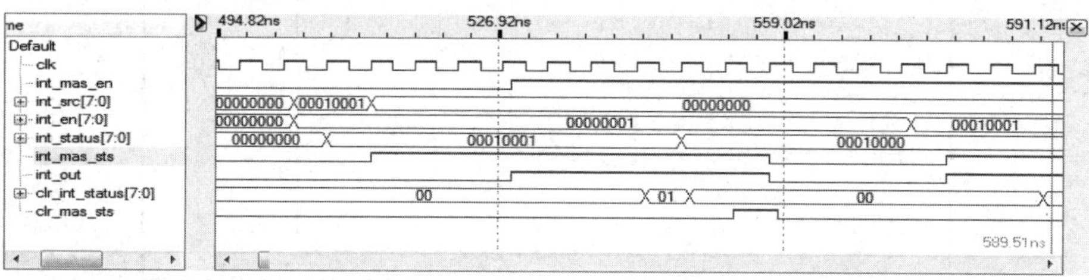

11.4 PIO（Programmed IO）模式的数据传送

在PIO模式下，CPU直接通过若干步骤进行数据传送，如图11.18所示。当一个设备希望从其本地存储器（FIFO）向内存传送数据时，需采取以下步骤：

- CPU不断轮询（读位于控制器内部的一个状态寄存器）以发现是否有数据需要读出。
- 当数据就绪（状态位已置位）时，CPU向该设备做读操作，从中读出数据。
- CPU将数据存储到其本地寄存器中。
- 最后，CPU向内存做一次存储器写操作。

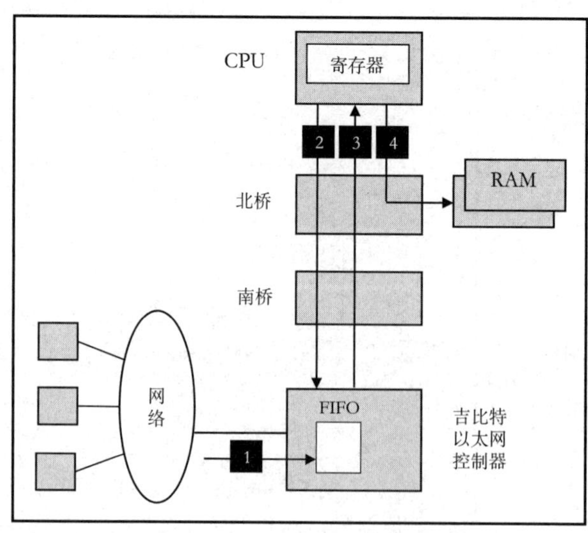

图11.18 PIO模式的数据传送

第1步，来自网络的数据进入吉比特位以太网控制器内部的先入先出存储器（First In First Out，FIFO）。

第2步，CPU向以太网控制器发出存储器读请求。

第3步，控制器将数据发送给CPU，CPU将其写入本地寄存器。

第4步，CPU将本地寄存器中的数据写入RAM。

正如我们所注意到的，这种模式涉及很多步骤，处理起来很慢。而且，Intel架构的计算机系统中，CPU一次读写只能对单个“双字”（DWORD，32比特为一个双字）进行操作，不支持突发（burst）模式的数据传输。PIO模式下，CPU自身被卷入数据传输之中，不能去执行其他重要任务。PIO模式的读写操作主要是用于控制目的，肯定不是在设备和存储器之间进行数据传输的高效方式。接下去将要讨论的直接存储器访问（DMA），可以按照突发模式进行大量的数据传输，最重要的是解放了CPU，让CPU能够执行其他更重要的任务。

11.5　直接存储器访问

11.5.1　什么是DMA

DMA（Direct Memory Access，直接存储器访问）是一种高效的数据传输机制。采用DMA机制时，外部设备可以在其内部存储器（FIFO）和内存（RAM）之间直接传输数据，同时不涉及CPU处理。DMA数据传输可以是从系统内存到设备内部存储器之间的，也可以是从设备内部到内存之间的。一般情况下，使用DMA传输模式的主要是千兆位以太网控制器、无线网卡、PCIe设备等高速外设，它们在外部网络和系统内存之间传输数据。

示例

我们从互联网下载文件时，数据通过千兆位以太网接口进入千兆位以太网控制器内部的FIFO。此后，控制器需要将这些数据写入系统内存中。类似地，当我们上传文件到互联网上时，以太网控制器需要先将文件数据从系统内存中读出并写入其内部存储器中，然后通过网线将数据发送到网络上。

DMA控制器可以出现在计算机系统中的任何地方，不是仅仅用于外围设备中。有些DMA控制器可以在两个分开的存储子系统之间搬移数据。

当我们说DMA不需要CPU参与就可以进行数据传送时，我们说的稍微有些不实。CPU需要对DMA控制器中的控制寄存器进行写操作，以设置DMA控制器的工作模式来使DMA开始进行操作，如图11.19所示。当然，这些操作相比于数据传输所需要的时间是非常少的。配置完成后,CPU将“开始”比特置1，DMA控制器能够在没有CPU参与的情况下长时间地进行双向数据传输。下一节将描述DMA操作中所采用的机制和步骤。

如图11.19所示为DMA写操作，具体步骤如下：

第1步，将来自网络的数据写入千兆位以太网控制器内部的FIFO中。

第2步，千兆位以太网控制器向RAM以突发方式写入数据。

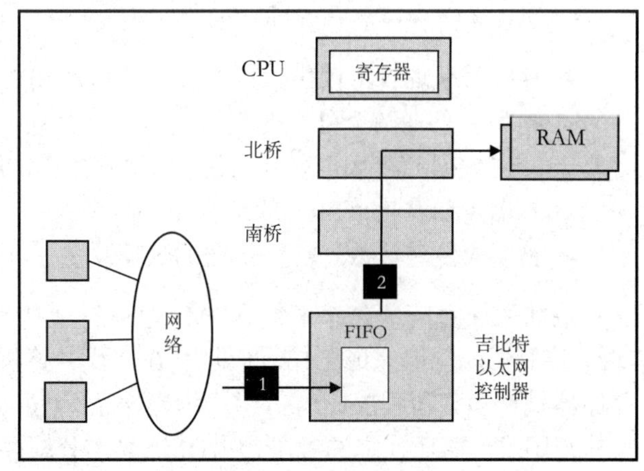

图11.19　DMA写操作

如图11.20所示为DMA读操作，具体步骤如下：

第1步，千兆位以太网控制器从内存中取得数据，写入其内部的FIFO中。

第2步，千兆位以太网控制器从FIFO中读出数据将其发送到网络上。

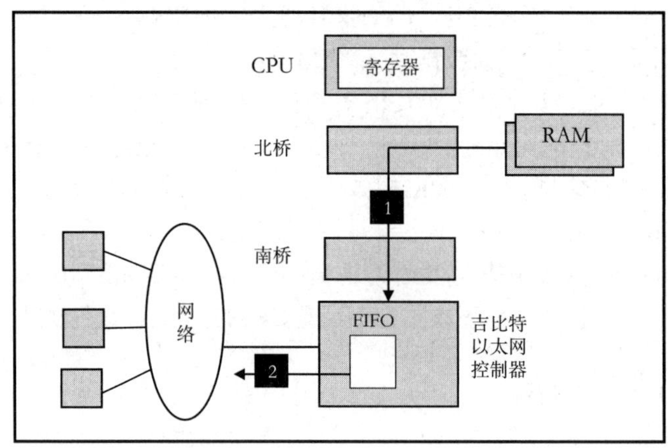

图11.20 DMA读操作

11.5.2 第三方、第一方DMA和RDMA

第三方DMA

第三方DMA是指独立的DMA代理，它可以为自身不具备DMA操作功能的设备提供DMA操作支持。Intel公司南桥中的8259 DMA控制器就是一个第三方DMA代理。8259具有多个通道，可以通过编程在外围设备和系统内存之间传输数据。

第一方DMA

第一方DMA是指自身能够开展DMA操作的设备，也可称为总线主DMA（master DMA）。它们不通过如8259类的第三方DMA代理传输数据。无线网卡、PCI Express设备和千兆位以太网控制器等都是第一方DMA的实例。

RDMA

RDMA是指远程DMA，主要在不同CPU的存储器和存储映射之间传输数据。

11.5.3 分/集式DMA

DMA在系统存储器和内部FIFO之间传输数据。对于这一操作，控制器需要知道以下情况。

- 存储器地址：待读出数据的存储器地址和数据需要写入的存储器地址。
  - 如果它在两个分立的存储器之间搬移数据，那么它需要知道两个地址——从何处读出数据和将数据写入何处。如果它搬移的数据来自或去往内部FIFO，那么DMA控制器需要知道该FIFO的地址。
- 长度或传送计数：需要传送的数据总量。

地址和长度信息合起来组成DMA描述符。从理论上说，我们只需知道起始地址和长度，DMA控制器就能够完成工作。但是，在现代计算机系统中，有大量的程序在并行执行，系统存储器被许多驻留程序同时占用。为操作系统写入或读出数据分配很大的连续存储器空间变得非常困难。取而代之的做法是为DMA操作分配多个小一些的存储块（chunk），典型的是4K

字节大小。这些存储块分散在内存的不同区域，需要使用多个DMA描述符，DMA操作的复杂度也随之提高了。如图11.21所示为分/集式DMA示意图。

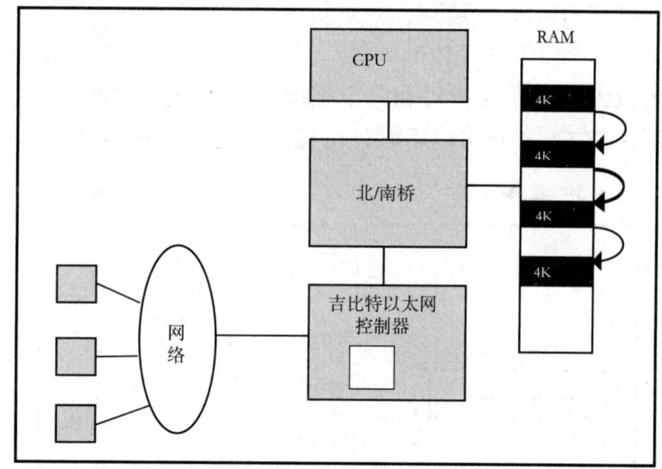

图11.21　分/集式DMA

11.5.4　DMA描述符

每个描述符中都包括起始地址和长度信息。DMA控制器一个时刻处理一个描述符，前一个描述符的数据搬移完成之后再移到下一个描述符上，依次持续处理，直到遇到最后一个描述符。描述符以链表形式链接起来，描述符中有一个比特位用于表明该描述符是否为链表上的最后一个：1表示还要继续，0表示终结。每一个描述符由若干个双字构成，且描述符的数量不固定。在最简单的形式中，描述符都位于RAM内一个连续的存储区域中，这被称为环形描述符结构。或者，描述符自身也是分散存储的，分别存储在内存中不连续的区域内。

11.5.5　环形描述符结构

环形描述符结构介绍如下。

- 设备驱动软件将第一个描述符的存储地址写入DMA控制器的寄存器中。
- 软件还将描述符的存储空间范围写入另一个寄存器中。
- DMA控制器读出第一个描述符，并找出数据传送的地址和长度。
- 下一个描述符存储在紧接着的下一个存储位置上，这是环形结构所隐含的。
- 有效指示位（valid bit），表明该描述符是否有效。
- 软件建立描述符并将它们以循环或环形方式写入连续的存储空间中。当达到该存储空间的末尾时，它将返回到起始位置。
- 硬件（控制器）持续对描述符存储空间进行读操作，当其读到描述符存储空间的末尾时，重新回到起始位置。
- 硬件连续读取描述符，直至描述符链上的最后一个（软件将最后一个描述符的链接指示位置0）。
- 软件通常事先写入许多有效的描述符。
- 硬件一般也会提前预取多个描述符，将它们存储在设备本地描述符FIFO中。事先读入一些描述符可以避免需要时缺乏可用的描述符而造成带宽浪费。

- 硬件还需要核查每一个描述符的有效指示位，以确保一个描述符是有效的。如果软件没有更新描述符（即有效指示位仍为0），而硬件在预取时读取了该描述符，那么必须将该描述符从本地描述符FIFO中清除，并重新读取该描述符，直至发现其有效指示位已置为1。这通常不会发生，但如果软件忙得不可开交或者被挂起，那么还是有可能发生的。
- 硬件和软件可以维护一个头指针和一个尾指针，从而软件能够精确地知道硬件位于描述符链中的哪一位置，并且可以将硬件已经读走的描述符的有效指示位置0。

如图11.22所示为环形描述符结构。

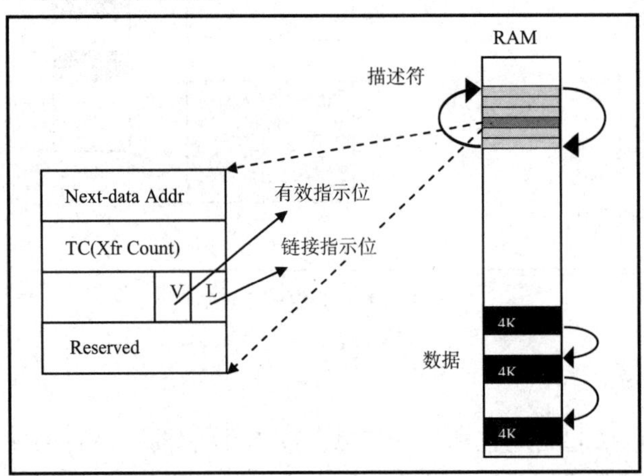

图11.22 环形描述符结构

11.5.6 链表描述符结构

链表结构与环形结构类似，但也有不同之处。

- 描述符没必要存储在连续的存储空间中。它们可以分散开来存储。
- 描述符中有一个字段，存储下一个描述符的地址。
- 当链接指示位为1时，控制器使用下一描述符地址字段取出下一个描述符。
- 如果有效指示位尚未置1，则控制器需再次读取该描述符直至发现该有效指示位已置1。
- 硬件继续取出描述符并加以处理，直至最后一个描述符。

如图11.23所示为链表描述符结构。

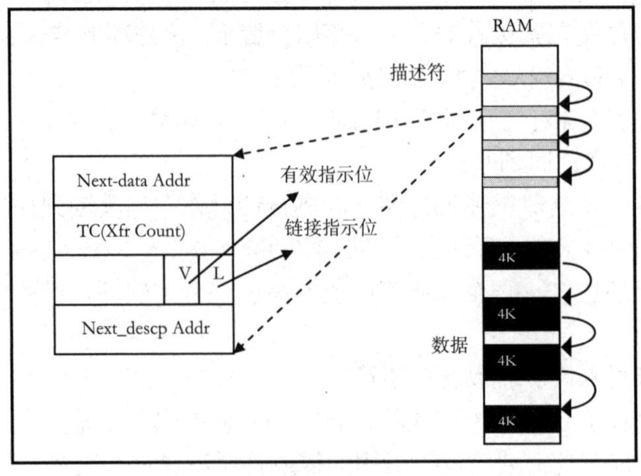

图11.23 链表描述符结构

11.5.7　DMA控制器的设计

我们将给出一个DMA控制器的内部结构和RTL模型，该DMA控制器将数据从本地FIFO中搬移到系统存储器中。该DMA控制器被划分成多个模块。

内部结构

DMA控制器顶层结构如图11.24所示。

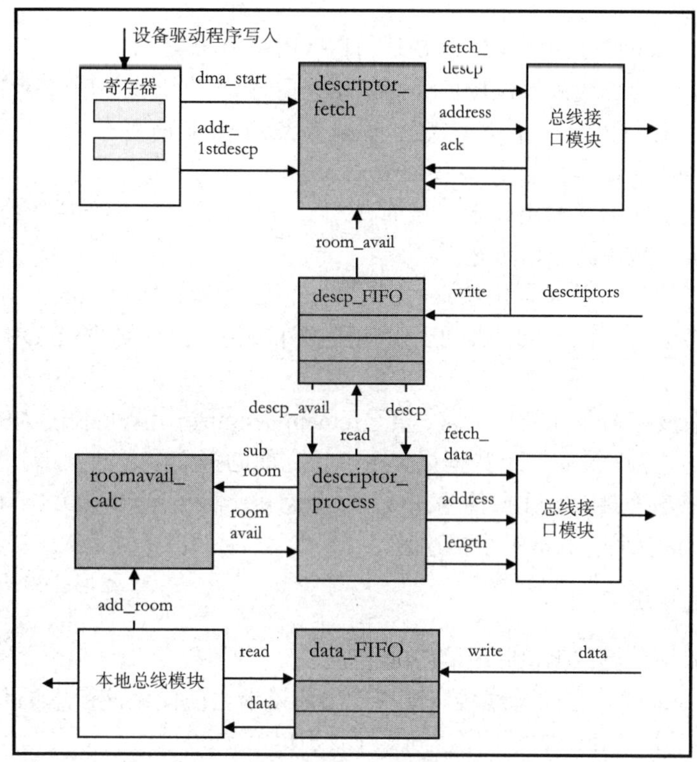

图11.24　DMA控制器顶层结构

模块描述

寄存器模块

该模块包含设备驱动程序和控制器之间通信所需的寄存器。寄存器中有第一个描述符的地址和dma_start位。该模块的Verilog代码在此就不列出了。

descriptor_fetch模块

该模块的功能是取出描述符并将它们储存至描述符FIFO中。

- 当软件向dma_start位写入1时，它将启动处理过程。
- 它向总线接口模块提供信息（起始地址和长度），此时需要与总线接口模块进行一次握手操作。
- 总线接口模块是通用的，在此也不提供其Verilog模型了。需要注意的是，总线接口模块最终形成存储器读请求并将该请求发送至存储器。
- read-completion数据将随后返回，并会被写入描述符FIFO。
- descriptor_fetch模块向总线接口单元发出请求之前需要先检查描述符FIFO中是否有可用的空间。

- 它持续取出描述符，直至链表中的最后一个描述符。

总线接口模块（一个用于描述符传输，一个用于数据传输）

- 从descriptor_fetch模块和descriptor_proc模块中取出相关的信息，形成存储器读请求。此处没有提供其RTL模型。

descriptor_proc模块

- 当descp_available为高电平时，从描述符FIFO中读出描述符。
- 通过握手信号向总线接口模块传递操作相关信息（数据地址和报文长度）。
- 在向总线接口模块发出请求之前，检查数据FIFO中是否有可用空间，至少要满足completion包的需要。
- 它能够以流水线形式发出请求，从而在发出下一个请求之前不必等待数据传输完成。这有助于极大地提高通信带宽。
- 每次它向总线接口单元发出请求时，它将产生一次subtract_room信号，用于在可用空间计算时减去相应的空间。必须当时就做这件事情，因为数据FIFO中的空间值在这一时刻被提交了。
- 它继续向总线接口单元发出请求，直至remain_length指示剩余长度为0。
- 对于一个描述符，最后一个数据报文可以比之前的报文小。
- 一旦一个描述符对应的数据传输完成了，状态机将回到空闲（IDLE）状态，并在descp_available为高电平时取下一个描述符。

roomavail_calc模块

- 本模块实时地计算数据FIFO中的空闲空间。
- descriptor_proc模块在向总线接口模块发出新请求之前使用该信息（进行判断）。
- 上电复位之后，FIFO中的可用空间等于该FIFO的深度。
- 每当descriptor_proc 提交一个报文，就从room_avail变量中减去与该报文长度相等的值。
- 局部总线接口模块从FIFO中读出数据，并将它发往下游交给另一个模块或内部总线。
- 每当从数据FIFO中读出一定的数据量时，都会向room_avail中增加同样的数值。

11.5.8 DMA控制器的Verilog RTL模型

```
module          descriptor_fetch
                (clk,
                rstb,
                addr_1stdescp,
                dma_start,
                fetch_descp,
                addr_descp,
                length_descp,
                ack_fetch_descp,
                descpdata_valid,
                descp_dword0,
                descp_dword1,
                descp_dword2,
                descp_dword3,
                descpfifo_wren,
                despfifo_roomavail);
```

```
// ************************************************************
input           clk;
input           rstb;
input   [31:0]  addr_1stdescp;  //from a register  that software writes
input           dma_start;      //software writes 1 to kick off DMA
output          fetch_descp;    //asserts this to the bus-interface module
                                // that a new descriptor needs to be fetched
output  [31:0]  addr_descp;     // address for descriptor
output  [7:0]   length_descp;   // number of dwords to be read

/* ack_fetch_descp: When fetch_descp is asserted, the bus-interface module gets
the address and length information and asserts ack_fetch_descp to indicate that it
has accepted the information from descriptor_fetch module. It then sends memory
read request to the memory. Later the descriptor data comes back to this module */
input           ack_fetch_descp;

input           descpdata_valid; //indicates there is a valid descriptor
input   [31:0]  descp_dword0;   // start address for data transfer
input   [31:0]  descp_dword1;   // transfer count
input   [31:0]  descp_dword2;   // control word
input   [31:0]  descp_dword3;   // address for next descriptor
output          descpfifo_wren; // when 1, write to the descp FIFO

/* despfifo_roomavail: when high, it indicates that there is at least three free
locations available in the descriptor FIFO. Before sending another request to fetch a
descriptor, descriptor_fetch module checks that there are enough rooms. Out of the
4 dwords of each descriptor, descp_dword1, which provides the next descriptor
address does not need to be written to the descriptor FIFO */
input           despfifo_roomavail;
// ****************************************************************
reg     [1:0]   fetch_state, fetch_state_nxt;
reg             fetch_descp, fetch_descp_nxt;
reg     [31:0]  addr_descp, addr_descp_nxt;
wire    [7:0]   length_descp;
wire            valid_bit;
wire            link_bit;
reg             descpfifo_wren;
reg     [1:0]   counter, counter_nxt;
// ****************************************************************
localparam      IDLE                = 2'b00,
                WAIT_ACK            = 2'b01,
                WAIT_DESCP          = 2'b10,
                CHECK_FIFOROOM      = 2'b11;
// ****************************************************************
assign  length_descp    = 'd4;  // descriptors are always 4-dw long
assign  valid_bit       = descp_dword2[1];
assign  link_bit        = descp_dword2[0];
// ****************************************************************
always @(*)
 begin
        fetch_state_nxt   = fetch_state;
        fetch_descp_nxt   = 1'b0;
        addr_descp_nxt    = addr_descp;
        descpfifo_wren    = 1'b0;
        counter_nxt       = counter;

        case (fetch_state)
        IDLE: begin
                if (dma_start) begin
                        fetch_descp_nxt= 1'b1;
                        fetch_state_nxt  = WAIT_ACK;
```

```
                    addr_descp_nxt = addr_1stdescp;
                end
        end
        WAIT_ACK: begin
                if (ack_fetch_descp)  begin
                        fetch_descp_nxt = 1'b0;
                        fetch_state_nxt  = WAIT_DESCP;
                end
                else  begin
                        fetch_descp_nxt = 1'b1;
                        addr_descp_nxt  = addr_descp;
                end
        end
        WAIT_DESCP: begin
                if (descpdata_valid & valid_bit & link_bit) //fetch next descp
                begin
                        descpfifo_wren   = 1'b1; // write to descp FIFO
                        addr_descp_nxt  = descp_dword3; //load next addr
                        fetch_state_nxt  = CHECK_FIFOROOM;
                        counter_nxt        = 'd1;
                end
                else if (descpdata_valid & valid_bit & !link_bit) // terminate
                begin
                        descpfifo_wren  = 1'b1;
                        fetch_state_nxt  = IDLE;
                end
                else if (descpdata_valid & !valid_bit)         //re-fetch descriptor
                 begin
                     fetch_descp_nxt       = 1'b1;
                     fetch_state_nxt       = WAIT_ACK;
                     addr_descp_nxt        = addr_descp;//keep the last addr
                end
        end
        CHECK_FIFOROOM: begin
        // allow some time so that write pointer in descp FIFO is updated
        // to reflect the correct value for  despfifo_roomavail signal.
                if (counter != 'd0)// count down to zero and stay at zero
                        counter_nxt        = counter - 1'b1;
                // ********************************
                if ( (counter == 'd0) && despfifo_roomavail)
                 begin
                        fetch_descp_nxt  = 1'b1;//fetch next descriptor
                        fetch_state_nxt   = WAIT_ACK;
                 end
        end
        endcase
end
always @(posedge clk or negedge rstb)
 begin
        if (!rstb)  begin
                fetch_state        <= IDLE;
                fetch_descp        <= 1'b0;
                addr_descp         <= 'd0;
                counter            <= 'd0;
        end
        else        begin
                fetch_state        <= fetch_state_nxt;
                fetch_descp        <= fetch_descp_nxt;
                addr_descp         <= addr_descp_nxt;
                counter            <= counter_nxt;
        end
 end
endmodule
```

```
module              descriptor_process
                    (clk,
                    rstb,
                    descp_available,
                    descriptor,
                    descp_rden,
                    fetch_data,
                    addr_data,
                    length_data,
                    ack_fetch_data,
                    datafifo_room,
                    subtract_room);
// *************************************************************
input               clk;
input               rstb;
input               descp_available;
input   [63:0]      descriptor;
output              descp_rden;
output              fetch_data;
output  [31:0]      addr_data;
output  [7:0]       length_data;
input               ack_fetch_data;
input   [7:0]       datafifo_room;
output              subtract_room;
reg     [2:0]       proc_state, proc_state_nxt;
reg                 fetch_data, fetch_data_nxt;
reg     [31:0]      addr_data, addr_data_nxt;
reg     [7:0]       length_data, length_data_nxt;
reg                 descp_rden;
wire    [31:0]      transfer_count;
reg     [31:0]      remain_lenth, remain_lenth_nxt;
wire    [31:0]      begin_addr;
reg                 subtract_room, subtract_room_nxt;
// *************************************************************
localparam     IDLE              = 3'b000,
               INIT_ATTR         = 3'b001,
               DECIDE_LENGTH     = 3'b010,
               ASSERT_REQ        = 3'b011,
               WAIT_ACK          = 3'b100;

parameter      PKT_LENGTH        = 'd8; // this can be changed based
                 //on bus interface protocol  and burst length supported
assign         begin_addr     = descriptor[31:0];
assign         transfer_count = descriptor[63:32];
always @(*)
 begin
        proc_state_nxt        = proc_state;
        fetch_data_nxt        = 1'b0;
        addr_data_nxt         = addr_data;
        descp_rden            = 1'b0;
        remain_lenth_nxt      = remain_lenth;
        length_data_nxt       = length_data;
        subtract_room_nxt     = 1'b0;

        case (proc_state)
        IDLE: begin
               if (descp_available) begin
                      descp_rden      = 1'b1;
                      proc_state_nxt  = INIT_ATTR;
               end
        end
```

```
        INIT_ATTR: begin
                remain_lenth_nxt            = transfer_count;
                addr_data_nxt               = begin_addr;
                proc_state_nxt              = DECIDE_LENGTH;
        end
        DECIDE_LENGTH: begin
                proc_state_nxt              = ASSERT_REQ;

                if (remain_lenth >= PKT_LENGTH)
                        length_data_nxt = PKT_LENGTH;
                else
                        length_data_nxt = remain_lenth;
        end
        ASSERT_REQ: begin
                if (datafifo_room >= length_data)
                // There must be enough room in data FIFO,
                // before launching request
                 begin
                        fetch_data_nxt          = 1'b1;
                        addr_data_nxt           = addr_data;
                        length_data_nxt         = length_data;
                        subtract_room_nxt       = 1'b1;  //subtract room
                       // availability in the data FIFO now
                        remain_lenth_nxt        = remain_lenth- length_data;
                        proc_state_nxt          = WAIT_ACK;
                 end
        end
        WAIT_ACK: begin
                if (ack_fetch_data)
                 begin
                        fetch_data_nxt          = 1'b0;
                        if (remain_lenth == 'd0)// no more data
                         begin
                        // at this time it may further generate interrupt if set
                              proc_state_nxt = IDLE;
                         end
                        else
                        begin
                          proc_state_nxt        = DECIDE_LENGTH;
                          addr_data_nxt = addr_data + {length_data, 2'b00};
                                // length_data is multiplied by 4 to reflect
                                // the value in bytes as it is in dwords.
                         end
                 end
                else
                 begin
                        fetch_data_nxt  = 1'b1;
                        addr_data_nxt   = addr_data;
                        length_data_nxt = length_data;
                 end
        end
        default: begin end
        endcase
    end

  always @(posedge clk or negedge rstb)
    begin
        if (!rstb)
          begin
                proc_state          <= IDLE;
```

```
                fetch_data        <= 1'b0;
                addr_data         <= 'd0;
                length_data       <= 'd0;
                remain_lenth      <= 'd0;
                subtract_room     <= 1'b0;
          end
        else
          begin
                proc_state        <= proc_state_nxt;
                fetch_data        <= fetch_data_nxt;
                addr_data         <= addr_data_nxt;
                length_data       <= length_data_nxt;
                remain_lenth      <= remain_lenth_nxt;
                subtract_room     <= subtract_room_nxt;
          end
  end
endmodule
```

图11.25所示为描述符处理状态机。

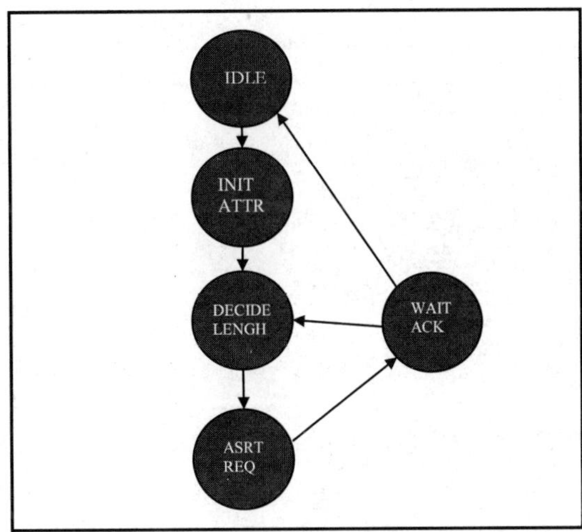

图11.25　描述符处理状态机

```
module          roomavail_calc
                (clk,
                rstb,
                subtract_room,
                subtract_value,
                add_room,
                add_value,
                datafifo_room);
// ****************************************************
input           clk;
input           rstb;
input           subtract_room;
input   [7:0]   subtract_value;
input           add_room;
input   [7:0]   add_value;
output  [7:0]   datafifo_room;
// ****************************************************
reg     [7:0]   datafifo_room, datafifo_room_nxt;

parameter       FIFO_DEPTH  = 'd128;
```

```
always @(*)
 begin
        datafifo_room_nxt = datafifo_room;

        if (subtract_room & ! add_room)
                datafifo_room_nxt = datafifo_room - subtract_value;
        else if (!subtract_room & add_room)
                datafifo_room_nxt = datafifo_room + add_value;
        else if (subtract_room & add_room)
                datafifo_room_nxt = (datafifo_room - subtract_value) +
                                        add_value;
 end

always @(posedge clk or negedge rstb)
 begin
        if (!rstb)
              datafifo_room  <= FIFO_DEPTH;
        else
              datafifo_room  <= datafifo_room_nxt;
 end
endmodule
```

```
module          dmardtop
                (clk, rstb,
                addr_1stdescp,
                dma_start, fetch_descp,
                addr_descp, length_descp,
                ack_fetch_descp,
                descpdata_valid,
                descp_dword0,
                descp_dword1,
                descp_dword2,
                descp_dword3,
                fetch_data, addr_data,
                length_data, ack_fetch_data,
                datafifo_wrdata,
                datafifo_datavalid,
                add_room, add_value,
                datafifo_dataavail,
                datafifo_rden,
                datafifo_rddata);
input           clk;
input           rstb;
input   [31:0]  addr_1stdescp;
input           dma_start;
output          fetch_descp;
output  [31:0]  addr_descp;
output  [7:0]   length_descp;
input           ack_fetch_descp;
input           descpdata_valid;
input   [31:0]  descp_dword0;
input   [31:0]  descp_dword1;
input   [31:0]  descp_dword2;
input   [31:0]  descp_dword3;
output          fetch_data;
output  [31:0]  addr_data;
output  [7:0]   length_data;
input           ack_fetch_data;
input   [31:0]  datafifo_wrdata;        // data from main memory
```

```
input            datafifo_datavalid;        //when 1, write to data FIFO
input            add_room;
input     [7:0]  add_value;
output    [8:0]  datafifo_dataavail;        //indicates how much data available
input            datafifo_rden;
output    [31:0] datafifo_rddata;           // data read-out from data FIFO
//*****************************************************************
parameter        DESCPFIFO_PTR       = 4,
                 DESCPFIFO_WIDTH     = 64;

parameter        DATAFIFO_PTR        = 8,
                 DATAFIFO_WIDTH      = 32;

wire             descpfifo_wren;
wire             despfifo_roomavail;
wire             descp_available;
wire             descp_rden;
wire      [7:0]  datafifo_roomavail;
wire             subtract_room;
wire      [7:0]                             length_data;
wire      [(DESCPFIFO_WIDTH -1) :0]         descpfifo_wrdata;
wire                                        descpfifo_full;
wire                                        descpfifo_empty;
wire      [(DESCPFIFO_WIDTH - 1) :0]        descpfifo_rddata;
wire      [8:0]                             datafifo_dataavail;
assign    despfifo_roomavail      = !descpfifo_full;
assign    descp_available         = !descpfifo_empty;
assign    descpfifo_wrdata        = {descp_dword1, descp_dword0};

descriptor_fetch          descriptor_fetch_0
                 (.clk                      (clk),
                  .rstb                     (rstb),
                  .addr_1stdescp            (addr_1stdescp),
                  .dma_start                (dma_start),
                  .fetch_descp              (fetch_descp),
                  .addr_descp               (addr_descp),
                  .length_descp             (length_descp),
                  .ack_fetch_descp          (ack_fetch_descp),
                  .descpdata_valid          (descpdata_valid),
                  .descp_dword0             (descp_dword0),
                  .descp_dword1             (descp_dword1),
                  .descp_dword2             (descp_dword2),
                  .descp_dword3             (descp_dword3),
                  .descpfifo_wren           (descpfifo_wren),
                  .despfifo_roomavail       (despfifo_roomavail));

descriptor_process        descriptor_process_0
                 (.clk                      (clk),
                  .rstb                     (rstb),
                  .descp_available          (descp_available),
                  .descriptor               (descpfifo_rddata),
                  .descp_rden               (descp_rden),
                  .fetch_data               (fetch_data),
                  .addr_data                (addr_data),
                  .length_data              (length_data),
                  .ack_fetch_data           (ack_fetch_data),
                  .datafifo_room            (datafifo_roomavail),
                  .subtract_room            (subtract_room));

roomavail_calc            roomavail_calc_0
                 (.clk                      (clk),
                  .rstb                     (rstb),
```

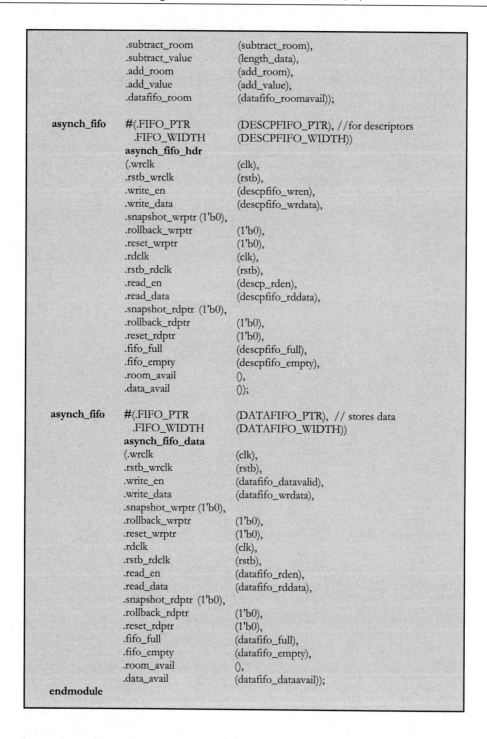

```
                .subtract_room          (subtract_room),
                .subtract_value         (length_data),
                .add_room               (add_room),
                .add_value              (add_value),
                .datafifo_room          (datafifo_roomavail));

asynch_fifo     #(.FIFO_PTR             (DESCPFIFO_PTR), //for descriptors
                  .FIFO_WIDTH           (DESCPFIFO_WIDTH))
                asynch_fifo_hdr
                (.wrclk                 (clk),
                .rstb_wrclk             (rstb),
                .write_en               (descpfifo_wren),
                .write_data             (descpfifo_wrdata),
                .snapshot_wrptr (1'b0),
                .rollback_wrptr         (1'b0),
                .reset_wrptr            (1'b0),
                .rdclk                  (clk),
                .rstb_rdclk             (rstb),
                .read_en                (descp_rden),
                .read_data              (descpfifo_rddata),
                .snapshot_rdptr (1'b0),
                .rollback_rdptr         (1'b0),
                .reset_rdptr            (1'b0),
                .fifo_full              (descpfifo_full),
                .fifo_empty             (descpfifo_empty),
                .room_avail             (),
                .data_avail             ());

asynch_fifo     #(.FIFO_PTR             (DATAFIFO_PTR), // stores data
                  .FIFO_WIDTH           (DATAFIFO_WIDTH))
                asynch_fifo_data
                (.wrclk                 (clk),
                .rstb_wrclk             (rstb),
                .write_en               (datafifo_datavalid),
                .write_data             (datafifo_wrdata),
                .snapshot_wrptr (1'b0),
                .rollback_wrptr         (1'b0),
                .reset_wrptr            (1'b0),
                .rdclk                  (clk),
                .rstb_rdclk             (rstb),
                .read_en                (datafifo_rden),
                .read_data              (datafifo_rddata),
                .snapshot_rdptr (1'b0),
                .rollback_rdptr         (1'b0),
                .reset_rdptr            (1'b0),
                .fifo_full              (datafifo_full),
                .fifo_empty             (datafifo_empty),
                .room_avail             (),
                .data_avail             (datafifo_dataavail));
endmodule
```

下面是测试仿真的细节：

- descriptor_fetch模块取出三个描述符。
- 软件将第三个描述符的link_bit置为0，descriptor_fetch模块在取出第三个描述符之后将终止描述符链表的处理。
- 每个描述符都包括多个dword。

- descriptor_process模块被设置为一次突发取出8个dword。
- 在波形图中，我们看到三组取数据操作，每组有四次不同的读请求。
- 返回的数据也是三组，每组有4个completion数据包（每个包括8个双字）。我们总共看到12个completion数据包，每个包括突发的8个dword。

仿真结果如下所示。

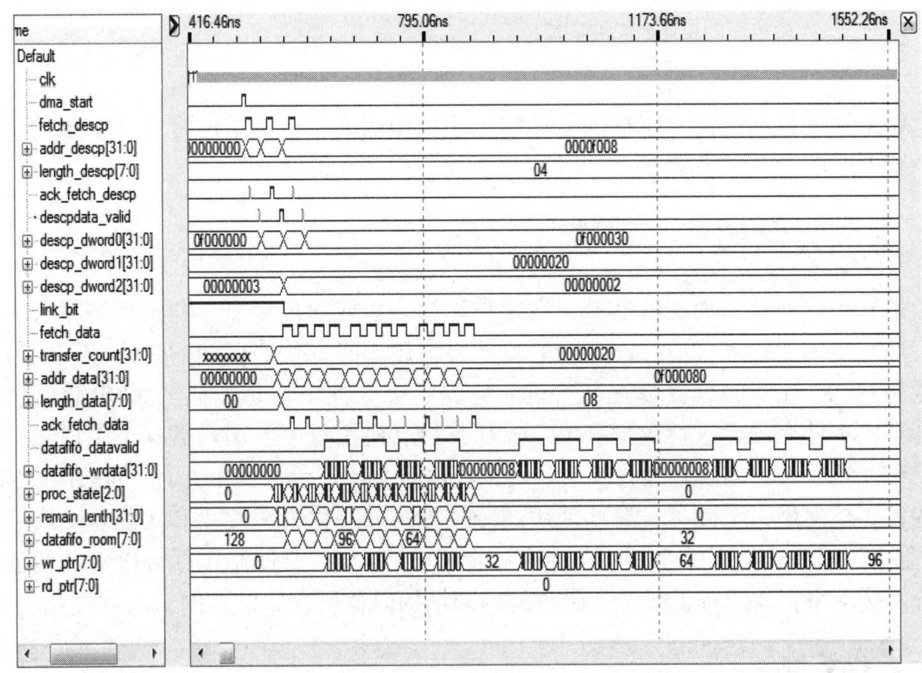

第12章　系统概念（第2部分）

本章将描述硬盘的操作，包括固态盘的原理和操作细节。本章还将讲述DDR的操作，描述一个系统中的BIOS、操作系统、驱动程序以及它们和硬件的交互。

12.1　永久存储器——硬盘

硬盘是利用磁性存储数据的器件，通常被称为磁盘或简称为盘。当数据被写入磁盘后，它用磁特性发生的变化来代表1或0。当数据从磁盘读出时，代表1或0的磁信号转换为电信号来代表逻辑1或0。由于存储介质是磁性的，它具有永久性（非易失性），断电后信息将仍然存在。计算机中使用硬盘进行数据存储。操作系统、应用程序、用户数据、用户文件和照片等都存储在硬盘中。上电后，这些程序和用户数据将会从硬盘中读出并存入DRAM中执行。

有些计算机使用一个硬盘，有些使用两个硬盘，分别称为主硬盘和次硬盘（或称为从硬盘）。在需要存储大量数据的系统中（企业存储或云存储），会使用包括数以百计硬盘的专用存储系统。接下来，我们将了解一个磁盘的内部结构以及所存储信息的组织方式。

12.1.1　磁盘结构

磁盘结构如图12.1所示。

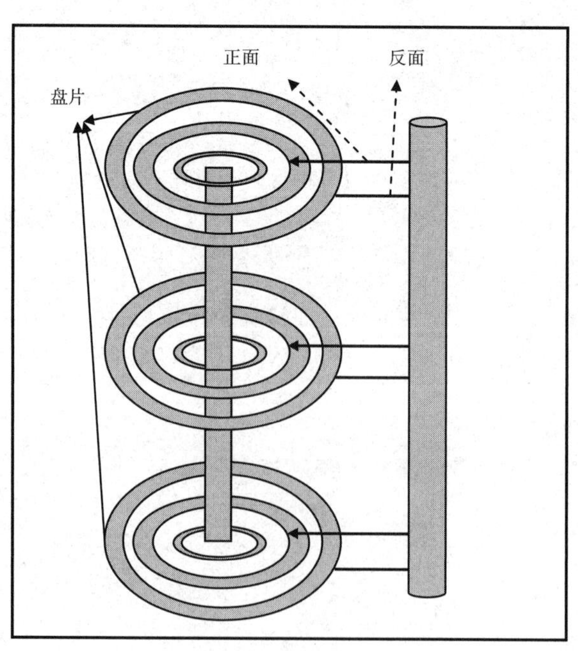

图12.1　磁盘结构

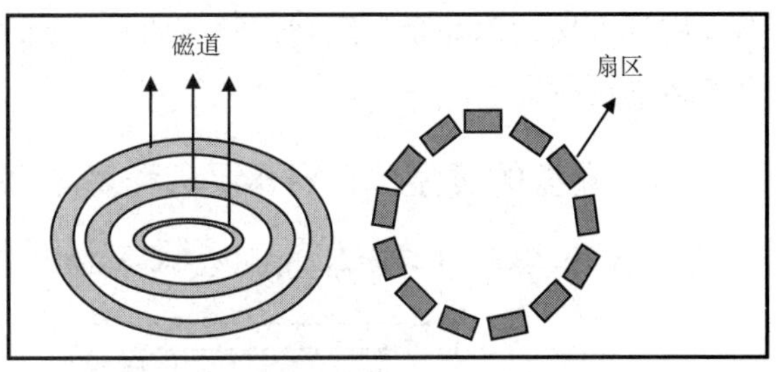

图12.2　磁盘中的磁道和扇区

一个硬盘由多个盘片组成的。每个盘片有正反两面（或者说顶面和底面）。信息就存储在正反两面上。每个表面包括若干个同心圆形状的磁道。每个磁道又分为若干个扇区，如图12.2所示。扇区是读写数据时最小可寻址单元。一般来说，每个扇区的数据容量为512字节。

硬盘中磁头的数量与总的盘片面数一样多。如果有三个盘片，每个盘片有两个表面，那么就会有六个磁头用来向磁盘中写入或从磁盘中读出数据。所有的磁头在物理上相互联接，因此它们可以一起移动。这意味着它们都将指向不同盘片上的同一个磁道或扇区。

由于在硬盘的读写访问需要机械运动，因此相对于DRAM或闪存，硬盘的读写速度较慢。硬盘中的机械运动有两种：寻找磁道和转动到相应的扇区。为了访问一个特定扇区，磁头首先要转到扇区所在的磁道，然后磁盘旋转以便被选中磁道中的特定扇区出现在磁头下方。经过多年的发展，硬盘的访问速度有所提高。高端SAS硬盘的转速可达到15 krpm（revolutions per minute，转数每分钟），典型SATA硬盘的转速可达到5 krpm。接下来我们将讨论磁盘中的寻址是如何完成的。

12.1.2　磁盘寻址

我们前面提到硬盘中的最小寻址单元是扇区。这意味着磁盘的读写是针对若干扇区（512字节的数据块）进行的。一般通过被称为CHS（磁道、磁头和扇区）的物理地址来唯一确定一个扇区。过去，甚至操作系统都直接使用物理地址在硬盘中存储和读出数据。这有很多问题。首先，操作系统必须管理所有的低级寻址并且寻址空间范围是受限的。现在操作系统使用一种称为LBA（Logical Block Address，逻辑块地址）的逻辑寻址机制。

利用LBA，存储空间被分为逻辑扇区；利用高级LBA（LBA 48），可以访问一块很大的存储空间。硬盘控制器从操作系统中获取LBA并将其转换为物理地址（CHS）来访问硬盘。这一流程也被称为逻辑地址到物理地址的转换。

12.1.3　硬盘控制器

在硬盘内部有一个控制器，它实现包括从逻辑地址到物理地址转换在内的多个功能，管理硬盘中的所有机械运动。除此之外，它还管理着通过SATA或SAS接口进入硬盘的数据流。控制器还要完成一些其他任务，用于提升硬盘的性能。

由于硬盘的访问速度相对较慢，通常使用DRAM作为高速缓存来提升性能。当向磁盘写入数据时，数据先被写入硬盘中的本地DRAM。向DRAM的写入操作完成得更快。数据可以驻留在DRAM中，只有当DRAM空间快要耗尽或发生电源问题时，存储在DRAM中的数据才会被写入硬盘中的磁盘。同样地，也可以通过预先将数据从磁盘读出并存储在DRAM中来提高读操作的速度。当发生一个针对硬盘的读请求时，数据可以迅速地从DRAM中读出，不用花费更多时间将它从磁盘中读出。

在硬盘中还采用了错误纠正和恢复机制。ECC（Error Correction Code，纠错编码）和数据一起被存储在硬盘中，当产生错误时，ECC可以纠正一定位数以内的错误。另一个用来提高性能的方法被称为命令队列，硬盘将若干命令存储在队列中并将其重新排序以使得整体的机械运动量最少。

12.1.4 硬盘的类型：SATA硬盘和基于SAS的硬盘

SATA和SAS硬盘驱动器如图12.3所示。

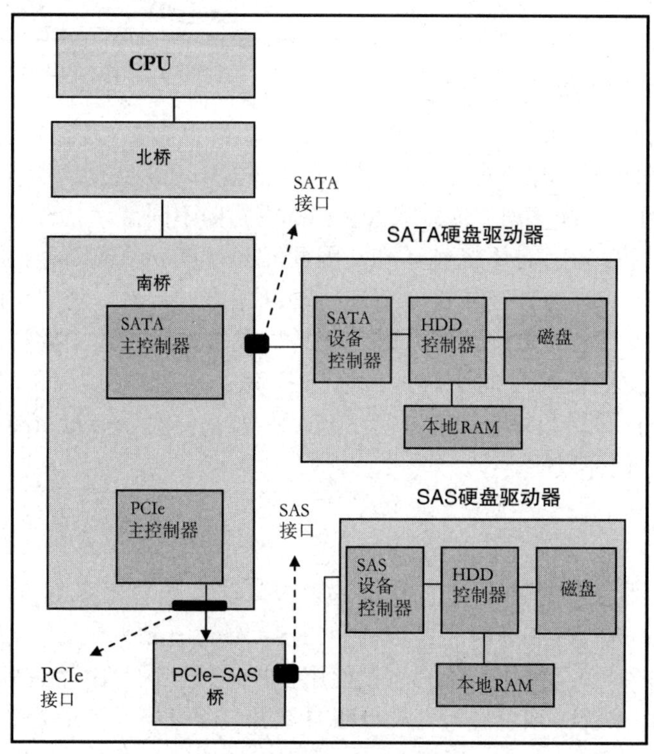

图12.3 SATA和SAS硬盘驱动器

12.1.5 RAID（独立磁盘冗余阵列）

RAID（Redundant Array of Inexpensive Disk）的含义是独立磁盘冗余阵列，或者简称磁盘阵列。为了实现冗余和更好的性能，数据被分割为若干段，每一段被写入一个磁盘。此外数据段中的每个比特都会参与奇偶校验运算并得到一组奇偶校验比特，这些奇偶校验比特构成一个奇偶校验段被存储在一个独立的磁盘中。这样做的目的是在任何一个磁盘（包括奇偶校验段存储的磁盘）中的数据产生错误时，能够纠正错误，正确恢复数据。任何磁盘上的数据都能够通过对剩余磁盘中的数据进行异或操作而重建。当多个数据磁盘中的一个失效或产生错误时，可以实现数据恢复。通过向所有的磁盘并行读写可以获得更好的性能。根据并行度和冗余度的不同，可以将RAID分为不同等级（RAID0、RAID1、RAID2等）。

RAID0

数据被分割成若干个块（block）然后并行写入n个磁盘中。由于数据被并行写入若干个磁盘，因此写入速度可以大大提高，但此时没有冗余度，没有存储任何奇偶校验数据，因此当任何磁盘失效时，数据不能被恢复。RAID0虽然有更好的性能，但同时也有更高的风险。一旦某个磁盘失效，整个磁盘系统就会产生故障。RAID0存储结构如图12.4所示。

RAID1

采用此种结构时，相同的数据被写入两个磁盘。此时，不能提供更高的读写性能，但由于具有100%的冗余度，如有一个磁盘发生故障，可以通过另一个磁盘获取数据。RAID1存储结构如图12.5所示。

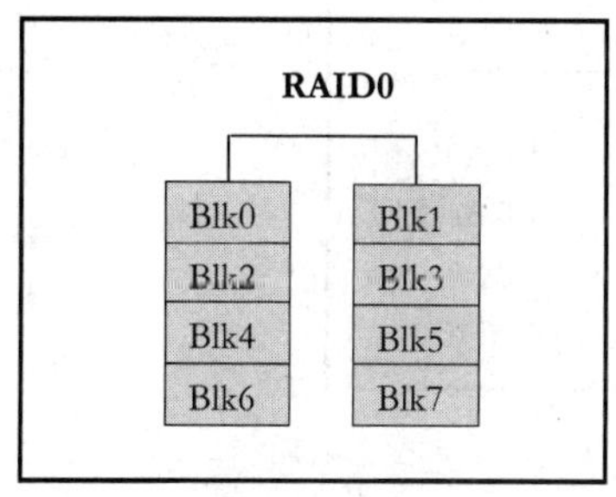

图12.4　RAID0存储结构示意图

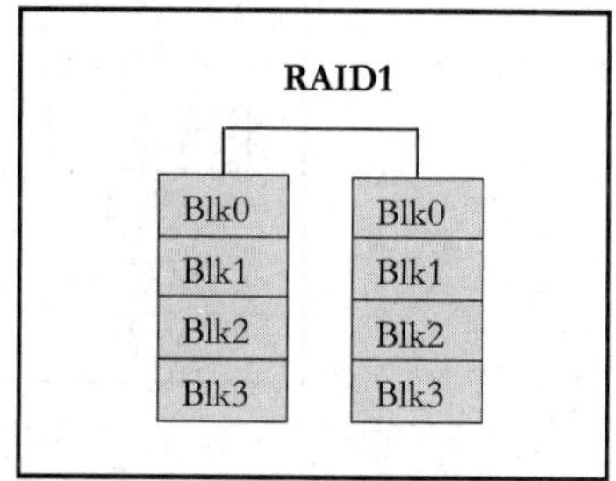

图12.5　RAID1存储结构示意图

RAID2

RAID2与RAID0相似，但存在冗余的奇偶校验位。另外RAID0中是以块为单位并行操作的，而RAID2中是以比特为单位并行操作的。此时，当数据的一小部分可供使用时就可将其写入或读出磁盘，因此与RAID0相比，它可以提供更低的读写延迟。RAID2存储结构如图12.6所示。

RAID3

RAID3与RAID2的相同之处在于它们都支持并行操作，并且支持奇偶校验。与RAID2不同的是，RAID3在字节级别上进行并行操作。RAID3存储结构如图12.7所示。

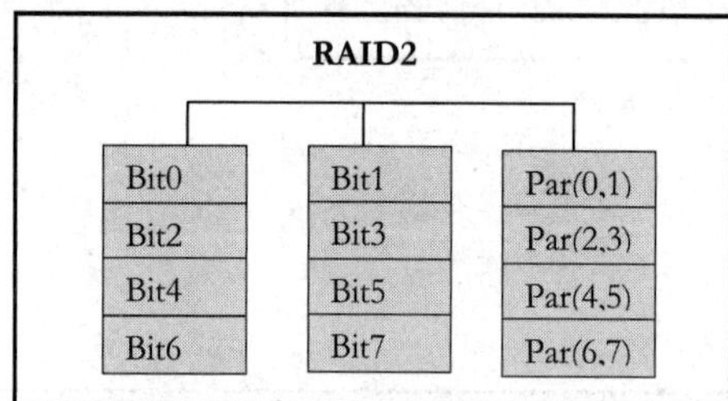

图12.6　RAID2存储结构示意图

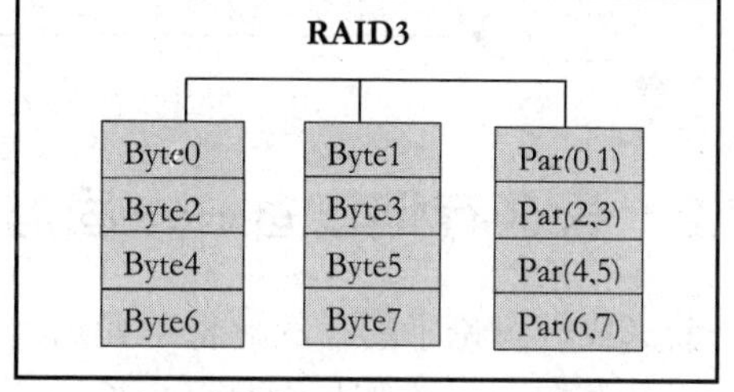

图12.7　RAID3存储结构示意图

RAID4

RAID4支持基于块的数据分割和并行操作，同时在不同的磁盘上存储奇偶校验位。它在提供更高读写性能的同时具有奇偶校验带来的数据恢复能力。RAID4存储结构如图12.8所示。

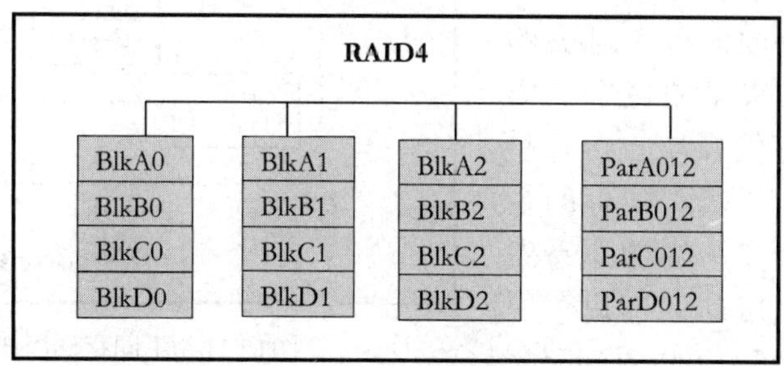

图12.8　RAID4存储结构示意图

RAID5

RAID5与RAID4类似，但RAID5的奇偶校验位是分布式存储的。RAID4是将奇偶校验结果存储在一个独立磁盘中的，这是二者的不同之处。RAID5存储结构如图12.9所示。

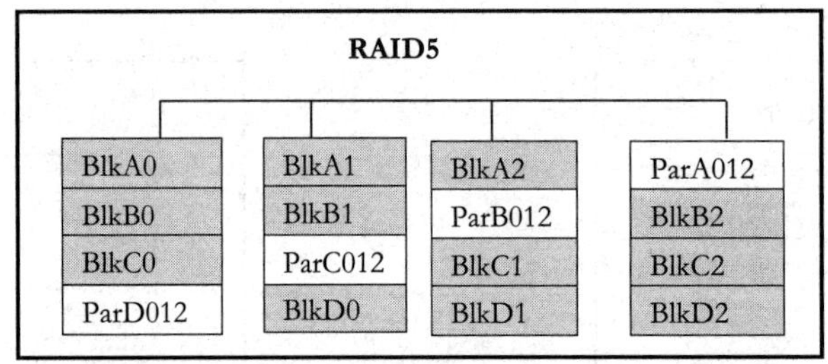

图12.9　RAID5存储结构示意图

RAID6

RAID6与RAID5相似，但它用了两个分布式奇偶校验存储区，而非像RAID5一样使用一个奇偶校验存储区。RAID6提供了更好的容错性能，在两个磁盘发生故障时仍然可以恢复数据。RAID6存储结构如图12.10所示。

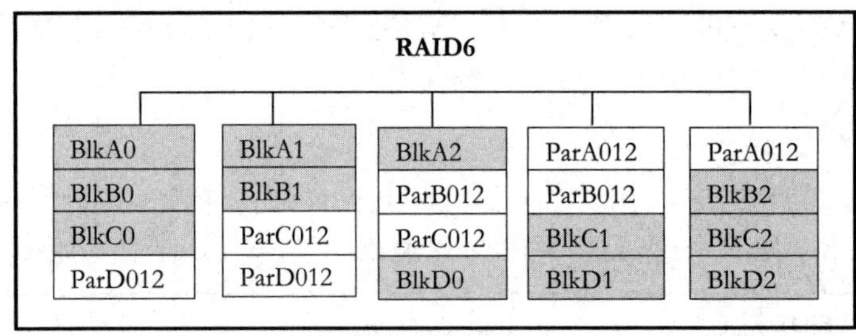

图12.10　RAID6存储结构示意图

12.2　永久存储设备——固态盘

前面我们讨论了闪存的比特单元结构，以及逻辑电平是如何存储在SLC、MLC和TLC中的。在本章中，我们将讨论闪存的组织架构，闪存使用过程中面临的问题和闪存控制器设计的方方面面。

闪存已经面世一段时间（过去的20年到25年）了，在很多领域它被作为除硬盘外的第二存储媒质，在有些领域已经完全替代了硬盘。闪存的主要优势是它具有和硬盘一样的非易失性，同时它的访问速度却远远快于硬盘。如图12.11所示，我们可以看到闪存正在填补DRAM和硬盘之间的空隙。

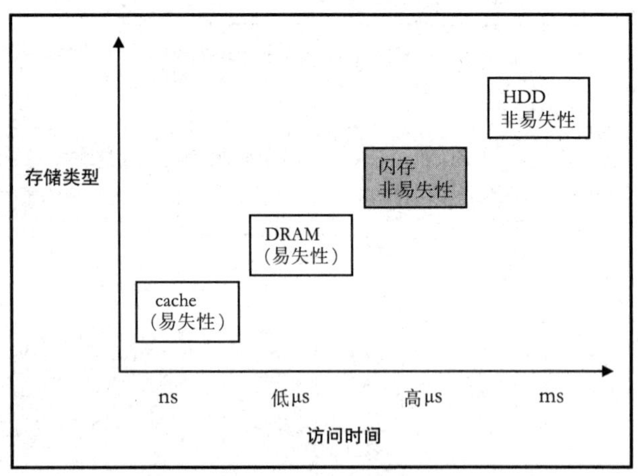

图12.11　不同存储媒质的访问时间

12.2.1　闪存的组织

可以将单个裸芯片或多个裸芯片封装在一起构成闪存芯片。不同的制造商对芯片内的布局安排也是不同的。每个裸芯片就是一个最小寻址单元，最小的寻址单元拥有自己的存储器接口信号。每个最小寻址单元可以独立访问。每个最小寻址单元有不同的存储器接口信号，这意味着若干个最小寻址单元可以被并行访问。

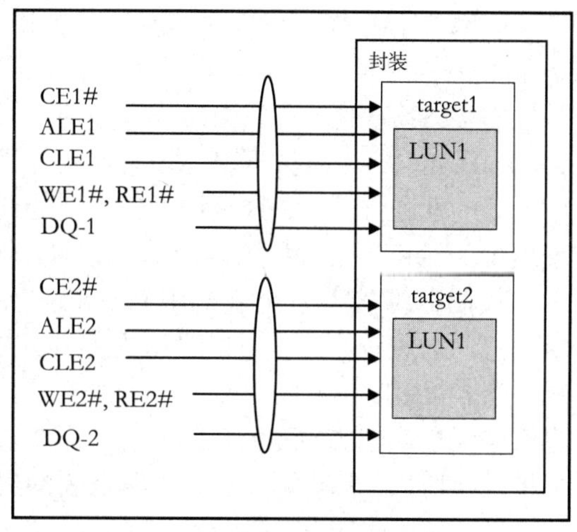

图12.12　闪存架构

让我们看一下拥有两个最小寻址单元（图12.12中的target1和target2）的闪存，每个target内部有一个LUN（Logical Unit，逻辑单元）。

每个LUN由若干个块组成（如4 K块），每个块进一步被划分为若干页（如256页），每页容量可以不同，可以是2 K或4 K字节，最近的趋势是页的容量不断增加（每页为8 K、16 K字节等），如图12.13所示。每页有额外的空间用于存储ECC码。

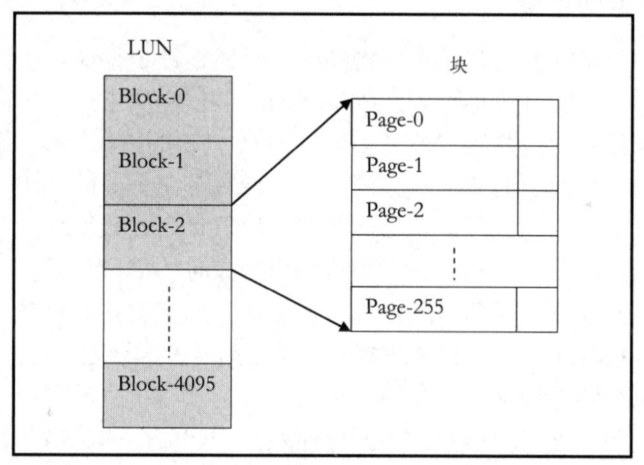

图12.13　闪存：LUN、块、页

12.2.2　闪存写入、擦除

闪存以页为单位写入，以块为单位擦除。正如我们前面提到的，一个闪存页面不能像硬盘一样被一次次覆盖。假设用户在一个页面上存储了一些数据，对数据编辑之后想再次保存，在闪存中，覆盖原页面是不被允许的，用户可以在空白页中写入编辑后的数据。这意味着当需要将一页数据写入闪存时，闪存中必须存在一个可供使用的空白页。

开始时闪存完全空白，有很多空白页可供写入。随着存入数据的慢慢增多，空白页的数量会越来越少。在某一时刻，空白页会被使用殆尽。这意味着我们不能再往闪存中存储数据了吗？我们可以通过擦除操作回收存储页面，但是擦除操作针对的是一个块中的所有页，不能只针对单个页面。通过对块的擦除可以恢复空白页供新的数据写入，这一过程被称为无用存储空间回收。在详细分析无用存储空间回收之前，我们需要先在接下来的章节中讨论逻辑地址到物理地址的转换。

12.2.3 逻辑地址到物理地址的转换

应用程序或操作系统按照LBA（逻辑块地址）对闪存寻址。但是，针对某一特定逻辑地址的实际物理地址可以指向闪存中的任何位置。当需要写入一页数据时，控制器会寻找块中最好的页进行写入，这被称为逻辑地址到物理地址的转换（也可称为翻译），如图12.14所示。控制器维护着一个表，用来存储这种转换信息。当表较小时，可以采用内部SRAM实现；当表很大时，可以在外部RAM中实现。如果表中保存的是块的地址转换信息，而非页的地址转换信息，那么可以有效地降低表的规模。但此时存储块中页的信息需要在闪存中存储并在该存储块被选中时载入RAM中。这是一个相对缓慢的进程。

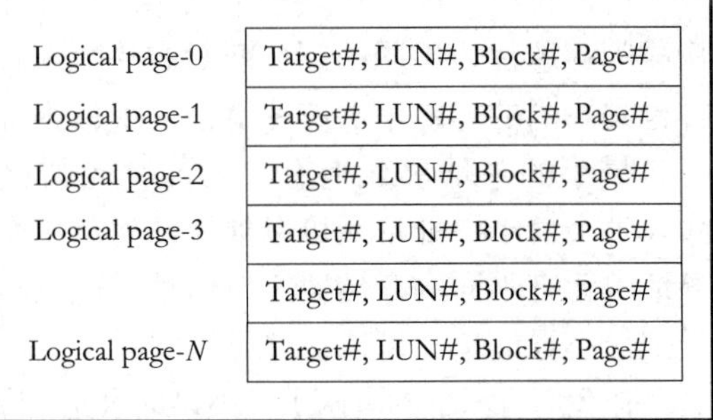

图12.14 闪存：逻辑地址到物理地址的转换

地址转换表的另一个特点是需要在闪存中进行永久备份。一旦掉电，控制器能够将闪存中的地址转换表载入RAM中。

12.2.4 无用存储空间回收

由于被编辑过的数据需要被写进新的物理闪存页面，一个存储块中的部分页所存储的内容会成为陈旧数据，需要通过块擦除来回收。然而，该存储块中一些页面可能仍然存储着有效数据，一旦进行块擦除，这些数据就会丢失。因此，在块擦除之前，无用存储空间回收进程会将存储有效数据的页面中的数据转移到另一个拥有空白页面的块中。无用存储空间回收是一个采用了某些算法的后台进程，其目标是通过块擦除回收数据块，并将其提供给后续的写入操作。存储空间回收并非等到所有可用页面都用完时才进行，而是以剩余空间小于某个阈值为标准触发，以此保证在任何时间点都有足够数量的空白存储页或块。一般来说，存储空间回收算法是由本地固件（控制器内部的嵌入式处理器）执行的。

另一个由固件执行的进程是对已损坏存储块的管理。在制造过程中，一些存储块是损坏的。在闪存的正常使用过程中，这些损坏的存储块是不能使用的。损坏存储块管理进程维护着一个记录所有坏块的列表，控制器不会向任何一个坏块中的页面写入数据。接下来，我们将讨论闪存管理中一项很有趣的内容——耗损均衡。

12.2.5 耗损均衡

每个块在损坏之前都有擦除/编程次数的限制。采用MLC和TLC技术时，闪存的密度变得更高，更适合作为硬盘的替代品。然而，采用MLC和TLC技术后，损坏发生的概率会提升，擦写次数也会降低，这意味着使用寿命会降低。在当前版本的SSD控制器中采用了很多方法来解决这个问题，耗损均衡就是其中之一。耗损均衡，按字面意思来理解，就是使得闪存系统中所有块的耗损均衡化，以保证不会有任何一个块在其他块之前达到致损的擦除/编程次数。

我们可以使用很多算法进行耗损均衡。其中一个是基于热数据和冷数据的概念。热数据指的是不断变化的数据，而冷数据指的是变化很少的数据。在某些情况下，某些块中的数据从来不会变化。例如，设备驱动程序被存储后，它会被读取很多次，但只被写入一次。耗损均衡算法观察数据的逻辑地址，并根据冷、暖和热数据将它们进行分类。存储冷数据的块会经受更少的擦除操作。耗损均衡算法是用来把这些块中的冷数据转移到存储热数据的块中。在冷数据向热存储块的转移完成后，这些块开始冷却。在未来的某个时间点，这些块会成为冷存储块。这个数据转移的过程需要不断发生来确保每个存储块能够在同一时间损耗殆尽。这样做会对活跃的数据产生一个侧面影响：它会造成比应用程序实际需要的更多的写操作。这被称为写放大，下节将讨论写放大及其缓解方法。

12.2.6　写放大及其缓解方法

当写放大因数大于1时，意味着实际写入操作的次数比应用程序造成的写操作次数更多。产生更多写操作的首要原因是在耗损均衡过程中需要进行冷热数据区域的互换。由于最大写操作次数的限制，减少写操作次数对延长闪存的使用寿命很有帮助。这里会列举一些缓解写放大问题的方法。

一个方法是使用内嵌的数据压缩和数据复制技术。在将数据写入闪存之前可先对其进行压缩。并非所有类型的数据都是可压缩或能够进行同等程度压缩的，但是很多类型的数据是可压缩的，而且我们可以使用不同的压缩引擎进行数据压缩并从中选择最好的压缩结果。被压缩的数据和所使用压缩算法的类型可以一同进行存储。进行读操作时，将压缩数据连同压缩算法类型数据一起从闪存中读出，并使用相应的解压缩引擎可以得到原始数据。

数据去重复（de-duplication）技术可以用来进一步降低写入闪存的数据量。在一个文件存入闪存若干次或若干文件中有相同字段的数据时，数据去重复技术可以1 K，2 K和4 K为边界观察数据并检查是否有哪些数据块是相同的。采用此技术时，它只将数据存入闪存一次，当相同的数据块再次到来的时候，数据块本身并不另行存储，而是只存储其索引（在地址转换表中增加一个表项）。这样，会有两个不同的逻辑地址指向同一个物理地址。

去重复操作时，每一个数据块会通过哈希函数产生一个签名字段。签名字段存储在CAM中。随着越来越多的数据被写入闪存，更多的签名字段产生并被存入CAM。当一个新数据块将要被写入CAM中时，首先创建签名字段并将其提供给CAM用来进行匹配操作，若能够实现匹配则将其实际对应的数据从闪存中读出并和新到达的数据进行逐字节比较。如果新数据块和已经存入闪存中的数据块相同，那么在地址转换表中添加一个表项。数据重复删除用于二级存储器时，是作为一个后处理进程来进行的。而在SSD控制器中，它是随时进行的。

12.2.7　超量供给

提高闪存寿命和降低耗损水平的方法之一是超量供给。控制器向操作系统声明它拥有比实际容量更少的存储空间。假设闪盘有500 GB字节的实际容量，但它会向操作系统报告自身容量为400 GB字节，即提供了25%的超量供给。当存储量到达400 M字节时，操作系统会停止向闪盘中写入新的数据，但控制器仍会使用500 M字节的容量存储数据。在开始的时候，额外的容量（在本例中为100 M字节）在冷热数据的移动过程中会发挥作用。由于超量供应产生的额外空间，当一些页面/块开始失效时仍然可以进行正常操作。超量供应会造成一定的存储空间浪费，但如果控制器有其他的方法，比如更好的错误预防和纠错机制来降低写放大的程度，这种浪费会降到最低。

12.2.8 SSD中的高速缓存

SSD控制器能够通过使用高速写入缓存和高速读出缓存提高写入性能和降低读出延迟。在写入时，控制器首先将数据写入本地RAM而非闪存阵列。这有两方面的好处，一方面是由于写入RAM比写入闪存快得多，写操作会更快地完成；另一方面的好处是它降低了写放大因数，有利于延长闪存的寿命。如果写入特定页面的数据被覆盖，写入RAM的数据也将被覆盖。控制器对写缓存使用了回写策略，只有当RAM中没有足够的空间或它需要将一些数据转移到闪存中时才会将数据写入闪存。

用户多次对闪存的写操作可以被缓存吸收，最终通过控制器一次闪存写操作写入前面累积的用户数据。当发生掉电时，RAM中的数据需要被快速写入闪存中。失去供电后，超级电容会维持30秒到1分钟的供电，数据可以在这段时间内从RAM转移到闪存中。使用写缓存也会提高读出性能。读出操作时，如果写缓存中有要被读出的数据，控制器会从缓存而非闪存中读出数据。我们也可以使用专用的读缓存来提高读性能。当数据从闪存中读出时，它同时被存入读缓存（RAM）中。当未来产生对同一数据的读请求时，数据会被直接从读缓存中取出。

12.2.9 ECC和RAID

随着闪存密度的提高，错误发生的几率会呈上升趋势。闪存控制器使用检错和纠错机制来检测错误并对一定位数以内的错误进行纠正。所使用的ECC方案有Reed-Solomon编码、汉明码和BCH（Bose，RAY Chaudhuri和Hocquenghem的首字母）码。控制器计算数据的ECC，并将ECC连同数据一起进行存储。

每个闪存页面都有额外的空间用来存储ECC，当读取数据时，ECC被一同读出。首先，根据存储数据计算出ECC并将其与存储的ECC进行比较。若两者相同，则存储数据没有错误。若两者不同，则ECC模块会改正一定比特数以内的错误，然后将改正后的数据送给请求方。一般地，改正后的数据也会被写回空白页，以此保证在下次读操作过程中给出正确的值。

不同的ECC算法可以达到不同水平的纠错效果。通常每块数据中能够修复的位数越多，对应算法就越复杂，需要的逻辑门越多。设计者需要估计不同闪存类型的统计错误率，并据此选择合适的ECC算法，以使得闪存不会在到达预期的寿命之前无法使用。不同ECC算法的工作原理的具体细节请参考有关ECC的章节。汉明码和BCH码算法通常用于SLC NAND，Reed-Solomon通常用于MLC NAND。现在还有一种新的ECC算法称为LDPC（低密度奇偶校验），可满足闪存的纠错需要。

ECC可以纠正数据块中一定数量的错误。但是，如果产生的错误超出了ECC的纠错能力或块失效，则可以使用RAID技术进行数据恢复。在闪存中使用RAID技术与在硬盘中使用RAID技术在原理上是类似的。数据被分成若干块，它们分别存储在不同的裸片或存储块中。奇偶校验字段根据待写入的数据块计算产生并写入其他裸片或存储块中。一旦任何一个裸片或存储块失效，奇偶校验字段可以用来恢复数据。由于SSD在操作上的特点，包括冗长的擦除时间需求和擦除操作时会在毫秒级时间上阻碍正常的读写周期，不同的SSD控制器供应商会使用各自的专用RAID机制。目前，这个领域的创新方兴未艾。

12.2.10　闪存的一些重要指标

当我们比较不同供应商生产的闪存时，有以下几个典型的指标需要关注。

闪存的容量

单个基于PCIe或SATA的存储卡的容量通常为数百兆字节（例如，100 M字节、200 M字节和800 M字节）。对于大型闪存设备来说，每个存储盒中有很多存储卡，其总容量通常以T字节为单位（例如，40 T字节、80 T字节和100 T字节）。

带宽

它通常指的是持续读写时的带宽，即进行大量数据读写操作时能够达到的平均带宽。它进一步可以分为持续顺序写入和持续顺序读出时的平均带宽。如果我们需要对闪存进行大量持续读写，那么此参数显得尤为重要。

IOPS（IO/秒）

IOPS（Input/Output Operations Per Second）用于评估短（通常为4 K字节）随机读写操作性能。如果一个服务器在进行线上业务的处理（检验密码或客户信息），很多针对闪存的查询都是短查询，这些查询需要进行快速处理。另一个例子是服务器托管的股票交易。它不仅需要实时显示价格（在毫秒级的范围内），还需要快速执行。如果你的系统会产生大量的随机读写，那么需要一个控制器来支持更高的IOPS。

延迟

它通常表示读延迟。对于持续的读操作，延迟并没有那么关键，因为数据一旦开始到达，就会被连续读出，延迟就不再重要了。但是，对于随机访问来说，延迟非常重要，因为数据需要尽可能地快速返回。对于随机IO操作来说，延迟决定了有效带宽（每秒有多少个IO操作能够被完成）。

12.2.11　NVM总线

NVMe（NVM总线）是与SSD控制器进行通信的寄存器级接口，如图12.15所示，它是针对SSD进行优化设计的。NVMe与PCIe总线接口一起使用，PCIe是SSD控制器的前端接口。NVMe支持最多64 K个I/O队列，每个I/O队列中最多有64 K个命令。

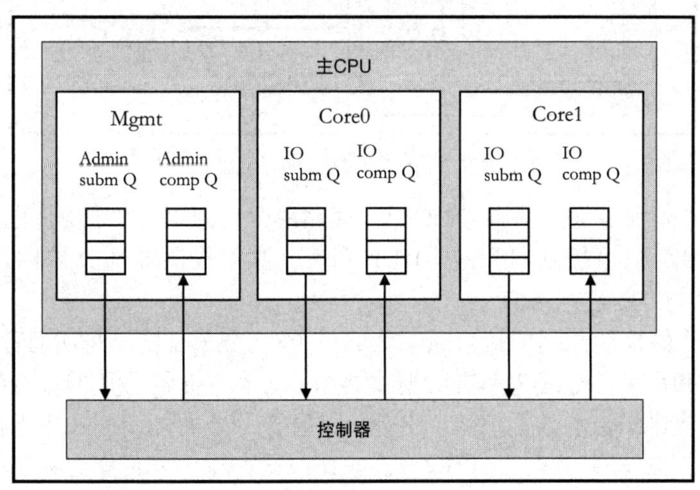

图12.15　NVM总线队列结构

软件准备好操作命令，然后将其写入提交队列。控制器将命令从提交队列中取出，执行这些命令，然后将完成信息提交给驻留在系统内存中的完成队列。主机软件建立提交队列，最大队列数量由具体设备决定。提交队列是位于系统内存中的环形缓冲器。控制器按顺序从系统内存中读取命令，但可以按照任意顺序执行它们。乱序执行可以帮助SSD控制器并发执行针对不同闪存通道的多个操作命令。这使得SSD控制器拥有更好的性能。图12.15表示的是拥有多个提交队列和完成队列的多核CPU。

12.3 DDR存储器

DDR存储器由两部分组成：存储器控制器和存储器芯片。图12.16所示是典型的DDR系统的组成图。

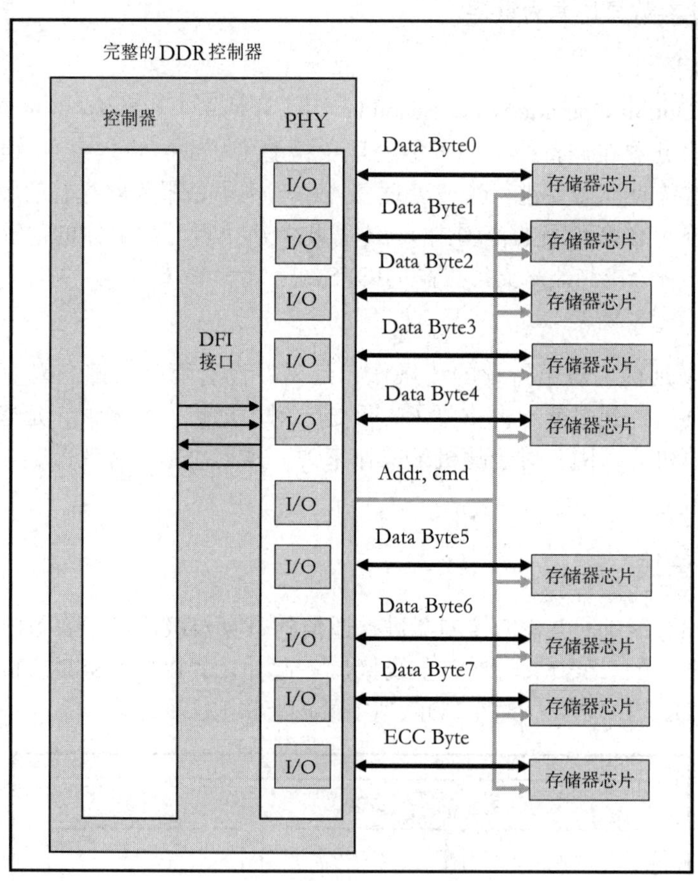

图12.16 存储器控制器和存储器芯片

存储器控制器通常集成在ASIC/SoC中，存储芯片通常焊接/安装在电路板上。DDR控制器可进一步划分为数字控制器和一个DDR PHY。数字控制器通过被称为DFI的标准接口（DDR PHY接口）与PHY进行通信。

DDR PHY与存储器芯片间的接口通常为64位（8字节）宽度。每次对存储器可以写入或读出8字节。地址和命令信号线为所有数据线共用。每个存储器芯片的位宽都为1字节，在板上放置8块芯片可提供64位的数据位宽。除此之外还有一个额外的芯片用于存储8字节数据对应的ECC值。有时存储器芯片会设计成4位宽或16位宽。当每个芯片为4位宽时，我们在电路板上需要使用16个芯片；当每个芯片为16位宽时，我们在电路板上需要使用4个芯片。存储芯片的位宽通常用x4、x8和x16表示。

12.3.1　DDR存储器命令

DDR存储器最常用的两个命令是写命令和读命令，另外也有其他命令，如激活、预充电等。每个DDR操作都包括一个命令阶段和可选择的数据阶段。具体地说，写操作和读操作都有命令发送阶段和数据发送阶段，但激活操作只有命令发送阶段。

DDR的命令发送阶段

- DDR中没有专用的命令总线，命令是通过一组信号线（RAS#、CAS#、CS#和WE#）组合发送的。
- 存储器控制器发出命令，存储器芯片只对命令做出响应，并不驱动或发起任何命令。
- 对写操作来说，存储器控制器先发出命令，后发出数据，存储器芯片根据命令和数据完成写操作。
- 对读操作来说，存储器控制器发出读命令，然后等待数据从存储器芯片中输出。当存储器芯片输出数据时，控制器获取这些数据。
- 下面对一些命令进行更详细的介绍（写命令和读命令）。

DDR写命令

- 在DDR的写入过程中，存储器控制器驱动CLK（时钟）。
  - 对所有数据字节来说，只有一个CLK信号。
- 存储器控制器通过下列信号组成DDR的写命令。
  - RAS#：高
  - CAS#：低
  - CS#：低
  - WE#：低
- 存储器控制器在命令发出的同时输出地址。
- 经过一段延时，数据以两倍的速率输出（因此被称为两倍数据速率或DDR）。命令和数据之间的延时被称为写延迟（WL）。
- 在发出数据的同时也发出下列DQS信号
  - 每个数据字节对应一个DQS信号，8字节对应的DQS信号为DQS0，…，DQS7。
  - DQS的边沿与数据（DQ）的中间位置对齐。
- 每个存储器芯片有内建数字逻辑。
- 存储器芯片使用DQS信号捕获数据（DQ）。
- DQ和DQS应当一起发出并在电路板上并排布线，使其具有相同的布线传播延迟。
  - DQS边沿与数据（DQ）的中心对齐可以帮助存储器芯片正确地捕获数据。

写延迟（WL）是发出写命令和将第一个数据送上DQ总线之间的延时。DQ和DQS都是双向信号。在写操作过程中，控制器驱动DQ和DQS信号，并在写操作完成后将其输出置为高阻态。在读的过程中，存储器芯片驱动DQ和DQS信号。CLK信号总是由存储器控制器驱动。DDR写操作波形如图12.17所示。

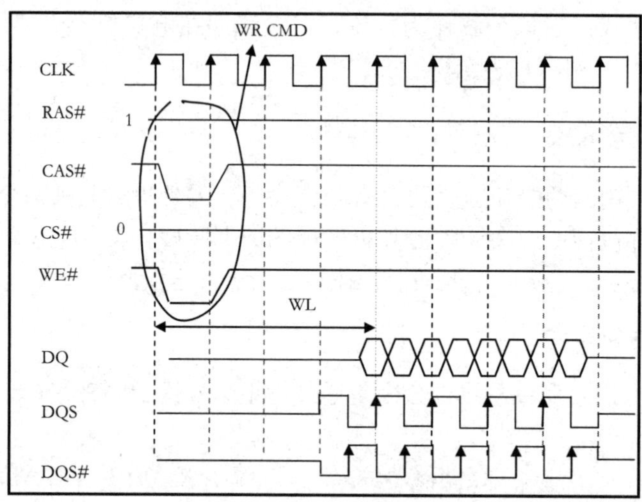

图12.17　DDR写操作波形

DDR读命令

- 存储器控制器通过下列信号发出DDR读命令。
  - RAS#：高
  - CAS#：低
  - CS#：低
  - WE#：高
- 存储器控制器在命令发出的同时发出地址。
- 经过读延时，存储器芯片发出DQ和DQS信号。控制器知道读延迟的具体数值，在读延迟期满后将内部的rd_enable信号置位以捕获来自DQ总线的数据。
- 存储器芯片将DQS和DQ边沿对齐，而非像写过程中控制器那样将DQS边沿与数据中心位置对齐。
- 存储器控制器在接口时序训练过程中将DQS边沿和DQ中心对齐。

读延迟（RL）是介于读命令和DQ总线的第一个数据出现之间的延迟。DDR读操作波形如图12.18所示。

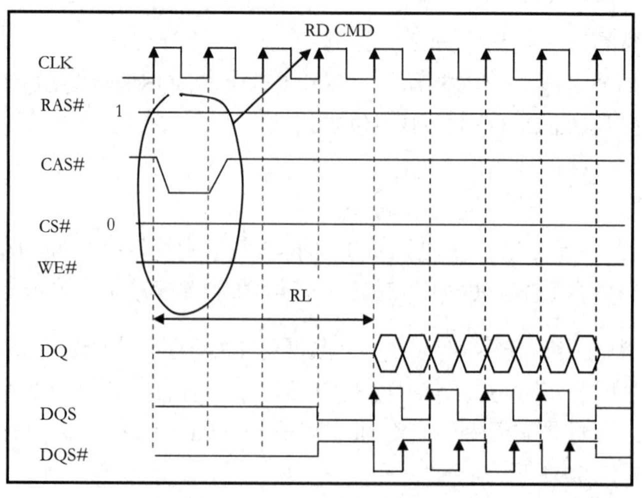

图12.18　DDR读操作波形

DDR激活命令（Activate Command）

- 存储器芯片由若干bank组成，每个bank由若干row（行）组成。
- BA[2:0]用于选择bank，A[9:0]用于选择row。
- 激活命令用于打开一个bank中的一个row。
- 在对一个row发出读或写操作命令之前必须先将其激活。一旦被激活，在此行被关闭之前都可以对其访问，进行读或写操作。
- 在将同一个bank中的另一个row打开之前，必须先用预充电命令（pre-charge）将已打开（激活）的row关闭。
- 属于不同bank的row可以同时保持打开的状态。

DDR预充电命令（Pre-charge）

- 预充电命令可用于关闭一个bank或所有bank中已打开row的激活状态，也称为去激活（deactivate）。
- 当一个row被预充电后，必须将其激活后才能进行读或写操作。

DDR刷新命令（Refresh）

- DRAM存储器基本存储单元中的电荷会随着时间的推移不断泄露，因此必须进行周期性的刷新。
- 可以通过刷新命令对存储器进行刷新操作，刷新操作完成通常需要7 ~ 8μs时间。
- 刷新时，存储器中的数据被读出，然后再写回存储器中。

DDR自刷新命令（Self-refresh）

- 当存储器控制器处于掉电状态，存储器芯片仍处于上电状态时，自刷新命令可以使存储器芯片保持原有的数据。

DDR无操作命令（NOP）

- 存储器控制器通过将CS#置高来发出NOP命令。
  - RAS#：不关心
  - CAS#：不关心
  - CS#：高
  - WE#：不关心

DDR模式寄存器设置命令（Mode Register Set，MRS）

- MRS命令用于设置模式寄存器（MR1，MR2等）的值。此命令对应的各信号值如下。
  - RAS#：低
  - CAS#：低
  - CS#：低
  - WE#：低

12.3.2　DDR的初始化和校准

在存储器可以进行正常操作之前，首先要进行初始化。下面给出了初始化流程的主要步骤。

- 等待电源稳定。
- 在200 ms内保持复位（reset）有效。
- 复位无效后，将CKE（时钟使能）置低并保持500 μs。
- 将CKE置高，CLK必须保持运行。
- 向不同的MRS（模式寄存器）发送MRS命令。
  - 在存储器芯片中有若干模式寄存器（MR0，MR1，MR2和MR3）用于对存储器芯片进行不同的配置（例如，突发长度、CAS延迟等）。
- 发出ZQCL命令进行ZQ校准。
- 芯片准备就绪，可进行正常操作。
- 在初始化的过程中还要进行一些其他操作（写定时校准、读操作逻辑门训练和读定时校准），它们在正常操作的过程中也可以进行。

ZQ校准

共有两种类型的ZQ校准命令——ZQ长校准和ZQ短校准。ZQ长校准在初始化时进行，需要较长的时间来完成。在存储器控制器发出ZQ校准命令后，DRAM芯片内建校准引擎开始进行校准并将一些设置值（ODT和Ron）传送到DRAM引脚。ZQ短校准命令在正常操作过程中使用，只需要较短的时间就可以完成。

写平衡

在写操作过程中，控制器将DQS信号和CLK（时钟）信号边沿对准。但是，由于CLK（时钟）信号走线的fly-by特征，CLK和DQS到达芯片时很难仍然保持边沿对准。为了使DQS和CLK在芯片侧能够对准，需要使用写定时校准操作进行偏差补偿。控制器对每个DQS信号进行延迟控制，以保证DQS和CLK信号在到达芯片时能够保持对准。

fly-by：PCB布线时采用的一种拓扑结构，用于改善高速信号的传输质量。CLK信号以菊花链方式布线连接各存储器芯片。这意味着CLK到达末端芯片的延迟比在起始处的芯片更大。

存储器控制器发出MRS命令使芯片处于写定时校准模式，然后它发出DQS信号，存储器芯片使用DQS信号的上升沿捕获CLK的值并将所捕获的值输出到DQ引脚上。控制器检查DQ上的值，同时不断增加DQS的延迟直到DQ的值变成1。当控制器发现DQ上的值为1后，它会冻结当前的延迟值，直到下一次写定时校准操作。存储器芯片可以使用DQ中的任意一位（称为基本DQ）来驱动捕获的CLK值。

读操作逻辑门训练

在读操作过程中，控制器发送读命令并经过时长为Trd_lat的延迟后，它使能其内部的rd_enable信号并开始捕获来自DQ总线的数据。存储器芯片也希望在读命令发出并经过Trd_delay时延后开始发送数据。但由于布线延迟、内部rd_enable信号置位、存储器芯片所发出数据的实际到达时间等相互不一致，都会导致控制器对数据的错误捕获。读操作逻辑门训练过程用于将rd_enable信号和有效的DQ数据窗口对齐。

控制器发出MRS命令使数据进入读操作逻辑门训练模式。存储器芯片驱动DQS信号，不向DQ总线上驱动任何数据。控制器查找DQS信号的有效起始零相位和第一个由0变为1的上升沿。控制器不断增加内部rd_enable信号的延迟，直到它与DQS信号的上升沿对齐。

读操作定时校准

在读操作的过程中，存储器芯片发出DQ和DQS信号，此时DQS的上升沿和DQ数据相位的起始位置是对齐的。读操作定时校准的目的是通过调整输入DQS的延迟使其位于DQ数据窗口的中心位置，这有助于更好地捕获数据。

12.3.3　DDR存储器术语

JEDEC（电子设备工程联合委员会）是定义存储器规范的标准化组织。

DDR2存储器

JEDEC标准名称	速　　率	DDR时钟频率	峰值传输速率	模块名称
DDR2-400	开始速率	200 MHz	3200 MB/s	PC2-3200
DDR2-1066	最大速率	533.33 MHz	8533 MB/s	PC2-8500

标准名称：它描述了每个芯片的数据速率。例如：

$$\begin{aligned}\text{DDR2-400速率} &= 200\ \text{MHz}（2\text{字节/时钟周期}）\\ &= 400\ \text{MB/s}\end{aligned}$$

模块名称：它描述了可能或最大的峰值数据速率（8芯片）。例如：

$$\begin{aligned}\text{PC2-3200最大速率} &= 200\ \text{MHz}（2\text{字节/时钟周期}）（8\text{芯片}）\\ &= 3200\ \text{MB/s}\end{aligned}$$

DDR3存储器

JEDEC标准名称	速　　率	DDR时钟频率	峰值传输速率	模块名称
DDR3-800	开始速率	400 MHz	6400 MB/s	PC3-6400
DDR3-2133	最大速率	1066.66 MHz	17066 MB/s	PC3-17000

DDR4存储器

- 标准制定工作已经完成，相关产品样品已经完成，尚未全面推广应用。
- 传输速率可达1600 MB/s到3200 MB/s。
- 更低的操作电压（1.05 ~ 1.2 V），DDR3的操作电压为1.35 ~ 1.65 V。

JEDEC标准名称	速　　率	DDR时钟频率	峰值传输速率	模块名称
DDR4-1600	开始速率	800 MHz	12800 MB/s	PC4-12800
DDR4-3200	最大速率	1600 MHz	25600 MB/s	PC4-25600

LPDDR：代表低电压DDR。它与DDR存储器相似，但其操作电压相比常规DDR更低。例如，LPDDR3的操作电压是1.2 V，而DDR3的操作电压是1.35 V。LPDDR适用于低电压设备，如移动和手持设备。

GDDR：代表图像DDR。它与DDR的操作方式相似，但这类存储器多用于高性能的图像和游戏设备中。与常规DDR相比，其工作频率通常更高，同时工作电压更高。更高的频率和工作电压提供了更好的性能，但同时功耗也更高。GDDR5是GDDR大家庭中最新的一个类型。

RLDRAM：代表低延迟DRAM。它是具有比常规DDR存储器更低操作延迟的专用DDR存储器。它们应用于如CPU L3 cache和网络路由查找引擎等对延迟高度敏感的场合。

DIMM：代表双列直插式存储模块，如下所示。

RDIMM：寄存器式双列直插式存储模块。在存储器控制器和存储器芯片间有一个缓冲芯片，如下所示。

SO-DIMM：小型双列直插式存储模块。它们大约是DIMM尺寸的一半，常用于笔记本计算机和小型设备，如下所示。

Rank（内存阵列）：rank是用来提升存储容量的。所有的rank共享相同的地址线和数据线。每次只有一个rank能够被外部访问。每个rank有其自己的片选（CS）信号。DIMM条中通常包括4到8个rank。一个quad-rank DIMM条的每一面有两个rank，共有4个rank。除被选中的rank外，DIMM条中的其他rank没有加电以降低功耗。

Bank：在单一的芯片中有多个bank。一个芯片中的bank通过三个信号（BA[2:0]）来寻址。存储器地址包括bank地址、row地址和column地址。

突发长度：BL4代表突发操作长度为4，BL8代表突发操作长度为8。突发长度是在初始化期间通过对MPR寄存器编程进行选择的。当配置的突发长度为8时，写或读操作期间就有连续8个数据被写入或读出。

CAS延迟（CL）：CL是内部读命令和第一个输出数据之间的延迟。

附加延迟（AL）：它通过MR1寄存器设置。AL可以是0、CL-1或CL-2。

读延迟（RL）：它是AL和CL的总和，即RL=AL+CL。在大多数情况下，AL为0，读延迟和CAS延迟相同。读延迟被定义为从命令发出到可用数据出现之间的延时。

CWL：代表CAS写延迟，通过MPR2寄存器设置。它被定义为从内部写命令发出到第一个数据被锁存之间的延时（时钟周期数）。

写延迟（WL）：写延迟等于AL和CWL的总和，即WL=AL+CWL。写延迟被定义为存储器命令发出到数据发出之间的延时。

ODT：ODT代表片上终端电阻。ODT值通过写入MPR1寄存器设置。它通过在引脚（DQ，DM，DQS和DQS#）上放置终端电阻来避免在这些引脚上出现信号反射。这些电阻与引脚一一对应，位于存储器芯片内部。ODT电阻值的变化范围是从20 Ω到120 Ω。

ODT分为标称ODT和动态ODT。标称ODT通过写入模式寄存器设置。但是，在写操作过程中往往需要不同的ODT电阻值，此时通过反复发送MRS命令来改变ODT值并不方便。写操作过程中，动态ODT可以在不发送MRS命令的情况下设置不同的ODT值。在写操作完成后，ODT电阻返回到标称的ODT值。

MR寄存器： DDR DIMM中有几个模式寄存器，用于初始化期间对DDR的操作模式进行选择。下面是一些DDR3模式寄存器的定义和使用方法。

MR0寄存器
bit[1:0]和A12（地址线12）共同决定突发长度值。
2'b00：固定突发长度8
2'b10：固定突发长度4
2'b01：动态突发长度——取决于A12
A12 = 0：突发长度为4
A12 = 1：突发长度为8
bit[6,5,4,2]：定义CAS延迟
bit[11,10,9]：定义写恢复值

MR1寄存器
bit[4:3]：定义附加延迟（AL）
bit[9,6,2]：定义ODT设置

MR3寄存器
bit[5,4,3]：定义CAS写延迟（CWL）值

12.4　软硬件协同

我们以以太网卡为例，简单讨论一下软件与硬件之间是如何相互配合、相互作用的。我们的目标不是讨论不同层次的软件是如何工作的，因为那是一个完全不同的领域。作为一个芯片设计者，理解软件与硬件之间如何协同工作是很有必要的。

12.4.1　设备驱动

设备驱动程序是介于操作系统和硬件设备之间、与设备本身密切相关的程序。操作系统不是对设备内部的寄存器或者FIFO进行直接操作来使其完成某项功能的，而是调用设备驱动程序中的专用函数，由设备驱动程序产生针对设备的操作命令来完成所需任务的。

当我们安装一个新设备（如打印机）时，我们同时会从CD或网络上下载设备的驱动程序并进行安装。每次PC机打开时，驱动程序就会被从硬盘中读出并加载到内存中，在内存中执行。设备驱动程序将接口函数提交给操作系统供其根据需要调用。设备驱动程序掌握设备的所有内部工作机制并与其紧密协同工作。

当硬件和软件接口操作符合一些工业标准时，常常不需要安装新的驱动程序。操作系统已经将驱动程序作为其自身的一部分进行安装了。例如，采用AHCI（高级主机控制器接口）规范的SATA主机适配卡。AHCI主体上是一个DMA接口，它定义了一套用于在操作系统和设备之间传递命令和数据的标准。另一个例子是基于NVMe总线规范的SSD控制器。NVMe总线与AHCI相似，但它是面向闪存的。

12.4.2 软件层

IO管理器

IO管理器是一组控制系统中的硬件设备以及与它们进行交互的程序。它提供了一组不同驱动程序能够调用的例程，IO管理器同时将IRP（IO Request Packet，IO请求包）插入相关的设备执行队列中。

即插即用管理器

即插即用管理器负责自动系统资源分配——IRQ、DMA通道、存储器分配（PCI设备中的基地址和存储空间范围）等。

电源管理器

电源管理器跟踪和管理整个系统的供电。它负责功率预算（功率分配）和整个系统的电源管理功能（如ACPI）。

设备驱动程序

设备驱动程序是负责在操作系统和设备之间进行通信的一组程序。驱动程序是依据WDM（Windows设备模型）设计的。在WDM中定义了三种驱动程序类型——总线驱动程序、功能驱动程序、过滤器驱动程序。设备驱动程序和软硬件层次如图12.19所示。

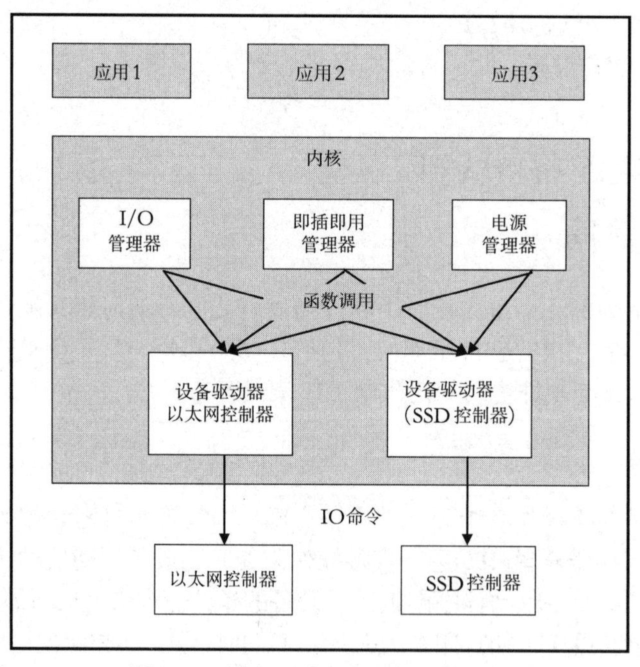

图12.19 设备驱动程序和软硬件层次

12.4.3 BIOS

BIOS（基本输入输出系统）是一上电立即投入使用的一组程序，此时操作系统仍然存储在硬盘里，还未加载到DRAM中。BIOS在操作系统加载完成之前就可以使基本设备（鼠标、键盘和显示屏等）投入使用。BIOS存储在BIOS芯片中，BIOS芯片焊接在主板上，与南桥连接。由于ROM的速度过慢，BIOS程序首先加载到DARM中并执行。

在操作系统接管系统控制权之前，BIOS可以实现许多基本功能：

- 检查CMOS设置。这是用户能够改变部分设置的时刻（例如，硬盘数量）。BIOS设置存储在单独的CMOS芯片中。
- 加载中断处理程序和设备驱动程序。设备驱动存储在设备附属的ROM芯片中。
- 初始化电源管理设置和寄存器设置。
- 进行上电自检操作，检查系统中的不同硬件。
- 进行显示设置。
- 最终将控制权移交给操作系统。

12.4.4　内核模式和用户模式

在内核模式下，正在执行的程序对包括存储器在内的硬件有完全的访问权限。内核模式是为操作系统中最可信的部分预留的。在用户模式下，正在执行的程序不能访问硬件或存储器。它通过API调用访问硬件或系统资源。

12.4.5　控制/状态寄存器、RO、粘着位

能力位

每个设备中都有一些特定的寄存器，设备驱动程序读取这些寄存器后可以知道设备的能力和性能。设备驱动程序通常在开始时读取这些寄存器来了解设备的能力、设置和操作模式。这些比特位是只读的，通常不能被驱动程序修改。

使能位

这里有另一组寄存器被称为控制和状态寄存器。例如，控制寄存器中的某些控制位是中断使能位，只有在驱动程序将其置1后设备才能产生中断。设备驱动程序可以对控制位进行永久设置或在操作中对其进行动态设置。对软件来说，控制位通常是可写的，软件可根据需要将其设置为1或0。

状态位

状态位用于表明设备中有特定类型的事件发生。当接收的数据包中有CRC错误时，PCIe设备会设置一个状态位。在状态位被设置后，它通常会导致进一步的动作，如向驱动程序发送一个中断或向软件发送一个错误信息。在某些情况下，设备没有进一步的动作。状态位由硬件设置，由软件清除。状态位在软件清除之前始终保持设置状态。软件通常通过写入1来清除状态位。

粘着位

有一些比特位需要在辅助电源域实现，这些比特位的值在内核电源关闭或发生故障时仍会保持，它们通常用于电源管理和唤醒功能。当内核掉电时，设备驱动程序可以根据粘着位找出发生了什么情况。这些比特位实现起来有一些棘手，其控制信号来自内核电源域，而其自身处于另一个不同的电源域。

第13章　嵌入式系统

嵌入式系统一般意味着小型或便携式系统，如照相机、摄像机、智能电话，甚至是汽车内的许多小型电子系统。我们都非常熟悉PC系统（服务器、桌面型计算机和笔记本计算机），它们有一个或多个CPU、具有通过IO连接的芯片组、RAM和储存设备。嵌入式系统在体系结构上也非常类似，有一个或多个CPU、存储器和储存设备等。嵌入式系统可以基于较简单的微控制器，或者基于如ARM处理器这样完全成熟的处理器。PC系统和嵌入式系统之间有少许差别。

- 嵌入式系统中CPU和其他元件的选择需要考虑降低功耗，而PC和桌面型计算机的设计更注重性能的提升。但是，典型的嵌入式系统和PC系统存在相互交叠的部分，在交叠的部分，笔记本计算机的功耗不断降低（如超极本），同时典型的嵌入式处理器（如ARM处理器）的性能不断提高，可以满足高性能设备（如iPad和类似的设备）的需求。
- 嵌入式系统一般基于单个芯片，包括CPU在内的所有功能都集成在一个芯片中。
- 嵌入式系统IO连接的设备（如鼠标、小键盘、监视器等）数量更少。
- 嵌入式操作系统通常为实时操作系统（Real Time Operating System，RTOS）。例如，在车载嵌入式系统中，CPU必须实时地处理信息和处置各种中断。
- 嵌入式系统还需要具有某种形式的数字信号处理（Digital Signal Processing，DSP）能力，因为它们需要与很多处理模拟信号的设备打交道。

在PC系统中，Intel公司和AMD公司是处理器的主要供应商。在嵌入式世界，最广为使用的处理器为ARM、MIPS、Intel（Atom）等。PC系统会使用IO总线，如PCI Express、USB和Thunderbolt，这些IO总线主要用于芯片间的通信。嵌入式系统也使用总线，如AMBA、OCP和Avalon，不过它们都是内部总线，用于连接芯片内的不同部件。在后续各节中，我们将讨论一些常用的内部互联总线。

13.1　AMBA总线架构

AMBA（Advanced Micro-controller Bus Architecture）用于芯片内各个部件的互联。AMBA主要有两种总线类型：先进高性能总线（Advanced High-performance Bus，AHB）和先进可扩展接口（Advanced eXtensible Interface，AXI）。

AHB是传统的AMBA总线，有着广泛的应用。AXI总线源自ARM处理器，是现代的和较新的AMBA规范，解决了AHB总线架构中的一些缺陷。目前，有越来越多的设计在采用AXI总线，它将成为人们的主要选择，而AHB总线将逐渐被淘汰。

APB（Advanced Peripheral Bus）总线架构是为中低速外部元件之间的通信而定义的，其目标不是高性能而是低功耗。

13.1.1　AMBA模块图

CPU、存储器控制器和DMA这类高速元件都通过AHB总线连在一起，它们之间通过AHB总线进行通信，如图13.1所示。DMA引擎通过AHB总线可以从RAM中取数据或者将数据写入RAM中。处理器通过AHB总线可以从RAM中取指令和数据。

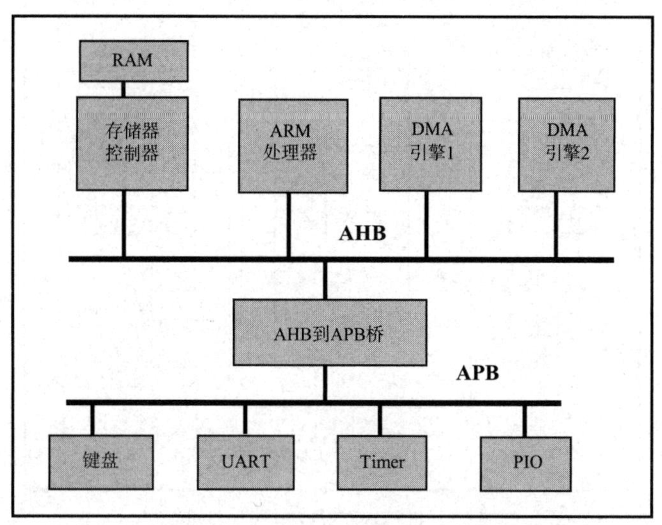

图13.1　一般的AMBA系统架构

低速元件（键盘、UART和PIO等）通过APB总线连接在一起。AHB和APB总线之间通过一个桥接器连接，AHB总线上的元件和APB总线上的元件可以通过桥接器进行通信。

13.1.2　AHB总线

在基于ARM的系统中，AHB总线是基本的内部总线，具有广泛应用基础。AHB总线具有如下特征：

- 总线上有两种类型的元件，主（master）和从（slave）。
- 一个设备通常同时具有master、slave接口，或者只具有slave接口。
- 只有master能够发起总线操作。它能够对AHB总线上的slave进行写操作或读操作。slave不能在总线上发起读写操作。
- master发起请求以获得总线访问权，请求被送至总线仲裁器，由仲裁器决定允许哪个master进行总线操作并通过grant信号通知该master。
- master接着将操作地址驱动到总线上，该地址对应着一个slave。
- 输出地址后，操作进入数据阶段。对于写操作，master将数据驱动到总线上，对于读操作，slave将数据驱动到总线上。
- AHB数据总线是可扩展的，位宽可为32比特、64比特或128比特。

关于AHB总线操作和信号定义的进一步细节，可参阅AMBA规范。在典型的外部总线中（如PCI总线），元件通过三态缓冲器连接到总线上，master没有得到授权时，其输出会处于高阻态，使其从总线上断开。但是，三态连接不适用于芯片内部总线，这样会造成很多漏电流。AHB不使用三态机制，其使用复用器（选择器）结构选择出某个源。请参考图13.2中的复用器结构示意图。

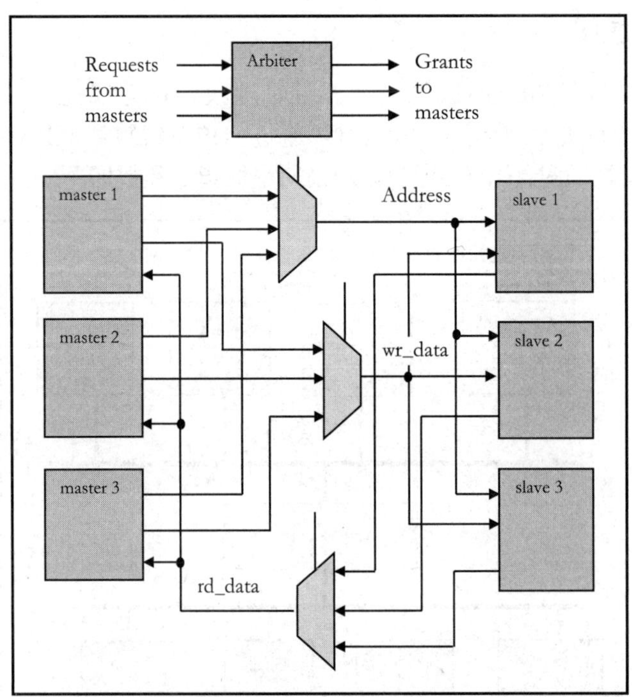

图13.2 AHB读/写数据和地址连接

正如我们从图13.2中所见，每个master都驱动地址和数据（write_data）到多路选择器。多路选择器选择出其中一个master，将其地址和数据输出给每一个slave。每一个slave知道自己所处的地址空间，并作出相应的选择。读操作时，每一个slave都驱动自己的数据（rd_data）信号到多路选择器。多路选择器选出其中一个slave，将其读数据信号输出给所有master。获得授权的master将读取该数据。

AHB拆分式传送

AHB是连接式的总线，被寻址的slave在同一次总线操作中返回数据。它不像拆分式操作（split-transaction）协议，操作请求与数据响应是两个分开的、不同的总线操作。但是，AHB可以支持拆分式操作，如果slave的数据尚未就绪，可以从总线上断开。当slave发出拆分响应时，仲裁器将相应的master从仲裁器中移除。当slave向仲裁器表明数据已经准备就绪时，该master重新参与仲裁。如果此时另一个master向发出拆分式响应的slave发出操作请求，该slave可以向第二个master发出拆分响应。实现这种多级拆分响应会使仲裁器变得更复杂。

13.1.3 AXI总线

AXI总线源自ARM处理器，是相对较新的总线规范，具有很多先进的特征，如拆分操作、全流水线方案等。它所针对的是高性能和高频率的操作。AXI总线的突出特征如下：

- 地址阶段和数据阶段相互分离。
- 只需要一个起始地址就可进行突发操作。master无须如AHB总线在每个数据阶段对地址进行递增并驱动到总线上。
- 分立的读通道和写通道，便于实现独立的DMA读操作和DMA写操作。

- 支持多个未完成的读请求。
- 支持乱序完成。

AXI写操作

master将地址和控制信号驱动到地址/控制总线上。master随后将待写入数据驱动到总线上。最后，当slave接收数据后，向master发送一个写响应。如图13.3所示。

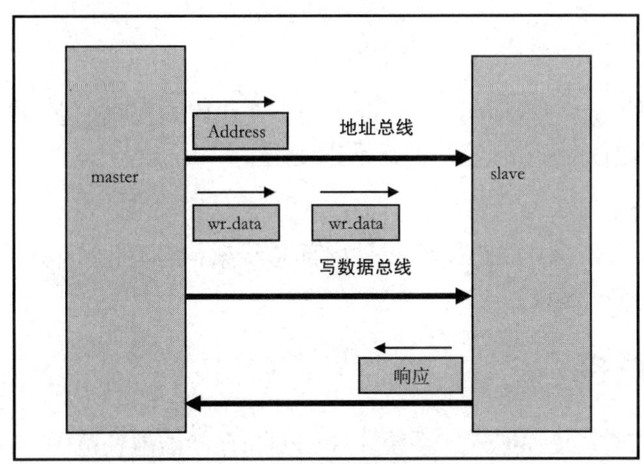

图13.3　AXI写操作

AXI读操作

master将地址和控制信号驱动到地址/控制总线上，slave会记住该指令。此后指令/地址总线会被立刻释放，同一个master或者其他master此时可以发出另一个读指令。slave接受该读指令，并准备好数据。随后slave将read-completion数据包放到读数据总线上。slave可以按照顺序或乱序方式返回数据包。如图13.4和图13.5所示。

每个读指令有一个供slave使用的特定的操作识别号。slave会记住该操作识别号，在返回completion数据时同时返回此源识别号，以此供某个master认领completion数据，并知晓该数据属于哪个具体的读指令。

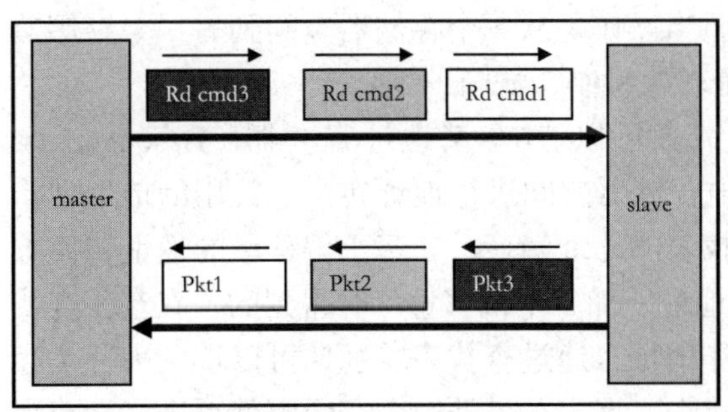

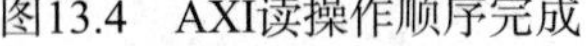
图13.4　AXI读操作顺序完成

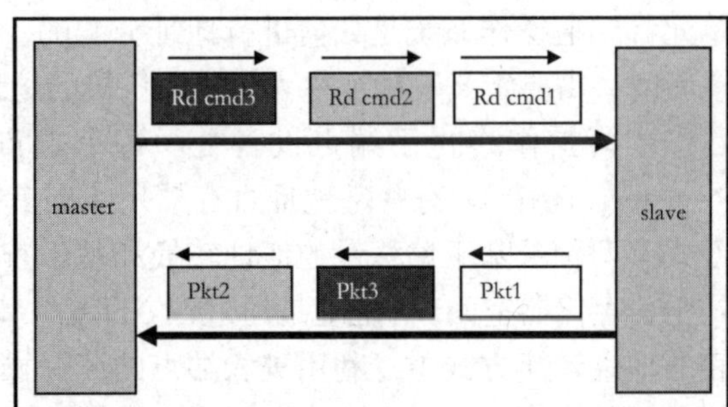

图13.5　AXI读操作乱序完成

13.2　其他总线（OCP、Avalon、Wishbone和IBM Core Connect）

除了AHB和AXI类内部总线，工业界还采用一些其他类型的总线。我们将在这里进行简要介绍。

OCP

OCP代表开放芯核（内核）协议（Open Core Protocol）规范。它是一种开放的公共规范，面向芯片内多个元件之间相互通信的应用场合。

Avalon

Avalon互联规范是Altera公司开发出来的，目的在于较方便地将Altera公司FPGA内的各个系统部件进行互联。

Wishbone

Wishbone规范用于SoC（System on Chip）内多个IP核的互联。它最初是Silicore公司开发出来的，后来被移交给OpenCores组织进行推广使用。

IBM Core Connect

CoreConnect是IBM公司开发出来的一种内部总线架构，有助于将SoC中的处理器和外围芯片内核轻松地集成在一起。

13.3 非透明桥接

我们已经讨论了PC系统和嵌入式系统。在CPU和存储器地址范围方面，它们有相似的架构，它们被称为单主机系统（single-host system），因为只有单一的主机和单一的存储器地址范围。单主机系统可以有许多内外设备和多个数据交换层次。不过，所有设备都在单一存储空间中编址。例如，PCIe交换机连接了多个PCI-PCI桥接器。每个交换机端口都知道其所对应编址空间的上界和下界，以及其他端口的编址空间范围。当一个存储器读写操作到达一个端口时，它可以根据读写操作的地址准确地知道将其转发至何处。这种操作方式也被称为透明桥接，因为任何一个设备的编址空间都是透明的，都是为操作系统所知的。在多主机系统（如两个主机）中存储器访问是如何转发的呢？这类操作可能发生在嵌入式系统主机和PC/服务器主机之间，也可以在两个PC/服务器主机之间发生。

在多主机系统中，每个CPU有其自己的存储器空间。例如，每一个CPU都能够具有多达4 G的寻址空间。当操作被限定在一个存储空间内部时，可以采用透明桥接的方式，每个路由单元都知道操作系统是如何进行地址分配的。但当操作是从一个存储器空间到另一个存储器空间时，需要定义一种被称为非透明桥接的地址转换机制，如图13.6所示。

读写操作终止于端点设备处。每个端点最多可以有6个基地址寄存器（Base Address Register，BAR）。有些基地址寄存器用于向其他存储器空间进行地址转换。常用的地址转换方式有两种：基于偏移量的地址转换和基于查找表的地址转换。在基于偏移量的地址转换方式中，存储器空间B的地址是通过在空间A的基地址上加一个偏移量计算得到的。在基于查找表的地址转换方式中，利用进入端点的读写操作地址，通过查找表映射，可以得到另一个存储空间的操作地址。查找表可以通过软件编程建立，这为在另外一个空间中重新进行存储定位提供了更多的灵活性。

对于针对端点A中BAR A2的存储器操作，首先需要通过地址转换计算出在存储域B中对哪个地址范围进行操作。然后，针对转换后地址范围的存储器操作将进入存储器空间B，并根据其目的地址到达所映射的设备。类似地，针对端点B中BAR B2的存储器操作，会被转换并传递至存储器空间A。

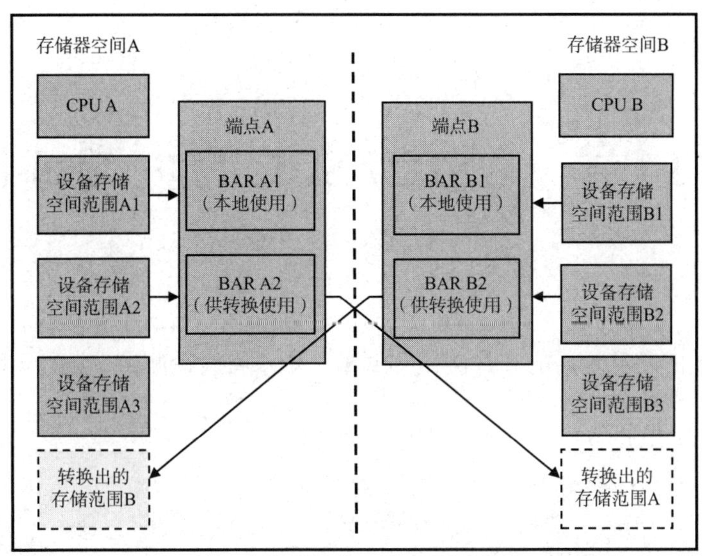

图13.6　非透明桥接地址转换

在许多应用中，都使用地址转换机制，如处理器间的通信，两个主机之间的门铃寄存器，用于从一侧向另一侧传递信息的暂记寄存器等。这种机制也可以用在主机故障切换应用中，此时两个主机之间需要相互传递心跳信息，当一个主机出现故障时，另一侧能够接管操作。失效接管机制是非常复杂的，两台主机之间需要分享彼此的状态信息和其他关键信息，以便于一个主机能够接管另一个主机。

第14章　ASIC/SoC的可测试性

本章重点关注的是流片后的芯片测试和调试。本章将讨论测试、DFT（可测性设计）、扫描和ATPG。

14.1　简介

14.1.1　为什么测试很重要

芯片通常被用于设计电子板卡，多个这种板卡可以构建一个电子系统。当系统发生故障时，问题可能出在任何一个板卡的任何一个芯片上。此时，定位错误较为困难，处理故障的成本也很高。越早检测到芯片的错误，总的开发成本就会越低。降低错误出现几率的一个方法就是在裸片封装之前对芯片进行在晶圆测试，在芯片完成封装之后在ATE（Automatic Test Equipment，自动化测试设备）上进行全面测试。芯片在制造过程中可能发生很多类型的错误。但是，在大多数情况下故障或错误的类型相对固定。我们将对其中的一些缺陷和错误进行讨论，以便能在芯片检测过程中发现这些问题。

14.1.2　故障类型

芯片在工厂完成生产后，可能会存在缺陷或错误。因此必须采取一定的步骤以便快速廉价地检测出哪些芯片存在问题，并避免在硬件系统中使用这些芯片。我们如何检测出芯片是否存在制造缺陷呢？我们只能在芯片的输入引脚上加激励，从输出引脚上分析输出结果，而无法对数以百万计的内部节点进行观测、控制或检查。下面我们需要先了解一下芯片内部通常都会发生什么类型的故障。

逻辑值固定型故障（逻辑值固定为“1”和逻辑值固定为“0”）

芯片由数百万逻辑门（触发器、与门、或门、或非门、异或门等）互相连接组成。两种最常出现的故障是逻辑值固定为“1”和逻辑值固定为“0”，如图14.1所示。故障原因是一个节点与V_{DD}（正电源）或GND（地）短路。当节点连接到V_{DD}时，此节点电平固定为“1”。让我们以输出端连接到V_{DD}的与门为例，此时，无论输入端是什么值（即使一个输入值为“0”），输出都固定为“1”。这意味着芯片在逻辑上是损坏的。哪怕出现一个这样的故障，都会造成整个芯片不能使用。另一种情况是输出端连接到GND上，此时，即使或门的一个输入为“1”，输出也不会是“1”，其输出恒为“0”。

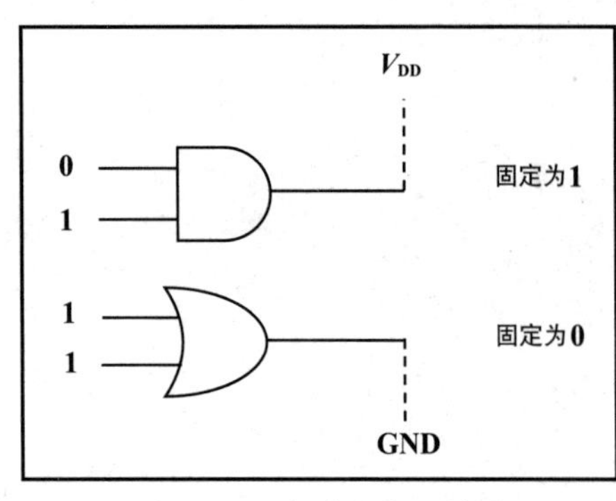

图14.1　逻辑值固定型故障

桥接故障

当两个节点短路时会发生另一种类型的错误，被称为桥接错误，如图14.2所示。在下面的例子中，或门X的输出和与门Y的输出发生了桥接，此时的输出逻辑电平可能会出现“线与”或“线或”的结果。可能出现的结果如下所示。

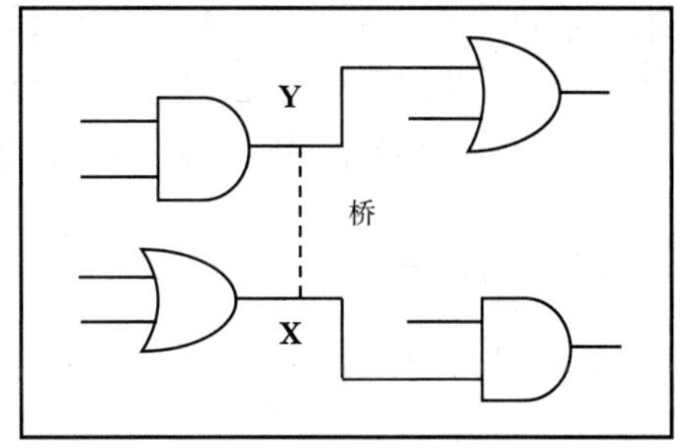

图14.2 桥接故障

- 当X为1时，Y也为1，使Y看上去像是逻辑值固定为1；
  - 需要产生测试输入，测试Y是否存在逻辑值固定为1的错误。
- 当Y为1时，它强制X为1，使X看上去像是逻辑值固定为1；
  - 需要产生测试输入，测试X是否存在逻辑值固定为1的错误。
- 当X为0时，它强制Y为0，使Y看上去像是逻辑值固定为0；
  - 需要产生测试输入，测试Y是否存在逻辑值固定为0的错误。
- 当Y为0时，它强制X为0，使X看上去像是逻辑值固定为0；
  - 需要产生测试输入，测试X是否存在逻辑值固定为0的错误。

开路故障

芯片中的连接可能发生开路错误，例如，一个逻辑门的输入断开，导致该逻辑门的一个输入悬空，或者一个逻辑门的输出断开，没有与任何后级电路连接。

14.2 ATPG

ATPG（Automatic Test Pattern Generation，自动测试向量生成）是一项用于芯片内部故障检测的技术。测试图案由工具生成，这不是一种功能测试，属于一种自动测试。另一种类型的测试图案生成是面向功能测试的，此时设计者知道芯片的功能。以DDR控制器为例，测试人员可以发出一系列的写命令和读命令，并在输出端捕获期望的数值。当芯片从代工厂返回后，功能测试图案被送入DDR控制器的输入引脚，DDR控制器输出引脚的值将被捕获并与之前通过功能仿真捕获的期望值进行比较。如果两者不匹配，那么芯片内部至少产生了一个错误。但是，功能测试具有一定的局限性，它的测试覆盖率很容易达到75%，但要达到100%则困难得多。

ATPG相比于功能测试可以得到更高的测试覆盖率。采用ATPG时，芯片内部的电路或逻辑门起什么作用并不重要，ATPG统一将其看成是不同的组合逻辑和时序逻辑电路，然后它假定不同内部节点存在逻辑值固定缺陷，并找到能够引起逻辑值固定缺陷发生点产生相反逻辑电平的输入激励。以二输入与门为例，假定与门输出逻辑值固定于1。如果ATPG工具能够使与门的一个输入为0，那么其正确输出就应该是0，然后它还需要将与门输出结果传递到一个可供观察的外部引脚。这种测试方法涉及内部电路的可控制性和可观察性。可控制性被定义为将一个节点设置为某个特定逻辑值（1或0）的能力，可观察性被定义为观察一个内部节点逻辑值的能力。与门是一个简单的例子，实际芯片中控制一个内部节点的值和将一个内部节点的值引到输出引脚上可能要复杂和深入得多。

相较于时序电路，组合电路要更容易进行控制和观察。但是，如果设计中有冗余逻辑，组合节点将不能被测试，因此在设计中应尽量避免冗余逻辑。由于时序电路中会使用存储器件，因此难以在测试时加以控制。ATPG使用了一种被称为扫描插入的方式，可以更容易地对时序电路展开测试。我们将在下一节讨论基于扫描的测试方法。

14.3 扫描

14.3.1 内部扫描

使用扫描方法时，需要使用scan-flop（扫描触发器）代替常规的flop（触发器）。这些scan-flop以链的方式串接在一起，这种结构可以将从一个引脚输入的值在链中传播并最终从一个引脚输出。扫描插入发生在逻辑综合之后，扫描插入工具使用scan-flop替换常规的flop。每个scan-flop有一个扫描输入和一个扫描使能输入端，reset输入端可以使flop的输出立刻进入确知的状态。reset输入用于将触发器输出立刻设置到一个已知状态，扫描数据输入端可以将任意值直接传递给flop。下面我们将分析如图14.3所示的scan-flop结构图，观察它们怎样连接在一起构成扫描链。

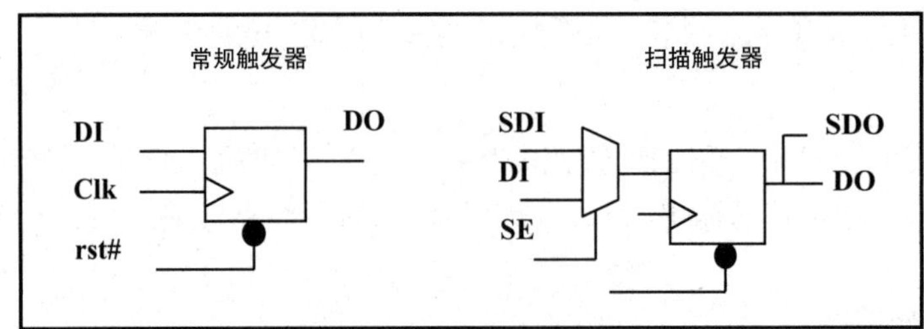

图14.3 scan-flop的结构图

与普通flop相比，scan-flop有两个额外的输入端口（SDI和SE）和一个额外的输出（SDO）。SDI（扫描数据输入）是一个专用输入端口，当SE（扫描使能）为“1”时，SDI提供触发器的输入值；当SE为“0”时，常规的DI提供输入值。SDO（扫描数据输出）是scan-flop的一个额外输出路径。在正常（功能）操作期间，SE值为“0”。

扫描链和扫描测试

通常状况下，在芯片内部会有若干扫描链而非一个大型扫描链。由于每个扫描链的深度都小于一个大型链，这种分割有助于减少测试时长。在扫描测试期间，需要执行以下的三个步骤，如图14.4和图14.5所示。

- 移入阶段
  - 将SE置高，扫描数据按照每个时钟周期一位的速度串行移入扫描链。将一条链的所有触发器填满会花费若干个时钟周期。由于扫描链中的触发器是按照移位寄存器的方式连接的，当链中有n个触发器时，需要花费n个时钟周期。由于在这个阶段数据被移入触发器，因此被称为移入阶段。
- 转移/加载阶段
  - 将SE置低一个时钟周期。在这个周期内，所有scan-flop的输出被用于组合电路的输入，这些组合电路的输出值被其驱动的触发器捕获，这个阶段被称为加载阶段。
- 移出阶段

◆ 将SE再次置高。在这个阶段，scan-flop中存储的值按照一次一位的方式从SDO引脚移出。这个阶段被称为移出阶段。需要注意的是，此时移出的值是转移/加载阶段触发器捕获的值。

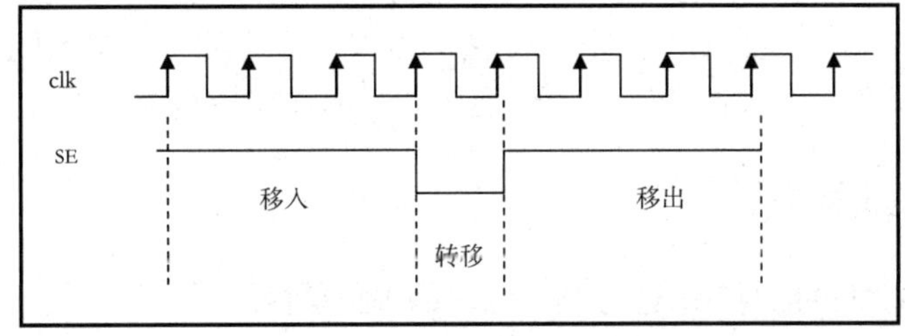

图14.4　SE：移入、转移和移出

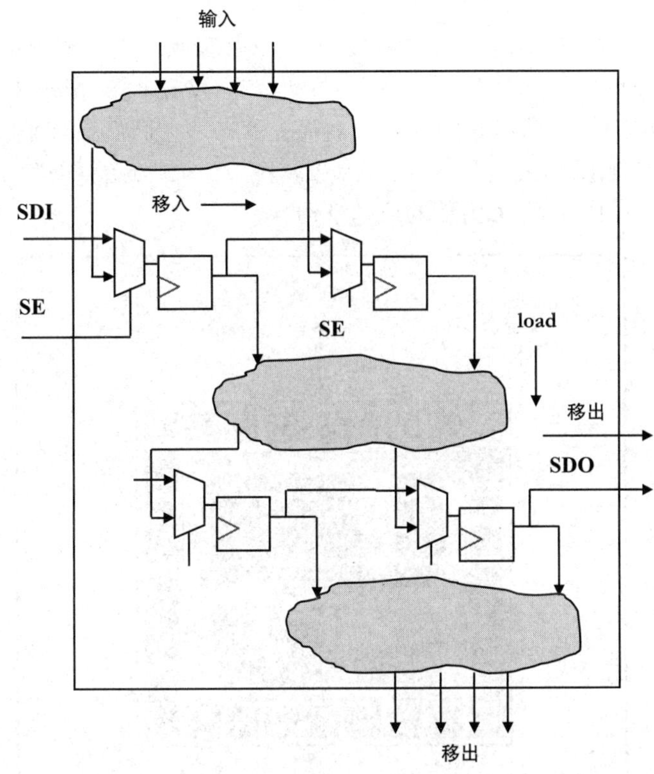

图14.5　扫描数据：捕获和移出

14.3.2　边界扫描

内部扫描用于检测芯片内部的故障，边界扫描主要用于检测芯片之间的互联故障。边界扫描也可用于芯片内部不同规模较大的模块之间。边界扫描技术在1990年提出，并被制定为JTAG（联合测试行动组）规范。在1994年，JTAG中增加了BSDL（边界扫描描述语言）扩展，并在此之后被多家公司使用。边界扫描单元被添加到所有引脚，用于数据的驱动和观察。

边界扫描单元被连接在一起，以便数据能够顺序移入和移出。JTAG引入了一种通用测试接口TAP（测试访问端口）。TAP协议包含用于移入和移出数据的输入和输出引脚。TAP控制器用于驱动输入激励并观察输出数据。IEEE 1149.1标准是针对数字引脚测试的，其后续标准IEEE 1149.4中加入了测试电阻、电容和电压的方法，将对数字和模拟引脚的测试进行标准化。

14.3.3　IDDQ测试

IDDQ是另一种用于发现芯片中是否存在制造错误的测试形式。在CMOS电路中，漏电流（当没有电路活动或节点电平变化时依然存在的电流）很小。在IDDQ测试中，芯片的漏电流是在芯片没有任何活动（节点不发生电平变化）时进行检测的，如果测到的电流大大超过通常预计的漏电流，则表明存在制造缺陷，可能芯片内部存在短路。

14.4　SoC测试策略

在本节中，我们将讨论对SoC进行充分测试的整体策略。

14.4.1　SoC的内部结构

对于SoC，科学的做法是在芯片的架构设计阶段就应该考虑其测试策略，这就是可测性设计（Design For Testability，DFT）和可制造性设计（Design For Manufacturability，DFM）在业界被广泛使用的原因。那么我们该怎样做呢？首先，我们需要理解SoC的架构，接着才能设计出一套有效的测试策略。接下来的几点可以作为工程师进行DFT/DFM设计时考虑的要点。如图14.6所示展示了如今SoC内部的典型结构。

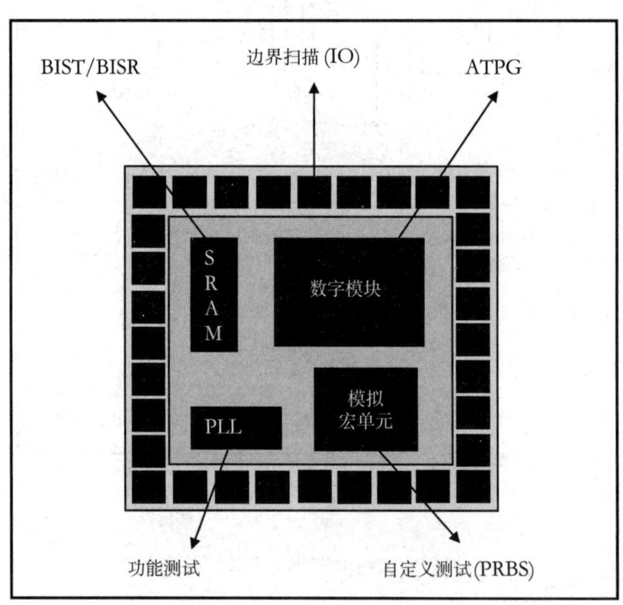

图14.6　SoC内部的典型结构

数字模块

- 时钟域的数量和每个时钟域中触发器的数量。
- 复位信号的数量。
- 使用内部扫描测试数字电路模块。
- 识别使用ATPG测试时需要特殊处理的跨时钟域边界的逻辑电路。

硬件宏单元

- 嵌入式SRAM
  - 设计内存BIST（Building In Self-Test，内建自测试）机制来测试这些模块。
  - 决定是否将内存修复逻辑作为某个大容量内存BIST的一部分。
- PLL
  - 设计一种PLL测试方法来测试PLL的频率和锁定状态。
  - 将时钟通过一个输出引脚引出，以便于进行频率和抖动测量。

模拟/混合信号模块

测试可以分为两部分：

- 功能测试
  - 需要使用合理划分，逐个处理的方法进行测试。
  - 对于硬件数字逻辑，可以将触发器连接成一个或多个扫描链，然后使用ATPG进行测试。
  - 如果存在数据通路，我们可以使用PRBS（伪随机二进制序列）环回测试机制。
  - 如果待测试的是心跳节点（这类节点产生的是一种周期信号，用于判断某个电路是否正常工作），我们可以使用专门的选择器电路将这类节点信号引到一个输出引脚上。
- 电特性测试
  - 模拟器件的电特性测试很复杂，需要考虑极端情况下的制造工艺、工作电压和工作温度条件（Process Voltage Temperature，PVT）

第三方IP

如果SoC中嵌入了第三方IP核，需要确保IP供应商已经根据其具体特点对IP测试机制进行了充分考虑。

IO/PADS

使用边界扫描IEEE1149.1测试IO的完整性，测试其引脚与板/系统上相邻芯片的通信情况。

使用即将实行的IEEE P1500标准进行SoC内部模块的功能测试。

即将实行的IEEE1687将促进在SoC的模块级和IP级引入高级语言，并且能够被无缝移植到芯片级。制定这项标准的动因是在若干SoC之间重用复杂的IP核。这将有助于IP供应商使用易于理解的软件语言描述测试方法，如下所示。

- PDL（Procedural Description Language，程序性描述语言）对测试方法进行了编程说明。
- ICL（Instrument Connection Language，设备连接语言）定义了测试端口（又称待测试IP模块端口）到设备标准名称的映射。

这有助于IP供应商在不向客户公开任何内部细节的情况下支持对它的IP进行测试。ICL文件可以方便地在芯片级将IP纳入整个SoC的测试架构中。在新标准引入后，预计IP提供商会将PDL和ICL作为他们交付文件的一个标准组成部分。

14.4.2 可测性设计（DFT）

可测性设计（Design For Testability，DFT）是在芯片设计阶段，以提高可测性、降低测试代价和测试成本为目标而采取的一系列技术措施。常用的DFT方法如下所示：

- 结构化的DFT方法
  - 内部扫描（在14.3.1节进行了讨论）
  - 边界扫描（在14.3.2节进行了讨论）
  - BIST（内建自测试）。芯片内部的逻辑电路，它在芯片内部产生测试激励并检测结果。由于不需要从外部引脚输入激励，这种测试方式的速度很快。需要说明的是，测试结果的检查也是在芯片内部进行的
- Ad-hoc DFT方法
  - 避免冗余逻辑（冗余逻辑中的错误不能被测试出来）
  - 避免任何反馈路径（使用触发器隔断反馈路径）
  - 使触发器可复位（带有复位引脚）

14.4.3 DFT设计准则

在DFT工程师理解了SoC的架构之后，下一步要做的就是进入微架构/设计层面，确保不会因为疏忽造成设计中存在不可测的逻辑。如果我们在设计期间遵循设计准则，那么就不必在后续的DFT分析、模式生成和测试等过程中造成时间浪费。

- 在混合信号设计中，同时存在着数字逻辑和硬件宏单元，需要确保SoC中硬件宏单元的可控制性直接依托触发器。否则，触发器和硬件宏单元的输入端口之间的组合逻辑可能是不可测的。与此类似，连接到硬件宏单元输出端的触发器必须是ATPG模式下可控的。
- 确保所有的时钟和复位信号都可以被引脚控制。这可以通过在ATPG模式下使用旁路选择器实现。
- 可考虑使用支持用户定制测试指令的tap控制器。这样做不仅能够减少测试所需的引脚数量，而且可以使测试方法简明清晰。
- 对SoC中一个扫描链的最大长度做出决定。该决定取决于以下几个因素：
  - SoC中触发器的总数；
  - 每个时钟域的触发器数量；
  - 不同时钟域间的交互，用于测试在时钟域边界可能失效的逻辑；
  - 确定来自不同时钟域的触发器由lock-up latch（一种扫描链中使用的特殊锁存器）链接起来构成扫描链；
  - 用于SoC的ATPG压缩技术；
  - 最后也最重要的是，测试时间及其导致的测试代价决定了要在最短的时间内进行最大量的测试，此时我们需要多个并行的扫描链。
- 确定是否需要针对部分或全部逻辑进行全速率ATPG测试（即按照实际工作速率进行测试）。在这种情况下，会使用慢速时钟加载测试向量，在SoC正常工作速率下使用测试激励和捕获测试结果。

- 避免使用针对SoC功能进行测试的测试向量。这种测试向量在创建时需要消耗大量的时间，测试某个功能或特性时，与标准ATPG相比，需要更多的测试向量，也会消耗更多的测试时间。
- 由于SoC的开发成本很高，尽可能地修正制造缺陷显得十分重要。下面是一些与片上存储器有关的值得推荐的实现方法。
  - 当因为制造原因造成存储器比特错误或因为放射性原子释放出α粒子而导致芯片级软错误时，使用嵌入式内存的内建自修复（BISR）方法可以使该部分电路仍然可用。
  - 根据内存的规模以及SoC中例化的内存的数量，我们可以为每字节、字或双字增加一个额外的存储列。此时，如果一个比特失效，其对应的列就会被额外的存储列所取代。
- 我们需要注意的是，对SoC来说，测试会增加成本开销。我们在ATE上完成测试所需要的时间越短，测试成本就会越低。这意味着我们需要尽可能地把多项测试并行展开，以最大限度地减少测试时间。下面是一些好的方法和技术：
  - 在不降低故障覆盖率的情况下进行ATPG图案压缩；
  - 对于多块存储器，同时进行BIST；
  - 可视化所有在SoC层面上需要进行的测试，然后想出降低整体测试时间的策略。

14.4.4 测试层面和测试向量

在测试中，通常需要创建两种层面的测试向量：在晶圆测试和封装测试。

在晶圆测试

在将晶圆切割成独立的裸片并进行高成本封装之前，对晶圆上所有裸片进行某种程度的测试是必要的。这涉及一些易于开展，但对芯片可用性又很致命的测试项目。

封装测试

在芯片应用之前，需要对所有的测试图案进行一一测试。由于多裸片封装越来越普遍，采用好的整体测试策略对降低测试成本非常重要。

第15章　芯片开发流程与工具

本章详细介绍了芯片设计流程，涉及综合、静态定时检查与分析。本章还针对ECO（Engineering Change Order，工程修改）给出了具体的实例。

15.1　简介

15.1.1　芯片设计的不同阶段

在芯片被送至工厂加工之前，整个开发流程包括多个阶段。我们会对芯片设计中的不同重要阶段进行讨论。在业界，按照前后顺序，芯片设计被分为两个阶段：前端设计阶段和后端设计阶段。图15.1给出了芯片设计的完整流程。

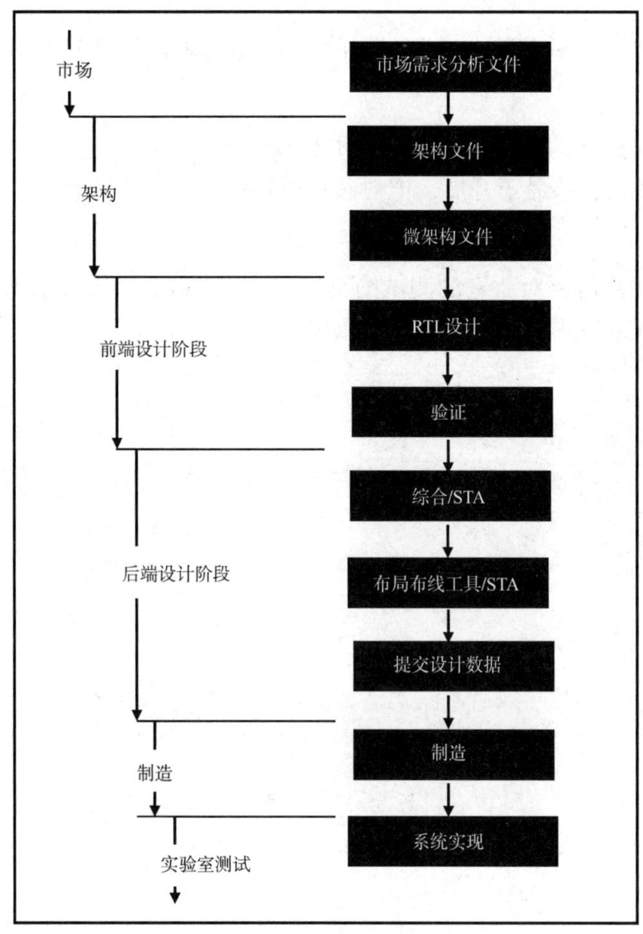

图15.1　芯片开发流程

前端设计

- 市场需求分析文件（Market Requirement Document，MRD）
    - 这是芯片开发的第一项工作。
    - 这是一个市场调研报告，它说明了潜在市场规模和可获取市场规模。
    - 相比于潜在市场规模，我们可能更关心可获取市场规模。
    - 这是对芯片开发计划说“Yes”还是“No”的依据。
    - 在做出最终决定时，应注意一个工程计划不仅仅需要考虑是否可以获取利润，更应该是多个备选方案中最佳的一个。
- 架构文件
    - 这是一个关于系统构成和芯片架构的高层次描述文件，涉及芯片的高层次操作、引脚分配与定义、软件编程模型、可测性、寄存器定义以及应用模型等。
- 微架构文件
    - 它包括芯片内部操作的细节、时钟和复位方案、主要模块的功能描述、典型数据路径描述、缓冲区需求分析、吞吐率和延迟分析、中断和功率管理等问题。
    - 这是多个设计者在采用高级语言（Verilog或VHDL）进行设计时所依照的蓝图。
- RTL设计
    - 芯片被划分成多个块，每个块又被划分成多个模块。
    - 多个设计者使用Verilog 或VHDL共同承担设计工作。
    - 使用Lint和其他结构工具以保证所有的设计遵循共同的基本设计指导原则。
- 验证
    - 功能验证
        - 在RTL设计完成后，需要对其进行功能验证。
        - 它需要一个testbench验证环境，基于此环境可以生成测试激励并进行设计验证。
        - System Verilog，OVM是目前最新的验证语言和验证方法，可以进行受约束的随机化验证。
        - 通常需要一个高层次的，对测试场景进行描述的文件。
    - 模拟
        - 芯片设计时，经常会使用FPGA进行系统模拟验证。FPGA与芯片类似，都使用综合后的网表实现所需要的功能，但FPGA更为灵活。FPGA最初是一块空白的芯片，用户的设计经过综合后得到比特文件，烧录到FPGA中之后可以实现与芯片相同的功能。FPGA可以反复烧录，易于进行设计修改。
        - 使用FPGA实现芯片功能，在系统中进行实际验证，有助于从系统级对芯片的功能进行实际验证，可以先期就开发软件和驱动程序，这些都有助于在流片之前发现隐藏较深的设计缺陷。
        - 目前，FPGA模拟已经成为芯片开发流程中的一个标准环节。

后端设计

- 综合
    - 完成RTL编程和验证后，使用商用综合工具对其进行逻辑综合。
    - 通过综合，可将与C语言类似的高级语言代码转换为相互连接的海量门电路和触发器。
- STA（Static Timing Analysis，静态定时分析）

    - 这一阶段会对芯片进行彻底分析，检查其是否满足定时要求。对于所有的寄存器来说，寄存器到寄存器的延迟应该小于一个时钟周期。
- 门级仿真
    - 门级仿真是在包含定时信息的情况下检查芯片功能是否正确。
    - 此时芯片内部的所有延迟都被标注出来，因此所有内部节点和逻辑门的逻辑值变化都包含了实际的延迟。这反映了真实芯片的操作行为。
- 布局布线（layout）
    - 在这一阶段，layout 工具将综合后的网表读入，所有逻辑门都以晶体管和其他基本元件的方式出现。
    - 有些芯片的layout是由布局布线工具自动完成的。
    - 有些高频设计需要以手工的方式进行布局布线。
- 提交设计数据（tape-out）
    - 芯片布局布线后，可以提取出精确的定时信息并反馈给STA工具进行精确的定时特性检查。此后还需要进行设计规则检查（Design Rule Check，DRC）。这些工作都完成后，就可以将设计数据提交给芯片制造厂了。早期进行芯片设计时，都是以磁带来存储芯片设计数据的，因此称为tape-out。目前多以电子文档的方式提交数据，已经不使用磁带了，但这一称呼沿用至今。

系统实现

- 实验室测试
    - 芯片的工程样片需要安装在预先设计好的评估板上进行实际应用测试。
    - 第一次所投的芯片被称为工程样片，目的是发现芯片在实际应用时存在的问题并解决这些问题。
    - 第二次所投芯片如果经过全面测试后没有发现任何问题，那么这一批芯片就可以作为正式的产品。

15.2 前端设计过程所使用的工具

15.2.1 代码分析工具

Lint工具用于检查RTL代码错误，其检查的范围从基本的矢量宽度不匹配到时钟交叉和同步问题。使用一个好的代码分析工具对RTL代码进行检查以便在早期就发现设计和代码中的错误是非常有益的。下表中是一些常见的商用代码分析工具。

生产厂商	工 具 名
Atrenta	Spyglass
Synopsys	Leda
Cadence	Surelint
Springsoft	nLint
Veritools	HDLint

15.2.2　仿真工具

仿真工具用于通过各种测试用例对设计进行仿真。每一种测试用例都会针对芯片的某些功能进行测试。仿真工具记录所有内部信号在每个时钟周期的状态值，这对于发现设计错误的内部细节非常重要。下表中给出了一些商用的仿真工具。除此之外还有一些厂商销售仿真工具，其中之一就是本书中使用的Silvaco公司的SILOS。

生产厂商	工　具　名
Mentor	Modelsim，Questa
Cadence	nCSim
Synopsys	VCS

15.3　后端设计过程使用的工具

15.3.1　综合工具

综合是使用软件工具将RTL代码（Verilog或VHDL）转换为逻辑门（与门、或门和触发器等）的过程。综合工具可以按照某些原则，如最小面积或最佳定时特性，生成综合后的网表。在开始综合之前，我们需要编写综合约束文件。综合约束文件中需要说明的一些重要内容包括以下几点。

- 时钟频率：这是综合工具需要知道的最重要的信息，它决定了满足定时要求的情况下两个触发器之间可以有多少级逻辑电路。
- 优化目标：最小面积或最佳定时特性。
  - 如果工作频率较低，定时不存在问题，那么我们可以将综合过程的优化目标确定为最小面积；
  - 如果定时要求苛刻，那么综合的优化目标应该为最佳定时特性，此时综合工具可能会将某些电路设计为并行或流水线结构，这会增大芯片面积，但定时特性会更好。
- 输出延迟和输入延迟：当一个模块的输出与另一个模块的输入相连接时，我们需要对输出引脚的输出延迟和输入引脚的输入延迟进行描述。
- 展平（flattening）与保持层次（keeping hierarchy）
  - 当保持层次时，RTL代码在模块级进行综合，其输入输出引脚被保留。当设计被展平后，综合时不考虑模块之间的边界。

下表中列出了一些常用的综合工具及其生产厂商。

生产厂商	工　具　名
ASIC	
Synopsys	DC（Design Compiler）
Cadence	RTL Compiler
Magma	Talus
FPGA	
Mentor	Precision
Synopsys	Synplify family
Xilinx	XST
Altera	Quartus
Magma	BlastFPGA

15.3.2 静态定时分析及常用工具

STA（Static Timing Analysis，静态定时分析）是一种用于发现芯片在综合或布局布线之后的逻辑是否满足定时要求的方法，如图15.2所示。RTL代码综合和布局布线之后，就可以将逻辑门及逻辑门之间互联信号线的延迟参数提取出来，这一过程称为延迟提取。在同步设计中，信号从一个触发器输出、经过多个逻辑门之后进入另一个触发器的输入端。STA工具可以计算出从一个触发器的输出到另一个触发器输入之间的最大延迟。最大延迟值应小于1个时钟周期，这样才能保证输出的信号在本周期内到达下一个触发器，并且不会出现建立时间不满足要求的问题。我们将在后面对此进行更详细的讨论。STA工具还会计算从一个触发器的输出到另一个触发器输入之间的最小延迟，最小延迟用于确保延迟值大于触发器所需要的保持时间。

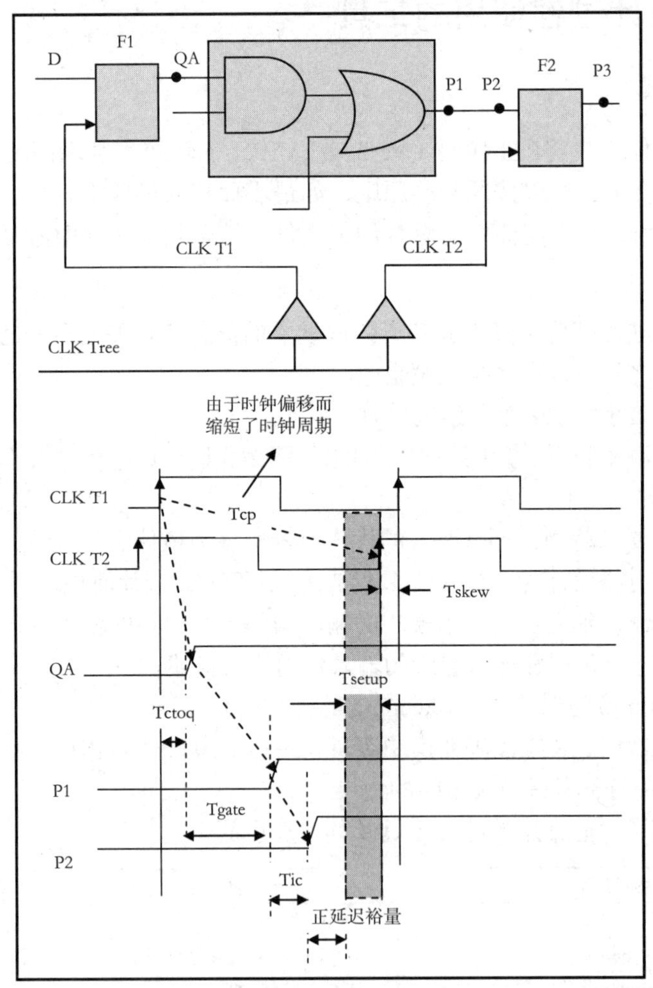

图15.2 静态定时分析

在图15.2中，我们首先分析从F1的输出到F2的输入之间的延迟。F1和F2之间有多个存在延迟的元件：

$Delay_{flop\_to\_flop}$ = Tctoq（时钟到输出端的延迟）+ Tgate（逻辑门延迟）+ Tic（互联线延迟）

Tcp（时钟周期）=（1/frequency）– Tclk_skew

Max_delay_allowed = Tcp – Tsetup

即便触发器F1和F2的工作时钟相同，二者也可能位于时钟树的不同叶节点上，二者的时钟上升沿（CLK T1和CLK T2）之间也会存在一定的偏差。这意味着有效的可用时钟周期不是1/frequency。由于时钟偏移的存在，它的实际值比一个时钟周期要短。图15.2中展示了Tcp缩减后的时钟周期。如果$Dealy_{Flop_to_flop}$小于Max_delay_allowed，我们就认为满足定时要求。

STA 工具在所有可能的情况下对所有触发器进行类似的延迟检查。门延迟和互联线的延迟不是固定值，它们会随着芯片工艺、电压、温度等的不同而变化。在这种情况下，STA工具怎样确定逻辑电路是否可以满足定时要求呢？事实上这并不困难，STA工具只需要计算在满足建立时间和保持时间要求的情况下，所有路径延迟是否都小于一个时钟周期即可。STA工具会计算所有路径的最大延迟。最大延迟会出现在芯片制造工艺向延迟最大方向偏差、最低工作电压和最高工作温度的条件下。接着STA工具会将该最大延迟值和Max_delay_allowed参数进行比较。

保持时间的检查是类似的。STA工具计算路径的最小延迟并将其与保持时间Thold进行比较。如果目的触发器的工作时钟边沿超前于源触发器的工作时钟，那么有利于满足保持时间要求。但如果目的触发器的工作时钟滞后于源触发器的工作时钟，那么延迟路径上必须存在一定的延迟以保证满足保持时间要求。在图15.2中，CLK T2的相位超前于CLK T1，这有利于满足保持时间的要求。

STA工具对所有触发器进行延迟检查并判断整个设计是否满足定时要求。STA工具还会计算定时裕量，给出不满足定时要求的延迟路径超出的延迟量。静态定时分析这个名称的来历与芯片设计技术的发展历史有关。早期的芯片设计过程中，工程师需要在三种延迟条件（最大延迟、最小延迟、典型延迟）下进行门级仿真以确定一个设计是否满足定时要求。由于仿真是针对门级网表进行的，所以仿真耗时非常长。后来STA工具出现了，其不需要对电路进行仿真，只是静态地计算所有路径的延迟值，所以称为静态定时分析。现在，只有很少量的定时测试需要在门级进行，门级定时测试主要用于完整性检查和复位功能检查等特殊情况。

保持时间检查

当两个触发器之间的组合逻辑很少时，保持时间的检查就显得很重要了。一个触发器的输出需要在同一个时钟上升沿，经过保持时间之后发生变化。需要注意的是，建立时间检查是针对下一个时钟上升沿进行的，而保持时间是针对当前时钟周期而言的。在大多数情况下，在两个触发器之间的数据路径上会有逻辑门的存在，Tclk_to_q和逻辑门的延迟会足够大，不会出现逻辑值保持时间不够的问题。但对于某些电路，如移位寄存器，存在多个触发器直接相连的情况，触发器之间没有逻辑门，此时满足保持时间的要求可能会存在困难。在存在时钟偏移的情况下，更有可能出现保持时间不满足要求的问题。当前级触发器的时钟偏移超前于后级触发器时，我们需要人为地插入延迟，以满足保持时间的要求。此时仅凭clk_to_q，可能不足以保证保持时间，图15.3给出了一个具体的例子。

图15.3给出了一个前级触发器时钟相位超前于后级触发器时，不满足保持时间要求的例子。图中F1的时钟CLK T1的相位超前于F2的时钟CLK T2，Tctoq（QA点）延迟不足以保持到在F2处被CLK T2采样。STA工具会给出保持时间错误报告。设计者针对保持时间错误可以做什么呢？我们在RTL层面不需要做任何事，EDA工具可以自动地通过在逻辑路径中插入延迟元件（如缓冲门）增大路径延迟，确保保持时间满足要求。

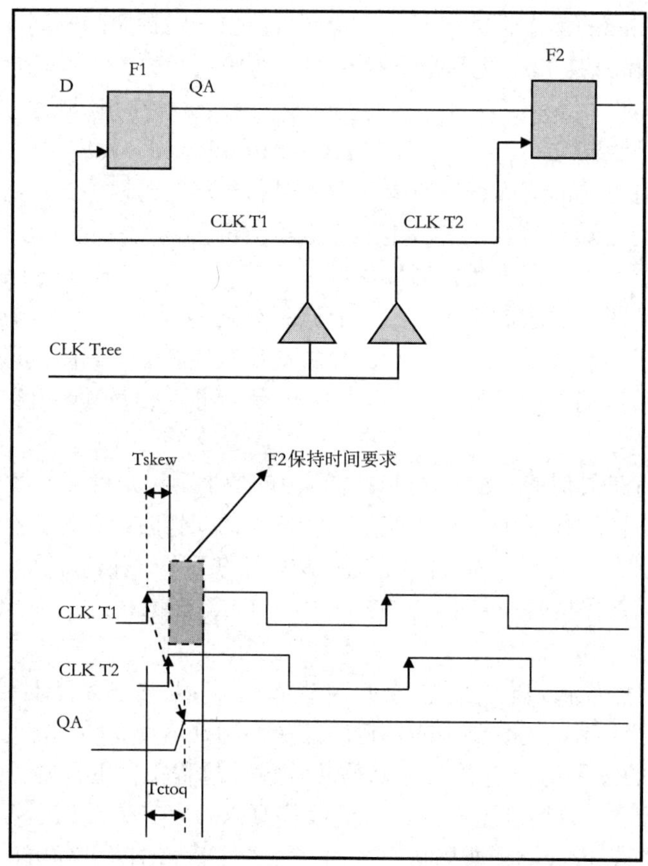

图15.3 静态定时分析：保持时间检查

MCP（Multi-Cycle Path，多周期路径）

在前面的分析中，我们都假定两个触发器之间的逻辑运算需要在一个周期内完成。对于有些逻辑路径来说，如加法器或长乘法器，需要占用多个时钟周期的时间来完成计算，此时需要在STA工具中将其声明为多周期路径。STA工具可以按照多个时钟周期的定时要求对其进行定时检查。MCP需要进行恰当的设置，否则会导致不正确的定时检查并可能造成芯片设计失败。在设计中最好避免使用MCP，如果不能避免，那么应尽量少用。

STA 工具

下面给出了一些常见的商用STA工具。

- Synopsys PrimeTime
- Cadence CTE（Common Timing Engine）
- Mentor SST Velocity
- Magma

15.3.3 SDC约束文件

下面以综合工具和Primetime STA工具中使用的Synopsys SDC（Synopsys Design Constraint）约束文件为例加以分析。我们将描述.sdc文件中常用的一些语法结构对设计进行约束并分析定时路径。

set_input_delay

在综合后的网表中主要有三种类型的路径：内部触发器到触发器之间的路径、输入引脚路径和输出引脚路径。当我们对一个和其他IP相连的电路块进行综合或进行定时分析时，怎样定义输入和输出引脚的定时特性呢？对于输入引脚，路径通常开始于一个外部IP的触发器，经过输入引脚后进入本电路模块内部的一个触发器。此时，一个时钟周期被两个电路块划分了。本电路内部的路径延迟只能是一个时钟周期的一部分，IP电路块内部占用1个时钟周期剩余的部分。与EDA工具进行通信的方式是针对输入引脚使用set_input_delay命令，如图15.4所示。下面我们举一个例子，其中的时钟周期为400 MHz（时钟周期为2.5 ns）。

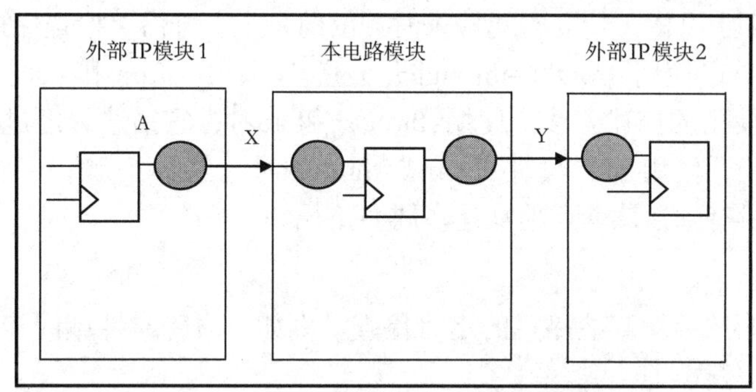

图15.4 set_input_delay命令的解释

例如：set_input_delay 1.5 –clock clk [get_port X]

这一行语句设置了外部IP模块1能够占用的延迟。具体的说，这一语句的含义是输入引脚X在外部IP模块中存在一个1.5 ns的延迟。当输入信号到达本电路时，它可以已经经历了1.5 ns的延迟，为本电路留下了1 ns的可用延迟。STA工具需要检查从输入引脚X到时钟的下一个上升沿之间的延迟是否小于1 ns。此外，该命令还告诉综合工具，需要对输入引脚之后的逻辑进行优化，确保其延迟在1 ns之内。

set_output_delay

我们还需要描述输出引脚的延迟。从内部触发器输出端到本模块的输出引脚（同时也是与之相连IP的输入引脚）之间存在clk_to_q延迟，可能还存在逻辑门延迟和布线延迟。由于从本模块内部触发器到相邻IP触发器之间的延迟应小于一个时钟周期，本模块内部会消耗掉其中的一部分，剩余的可供相邻IP使用。set_output_delay定义相邻电路模块输入电路可以使用的延迟。

例如：set_output_delay 1 –clock clk [get_port Y]

这条命令的含义是外部IP模块2获得了1 ns的延迟。换句话说，在本模块中，可以使用的延迟为1.5 ns（2.5 ns ~ 1.0 ns）。如果本模块中的延迟超过1.5 ns，那么EDA工具会报错。对于综合工具来说，其应确保对本模块进行综合时与引脚Y相连的内部路径延迟小于1.5 ns。对于set_output_delay命令，容易引起混淆的一点是它指出的不是本模块内部允许的延迟，而是与本模块相连的模块输入端允许的延迟。

下面还有一些其他命令，可供综合工具使用。

set_max_delay

此命令定义了两个点之间的最大延迟。

set_min_delay

此命令定义了两个点之间的最小延迟。

set_multicycle_path

此命令用于静态定时分析。

例如：set_multicycle_path -setup 4 –to [get_pins Reg_x/D]

一般情况下建立时间检查是在下一个时钟周期上升沿进行的，而上面这条命令set_multicycle_path告诉STA工具在第4个时钟上升沿处检查建立时间是否满足要求。这意味着该路径允许4个时钟周期的延迟，而非默认的1个时钟周期。如果保持时间没有定义，那么它通常在第三个时钟周期上升沿（建立时间检查时刻的前一个上升沿）检查保持时间。

MCP在定义时可以使用–from和–through开关量。当使用–from和–to时，它给出了MCP的精确路径，是推荐使用的描述方法。使用–through和–to时，它描述了经过一个节点到达一个端点的所有路径。当只使用–to，没有–from或–through时，包括了所有到达该端点的路径，此时必须要仔细确认所有到达该端点的都是多周期路径。

set_false_path

该命令用于指出放弃对某些路径的定时检查。例如，对跨时钟域同步器的第一个触发器就不需要进行定时检查。

例如：set_false_path –from [get_clocks {clk name}] –to [get_pins reg_x/D]

15.3.4 Max Cap/Maxtrans检查

除建立时间和保持时间外，还有对门电路（电路单元）输出端的Max cap和Maxtrans的检查。每个电路单元都有一个长期可靠操作情况下可以驱动的最大电容值（Max cap）。与最大电容值相似的还有对每个电路单元输出端规定的最大逻辑电平转换时间（Maxtrans）。电路单元库中的每个电路单元在不同负荷（该单元所驱动的电容）下都有其特定的工作参数。当一个电路单元的负荷超过最大值时，库文件中推算得到的逻辑电平转换时间和延迟可能会不再准确。这也是一个设计不仅仅需要满足建立时间和保持时间要求，还要满足Max cap和Maxtrans要求的原因。

解决违反Max cap和Maxtrans设置问题的方法有很多：

- 使用驱动能力更强的电路单元（针对同一逻辑功能，在库文件中存在具有不同驱动能力的电路单元），这类电路单元带电容负载能力更强。
- 如果所使用电路单元的驱动能力已经达到最大，可以使用高驱动能力的缓冲器或使用多个缓冲器各带一部分负载。
- 复制多个相同的电路单元，分别驱动一部分负载。

15.3.5 门级仿真

门级仿真是对网表进行的仿真。综合工具生成一个网表文件，该文件可以提供给PNR（布局布线）工具使用。在芯片完成布局布线后，延迟值（门延迟和连线延迟）可以提取出来，以SDF格式（Standard Delay Format，标准延迟格式）存储。SDF延迟通过SDF反标过程提供给门级仿真器，然后针对门级仿真进行与综合前相同的功能测试。

对于定时特性，门级仿真可以检查逻辑操作功能是否正确以及是否满足定时要求。如果没有使用STA工具进行定时检查，可以使用门级仿真进行定时检查。需要注意的是，相比于功能仿真，门级仿真的速度非常慢，在门级进行全部仿真测试工作不太切合实际。目前通常使用STA工具进行定时检查，只在门级进行部分仿真验证工作。门级仿真测试适用于检查复位、门控时钟、异步操作、功率管理和时钟同步事件。如果在STA工具中对MCP（使用set_multicycle_path命令进行定义）和错误路径（使用set_false_path命令进行定义）进行了恰当的定义，它还可以对此进行计数检查。对具有多个时钟的设计来说，门级仿真还可以检查信号是否进行了正确的同步。门级仿真还可以用于捕捉设计中出现的毛刺（特别是针对时钟门控电路和复位信号）。

门级仿真会遇到RTL代码中的信号与网表中的信号不符合的问题。因为综合过程中的逻辑优化，一些RTL中的信号名在网表中不复存在，这使得在门级进行调试变得非常困难。门级网表中，触发器的名称仍然会被保留，但RTL中的组合逻辑可能不会被100%保留。另一个问题是同步触发器的输出可能会出现X。双触发器结构的同步器的第一级由于可能存在建立时间和保持时间问题，因此输出可能是X。X向后级传递，可能造成很多电路的逻辑值均变成X。为了避免这一问题，同步器的第一个触发器应使用不会导致输出值为X的触发器。这通常通过编写PERL脚本来实现，主要针对门级仿真进行。

15.4　tape-out 和相关工具

15.4.1　不同类型的tape-out

我们在前面简单介绍了tape-out，它指的是向芯片制造厂商提交最终的设计数据文件进行芯片生产。此外，我们还经常会看到base tape-out、metal tape-out和all-layer tape-out。它们之间有什么区别，各自又是什么含义呢？

芯片制造包括多个工艺步骤，每次增加一个新的工艺层次。芯片制造过程中，最前面处理的为base layer，最后处理的为metal layer。这就像是加工披萨，base layer是面饼，你可以添加不同的上层配料（metal layer）来最终完成披萨的制作。每一层工艺都需要准备一块掩膜板，都会带来最终生产成本的增加。然而，base layer需要更为精密的加工，在所有的层次中通常成本最高。

首次制造一块芯片时，需要对所有的层次进行生产加工，所有的掩膜板都会用到。在第二次或后续交付设计数据时，我们经常会听到base tape-out和metal tape-out两个术语。如果只有很少的设计升级或只是修正设计中的小错误，也许只修改金属层的布线就可以实现了，这样可以提高修改速度，降低修改成本，此时的type-out被称为metal tape-out。但如果芯片必须要进行重新设计、重新综合和布局布线，那么芯片的所有层次都会发生变化，此时的tape-out意味着更长的周期和更高昂的代价。遇到all-layer tape-out或者base tape-out这种情况时，项目管理者都会非常紧张。

15.4.2　等效性检查

等效性检查（equivalency check）首先在ECO阶段进行。在ECO阶段，RTL不会经历完整的综合流程。当定位了一个错误或者在设计流程的最后阶段需要增加一个新的调整时，首先要确认对RTL的功能修改。然后需要进行测试以确信所做的修改符合预期。此后直接在网表上进行修改。我们怎样才能确认修改后的网表与RTL是一致的呢？我们可以对修改后的网表进行门级仿真并检查修改是否达到了预期目标。但门级仿真是不能够提供担保的，不能100%的确定修改后的RTL和修改后的网表是等效的。以下是一些等效性检查工具。

生产厂商	工　具　名
Cadence	Conformal
Synopsys	Formality
Mentor	FormalPro
Magma	Quartz Formal

15.4.3 网表ECO

ECO是一个重要的设计阶段。在ECO阶段，可以不对RTL进行重新综合，而是直接对网表进行修改。在接近芯片设计的最后阶段（tape-out）时，对RTL修改并重新综合会带来高昂的代价。如果只需要进行微小的修改，那么在tape-out之前可以通过ECO加以解决。下面是ECO的流程。

- 在RTL代码上修正错误并对其进行验证，保证芯片功能符合预期。
- 通过ECO，在网表上直接进行错误修复。可以添加或修改逻辑门来修复错误，ECO阶段能够进行的修复工作是受限的。典型情况下，可以增加几个触发器和一些逻辑门。如果涉及几百个触发器和几百个逻辑门，最好全部重新进行综合，这比ECO要简单。在ECO中，控制逻辑的修改比数据路径的修改更容易。
- 接下来在修改过的RTL代码和修改过的网表之间进行等效性检查以确保二者在功能上是等效的。

由于ECO直接在网表上进行，网表修改后的功能不便于直接分析。下面将讨论两种典型的ECO方法。

方法1：修改逻辑锥

这一方法通过对已有的逻辑门进行增加和重新排列达到修改逻辑功能并与更新后的RTL功能匹配的目的。这涉及查看驱动触发器的逻辑锥，查看现有节点和对逻辑锥进行修改等操作。这需要采用试错法反复试验，但可以通过增加最少的逻辑门达到修改的目的。这一方法在修改区域附近空闲逻辑门数量较少时更为有效。ECO Compiler或Conformal LEC等工具可以帮助设计者进行ECO。

方法2：新逻辑覆盖

采用此方法时，需要使用逻辑门额外地设计一组逻辑电路，其输出通过一个选择器接入现有的触发器。当满足给定的条件时，通过选择器可以选择我们需要的值，在其他条件下，通过选择器选择旧的值。这种方式更为直观，但需要使用更多的逻辑门。我们会对采用方法2的例子加以分析。

描述

状态机从一个FIFO中读出数据，通过dataout和dataout_valid将其交给接收代理电路。接收代理电路通过target_rdy指出一个数据传输阶段的完成。换句话说，当dataout_valid和target_rdy都有效时，一个数据传输操作结束。控制器在一个数据传输阶段会始终驱动dataout 和dataout_valid，直到target_rdy有效。状态机持续处于数据传输阶段，直到它从数据FIFO读取了end_of_pkt标识。到最后一个数据传输完成后，dataout_last信号有效。这是一个在两个代理之间进行数据传输的典型协议，两个代理可以通过dataout_valid和target_rdy分别进行流量控制。

错误（bug）

状态机在设计时有一个错误，它没有考虑到FIFO在包传输结束之前可能为空。如果数据FIFO被读空时包没有结束，状态机会对一个空的FIFO进行读操作，从而导致错误的发生。

ECO修正

在BURST_DATA状态时，跳转到另一个状态WAIT_NONEMPTY并等待FIFO进入非空状态。被注释的代码指出了需要增加的新状态和逻辑。这里需要创建一个新的状态，一些输出需要做出改变。举例如下。

```
reg    [2:0]          xmitstate, xmitstate_nxt;
reg                   fifo_rden;
reg    [15:0]         dataout, dataout_nxt;
reg                   dataout_valid, dataout_valid_nxt;
reg                   dataout_last, dataout_last_nxt;

parameter             IDLE         = 3'b000,
                      DATA_AVAIL = 3'b001,
                      FIRST_DATA  = 3'b010,
                      BURST_DATA = 3'b011,
                      LAST_DATA   = 3'b100;

// 'WAIT_NONEMPTY' state was originally not there,
// and needs to be added
//parameter           WAIT_NONEMPTY    = 3'b101;
// flops inference
always  @(posedge clk or negedge rstb)
 begin
      if (!rstb)
       begin
            xmitstate         <= IDLE;
            dataout           <= 'd0;
            dataout_valid     <= 1'b0;
            dataout_last      <= 1'b0;
       end
      else
       begin
            xmitstate         <= xmitstate_nxt;
            dataout           <= dataout_nxt;
            dataout_valid     <= dataout_valid_nxt;
            dataout_last      <= dataout_last_nxt;
       end
 end

// combinational logic for state machines and outputs
always@(*)
 begin
      xmitstate_nxt          = xmitstate;
      fifo_rden              = 1'b0;
      dataout_nxt            = data_out;
      dataout_valid_nxt      = 1'b0;
      dataout_last_nxt       = 1'b0;

      case(xmitstate)
      IDLE: begin
            if (start_xmit)
                  xmitstate_nxt    = DATA_AVAIL;
      end
```

```
DATA_AVAIL: begin
        if (!fifo_empty)
          begin
                xmitstate_nxt     = FIRST_DATA;
                fifo_rden         = 1'b1;
          end
end
FIRST_DATA: begin
        data_out_nxt              = fifo_rddata;
        dataout_valid_nxt         = 1'b1;

        if (end_of_pkt)
          begin
                xmitstate_nxt     = LAST_DATA;
                dataout_last_nxt= 1'b1;
          end
        else
          begin
                xmitstate_nxt     = BURST_DATA;
                fifo_rden         = 1'b1;
          end
end
BURST_DATA: begin
        if (target_rdy)
          begin
                data_out_nxt      = fifo_rddata;
                dataout_valid_nxt = 1'b1;
                if (end_of_pkt)
                  begin
                        xmitstate_nxt     = LAST_DATA;
                        dataout_last_nxt= 1'b1;
                  end
                // this branch needs to be added through ECO
                // else if (fifo_empty)
                // xmitstate_nxt          = WAIT_NONEMPTY;
                else
                        fifo_rden         = 1'b1;
          end
        else
          begin
                data_out_nxt              = data_out;
                dataout_valid_nxt         = 1'b1;
          end
end
LAST_DATA: begin
        if (target_rdy)
                xmitstate_nxt             = IDLE;
        else
          begin
                data_out_nxt              = data_out;
                dataout_valid_nxt         = 1'b1;
                dataout_last_nxt          = 1'b1;
          end
end
/* This state was originally not present and needs to be added
WAIT_NONEMPTY: begin
        if (target_rdy)
          begin
               if (!fifo_empty)
                 begin
                        xmitstate_nxt     = FIRST_DATA;
```

```
                    fifo_rden        = 1'b1;
                end
              else
                    xmitstate_nxt    = DATA_AVAIL;
          end
        else
              dataout_valid_nxt      = 1'b1;
    end */
    endcase
end
```

进行ECO

对于修改错误时新加入的RTL代码，需要改变xmitstate_nxt[2:0]，dataout_valid_nxt和fifo_rden。接写来我们要解决xmitstate_nxt[2:0]逻辑，它可能是三者之中最困难的。

第一个覆盖条件

```
if ((xmitstate == BURST_DATA)  && target_rdy &&  !end_of_pkt  &&
                                                  fifo_empty)
        xmitstate_nxt     = WAIT_NONEMPTY; That is….

if ((xmitstate == 3'b011)  && target_rdy &&  !end_of_pkt && fifo_empty)
        xmitstate_nxt     = 3'b101;
```

第二个覆盖条件

```
if ((xmitstate == WAIT_NONEMPTY)  && target_rdy && !fifo_empty)
        xmitstate_nxt     = FIRST_DATA; That is …..

if ((xmitstate == 3'b101)  && target_rdy && !fifo_empty)
        xmitstate_nxt     = 3'b010;
```

第三个覆盖条件

```
if ((xmitstate == WAIT_NONEMPTY)  && target_rdy && fifo_empty)
        xmitstate_nxt     = DATA_AVAIL; That is …..

if ((xmitstate == 3'b101)  && target_rdy && fifo_empty)
        xmitstate_nxt     = 3'b001;
```

图15.5展示了对xmitstate_nxt[2]的ECO，对另外两个比特的ECO方法与此类似。当然，在实际ECO时，根据单元库中可以选择的逻辑门，可以对逻辑电路进一步优化。在ECO时，最初进入xmitstate[2]触发器的input，被切断并连接到一个由或门和与门构成的选择器，通过控制选择器可以决定选择新加入的逻辑分支还是最初的逻辑分支。

ECO的解释

在图中的点A和点B处，有两个覆盖条件。当第一个覆盖条件（点A）为真时，我们希望xmitstate[2]的输入为1。当A为1时，或门OR-A输出为1，与门AND-B输出也为1，因为第一个覆盖条件为真。这是因为第一个覆盖条件为真时，第二个覆盖条件为假（我们使用的是第二个覆盖条件取反后的值）。接下来我们看一看当第二个或第三个覆盖条件为真时会发生什么。

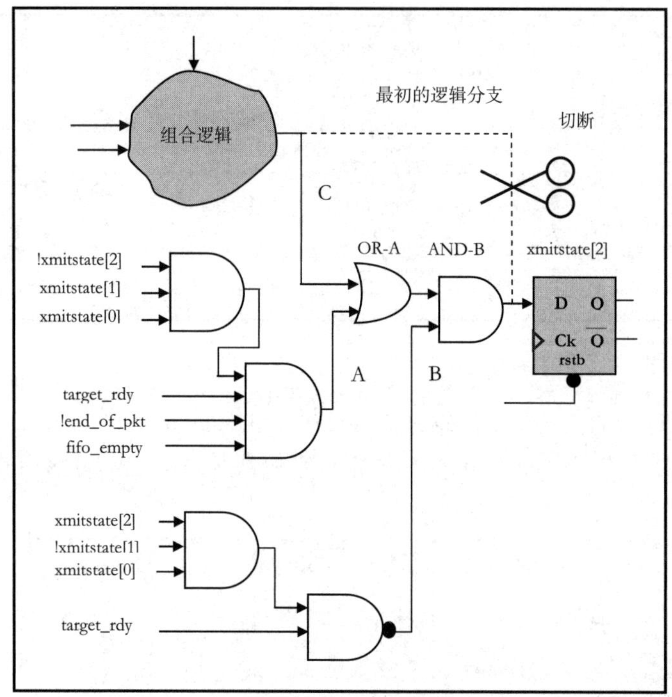

图15.5 ECO例子

当这两个条件之一为真时，我们希望xmitstate[2]的输入为0。在这种情况下，与非门（NAND）的输出（点B）为 0，并且AND-B输出也将为0。这是在第二种覆盖条件下我们所期望的结果。

总之，我们能够在第一种覆盖条件下得到逻辑计算值1，在第二种和第三种条件下得到逻辑计算值0。在这些条件下得到所需的逻辑值不依赖于最初的条件，因为这些条件处于逻辑锥的前部。当所有覆盖条件均不为真时，AND-B的另一个输入（点B）为1，OR-A的另一个输入为0。这使得点C（最初的值）进入D的输入端。

15.4.4 FIB操作

FIB（Focused Ion Beam，聚焦离子束）用于直接进行芯片修改。假如设计者在实验室中进行芯片测试时发现了一个错误，希望确认修复该错误后芯片是否能够正确工作。设计者要做的第一件事是修改RTL并通过功能仿真验证是否可以纠正该错误。然而所进行的设计修改不能在实验室中进行实际验证，只有在新的流片过程结束后才能最终证明修改是否正确。FIB修改是一种验证所做的修改是否正确的工程方法。

在FIB过程中，需要打开芯片的封装，将离子束聚焦于芯片中需要修改的节点处。通过FIB可以实现的修复功能是非常明确和受限的，包括将一个节点连接到地或电源、将两个节点短路、将一个节点开路等。有些时候FIB被当成下一次投片前所能进行的最后修复工作。如果修改工作较为复杂，那么通过FIB可能无法进行精确修复。

FIB可以进行精确修改或近似修复。其主要优势是允许对芯片开展进一步的测试。如果错误是阻塞式的（属于基本操作错误，造成无法开展更高级的测试），那么FIB可以提供很大的帮助，使设计者可以通过修正此错误，对芯片进行更为高层次的测试。FIB的修复成功率不是非常高，几个修复的芯片之中，可能只有一个会产生效果。有时我们很难辨别修复工作本身有问题还是根本就没有对故障进行准确的定位。

为了确保FIB修复本身是正确的，需要开展相关测试加以证明。同样，不要只检查一块或两块修复后的芯片就下结论说修复不成功。出于这个原因，可以事先打开多个芯片的封装以便于提高进行FIB修复的速度。如果你确信所做的修复是有效的，但FIB后的芯片工作不符合预期，修正前面的修复，芯片或许有更好的进入正常工作状态的机会。FIB和外科手术有类似之处，医生需要对身体内部的某些部位做修复。当然，手术的成功率与修复一个芯片相比要高得多。

15.5 在硅片调试

芯片设计只有在解决掉一些棘手的硅片错误（post-silicon 调试，在硅片调试）之后才能算是真正完成。调试既是艺术也是科学。此处要讨论的是post-silicon 调试，而不是流片前的调试（pre-silicon 调试）。在pre-silicon 调试时，我们可以通过仿真观察到所有的内部信号。有一些错误隐藏得比较深，不容易直接观察到，此时调试具有一定挑战性，但总的来说还是有方法可循的。但post-silicon 调试是非常有挑战性的，主要是因为我们只能看到输入输出引脚上的信号，看不到芯片内部的信号。这里没有我们可以利用的按步骤执行的指令集帮助我们找到问题的根本原因。然而，有一些设计规则可以帮助我们进行调试并找到问题的根本原因。

理解故障现象

首先，我们能够看到的只有故障现象，我们需要找到真正的问题是什么。是数据在系统中的某些部位被破坏了吗？是系统挂起了吗？

缩小问题的范围

问题是可以反复和重现的吗？它是在几小时的正确工作之后才出现还是很快就出现的呢？在多块评估板上对多块芯片进行尝试，在确认是芯片自身的问题之前排除评估板可能带来的问题。一旦确定是芯片问题，应着手缩小问题出现的范围。在一个系统中，有很多硬件操作在同时进行（PCIe、SATA和DDR），有很多软件程序在同时执行。通过关闭芯片中那些你认为与正在调试的问题无关的功能，对问题出现的范围进行压缩。

- 如果问题仍然存在，那么问题可能出在一个特定的接口上（例如，PCIe或DDR）。
- 如果问题消失，那么问题可能隐藏得更为深入，解决起来更有挑战性。

数据收集

一旦问题被定位或隔离，要收集多组测试数据。此刻，你或许还没有一个对问题的假定，但已经将其范围缩小到可以收集对解决问题有价值的数据上。这些数据非常重要，此时还不要把任何可能性排除在外，也不要将任何可能性圈定为必然。此时我们很容易草率地得出结论，认定造成问题的原因。此时应改变测试数据图案，可以使用随机数据或重复数据，这有助于问题的多角度呈现和提供更多分析依据。

提出问题假设

- 仔细分析数据，观察造成问题的根本原因是否直观，给出对问题的判断结论。
- 需要注意的是，很多故障非常具有欺骗性。

- ◆ 数据损坏
  - ■ 复查异步FIFO指针、空、满逻辑。
  - ■ 复查时钟同步和握手操作。
- ◆ 系统挂起
  - ■ 复查时钟同步和握手操作。
  - ■ 存在同步丢失吗?
- ◆ 问题偶尔并且随机出现
  - ■ 复查时钟同步和握手操作。
  - ■ 存在同步丢失吗?
  - ■ 复查FIFO逻辑。
- ◆ 问题随机出现,但出现频率很高
  - ■ 可能是因为某些情况下会出现定时错误。
  - ■ 检查MCP(可能某个逻辑路径被错误地声明为多周期路径)。
  - ■ 如果问题的发生与电源电压和温度变化无关，那么可能存在保持时间不满足要求的问题。
  - ■ 如果电源电压降低时问题会出现,那么可能是建立时间问题。

- ● 如果还没有找到问题的根本原因,需要考虑以下假设。
  - ◆ 假定某一部分逻辑存在错误,那么这一错误可以解释芯片测试时观察到的现象吗?
  - ◆ 根据线索，进一步缩小实验范围，获取更多的数据支持或反驳所观察到的现象，直到确信自己对问题的判断。
  - ◆ 在仿真验证环境中开发测试用例,重现出现的问题,对故障假定进行证实或证伪。
- ● 为了帮助问题查找，在一个时间窗口内收集最接近于故障出现时刻的数据(在故障出现时刻之前开始,到故障刚消失时结束)。
  - ◆ 使用逻辑分析仪、协议分析仪或其他调试工具对故障现象进行捕获。
  - ◆ 对芯片中最关键的信息(状态机、指针等)进行调试观察，观察其在故障时刻前后的变化。

正如我们所讨论的，在硅片上进行调试和发现问题的根本原因不是一个直截了当的过程。有些造成故障的根本原因可以很快找到，有些则需要花费几天甚至几个星期时间。但遵循通用的调试规则和获取相关测试数据是成功解决问题的关键。人们在睡眠时依靠潜意识找到问题也很常见，当然经验会对此起很大作用。

第16章　功率节约技术

本章详细描述了在不同层面可以降低功率消耗的低功耗技术（频率改变、门控时钟、功率阱隔离等）。

16.1　简介

在今天的数字系统中，降低功耗已经不仅仅是单个芯片设计的问题了，同样也是系统整体设计问题。这包括板级设计、显示设备和操作系统选择，以及操作系统、软件和硬件之间的相互配合。功率控制已经不再是一个孤立的问题了，它是一个涉及多个不同元件相互作用的复杂任务。

功率控制方法可以从整体上划分为两类：一类是本地硬件级别的，另一类是整个系统级别的。第一类方法在本地硬件层面上，需要找到各种可能的方法并加以测试、验证和分析，最大限度地降低其功耗。第二类方法涉及操作系统、软件、处理器、芯片组、存储器、IO设备和系统中的其他设备。第二类方法以一种相互作用、相互协调的方式进行，通常称为功率管理，而第一类方法通常称为功率节约或功率降低方法。

第一类方法（功率节约方法）中，典型的包括采用本地门控时钟技术或在本地元件中使用低主频、宽数据总线技术。对于第二类方法（功率管理），典型的是通过改变系统状态（S3、S4等，具体见第17章）进行功率管理。例如，在S3状态时，除了RAM，所有的IO和CPU都被断电，这也被称为PC的睡眠模式。此时，只有当用户希望重新对PC进行操作时，整个系统才会进入全部加电的工作状态。在我们研究这些技术的细节之前，首先要讨论的是对功率消耗产生主要影响的因素。一旦我们理解了这些因素，就能够从概念上考虑如何减少功率消耗。

16.2　功耗分析基础

功耗可以用下面的公式加以描述：

$$\text{Power} = KFCV^2$$

其中，K表示常量，F表示工作频率，C表示电容值，V表示电压。

一个ASIC或SoC由大量的逻辑门（如AND、OR、NOR和XOR）和触发器组成。我们还知道数字系统使用二进制逻辑，逻辑值为1和0。逻辑门的输出值随着输入逻辑的变化而不断翻转。在实际的门电路中，存在着输出负载电容，输出为1时会对电容进行充电，使之达到逻辑电平1，输出为0时需要对电容放电，使之成为逻辑电平0。在这种充电/放电操作过程中，一部分功率以热能的形式被消耗掉了。

目前已经非常清楚的是，如果能够在减少负载电容、降低工作频率和工作电压的情况下仍然能够实现逻辑1和逻辑0，我们就能降低功耗。我们还可以看到，功耗与电压的平方成正比，这意味着降低工作电压相比于降低电容和工作频率更有助于降低功耗。根据这一公式以及与功耗相关的因素我们可以发现，现代数字系统中都在对其加以利用，以减少功耗。

16.3　通过控制工作频率降低功耗

根据前面的分析可见，功耗与工作频率成正比，即工作时钟频率越高，则功耗越大。为了降低功耗，应尽可能地降低工作频率。然而，工作频率与系统需求密切相关，直接影响到系统的性能。频率越高，则系统的处理能力就越强，这正是现代数字系统的追求目标之一。通过降低工作频率降低功耗与通过增加频率提升性能之间存在着直接矛盾。

在很多情况下，我们需要在性能和功耗之间进行折中，这种折中与特定的应用密切相关。在桌面系统中，使用外部交流电，对设备功耗的要求不是十分苛刻，用户往往希望工作频率越高越好。对于这类系统，例如，服务器，随着性能的不断提升，面临的挑战主要来自于系统制冷，往往由于考虑到系统制冷问题而进行功率控制。如我们前面所分析的那样，一部分功耗会转化为热量，这些热量需要被快速散发掉，这样内部逻辑门才能够保持正常工作。芯片的内部温度比周边环境的温度高得多，芯片内部能够正常工作的温度是有上限的。

在移动或嵌入式设备（手机、平板计算机、笔记本计算机）中，通过电池供电，其设计目标是在保证合理性能的情况下尽量延长电池的使用时间。系统设计者可以选择让处理器工作在较低的频率上，使这类设备保持较低的功耗。

16.3.1　降低频率、增大数据路径宽度

在很多情况下，以较低的工作频率仍然可以达到相同的性能。此时所采用的方法主要是采用不同的处理器架构或数据路径宽度。在IO设计中（如PCIe）内部数据路径宽度可以加倍，同时工作频率降为原来的一半，此时数据吞吐率仍能保持不变。例如，工作频率为250 MHz、宽度为64比特的数据通路的吞吐率和125 MHz、128比特的数据通路具有相同的吞吐率。当然，这类方法也各有利弊，我们需要对此有所了解。

降低工作频率、增大数据路径宽度可以降低功耗，但传输延迟会增大，所消耗的逻辑门数量可能会增加，这需要针对具体的应用类型加以分析。对于对延迟要求苛刻的系统来说，如交换机或多个处理器之间的通信（传递的多为控制消息），采用高频率、低位宽的数据通道可能是恰当的选择。对于其他应用，如嵌入式PCIe设备，其目标是进行数据搬移，宽数据通道、低频率可能更为适合。

16.3.2　动态频率调整

一旦设计者确定了系统架构和内部数据通道宽度，最大操作频率就确定了。然而，工作频率可以根据需要进行动态调整：根据系统性能要求，允许低速运行时，降低工作频率；当需要以最高性能运行时，以最高频率工作。这是目前很多元件中采用的方法。一台笔记本计算机在使用外部交流供电时可以高性能运行，当使用电池供电时可以自动切换为低主频运行。这样做是因为使用外部交流电时我们更关注性能，而使用电池供电时，更关心电池的续航时间。根据不同供电状态调整工作频率是用户可选的，用户也可以在使用电池供电时选择最高性能运行，此时电池续航时间会大大降低。关于动态频率调整还有一些其他的例子。对PCIe来说，通过软件可以降低其工作频率，1 GHz的GEN3可以降低为500 MHz的GEN2，或者250 MHz的GEN1。这种降频是软件和本地硬件协调的结果，不涉及整个系统。

16.3.3 零频率/门控时钟

数字系统的工作时钟频率是否可以为0，从而不会发生电容的充放电，也就没有功率消耗呢？从本地硬件电路层面上看，当没有电路操作时，时钟也可以完全停止，从而硬件逻辑门没有功耗。此时通常会使用时钟门控技术。采用时钟门控技术时，源时钟没有停止，但进入本地逻辑门的时钟在与门的控制下而保持为0。与门的输入为源时钟和clock_gate信号，clock_gate高电平有效，其取反后作为与门的一个输入端，如图16.1所示。在通常的情况下，clock_gate为0，源时钟可以正常地从与门输出。

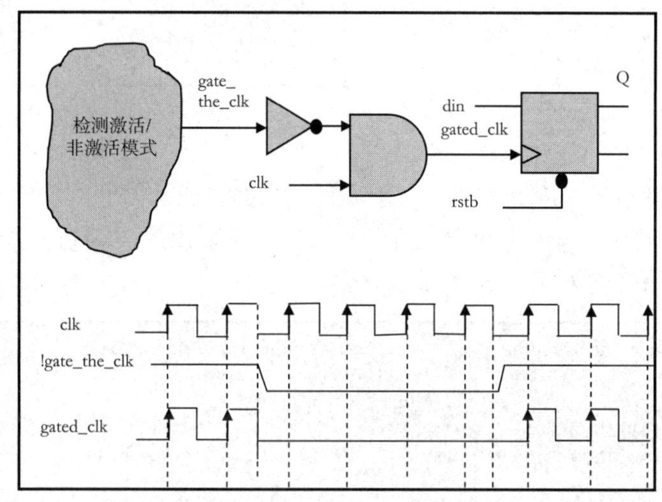

图16.1　门控时钟电路与波形

下面是与本地时钟门控机制有关的工作步骤：

- 在正常情况下（需要时钟），clock_gate为0，时钟从与门输出。
  - clock_gate信号取反后进入与门。
- 当电路要进入非激活模式时（这通常由智能硬件逻辑管理，不涉及软件操作），clock_gate信号变为1，它取反后进入与门，使得与门的输出恒定为0。
- 所有使用门控时钟的逻辑电路的输入时钟都会冻结为0。
- 时钟门控机制在实现时应该非常小心，确保不会从与门中输出毛刺，否则可能会产生非常严重的问题。
- 当时钟停止后，它会保持在低电平而不是高电平。
- 当时钟停止在低电平时，触发器会保持原来的值并永远等待。
- 当智能逻辑检测到操作需求时，它将clock_gate置为0，与门输出端开始输出时钟。
- 时钟门控技术是一种快速停止时钟输出和实现功率节约的局部电路技术。它通常在几个时钟周期内发生，不涉及软件操作（这样太慢了）。从需要时钟重新开始工作到时钟从与门输出的延迟应该非常小，不会造成数据包的丢失。为了避免数据包丢失可以在本地增加一个大的数据缓冲区。
- 因为时钟门控技术是本地操作，因此没有统一的设计规范。它依赖于设计者对具体操作的理解。使用门控时钟后，电路的验证必须全面和彻底，确保在所有时钟启动和关闭切换边界的操作是正确的。

产生gate_the_clk信号

时钟激活/关闭检测逻辑在设计时与特定的应用有关，需要区别对待，一个一个地分析讨论。下面以以太网控制器的接收数据通路为例加以分析。在检测到一个帧的尾部之后，我们可以等待一些时间，让下游电路进行帧的处理。一旦接收了一个进入的帧，它会被处理并送到系统内存中，处理工作会持续一些时间，我们不能立刻停止相关电路的工作时钟。图16.2所示是一个产生gate_the_clk信号的状态机的示例。

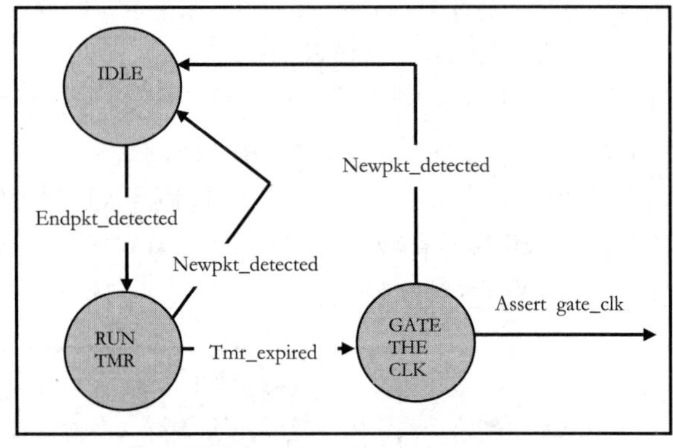

图16.2 时钟门控状态机

产生gate_the_clk信号时应非常小心，应确保其从0到1或从1到0翻转时clk信号应恰好为低电平，其不能在clk信号为高电平时发生翻转，否则与门输出的时钟gated_clk上会产生毛刺。下面是gate_the_clk信号的生成方法。

```
reg     gate_the_clk_pre; /* This is generated by the state machine logic
                             and should come directly from a flop at
                             the rising edge of clk. */
reg     gate_the_clk;
always  @ (negedge of clk or resetb)        // mark the use of negedge here
  begin
        if (!resetb)
                gate_the_clk = 1'b0
        else
                gate_the_clk = gate_the_clk_pre;
  end
```

- PCIe clkreq# 协议用于阻止PCLK。
- CPU C状态或clock状态用于在CPU的不同部位进行时钟门控。

16.4 减少电容负载

随着逻辑门的逻辑值在1和0之间切换，其所驱动的电容负载不断被充电和放电，通过发热消耗能量。随着硅技术在工艺尺寸上不断缩小（0.9μ、0.6μ、0.4μ、0.2μ等），逻辑门的几何尺寸变得越来越小，其电容负载也越变越小。如果操作频率相同，工艺尺寸越小则逻辑门消耗的功率也越小，但由于此时相同芯片面积上能够集成的逻辑门数量更多，能够工作的频率也更高，所以整体功耗反而会增加。

工艺的改进可以在相同工作频率下降低功耗，或者在相同功耗下提高工作频率。但是工艺的改进通常会带来芯片制造成本的增加。这主要是因为芯片制造工厂建设处于成本摊销曲线的前部，承受着前期投资压力。采用大尺寸工艺的工厂已经完成了成本摊销，单位生产成本会更低。这就是目前高性能处理器和存储器这类有高利润的产品通常最先采用先进工艺，而商品型的消费电子产品通常使用几何尺寸更大的工艺的原因。

16.5　降低工作电压

根据前面的公式，工作电压对功耗有着直接的影响。我们可以看到，芯片工作电压随着集成电路技术的发展在不断降低。早期芯片的工作电压多为5 V，而现在工作电压可以低至1.8 V。DDR3的工作电压为1.5 V，而DDR4的工作电压低至1.2 V。降低工作电压存在两个不利影响。逻辑门的工作速度与工作电压成正比例关系。降低工作电压同时会降低工作速度。追求性能/速度和降低功耗之间是直接存在矛盾的。低电压带来的另一个问题是降低了电路的噪声裕量。逻辑值1和逻辑值0分别对应着不同的实际电平值。当工作电压降低时，逻辑1和逻辑0之间的电压差同时降低，这降低了噪声容限。更小的噪声就有可能使门电路被干扰，造成逻辑值错误。

16.5.1　动态改变工作电压

CPU中采用了能够动态调整工作电压的技术（如Intel的阶梯速度技术）。当CPU运行负荷降低或系统性能要求降低时，它能够降低CPU的工作电压。当需要高性能运转时，其工作电压可以恢复回来。

16.5.2　零操作电压

通过关闭电源可以将电路的工作电压降低为0。在后面关于系统工作状态的章节我们可以看到，系统中的一些元件在某些工作状态下可以被完全关闭。例如，计算机系统在S3状态下，IO设备、硬盘和CPU的电源可以被关闭，只保留对RAM的供电，与系统运行相关的线索和信息被保留在RAM中。在移动设备芯片组的设计中，采用了另一种节约功率的方案，芯片被分割为不同的电源阱。芯片的主体逻辑部分以内核电压工作，少部分逻辑使用辅助电源供电。

如果芯片当前没有操作或短期内不会有操作，对内核的供电可以完全关闭，辅助逻辑仍然保持正常供电，这部分逻辑维持着唤醒逻辑的运行或保存着芯片重新进入工作状态所需的状态信息。当芯片需要进入正常工作状态时，唤醒逻辑请求恢复对内核电路的供电。例如，LAN设备在没有数据包传输时会进入悬浮模式（芯片内核电压被关闭），当它检测到有数据包输入时，它恢复对内核的供电以对数据包进行处理并将其发送给CPU。USB、PCIe设备都采用这种机制来降低功耗。由于停止了对内核逻辑的供电，在悬浮状态下设备消耗的功率非常少。16.5.3节描述了在一个芯片中实现不同电源阱的机制。

16.5.3　电源阱与隔离

芯片被分割为不同的电源阱：内核阱和辅助阱。例如，芯片的主体逻辑部分使用内核电源供电而小部分逻辑采用辅助电源供电。芯片上采用不同电源供电的逻辑门被布置在芯片的不同区域，因此被称为阱。此时会有信号连接不同的电源阱。当内核电源被关闭后，所有从内核域输出进入辅助域的信号都会处于悬浮状态，其电平是未知的。这些悬浮的输入会造成大量的漏电流，可能会烧毁芯片。为了避免这种情况的发生，会对所有横跨电源阱的信号进行一个简单的测量。这些信号会进入一个与门，与门的一个输入端连接需要通过的信号，另一个输入端连接一个被称为core_powergood的信号。core_powergood由悬浮的电源阱中的电路驱动，如图16.3所示。当内核逻辑处于加电状态时其为1，当内核电源关闭时，其为0。当core_powergood为0时，与门的输出为确定值0，此时会防止电流泄漏。

另一个对于跨电源阱信号非常关键的问题是电平转换。当不同电源阱的供电电压不同时，其逻辑0和逻辑1的电压门限也不同。此时，一个电压域中的逻辑1在另一个电压域中可能被当成逻辑0。为了防止出现意料之外的电平转换，需要使用一种特殊的电平转换电路单元进行跨电源域信号的传递。

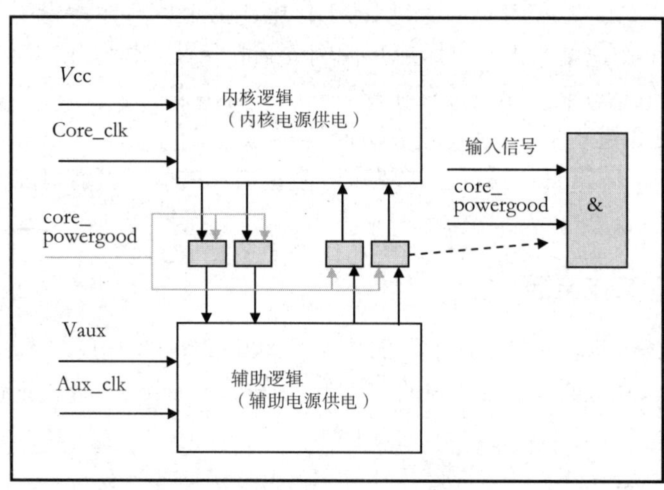

图16.3 电源阱隔离逻辑

第17章　功 率 管 理

本章主要涉及功率管理协议，如系统S状态、CPU C状态、设备D状态以及这些状态之间的交互。

17.1　功率管理的基础知识

功率管理（Power Management，PM）是系统部件之间针对功率分配和使用的一种协调工作。下面将介绍不同元件和不同层次的功率管理。

- 操作系统、PM驱动程序、平台功率/时钟管理器、芯片组和设备；
- 系统功率状态S0、S1、S2、S3、S4和S5；
- 设备功率状态D0、D1、D2和D3；
- 链路状态L0、L0s、L1、L2和L3。

17.2　系统级功率管理与ACPI

高级配置与功率接口（Advanced Configuration and Power Interface，ACPI）是操作系统指导的功率管理，在当今大多数系统中得以使用。在ACPI之前，功率管理主要是由BIOS来完成，被称为高级功率管理（Advanced Power Management，APM）。APM主要通过感知设备空闲来开展功率管理，而这对操作系统来说几乎是不可见的。这种方式无法发挥出功率管理的全部潜力。ACPI引入之后，操作系统在整个系统的功率管理中起关键作用。

为了进行功率管理，ACPI定义了各种系统状态。ACPI定义的状态有S0、S1、S2、S3、S4和S5，每种状态对应不同功率管理目标。S0是完全运行状态（不节约功率），S5是系统完全关闭（不消耗功率）。下表对这些状态进行了详细介绍。

ACPI系统状态	状态行为
S0	●完全工作状态 ●电源处于上电状态 ●时钟处于运行状态 ●处于S0状态时，设备可以进入低功耗状态。譬如，PCIe设备可以进入L1链路状态以降低功率消耗
S1	系统表现为关闭状态。设备可以被置于D3状态，相比于S0中的L1链路状态，更加节省功率
S2	通常不实现这种状态
S3	也被称为挂起到RAM中。系统中的许多元件关闭，情境信息被保存在内存中，程序也将从存储器中恢复 在设备层次，设备被置入D3冷状态，设备核心电源被关闭，只为设备提供辅助电源

（续表）

ACPI系统状态	状态行为
S4	也被称为挂起到硬盘中。相比于S3状态，更加节约功率。存储器供电被关闭。所有的内容被保存在硬盘中。也被称为休眠。将计算机从S4状态唤醒比从S3状态唤醒花费的时间更长
S5	系统完全关闭电源。系统再次运行需要进行冷启动

17.3 CPU功率状态——C状态

中央处理器C状态	状态行为
C0	CPU处于完全运行状态 CPU以C0状态执行指令
C1	CPU处于停机状态 CPU不执行指令
C2	CPU stop grant：通过硬件停止内部时钟，但时钟产生部件仍然在工作，以产生外部总线所需要的工作时钟 CPU stop clock：通过硬件停止内部时钟和外部时钟
C3	停止所有时钟。CPU不再为维护一致性而监视存储器访问

17.4 设备级功率管理与D状态

PCI功率管理规范在设备层次上制定了D状态，分别为D0、D1、D2、D3hot和D3cold。在许多设备中，只实现了D0、D3hot和D3cold。D1和D2很少被实现。

设备D状态	状态行为
D0	D0U：复位撤销之后，所有PCI设备进入D0U（未初始化）状态 D0A：软件初始化PCI设备，使其进入D0A（有效工作）状态。这是正常工作状态 D0U和D0A状态是所有PCI设备都应具有的
D1、D2	对PCI设备来说，D1和D2状态是可选的 在这一状态中，停用存储空间和I/O空间。PCI设备仍需要响应配置访问
D3hot	所有设备需要支持D3hot状态 设备可以通过停用内部操作而降低功率消耗，但此时必须维护设备情境信息。必须能够响应配置访问
D3cold	设备不需要维护情境信息。设备核心电源被关闭。但是，需要为设备提供辅助电源，以便能够发出PME#事件请求电源恢复

17.5 系统、设备和链路间的关系

ACPI S状态	设备D状态	PCIe链路L状态	说　明
S0	D0	L0	• 处于完全工作状态 • 电源处于上电状态 • 时钟处于运行状态
		L0S（ASPM）	• 在链路层次进行活动状态功率管理（Active State Power Management，ASPM） • 功率节约较少、退出延迟较低 • 时钟处于运行状态

（续表）

ACPI S状态	设备D状态	PCIe链路L状态	说　明
		L1（ASPM）	● 在链路层次进行活动状态功率管理 ● 功率节约中等、退出延迟中等 ● 时钟处于运行状态时无clkreq#信号 ● 时钟处于关闭状态时有clkreq#信号
S1	D1、D2、D3hot	L2	● 启动时将设备置入D3hot状态 ● 在完成L2、L3就绪协议操作之后，链路将进入L2状态 ● 电源可以关闭
S3	D3cold	L2	● 许多部件电源关闭 ● 提供辅助电源 ● 可以通过WAKE#或BEACON信号进行唤醒
S4	D3cold	L3	● 不再提供辅助电源 ● 没有唤醒的可能性
S5	D3cold	L3	● 系统完全关闭

第18章　串行总线技术

本章介绍串行总线技术并对PCS和PMA进行研究。

18.1　串行总线结构

18.1.1　串行总线的出现

在早期的计算机系统中，多数外围设备使用并行总线结构。这些总线包括PCI和PATA（并行ATA）。当通信速率较低时，并行总线结构可以设计得非常简单和有效，可以连接大量外围设备。通过使用中央仲裁机制，可以方便地实现总线设备间的通信。然而，当速率和带宽不断增加时，并行结构的潜力不断被发掘并不再能够满足系统设计要求。并行总线结构的带宽可以通过增加总线宽度或者提高总线的工作频率来实现，但这种增加带宽的方式会逐渐变得困难。并行总线会占用很多引脚，而对现代数字芯片来说，单一芯片中集成了大量的功能，引脚本身就是一种非常紧张的资源，这为继续增加总线宽度带来了困难。

另外，总线频率已经进行了多次增加（如PCI，PCIX），继续对大量信号线提高工作频率也变得更加困难。除此之外，并行结构还有一些固有不足，如没有包的概念，没有错误检查机制等。在并行总线中，传输的是数据突发片段，不是完整的数据包，也没有与所传输数据相关的CRC校验结果以进行差错控制。并行总线的不足促进了串行总线结构的发展，这不仅克服了原有的缺陷，还带来了其他好处。如图18.1所示为并行总线与串行总线示例。

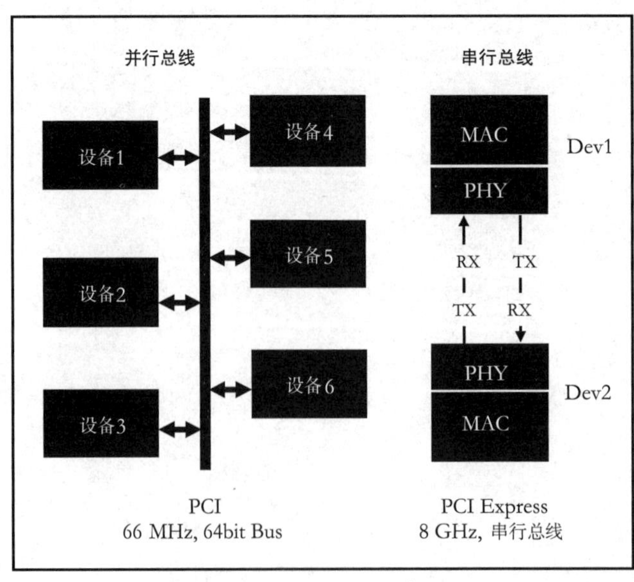

图18.1　并行总线与串行总线

现在的数字系统中有很多种串行总线。PCI Express（代替了并行PCI总线）、SATA（代替PATA）以及USB等就是一些常用的高速总线。这些总线的速率也从MHz达到了GHz。18.1.2节将介绍使用串行总线的好处。

18.1.2　串行总线的优缺点

优点

占用引脚数量少

串行总线使用一对信号线发送数据（TX+和TX-），使用一对信号线接收数据（RX+和RX-）。而PCI和PCIX等并行总线会占用大量引脚。

差分信号

TX和RX信号线上采用的是差分信号传输方式，这种传输方式具有很高的抗噪声能力。

强错误检测能力

串行协议使用基于包的数据传输方式，对数据包采用了CRC校验。相比于PCI中采用的奇偶校验，CRC校验具有很强的检错能力。

纠错与恢复

因为采用基于包的传输方式并且带有CRC校验，接收设备能够检测出接收数据包中的错误并通知发送端出现了传输错误，发送端可以重新发送出现错误的数据包。

全双工数据和控制流

数据包可以在TX信号线上传输，同时可以在RX信号线上接收控制信息。SATA使用类似HOLD的流控原语来实时阻止数据发送以避免数据溢出。

分割式数据传输

在分割式数据传输中，request和completion可以不出现在同一个数据传输操作中。这不是串行总线所特有的必要特征。所有的串行总线都使用包和分割式数据传输协议进行数据传输。多数早期的并行总线（PCI、AHB）不支持分割式数据传输。最新的并行总线，如AXI，开始支持这一协议。

不足之处

串行总线也存在一些不利之处。

只支持点到点连接

通过串行总线只能连接两个设备，而对于并行总线，可以在单一总线上连接多个设备，并且很容易增减总线上的设备。对于串行总线，我们需要使用交换机和多个总线设备连接。

更大的延迟

由于串行及分层结构特点，串行结构的总线延迟更大一些。

18.1.3　串行总线结构

串行总线结构只允许点到点连接，一条串行总线只能连接两个设备，而并行总线可以同时连接多个设备。在串行总线结构中，总线设备中需要包括两个基本电路部件：MAC控制器（通常简称为控制器）和PHY（主要实现模拟收发功能）。MAC具有分层结构，通常包括三个层次。PHY包括两个部分：PCS和PMA。PCS（Physical Coding Sublayer，物理编码子层）主要实现编解码等数字逻辑功能。PMA主要实现时钟恢复、均衡和信号电平检测等模拟功能。下面我们将以PCIe和SATA为例，对串行总线结构加以分析，如图18.2所示。

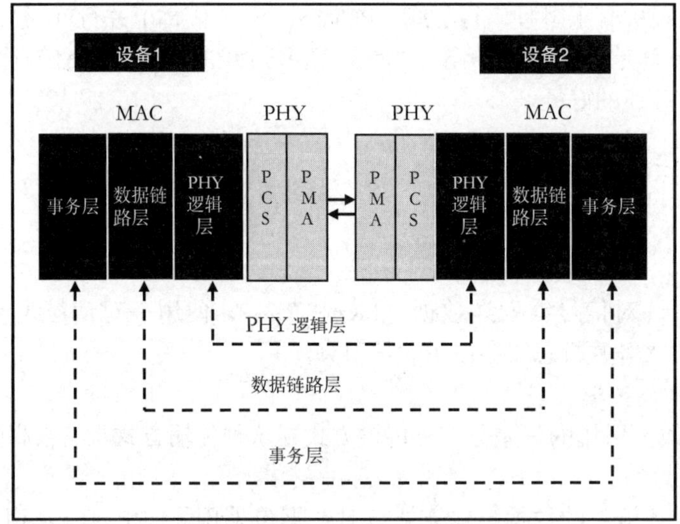

图18.2 PCIe分层结构

MAC控制器包括三个层次：PHY逻辑层、数据链路层和事务层。每一层都有自己特定的功能。

PHY逻辑层

两个相互联接设备的PHY逻辑层之间使用PHY层包进行通信，称为有序训练集合，如图18.3所示。PHY层包被用于建立链路和确定交互的操作速度。在训练阶段结束时，双方进入连接阶段，此时它们已经做好了传输数据链路层和事务层包的准备。PHY层包产生于PHY层，终结于另一侧的PHY逻辑层，不会上交给其他层次。

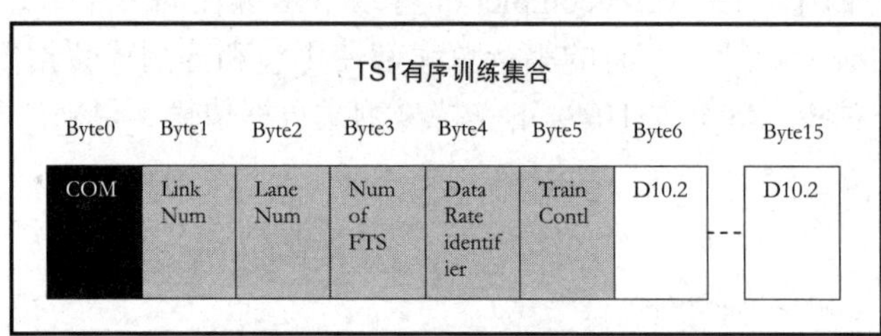

图18.3 PCIe PHY层包

数据链路层

数据链路层使用短的、固定长度（2个dword/8字节）的包在两个设备间交互链路信息，如图18.4所示。这些包也被称为DLLP（Data Link Layer Packet，数据链路层包）。DLLP被用于交换信用信息、ACK、NAK和功率管理协议。DLLP在本层产生，终止于对端的同一层，不会进一步向上提交。

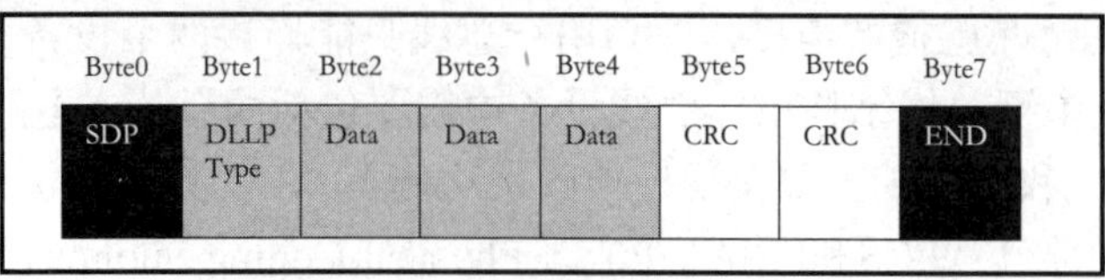

图18.4 PCIe数据链路层包（DLLP）

事务层

本层在两个设备间进行实际的数据交互，如图18.5所示。这些包被称为TLP（Transaction Layer Packet，事务层包），TLP为变长包。TLP包括头域、数据净荷和CRC校验。一个TLP由start-of-packet符号开始，以END符号结束。

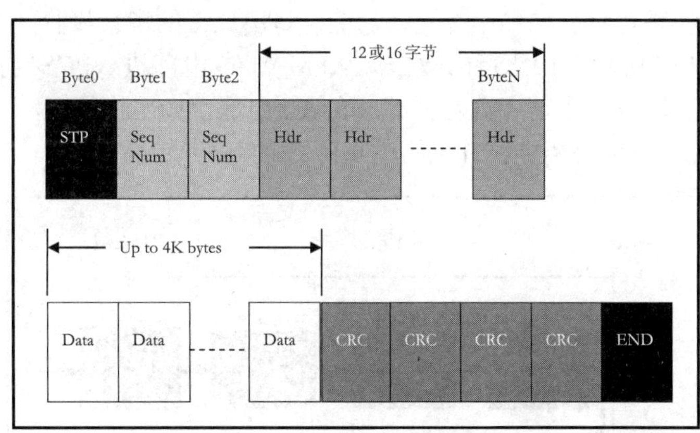

图18.5　PCIe 事务层包结构

18.1.4　串行总线时钟

在PCIe中，平台提供100 MHz参考时钟，通过PCIe插槽提供给总线设备。PCIe端点设备从PCIe连接器处获取该参考时钟并将其交给PHY PMA层。PMA内部有一个PLL，它根据输入的100 MHz时钟和输入的RX数据流生成250 MHz的时钟PCLK。关于数据与时钟恢复更多的细节在后续章节中进行介绍。PHY将PCLK提供给MAC。发送数据（从MAC到PHY）和接收数据（从PHY到MAC）都同步于PCLK。对于PCIe，MAC的接收和发送电路工作在同一个时钟域。对于其他串行总线结构，如SATA，收发电路时钟可能不同。在SATA中，发送和接收时钟是不同的，属于异步时钟。

18.1.5　发送路径的微结构

MAC和PHY PCS之间的接口是标准的，虽然这不一定必要，但标准化有利于IP核的开发，可提高不同芯片厂商IP核之间的互操作性。对于PCIe来说，该接口被称为PIPE接口。

MAC提供的发送数据的位宽为8比特或16比特。PCLK的频率与数据总线的位宽有直接关系，数据位宽为8比特时，PCLK为250 MHz，数据位宽为16比特时，PCLK为125 MHz，如图18.6所示。这两个频率是PCIe Gen1所使用的，在Gen2中，二者都进行了翻倍。位宽变换电路模块可以将16比特的数据位宽转换成8比特的位宽，接着将其送入8b/10b编码器。编码器将每个8比特的数据转换成为10比特的编码值并将其传递到PHY的PMA层。PMA层使

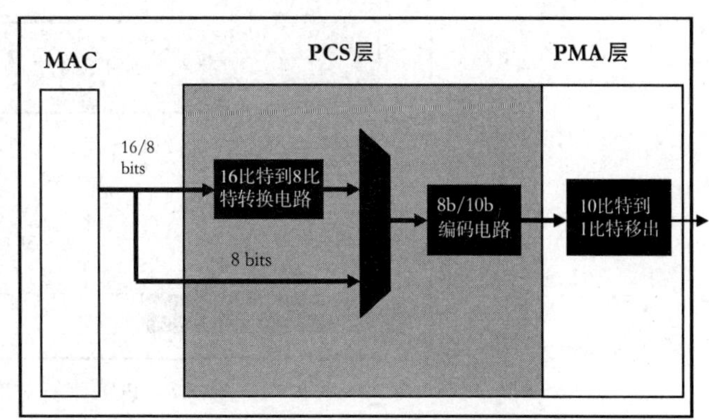

图18.6　PCIe PHY发送数据通道

用一个高速时钟（Gen1时为2.5 GHz，Gen2时为5 GHz）进一步将10比特的编码结果转换为单比特串行数据并通过TX信号线发出。

18.1.6 接收路径的微结构

PMA接收电路实现比特提取和串并变换功能，将单比特的串行接收数据变换成为10比特的并行数据，如图18.7所示。10比特的数据流从PMA接收电路进入PCS接收电路。

此时的10比特数据流并非是字符对准的。在PCS内部，10比特数据流先后进入字符对准电路、弹性缓冲区、10b/8b解码电路并最终进入可选的8b/16b转换电路。

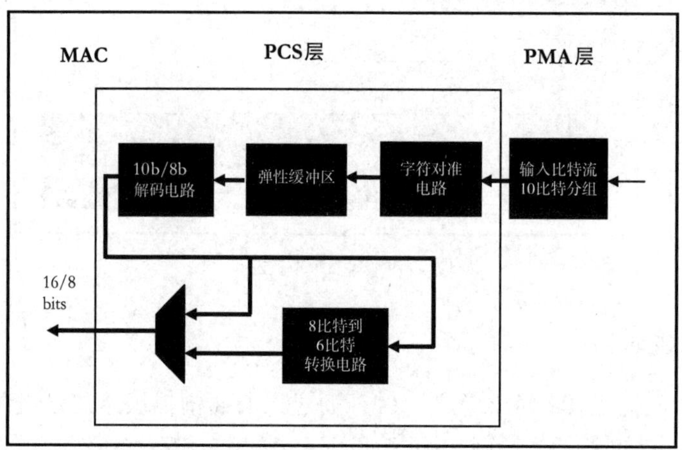

图18.7 PCIe接收数据通道

字符对准

PCIe接收的数据是以10比特的字符为组成单位的。PMA接收电路将接收数据组成10比特字符时没有按照字符边界进行。字符对准逻辑电路查找COMMA字符并以它为基础进行字符边界对准。对准后的字符流被送入弹性缓冲区，如图18.8所示。

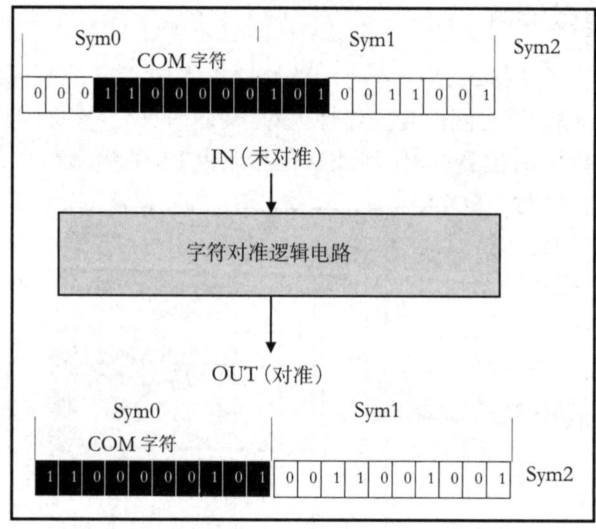

图18.8 PCIe字符对准

弹性缓冲区

PCIe链路两端所使用时钟的标称值均为250 MHz。它们可以使用平台提供的同一个时钟，或者选择它们自带的时钟源来生成250 MHz的工作时钟。当使用相互独立的时钟时，它们之间会有微小的偏差（偏差可能非常微小，但不会为0），此时，经过一段时间之后，会造成数据的上溢或下溢。总线一端的时钟频率可能比另一端略微高一些，频率低的一端会出现数据缓冲区上溢，频率高的一端会出现数据缓冲区下溢。串行总线中使用弹性缓冲区来处理时钟频率上的微小差别。我们将对PCIe和SATA中的弹性缓冲区加以介绍。

位宽为10比特的接收符号流被写入一个FIFO。按照PCIe协议，在发送数据时，会按照一定的间隔定期发送填充包（称为SKIP集合）。这些填充包可以在不影响数据净荷、编码/解码、扰码/解扰码的情况下快速插入和去除。写入逻辑持续将10比特的字符写入FIFO，读出逻辑持续将FIFO中的字符读出。如果写入速度比读出速度快，FIFO中的数据深度将逐渐增加。当FIFO中的数据深度达到了预先设定的上限时，写入逻辑会丢弃1个或多个SKIP字符。类似地，当写入速度低于读出速度时，FIFO中的数据深度会逐渐降低，当深度降至预先设定的下限时，读出逻辑不再从FIFO中读出数据，它会暂停读出数据，同时向数据通路中插入一个SKIP符号。这里的FIFO就是弹性缓冲区，其内部数据深度是变化的，可以用于调整读写时钟频率的微小偏差，如图18.9所示。需要说明的是，这种工作机制可以用于处理微小的读写频率偏差，不适合处理较大的频率偏差（较大的时钟偏差需要深度较大的弹性缓冲区并且会引入较大的延迟）。规范中对频率偏差会提出限制，例如，PCIe中的频率偏差应小于300 PPM。当时钟偏差被限定在一定PPM之内时，SKIP出现的间隔就可以计算得到。

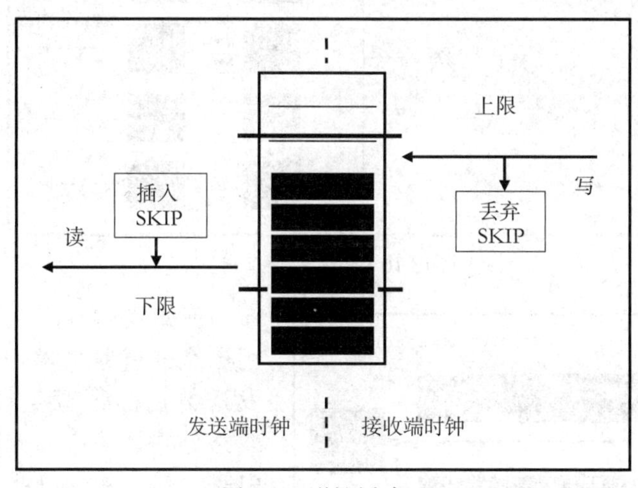

图18.9　弹性缓冲区

SATA使用了类似的机制，它会在每256个双字之间插入两个ALIGH 原语。ALIGN 原语根据两边的频率差可以快速地被丢弃或插入。

10b/8b解码和8b/16b转换

弹性缓冲区的输出进入解码器电路，它会将10比特的字符转换成为8比特的数据。如果PCS-MAC接口数据通道宽度为16比特，那么需要将两个连续的8比特数据拼接起来构成16比特的数据并送给接收MAC。如果数据通路宽度为8比特，那么不需要做任何处理，直接送给接收MAC。

18.2 串行总线中的先进设计理念

18.2.1 字节分割/链路聚合

下面以PCIe为例对字节分割加以讨论，如图18.10所示。PCIe使用链路和线路来发送串行数据。链路是一个逻辑实体，能够具有单个线路或多个线路。当逻辑链路包括一个线路时，TLP和DLLP通过单一的线路发送，每次发送一字节。当链路包括多个线路时，TLP和DLLP分布在多个线路中，此时不是在不同的线路中发送不同的TLP，而是所有的线路共同发送TLP。在一个x4 PCIe 链路（拥有4条线路）中，第一字节通过线路0、第二字节通过线路1、第三字节通过线路2、第四字节通过线路3、第五字节又回到线路0进行传输。这种传输机制被称为字节分割，字节分割在连续的线路上持续进行，直到最后一字节被发送。

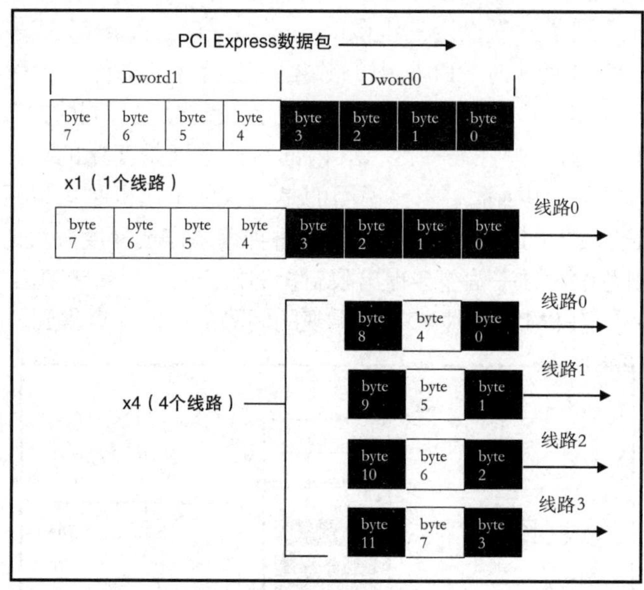

图18.10 PCIe：字节分割

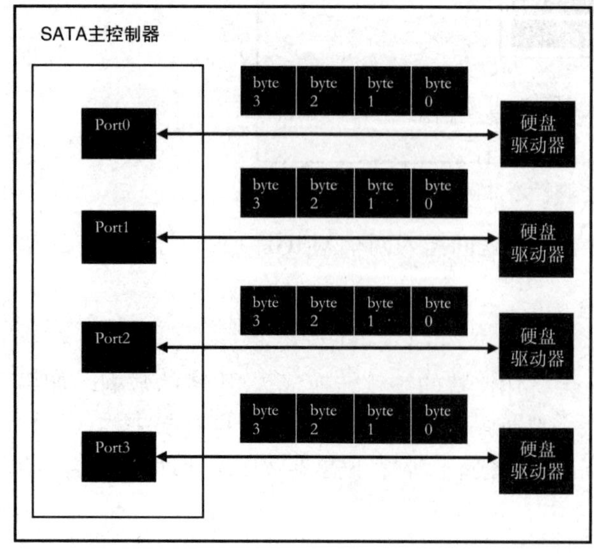

图18.11 SATA：无字节分割

正如我们所注意到的，可以通过使用更宽的链路来增加带宽。一个x4链路发送数据的带宽是x1链路的4倍。虽然线路是并行使用的，宽链路需要更多的引脚，其与并行总线结构也是有本质不同的。宽链路中每个独立的线路仍然是以串行方式工作的。每个线路都有自己的差分传输信号线和独立的数据恢复电路，都具有串行传输所具有的优点。它们是独立的串行传输通道，通过使用字节分割机制合并起来作为一个逻辑实体使用。字节分割是MAC的功能。

不是所有的串行协议都使用字节分割，SATA和USB没有使用字节分割技术。

如果希望增加SATA硬盘的传输带宽，需要使用多个相互独立的SATA驱动器，使用不同的事务层包（FIS）进行通信，如图18.11所示。USB也是采用类似的机制，每个USB设备采用单线路连接。

18.2.2　通道绑定与去偏移

前面我们讨论了字节分割技术，它将一个TLP分布到多个线路中进行传输。当接收电路从不同的线路收到这些分布传输的数据后，对其正确合路处理会遇到一些实际困难。在电路板上，不同的传输路径会带来不同的传输延迟。当接收电路收到来自不同线路的数据时，它们经过的延迟存在差异并且处于不同的时钟域。接收电路需要将不同线路上收到的数据进行级联，合并得到原始的TLP，此时所接收的数据之间已经失去了发送时相互之间的字节同步关系，需要使用通道绑定技术在接收端重新恢复不同线路之间的字节对准关系，如图18.12所示。

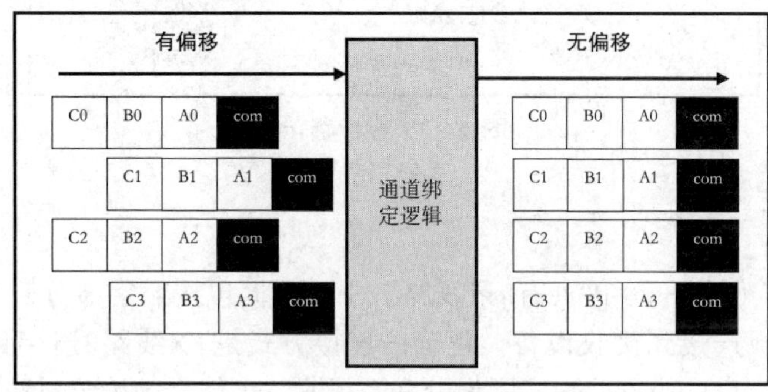

图18.12　通道绑定/去偏移

在所有的线路上传输的数据流中有一种特殊的COMMA字符。在链路训练阶段，在所有线路上都会发送包含COMMA字符的用于训练的有序字符集合。与TLP和DLLP不同，训练字符集合不是以字节分割方式发送的。通道绑定逻辑在1个线路（例如，线路0）中查找COMMA，接着它在其他线路中定位COMMA字符并记录它们的相对位置。一旦它锁定了COMMA字符出现的位置，它就停止搜索COMMA字符并记录下这些相对位置信息。通道绑定逻辑使用这些相对位置信息来对准存在偏移的接收数据字节流。通道绑定逻辑会始终保持基线路（线路0）字节位置不变。对于其他线路，它会根据所检测到的COMMA的相对位置写入或读出数据，在此期间这些相对位置信息会保持不变。即使输入数据相对于通道绑定逻辑发生了延迟偏移，从通道绑定逻辑输出的数据仍然是对准的，TLP和DLLP能够被正确处理。通道绑定也被称为去延迟偏移操作。通道绑定逻辑通常属于MAC层功能，只应用于包含多个线路、采用字节分割技术的链路中。

18.2.3　极性翻转

串行数据比特通过TX+和TX–信号线发送。信号线在印制电路板（PCB）上布线时，TX+应该连接收端的RX+，TX–应该连接收端的RX–。但随着PCB板的层数不断增加，布线密度不断增大，走线距离可能较长，有时还可能要通过连接器，所以经常因为疏忽而发生TX+连接收端的RX–、TX–连接收端的RX+的情况。发生这种情况后，有时可以通过重新布线加以解决，但有时重新布线的代价会比较高。

在PCIe中，使用了一种机制来解决极性连接错误问题。在链路训练阶段，接收端查找常规的训练字符集合或者反相的训练字符集合。如果发生了极性翻转，那么接收的串行比特会发生逐比特翻转（1变为0，0变为1）。如果链路训练逻辑检测到了逐比特翻转的训练字符，那说明出现连线错误。发送电路无法获知是否发生了连接极性错误，接收电路检测到这一错误并通过逐比特取反在不进行硬件重新设计和PCB重新加工的情况下解决了这一问题，如图18.13所示。

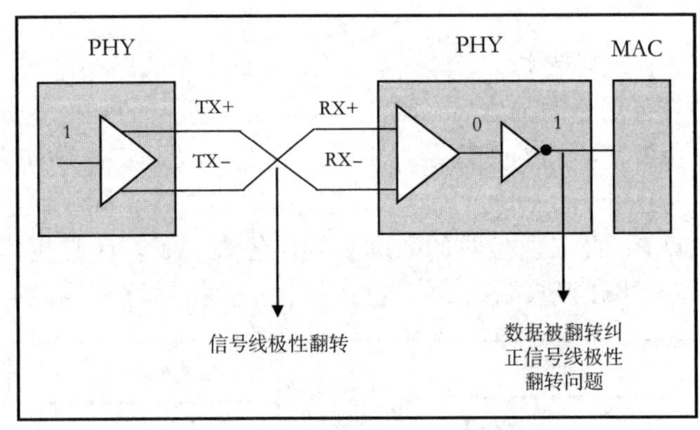

图18.13 极性翻转

18.2.4 线路翻转

在多线路链路（例如，x8 PCIe有8条线路）中，数据包按照字节分割方式进行传输。所有的线路通过电路板连接到接收设备。正确的连接方式是TX线路0连接到RX线路0，TX线路1连接到RX线路1，以此类推。在实际设计和布线时，可能会因为疏忽造成收发之间没有正确对应的情况。这些线路在多层PCB上布线时，会在不同层次之间穿过，会进行90° 弯曲，这些都可能导致连接失误。在某些情况下，常规连接会导致布线困难，此时也会有意识地希望能够进行错序连接。PCIe采用了一种名为线路切换的技术来解决这种无意或有意的板级错序连接。

如图18.14所示，其基本思路是在链路训练过程中发现错序连接并进行数据重排。属于一个链路的多个线路被编号为0、1、2、3、4、5、6、7等。当信号线两端试图发现线路编号时（在训练字符集中的特定区域内写入了所属线路的编号），它们各自都有期望的编号值。线路0希望收到的训练字符集合中的编号为0，线路7希望收到的编号为7。如果接收电路收到的编号与期望值不同，它会记录下来其实际连接的对端发送电路的编号。信号线两端的电路都可以根据实际连接的通道编号调整本端的实际编号，但需要注意的是，只能有一端可以进行调整，不能两端同时进行，否则会继续出错。双方选择的用于解决错序问题的一端在发送数据之前先要切换发送数据的通路（例如，线路0的数据切换到线路7上，线路7的数据切换到线路0上）。同时它还要切换接收通路（RX通路0上的数据与通路7连接，通路7与通路0连接，剩余的通路依次切换）。正如我们所能看到的，这里没有逻辑修改，通过内部的连接重定位解决了板级连接存在的问题。

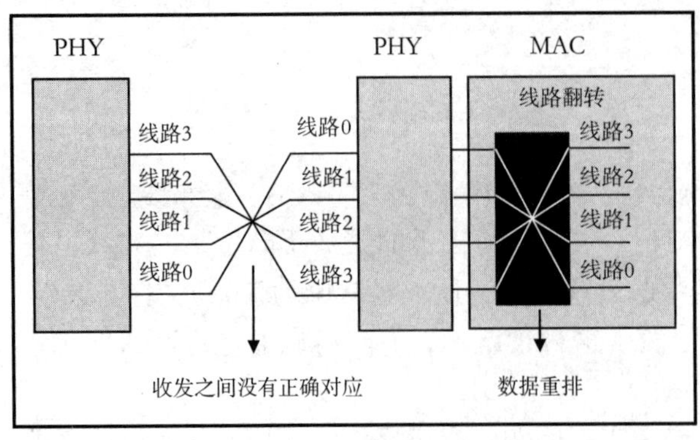

图18.14 线路翻转

18.2.5　锁相环（PLL）

PLL在数字系统中有很多应用，常见的典型重要应用如下：

- 数据时钟恢复（Clock Data Recovery，CDR）
- 去除时钟偏移
- 作为倍频器使用

CDR

在很多高速串行数据传输应用中，数据在传输过程中没有伴随着时钟的传输。然而，在数据流中存在着足够的数据跳变（0到1和1到0的跳变），接收端电路可以据此提取与数据同步的时钟。在接收端，可以使用参考时钟为时钟提取提供帮助。在没有参考时钟的情况下也是可以提取接收时钟的。下面我们将针对这两种情况对PLL电路加以讨论。

不带参考时钟的CDR（见图18.15）

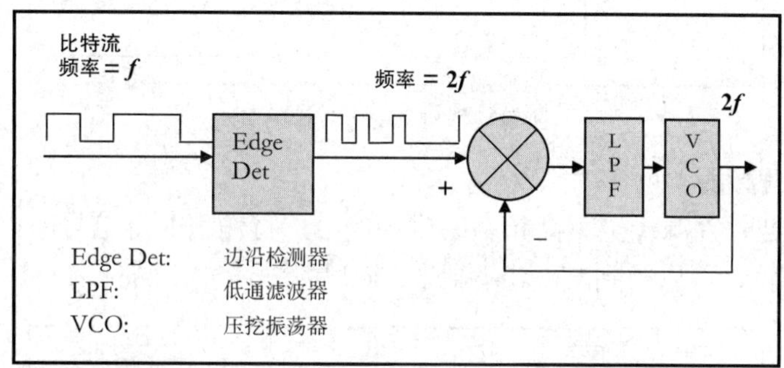

图18.15　没有参考时钟的情况下进行时钟提取

如果接收端接收的比特流速率为*f*，那么接收端的边沿检测器检测到的数据跳变频率为2*f*，VCO产生的自由震荡时钟频率为2*f*。

带参考时钟的CDR（见图18.16）

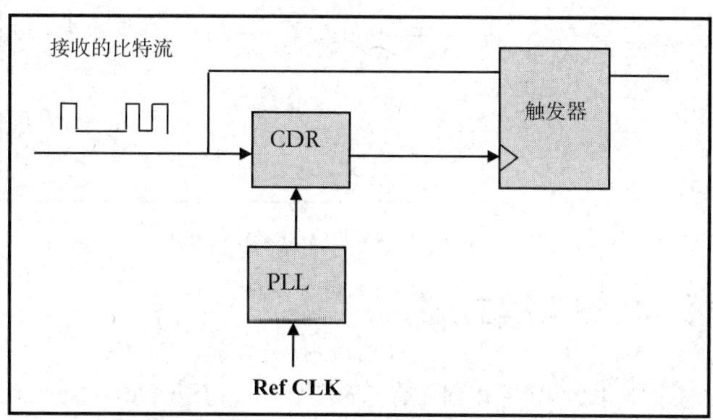

图18.16　带参考时钟的数据恢复

使用PLL去除时钟偏移

在SoC中，时钟树被用于将时钟信号分配给物理上分布在芯片各个区域的触发器。在时钟树的通路上，分布着带有延迟的驱动器。由于时钟分布路径上存在延迟，叶节点上的时钟与根节点上的时钟相比，存在相移（相位滞后）。此时，可以使用PLL消除叶节点上时钟的相移使之和根节点上的时钟相位对准，如图18.17所示。PLL还可用于产生与输入时钟存在指定相移的输出时钟，例如，产生和输入时钟存在90° 相移的输出时钟。

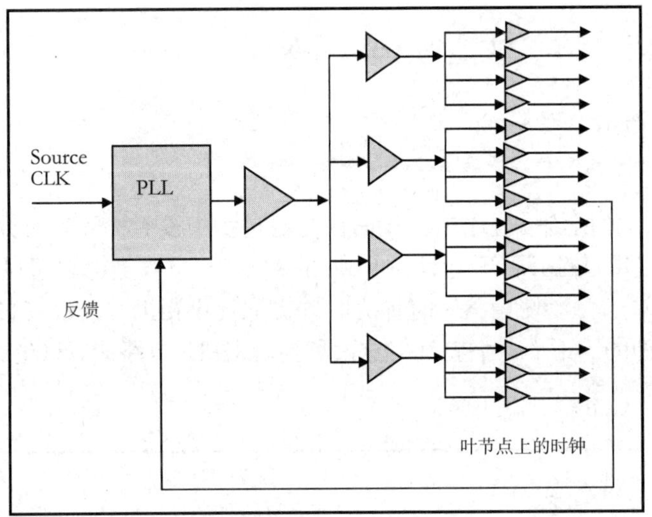

图18.17 PLL用于时钟倍频

使用PLL实现倍频器

PLL可用于根据时钟源产生更高频率的时钟信号。将输出时钟信号除以*N*作为PLL的反馈信号与时钟源相比较，可以得到*N*倍于时钟源的输出时钟信号，同时二者具有相同的相位。

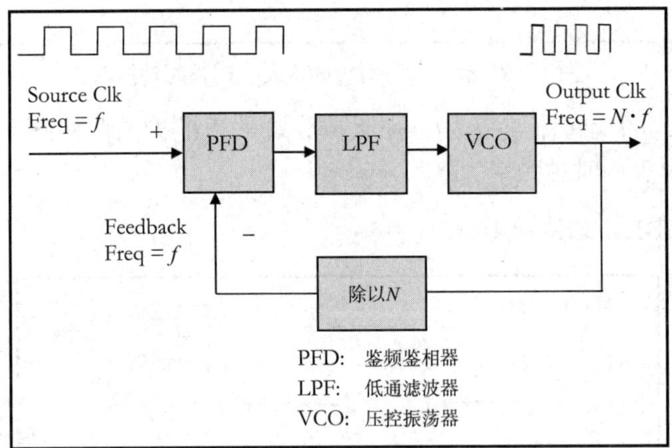

图18.18 PLL used for Clock Frequency Multiplication

18.3 串行总线的PMA层功能

PMA层主要实现模拟电路功能。PMA层电路也被称为SerDes（Serializer & Deserializer），是一个非常特殊的电路。我们的目标是从电路的系统设计层面对其加以介绍，以便对串行总线技术形成完整的理解。

18.3.1 发送均衡

采用串行传输机制时，数据以比特流的方式在差分对（TX+，TX–）上传输。在线路上传输的数据波形可以看成是大量不同频率、不同幅度的正弦波叠加作用的结果。

当数据速率很高时，存在一个占主导地位的高频正弦波分量。在高速传输时，差分传输线路的通路特性与低通滤波器（RC滤波器）接近，但相对于低频成分，高频成分的衰减更大一些。这意味着在接收端，接收信号中的不同的频率成分所占的比例与发送时不同。接收到的信号与发送端信号相比会发生畸变，造成ISI（码间串扰），这会使得CDR恢复的数据中存在误码。

什么是码间串扰?

如果我们发送一个阶跃函数波形（在一个时钟周期内为1的脉冲信号），在接收端波形会发生变化。接收脉冲会展宽并进入相邻时钟周期中。从第N个时钟周期展宽到第$N+1$个时钟周期的信号与第$N+1$个时钟周期的信号波形叠加，使得第$N+1$个周期内的波形发生畸变，这种畸变可能会造成对该时钟周期逻辑值的判决发生错误，这被称为符号间的串扰，即码间串扰（ISI）。

目前有很多种技术可以解决传输线频率响应的问题。可以通过采用发送端均衡技术，或者采用接收端均衡技术加以解决。

发送端预加重技术

发送驱动时，对高频成分的增益大于低频成分，频率越高增益越大。信号到达接收端时，所有的频率成分得到的总体增益相同。

发送端后加重技术

另一种技术是后加重技术。采用后加重技术时，边沿翻转（0到1或1到0）之后的比特被正常放大，但此后的其他比特（没有边沿翻转的比特）增益相对降低。由于信号的高频成分主要出现在信号翻转部分，这样做等效于为高频成分提供了更大的增益。当数据到达接收端时，所有比特位的最终等效增益是相同的。PCIe和SATA都使用了后加重传输技术。

18.3.2　接收均衡

在接收端，可以为高频成分提供相对于低频成分更大的增益。针对高频成分给予补偿的最终结果是整个传输系统为所有频率成分提供了相同的增益。经过补偿后，接收波形与发送波形更加相似。接收器均衡技术有利于减少ISI。

18.3.3　端接电阻

TX+和TX–信号是一对传输线，在发送端和接收端需要进行传输线阻抗匹配，以避免产生信号反射，使发送信号产生畸变。当信号发生反射时，它与原始的发送信号发生叠加，使发送信号增强或减弱。如果反射的信号强度较大，可能会使发送信号产生较大的畸变从而导致接收错误。终端匹配的目的就是减少或消除接收端对发送信号的反射。

第19章　串行协议（第1部分）

本章将讨论当今产业界所采用的各种串行I/O协议（PCI Express、SATA和USB）。本章将介绍这些技术及其关键特性和工作原理。本章还将简要介绍Thunderbolt接口，这是一种新的高速串行接口技术。

19.1　PCIe

PCI Express，简称为PCIe，采用串行总线架构，在两个PCIe设备间以点对点方式连接工作。它继承了传统PCI总线技术的软件编程模式，人们设想以它来取代传统的PCI总线。传统的PCI总线架构工作在总线、设备和功能等概念之上，PCIe采用了同样的概念。至于软件层面，PCI和PCIe在总线、设备和功能数量等方面表现得完全相同。因为PCIe编程模型后向兼容，它被产业界迅速采纳。第一代PCIe技术是在2003年至2004年引入的，在今后的8年到10年之间，PCIe技术已经发展到了第三代。

除了提供更高的带宽之外，PCIe还提供了很多其他并行总线架构所不具备的先进功能特性。

19.1.1　PCIe功能特性

- **软件后向兼容**——能够用同样的操作系统和驱动程序识别出PCIe设备。软件得到了增强，从而能够理解和支持其他高级PCIe功能特性。
- **引脚数得以减少**——PCIe采用点到点连接技术，它以非常高的速度工作（第一代2.5 GHz、第二代5.0 GHz、第三代8.0 GHz）。每一路信道只需要有两个引脚用于数据发送（TX+和TX-）和两个引脚用于数据接收（RX+和RX-）。这有助于减少封装密度和降低成本。
- **可扩展的带宽**——PCIe以线路为基础工作。最简单的是单线路配置（称为x1），其只有一对发送（TX）信号和一对接收（RX）信号用于连接。带宽增加可以通过采用多线路配置来实现，如x2、x4、x8、x16和x32。例如，在x4配置中，有四对发送（TX）信号和四对接收（RX）信号。
- **服务质量**（Quality of Service，QoS）——PCIe提供了对多个虚通道（Virtual Channel，VC）的支持。虚通道是指为不同类型的业务流分配不同的优先级，这些业务流共享一个物理传输路径。拥有更高优先级的VC在使用物理通道时更容易获取资源。
- **先进的链路级功率管理**——除了基于软件的功率管理（D状态功率管理）之外，还支持如L0和L1等自主式链路级功率管理。这些低层次功率管理方案利用了本地的短期非活跃性，自主地让设备的某些部分进入低功耗状态。
- **支持热插拔**——PCIe支持软件增强的热插拔能力。

- **强差错控制能力**——支持多层次的差错控制。差错分为三类：可校正差错、非致命差错和致命差错。
- **基于信用的流量控制**——操作都是基于发布的信用额度展开的。PCIe设备根据它所具有的缓冲区空间发布其自身的信用额度。其他设备只能在被授予信用额度后才能够发送报文。这确保了总是有存放报文的空间，并且不会出现溢出。这样也消除了补救溢出所需要的复杂操作。
- **中断信号**——PCIe既支持传统的INTx中断，也支持消息式中断和扩展消息式中断。在PCIe中没有INTx（INTA、INTB、INTC和INTD）引脚，取而代之的是使用消息来模拟引脚的中断行为。
- **强数据完整性**——采用多层次循环冗余检验（CRC）。链路层循环冗余检验和端到端循环冗余检验都被用于增强数据的完整性。
- **报文重发**——如果报文有CRC错误或出现丢失，该报文能够被快速重发。这样能将问题限制在链路层，并通过报文重发在本地层面上实现补救。如果没有这种本地重发能力，软件驱动程序势必被卷入源端重新发送报文的操作中，这将导致大量的带宽浪费。

19.1.2 PCIe带宽

PCIe具有良好的带宽扩展能力，采用多个线路就可以实现更高的通信带宽。下表描述了采用不同线路数和速度配置时的可用带宽。

每个TX/RX方向上的线路带宽/有效带宽*

线路数	第一代 线路带宽/有效带宽	第二代 线路带宽/有效带宽	第三代 线路带宽/有效带宽
x1	2.5 Gbps/2 Gbps*	5 Gbps/4 Gbps	8 Gbps**/8 Gbps
x2	5 Gbps/4 Gbps	10 Gbps/8 Gbps	16 Gbps/16 Gbps
x4	10 Gbps/8 Gbps	20 Gbps/16 Gbps	32 Gbps/32 Gbps
x8	20 Gbps/16 Gbps	40 Gbps/32 Gbps	64 Gbps/64 Gbps
x16	40 Gbps/32 Gbps	80 Gbps/64 Gbps	128 Gbps/128 Gbps

*数据被发送到线路上之前进行了8b/10b编码，这会增加20%的带宽开销。换句话说，线路上每10比特数据中只有8比特是有效的PCIe数据。

**PCIe Gen1（第一代PCIe）和PCIe Gen2（第二代PCIe）都采用8b/10b编码，但是第三代（Gen3）中没有采用8b/10b编码方案。这将使得从Gen2发展到Gen3时线路速率没有成比例增加。例如，在第三代x1配置中，线路速度是8 Gbps而不是10 Gbps。实际上第三代采用的是128b/130b 编码方案，与8b/10b编码方案相比，其开销小得多。因此，其实际有效带宽只是略低于第二代速度的两倍，例如，Gen3时x1的有效带宽不是8 Gbps而是7.88 Gbps。不过，从实际应用角度出发，我们可以大致认为Gen3的速率是Gen2的两倍。

19.1.3 PCIe交换结构

PCIe的交换结构由三种元件组成——根联合体（Root Complex，RC）、PCIe交换机和端点。根联合体位于拓扑结构的根部或起点，最靠近CPU。端点设备位于PCIe树的端末。交换机位于根联合体和端点设备之间，交换机用于提供更多的扇出（连接）。PCIe拓扑结构如图19.1所示。

根联合体

- RC需要支持配置请求的产生；
- RC能够拥有一个或多个根端口；
- RC有type1配置空间头。

交换机

- 交换机看上去像是通过一个内部虚拟总线连接在一起的两个或多个逻辑上的PCI-to-PCI（P2P）桥接器。
- 桥接器必须能够在任意两个端口之间转发PCIe数据包；
- 交换机必须完整地转发报文，不能将一个报文拆分成多个更小的报文；
- 交换机配置空间的头部（即配置空间的前64字节）采用类型1（type1）格式。

端点

- 端点的配置空间的头部（即配置空间的前64字节）采用类型0（type0）格式；
- 对于配置请求端点必须返回操作完成报文；.
- PCIe端点必须支持产生消息式中断（MSI）或扩展消息式中断（MSI-X）。

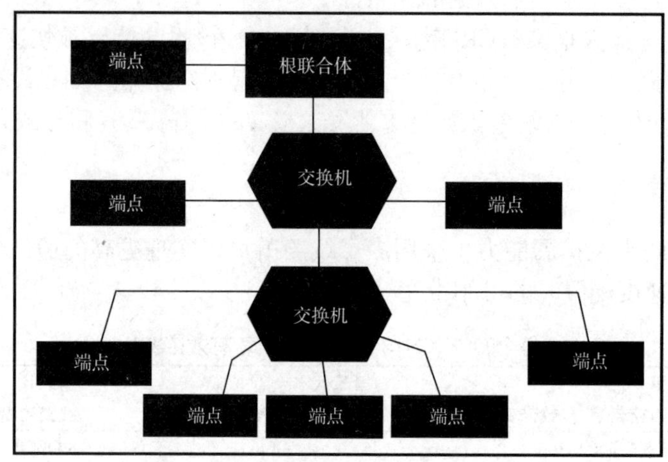

图19.1 PCIe拓扑结构

19.1.4 PCIe配置空间寄存器

PCIe与并行PCI总线具有相同的总线、设备和功能结构。在PCI拓扑中，最多可以有256条PCI总线。每条总线最多可以有32个设备，每个设备最多可以有8项功能，每个设备必须至少具有一项功能。具有多项功能的设备被称为多功能设备。当我们讨论一个设备时，通常指的是一个PCI接口卡或适配器，功能是该设备内部完成不同工作的组成部分。

每项PCI功能都有一个配置寄存器空间。如果一个设备内有三项功能，那么该设备内将有3个配置寄存器空间。对于所有的PCIe功能，配置寄存器的前16个dword都是强制提供的。每项PCIe功能的寄存器可以不止前16个dword。配置寄存器空间的头部区域有两种类型：type1型头部用于根联合体和交换机，type0型头部用于端点。这16个双字之中，有部分寄存器是type0和type1所共有的。另外一些寄存器是type0和type1各自专用的。配置寄存器用于对设备进行配置。

端点最多可以有6个基地址寄存器（Base Address Register，BAR）。基地址寄存器用于分配端点可以使用的存储器地址范围。交换机具有type1头部基地址寄存器和界限寄存器。基地址寄存器和界限寄存器提供了一个窗口，落入该窗口的报文能够通过下游端口转发出去。现在，我们先学习一下前16个type0和type1配置寄存器，如图19.2所示为PCI接口type0配置头。

Byte3	Byte2	Byte1	Byte0	Address
Device ID 设备标识符		Vendor ID 厂商标识符		00h
Status Register 状态寄存器		Command Register 命令寄存器		04h
Class code类代码			版本标识符	08h
BIST BIST寄存器	Hdr Type 首部类型	Lat Timer 延迟定时器	CL size cache行容量	0Ch
Base Address Register (BAR0) 基地址寄存器(BAR0)				10h
Base Address Register (BAR1) 基地址寄存器(BAR1)				14h
Base Address Register (BAR2) 基地址寄存器(BAR2)				18h
Base Address Register (BAR3) 基地址寄存器(BAR3)				1Ch
Base Address Register (BAR4) 基地址寄存器(BAR4)				20h
Base Address Register (BAR5) 基地址寄存器(BAR5)				24h
Cardbus CIS pointer Cardbus CIS 指针				28h
Subsystem ID 子系统标识符		Subsystem Vendor ID 子系统厂商标识符		2Ch
Expansion ROM Base Address Register 扩展ROM基地址寄存器				30h
Reserved 保留			Capab ptr 能力指针寄存器	34h
Reserved 保留				38h
Max_lat Max_lat寄存器	Min_gnt Min_gnt寄存器	Intrpt pin 中断引脚寄存器	Intrpt line 中断线寄存器	3Ch

图19.2　PCI接口type0配置头①

厂商标识符（Vendor ID）

此16比特位数值用于识别设备厂商，由PCI SIG（维护PCI规范的标准化组织）发布。

设备标识符（Device ID）

此16比特位由厂家自行分配使用，用于识别设备功能。

指令寄存器（Command Register）

此寄存器中有各种使能（enable）位，如IO空间使能、存储器空间使能、总线master使能。在软件对这些比特位进行置位之前，设备不能使用这些存储和IO资源，也不能作为master发起操作。

状态寄存器（Status Register）

此寄存器中有中断状态信息和其他状态信息，如master放弃、target放弃和检测出奇偶校验错误等。

基地址寄存器（Base Address Register，BAR）

每一个PCIe端点都有一个存储器地址范围和可选的IO地址范围。PCIe设备和功能可以在4G大小的存储器地址空间中获得分配给自己的空间。每个基地址寄存器的较低位都被用于告知相关系统软件各个PCIe功能需要何种类型的资源（存储器或者IO），以及需要多大的空间。系统软件读取这些较低位，就可获悉这些PCIe功能的需求。然后对这些基地址寄存器的高比特位进行写操作，以分配存储器和IO范围。

① 图中翻译保留原文以方便读者阅读。——译者注

当存储器或IO操作抵达端点时，端点将该地址与所有基地址寄存器进行比较。如果实现了地址匹配，它将对存储器或IO操作进行处理。每项功能最多可以有6个基地址寄存器。

能力指针（Cap Ptr，Capability Pointer）

该指针为下一个寄存器结构提供链接（即地址指针值）。

许多type1寄存器的定义与type0相同。不过，有些关键寄存器是不相同的，它们用于在上游方向或下游方向上进行包的转发。PCIe交换机的头定义为type1型。PCI接口type1配置空间头部如图19.3所示。

Byte3	Byte2	Byte1	Byte0	Address
Device ID 设备标识符		Vendor ID 厂商标识符		00h
Status Register 状态寄存器		Command Register 命令寄存器		04h
Class code 类代码			Rev ID 版本标识符	08h
BIST BIST寄存器	Hdr Type 首部类型	Lat Timer 延迟定时器	CL size cache行容量	0Ch
Base Address Register (BAR0) 基地址寄存器 (BAR0)				10h
Base Address Register (BAR1) 基地址寄存器 (BAR1)				14h
Sec lat tmr 第二延迟定时器	Sub bus num 下级总线编号	Scnd busnum 第二总线编号	Prim bus num 第一总线编号	18h
Secondary Status 第二状态寄存器		IO Limit IO限制寄存器	IO Base IO基寄存器	1Ch
Memory Limit 存储器限制寄存器		Memory Base 存储器基寄存器		20h
Pref Memory Limit 可预取存储器限制寄存器		Pref Memory Base 可预取存储器基寄存器		24h
Prefetchable Base Upper 32 bits 可预取基高32比特				28h
Prefetchable Limit Upper 32 bits 可预取基低32比特				2Ch
IO Limit upper 16 bits IO限制高16比特		IO Base upper 16 bits IO基高16比特		30h
Reserved 保留			Capab ptr 能力指针	34h
Expansion ROM Base Address Register 扩展ROM基地址寄存器				38h
Bridge Control 桥控制		Intrpt pin 中断引脚	Intrpt line 中断线	3Ch

图19.3　PCI接口type1配置空间头部①

主总线号（Primary Bus number）

PCIe交换机由许多个P2P桥接器组成，逻辑上通过内部虚拟总线连在一起。主总线号是P2P桥接器所连接的上游一侧的总线编号。

次总线号（Secondary Bus number）

次总线号是P2P桥接器所连接的次级（下游）一侧总线的编号。

① 图中翻译保留原文以方便读者阅读。——译者注

下级总线号（Subordinate Bus number）

一个交换机的下游端口可能会连接很多交换机和端点。PCIe采用层次化的总线扩展结构，P2P桥接器所连接下游一侧总线的最大编号为下级总线号。PCIe交换机P2P总线的编号方式如图19.4所示。

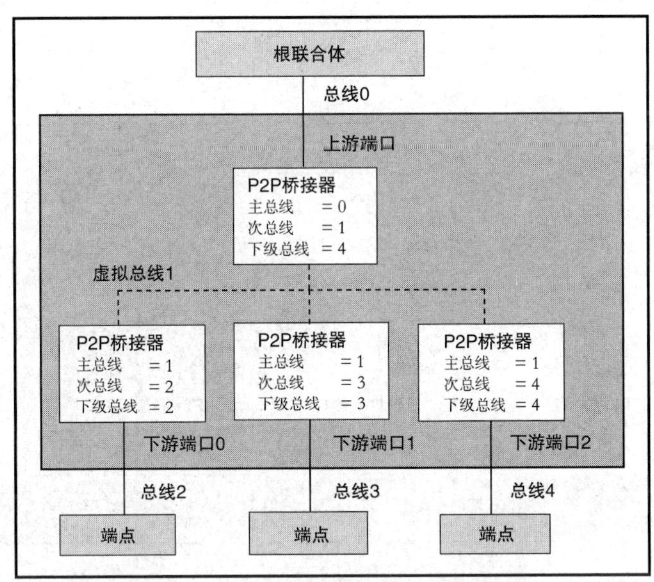

图19.4 PCIe交换机P2P总线的编号方式

存储器基地址和存储器界限

这两个16位寄存器定义了P2P桥接器次级一侧（例如，交换机下游端口P2P桥接器）上的存储空间窗口。当目的存储器地址落入基地址-界限窗口内时，该报文被转发至P2P桥接器的下游端口。

可预取存储器基地址和可预取存储器界限

可预取存储器基地址和可预取存储器界限共同构成了可预取存储器基地址-界限窗口，它与存储器基地址-界限窗口类似。如果对PCIe功能使用的存储空间进行读操作时不会对数据造成破坏，那么该存储空间被称为可预取存储空间。对可预取存储空间中的数据进行多次读操作可以得到相同的结果。PCIe设备内部的本地RAM就属于可预取的存储器。

如果读取存储器时会改变其内容，则该存储器是不可预取的。例如，对于FIFO，其具有一个用于读取该队列数据的存储器地址。每一次对该地址进行读操作时都会读出FIFO当前队首的数据，每次读取的内容都是不同的，因此FIFO是一个典型的不可预取存储器。另外，PCIe设备中有一些状态寄存器，对这些状态寄存器进行读操作时，寄存器的值会被清除，这类寄存器也是不可预取的存储器。

可预取存储器基地址高32比特和可预取存储器界限高32比特位寄存器

可预取存储器具有64比特地址空间。这两个寄存器给出了64比特存储器地址的高32比特。类似于存储器基地址和界限，IO基地址和IO界限寄存器被用于在端口间转发的IO操作。

19.1.5 PCIe的交换机制

传统的PCI采用并行PCI总线连接各个PCI设备。各个设备通过中央仲裁器与其他设备进行通信。与此不同的是，PCIe使用串行链路连接，一个链路两端只有两个设备。此时要求

PCIe交换机具有多路扇出能力。PCIe交换机一般有一个上游端口和多个下游端口。有些交换机有不止一个上游端口。每个PCIe端口由一个P2P桥接器代表，所有的P2P桥接器都通过虚拟内部总线连接。图19.5所示为交换机内部的P2P连接。交换机内部没有PCI总线，它是一个用于编号和进行报文转发的逻辑总线。

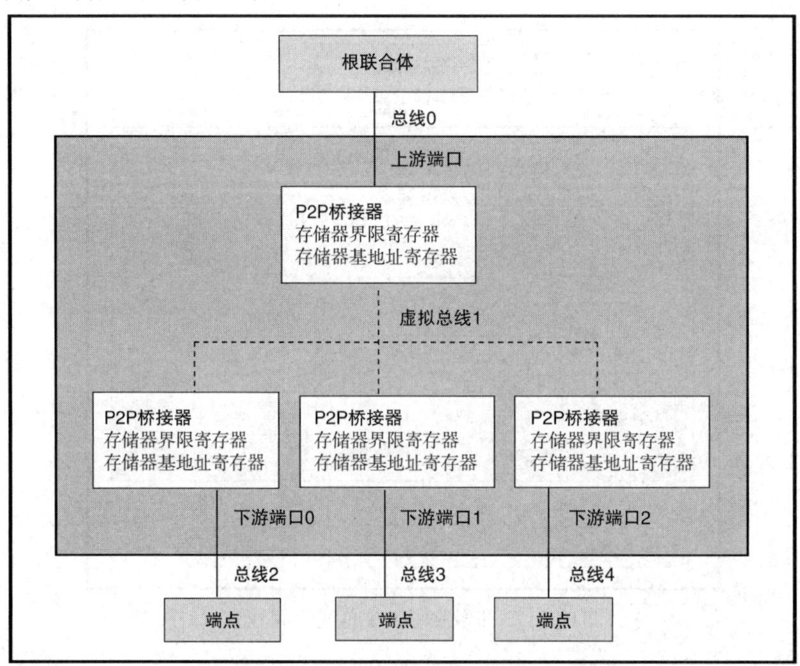

图19.5 PCIe交换机P2P总线的编号方式

交换机朝向根联合体的端口称为上游（upstream）端口，远离根联合体的端口称为下游（downstream）端口。交换机内报文转发有三种类型：

基于地址的转发

存储器和IO操作是根据目的地址进行转发的。

基于标识符转发

配置事务和完成事务是根据标识符（总线号、设备号和功能号）进行转发的。

隐式转发

有些报文类型包含了已知的转发路径信息。如中断报文，总是往根联合体方向转发。

在PCIe交换机中，抵达上游端口的报文可以转发至某一个下游端口，抵达下游端口的报文可以转发至某一个上游端口或某一个下游端口。当报文从一个下游端口转发至另一个下游端口时，称为对等报文转发。

下面我们将介绍各种报文类型，然后讨论报文在交换机中是如何转发的。

存储器操作转发

下游方向

当报文从根联合体RC到达交换机上游端口时，转发逻辑将查看该存储器操作的目的地址，并采取以下行为之一。存储器操作数据包转发的下游方向如图19.6所示。

- 如果该地址与交换机内部存储器空间中的任何一个地址相匹配，那么该存储器操作是针对其本身的，交换机将处理该存储器操作，不会对该操作进行转发。

- 否则，交换机将检查该目的地址是否落入某一个下游端口的基地址-界限窗口。每个下游端口有一个不可预取存储器基地址-界限窗口和一个可预取存储器基地址-界限窗口。如果地址落在基地址-界限窗口或可预取基地址-界限窗口内，那么该数据包将从下游端口输出。在系统初始化期间，软件将为每个下游端口之下的所有设备申请存储器地址范围。然后，软件计算出所分配存储空间的最高地址和最低地址，并将这些值作为存储器基地址和界限值写入交换机下游端口配置寄存器中。
- 倘若目的存储器地址没有落入任何一个下游端口的基地址-界限窗口，那么对于存储器读操作数据包就会向上游方向返回一个包含“不支持”信息的操作完成数据包，对于存储器写操作就会丢弃该数据包，同时还将产生一个报错信息。

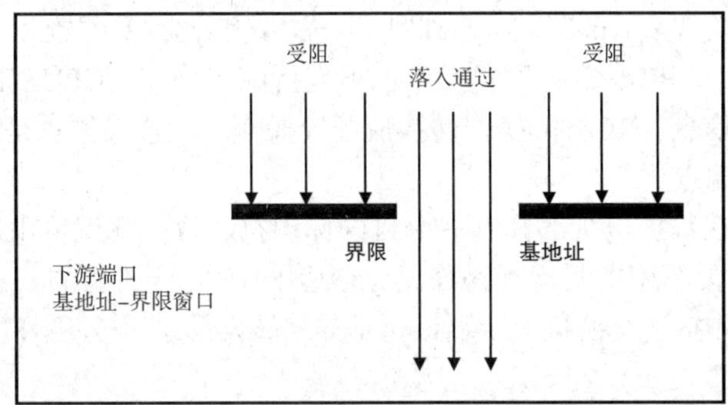

图19.6　存储器操作数据包的转发：下游

上游方向

当数据包抵达交换机的某个下游端口时，转发逻辑将查看该存储器操作的目的地址，并采取以下行为之一。存储器操作数据包转发的上游方向如图19.7所示。

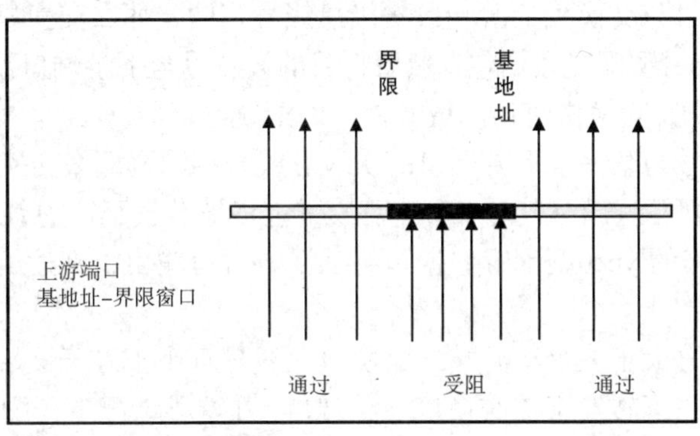

图19.7　存储器操作数据包的转发：上游

- 如果该地址与交换机内部存储器空间中的任何一个地址相匹配，那么交换机将处理该存储器操作，不会将其转发出去。
- 如果操作地址落在某一个下游端口（不包括数据包所抵达的入口端口）的基地址-界限窗口内，那么该数据包将从该下游端口输出，这也是一种对等数据包转发。
- 如果地址落入交换机上游端口的基地址-界限窗口，那么数据包将向上游端口转发，从交换机上游端口离开。
- 如果不包含在以上情况中，那么该数据包将不会被转发，交换机会产生一条出错信息并上报。

IO操作数据包的转发

与存储器地址空间类似，在PCIe系统中还定义了IO地址空间。存储器地址空间在采用32比特地址位宽时为4 GB，采用64比特地址位宽时为4 GB × 4 GB。不过，与存储器空间相比，IO地址空间要小得多。IO操作数据包的转发所遵从的算法与存储器事务相同。它使用IO基地址–界限窗口，并据此决定IO操作数据包被转发至何处。

配置操作数据包的转发

如前文所述，每项PCIe功能都有一组配置寄存器。在系统初始化时，系统软件对这些寄存器编程以设置各种属性（各基地址寄存器、存储器基地址和存储器界限寄存器等）。配置事务用于读写配置寄存器。配置事务是系统启动之后最先进行的事务。

配置操作有两种类型：type0型和type1型。type0型和type1型配置（空间）头部寄存器是有差别的。有趣的是，CPU不发起配置操作也不支持配置操作，CPU依次向每一个根联合体中的固定IO地址写入信息，RC将IO操作转换成配置操作。配置操作总是发源于根联合体，并下行转发给交换机和端点。

每一个配置操作在数据包头部都有一个目的标识符。目的标识符由总线号、设备号、功能号构成。该数据包头部还指明配置操作是type0型的还是type1型的。下面给出了具体的例子，可以展示配置操作抵达交换机上游端口时是如何转发的。

type0配置数据包到达交换机上游端口

type0型配置数据包在抵达后就需要进行处理了。这些数据包针对的是上游端口的配置寄存器。它们在上游端口处被处理，不会向下游方向转发。

type1配置数据包到达交换机上游端口

- 如果目的总线号与交换机上游端口次级总线号相同，那么交换机首先将该数据包转换成type0型或type1型配置数据包，然后将目的设备号与下游端口设备号相比较，如果实现了设备号匹配，交换机将访问设备内部的配置寄存器。
- 如果目的总线号与某一个下游端口的次级总线号相同，那么交换机将type1型配置数据包转换成type0型配置数据包。type0型数据包将被转发至次总线号实现匹配的下游端口上。转换出来的type0型配置数据包将从下游端口输出，到达所连接的端点或另一个交换机。
- 如果目的总线号大于一个下游端口的次级总线号且小于等于该端口的附属总线号，那么数据包将被向下转发至该交换机下游端口。在这种情况下，配置数据包仍是type1型操作的数据包。
- 如果不满足以上任何一种情况，那么它就是被错误地转发过来的数据包。该数据包会被丢弃，并产生一个报错信息。

完成操作数据包的转发

完成数据包是在响应non-posted请求（如存储器读、IO读/写、配置读/写）时产生的。在任何一种non-posted请求抵达目的设备之后，目的设备将准备一个事务完成数据包返回给最初的发送方。在最初请求数据包的头部中，有请求方的源标识符（总线号、设备号和功能号）。完成方从请求数据包中获取源标识符，并将其用于操作完成数据包中的目的标识符。实际上，在PCIe操作完成数据包的头部，并没有目的标识符字段域。相反，它被称为请求方标识符字段。

下游操作完成数据包（到达交换机的上游端口）

- 如果目的总线号大于等于交换机下游端口的次级总线号且小于等于附属总线号，那么操作完成数据包将从对应的下游端口离开交换机。

上游操作完成数据包（抵达交换机下游端口）

- 如果目的总线号大于等于交换机下游端口（并非数据包所抵达的那个下游端口）的次级总线号且小于等于其附属总线号，那么操作完成数据包将从那个交换机下游端口离去。
- 此外，如果目的总线号小于交换机上游端口的次级总线号，那么该操作完成数据包将被转发至交换机上游端口，并从该交换机上游端口发出。

19.2　SATA

19.2.1　引言

SATA（Serial Advanced Technology Attachment，高级技术附加装置）是在2002年作为并行ATA（Parallel ATA，PATA）的替代技术而引入的。由于SATA是一种串行协议，与并行ATA相比，它所需要的引脚数少、连接器尺寸也小。第一代SATA（也被称为SATA 1.0）以1.5 Gbps速度运行。SATA 2.0的运行速度翻倍至3.0 Gbps。在SATA 3.0中，运行速度进一步翻倍至6.0 Gbps。

19.2.2　SATA架构

SATA组成部分包括两种类型：SATA宿主（SATA host）和SATA设备（SATA device），如图19.8所示。SATA宿主通常位于个人计算机中。SATA宿主可以有一个或者多个端口。SATA宿主的每一个端口连接一个SATA设备。即使SATA宿主具有多个端口，各个端口的运行也是彼此独立的，同时每一个SATA设备的运行都独立于其他SATA设备。

SATA宿主集成在芯片组内部，在芯片组内部，SATA宿主的前端连接至芯片组内部的PCIe总线或AHB/AXI总线上。SATA宿主采用寄存器接口层进行数据通信，该寄存器接口层被称为高级宿主控制器接口（Advanced Host Controller Interface，AHCI）。AHCI为DMA数据传送提供了基于寄存器的接口。在软件中有操作指令，软件存储在存储器中。然后，软件对宿主寄存器空间进行置位表示指令已就绪。SATA宿主从存储器中取出指令并将它们传送给SATA设备。

SATA设备接收到来自宿主的指令并加以执行。在SATA设备的后端，通常是硬盘控制器。SATA协议层将SATA指令传递给硬盘控制器，由它来执行指令（从硬盘中读出数据或者将数据写入硬盘）。SATA支持本地命令排序（Native Command Queuing，NCQ)，即硬盘控制器通过SATA协议接收多条指令，并按照最佳顺序加以执行。

SATA协议分为三层：传输层、链路层和物理层。物理层最接近物理链路，具有8b/10b编解码、扰码/解扰等功能。另外，它还关注链路训练和初始化。数据链路层是中间层次，关注链路对链路的通信。数据链路报文长度固定（4字节），称为原语（primitive）。SATA采用全双工通信协议，但与PCIe类似，发送和接收线路不同时进行数据传送。当一方将数据发送到TX通道上时，另一方发送原语。原语用于传递控制信息，如R-OK（接收数据无差错）、R_ERR（接收数据有差错）、HOLD（发给发送方的流控信息，让其暂停发送数据）。

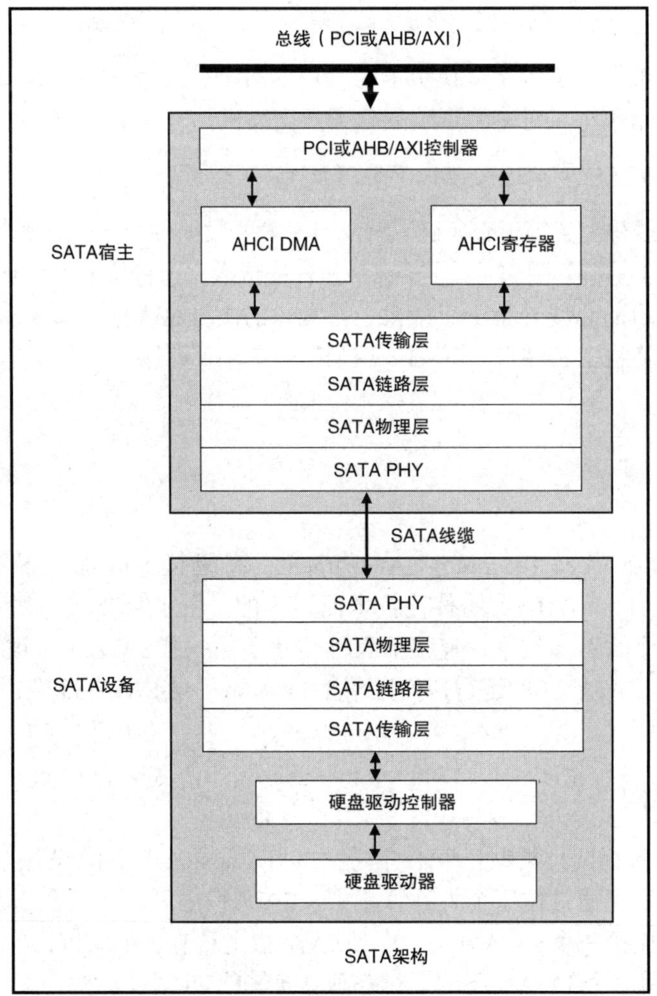

图19.8　SATA宿主和SATA设备

最上面一层被称为传输层，它与应用层相连。它接收来自应用层的指令和数据，并以帧信息结构（Frame Information Structure，FIS）的形式传递给另一方。FIS中包括头部、净载荷数据和循环冗余检验码，其净载荷长度可变。

19.2.3　SATA的其他变种

eSATA

eSATA代表外部SATA（External SATA）。它采用更好的连接器和更长的屏蔽线缆，最长可达2米，如图19.9所示。它针对的是外部硬盘。

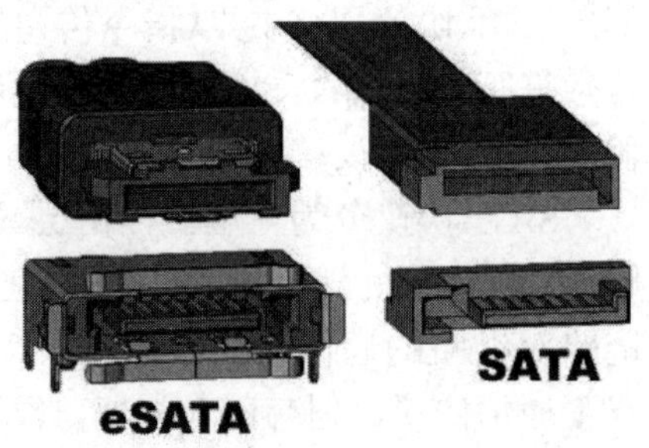

图19.9　eSATA宿主和SATA的连接器

mSATA

mSATA代表小型化SATA（mini-SATA）。它针对的是移动应用和小型固态（电子）存储设备。它有类似于mini-PCIe卡的外形尺寸，面向笔记本和上网本设备，如图19.10所示。

快速SATA

SATA Express代表快速SATA。它是将SATA协议和PCIe接口结合在一起的新协议。SATA Express连接器可以接插一个x2的PCIe设备或者两个SATA设备，如图19.11所示。

图19.10　mSATA卡

图19.11　快速SATA连接器

19.3　通用串行总线

19.3.1　引言

通用串行总线（Universal Serial Bus，USB）确实名副其实——它已经通用、无处不在了。很难找到一款不具有USB接口的设备了。常见的USB设备包括USB鼠标、USB键盘、USB摄像头、USB打印机和USB备份设备。这种通用性还体现在USB闪存盘已经全面取代了软盘上。USB1.0是20世纪90年代（1995年/1996年）提出的，支持两种不同的运行速度——低速（1.5 Mbps）和高速（12 Mbps）。在经历许多改进之后，其运行速度在后续各代USB技术中得到了提升。USB闪存盘如图19.12所示。

图19.12　USB闪存盘

19.3.2　全速、高速和超高速USB

下表给出了各代USB技术的运行速度

低速USB	全速USB	高速USB	超高速USB
1.2 Mbps	12 Mbps	480 Mbps	5 Gbps

19.3.3　USB的显著功能特性

USB采用串行总线架构，并用线缆将设备和宿主连起来。USB总线对众多应用具有吸引力并得到了广泛采用，这归功于以下显著功能特性。

可热插拔

PC机等设备处于上电工作状态时，USB设备可以插入或拔出，这种可热插拔特性使得消费电子设备使用起来非常方便。

低成本

USB线缆非常廉价，不需要昂贵的有源元件。这使得USB可以在很多低成本的消费电子设备中得到广泛应用。

最多可支持127个设备

一个USB宿主最多可以支持127个USB设备。当然，在一般的系统中不会用到这么多设备。

线缆供电

USB通过线缆为设备供电。USB设备的运行依靠从线缆或连接器中获取的电能。这不仅能够简化设备的设计，而且还能降低成本。

19.3.4　USB 3.0（超高速USB）

USB 3.0的性能因为操作速度的提高和一些结构上的改进而得以巨大提升，速度从480 Mbps提高至5 Gbps。USB 3.0采用全双工数据传输。之前的各代USB均采用半双工数据传输方式，不论宿主还是设备都能够在某一个时刻使用总线，但不能同时使用。实际上，USB 3.0大量地借鉴了第二代PCIe协议的成功之处。USB 3.0在提供足够的速度的同时保持了使用的便捷性，从而成为一种真正的、在可以预见的未来被广泛使用的IO标准之一。

19.4　雷电接口

19.4.1　雷电接口介绍

雷电接口（Thunder Bolt，TB）是一种高速IO标准。它最初是由英特尔公司和苹果公司为MAC计算机、个人计算机和笔记本计算机开发的高速IO接口。最早的雷电设备在2011年被用于苹果公司的产品中。在2012年，Windows操作系统开始支持雷电设备。雷电接口以10 Gbps的速度、全双工方式运行，并可采用隧道协议通过雷电接口连接发送PCIe报文或Displayport报文。雷电接口连接器如图19.13所示。

图19.13　雷电接口连接器

19.4.2　雷电接口架构

雷电接口使用雷电接口线缆和雷电接口连接器。一个带有雷电接口的设备（如具有TB接口的监视器）可以通过两端带有连接器的线缆连接至雷电接口宿主（PC）。雷电接口宿主通过雷电协议报文与雷电接口设备进行通信，PCIe报文和Displayport报文可以嵌入在雷电协议报文内部。当雷电接口宿主想发送一个PCIe报文时，它将该PCIe报文嵌在雷电报文之内并发送给雷电接口设备。雷电接口设备收到该报文之后去除雷电报文头部，提取出PCIe报文。雷电接口报文流如图19.14所示。

雷电接口设备能够处理PCIe报文和Displayport报文，或者将它们沿下游方向发送出雷电接口设备端口。雷电接口协议的优点之一是雷电接口设备能够以菊花链的形式相互链接起来。雷电接口协议对系统是不可见的。雷电接口设备以PCI设备的形式出现在系统中。雷电接口不需要新的驱动程序。当雷电接口设备以PCI设备形式出现在系统中时，PCI驱动程序自动配置这些雷电接口设备。它采用了 种交换结构，此时的雷电接口设备以具有一个上游端口和多个下游端口的PCIe交换机的形式出现。

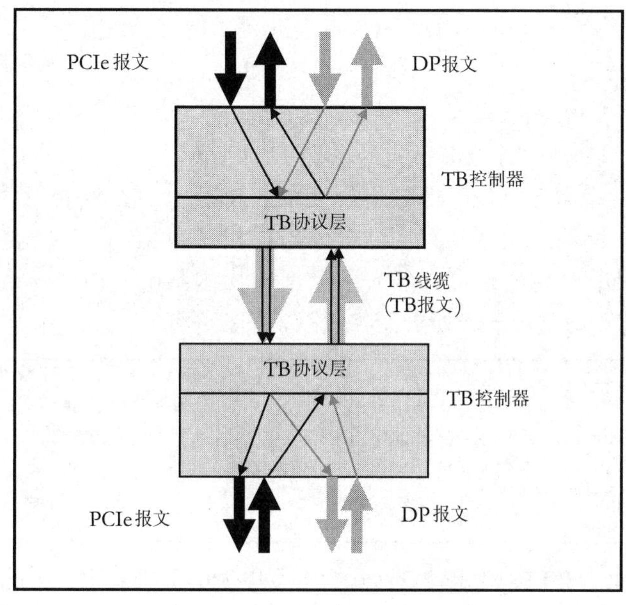

图19.14　雷电接口报文流

第20章　串行协议（第2部分）

本章将介绍以太网的发展历史、演化过程以及不同速率的以太网（从10 Mbps到目前的100 Gbps技术）的工作基理。

20.1　以太网简介

以太网是一种局域网，用于进行计算机互联。它已是一种成熟的技术，最初是施乐（Xerox）公司的Robert Metcalfe于1973年发明的。Robert Metcalfe发明的第一个以太网以2.94 Mbps速度运行，而第一个广泛采用的以太网技术以10 Mbps速度运行。自此之后至今，以太网的速度翻了上千倍甚至更多。以太网已经成为国际电气电子工程师学会（IEEE）标准，并冠以IEEE的名义发布。下表列出了各代以太网技术。

速　度	名　称	IEEE标准
10 Mbps	以太网	802.3
100 Mbps	快速以太网	802.u
1000 Mbps	千兆位以太网（GigE）	802.ab
10 Gbps	万兆位以太网	802.ae
100 Gbps	十万兆位以太网（开发中）	802.bj

这里有一个小典故，IEEE从1980年2月开始着手以太网标准制定，因此其标准被冠以802。

20.2　OSI和以太网协议层次

对应OSI七层协议模型，最下面两层，即数据链路层和物理层，就是以太网层，如图20.1所示。

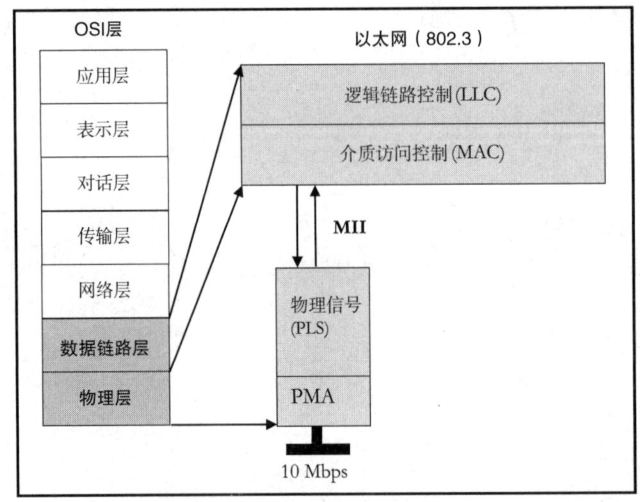

图20.1　OSI和以太网协议层次

20.3　以太网帧格式

以太网帧格式如图20.2所示。

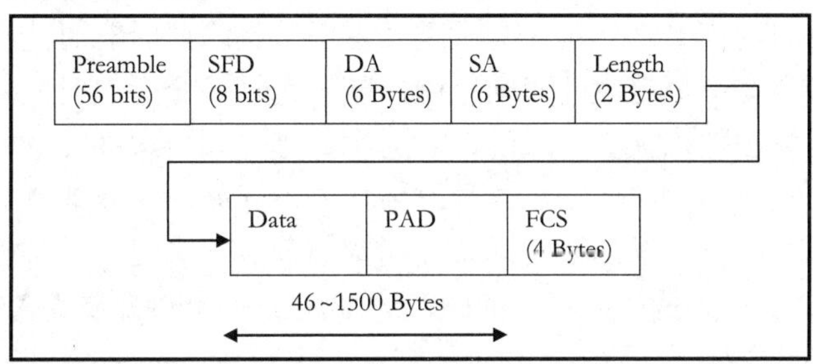

图20.2　以太网帧格式

前导码

前导码由一串交替出现的0和1构成，每一个以太网帧都以前导码打头。交替出现的0和1供时钟数据恢复（CDR）电路恢复时钟和进行位同步。前导码仅用于10 Mbps模式，对更高速度的以太网（如100 Mbps和1 Gbps）是不必要的。

帧起始符（SFD）

帧起始符（Start Frame Delimiter，SFD）是一个固定的二进制编码串"10101011"，用于指出以太网帧的起始位置。

目的地址（DA）

每个以太网接口卡（简称网卡）都有一个48比特的唯一地址。该地址有两个主要字段，22比特位的专有标识号（unique ID）由IEEE提供，低24比特地址子字段由供货商提供。网卡在生产时，该地址作为永久、独有的MAC地址被配置在网卡中。目的地址（Destination Address，DA）是目标网卡的MAC地址。以太网中的数据接收方只接收目的MAC地址与自己MAC地址相一致的数据帧。

源地址（SA）

源地址（Source Address，SA）是发送方以太网设备的48比特MAC地址。

长度

用于指明报文的字节长度。

净荷数据

对于每个以太网报文，其净荷数据长度介于46字节至1500字节之间。

帧校验序列

帧校验序列（Frame Check Sequence，FCS）是一个32比特字段，存放（包括目的地址和源地址在内）整个帧的循环冗余校验（CRC）结果，它是以太网报文的最后一部分。帧校验序列字段用于检验所接收到的报文在传输过程中是否产生了差错。

20.4　10 Mbps以太网

10 Mbps以太网采用CSMA/CD（带有冲突检测的载波侦听多路访问）技术。多个设备直接连接到同一个总线上，没有使用中央仲裁器。设备将报文发送到总线上，并聆听该总线。

由于没有仲裁器，因而有可能会出现多个设备同时发送数据帧造成冲突的情况。在聆听总线时，每个设备都将检查是否产生了冲突。

检测到冲突时，设备停止数据帧的发送并根据以太网内部的后退算法自行计算得到一个后退时间。在退避时间期满时，将再次尝试重新发送数据。此时有可能会再次发生冲突，如果发生了冲突，设备会在一个更大的时间范围内随机选择一个后退时间。由于各个设备的后退时间都是按照后退算法随机独立选取的，后退次数越多则再次冲突的概率越小。设备按照这种方式不断尝试，直至帧发送成功。这种网络接入方式并不一定非常高效，但其简单而有效，并且很容易在现有网络上增加新的设备。当网路负载很高时（很多设备在同一时刻尝试发送报文时），可能会出现大量的冲突。如图20.3所示为10 Mbps介质无关接口（MII）。

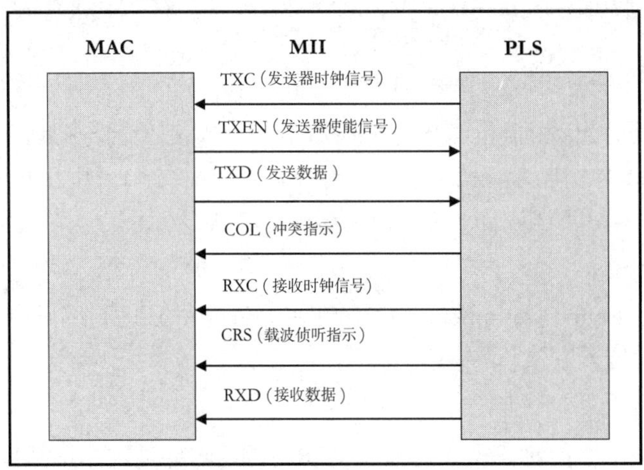

图20.3 10 Mbps介质无关接口（MII）

20.5 快速以太网（100 Mbps）

快速以太网（100 Mbps）如图20.4所示。

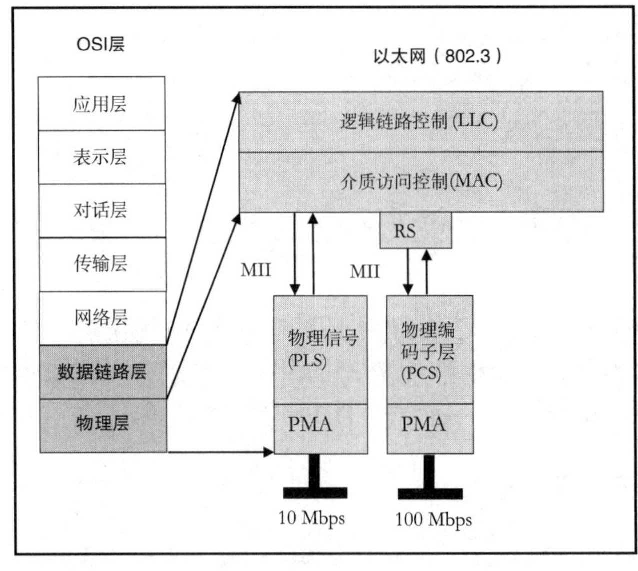

图20.4 100 Mbps（快速以太网）

快速以太网将速度提升到了100 Mbps，如图20.4所示。在快速以太网中添加了一个新的子层——协调子层（Reconciliation Sublayer，RS）：

- MII数据通路（TXD和RXD）改为4比特位宽，有别于10 Mbps中1比特位宽；
- 增添了自动协商功能，通过自动磋商，发送设备可以知道对端设备是10 Mbps设备还是100 Mbps设备；
- 增添了全双工操作。10 Mbps时仅仅是半双工。

如图20.5所示为100 Mbps（快速以太网）介质无关接口（MII）。

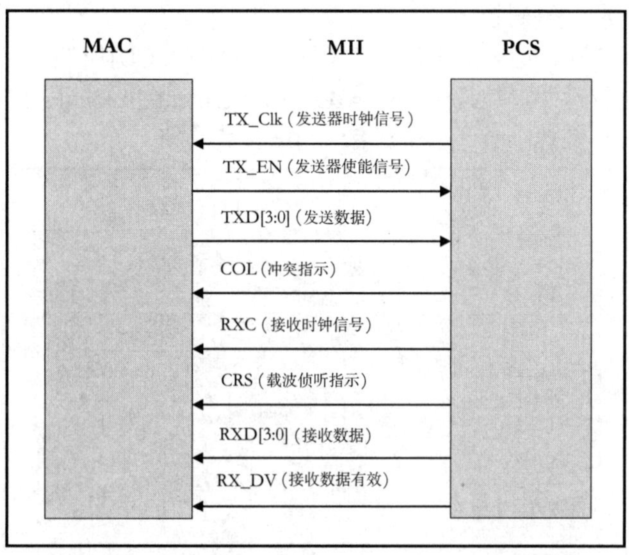

图20.5　100 Mbps（快速以太网）介质无关接口（MII）

TX_CLK

工作在100 Mbps时，接口时钟为25 MHz；工作在10 Mbps时，工作时钟为2.5 MHz。由PCS子层向MAC层提供时钟信号。

TXD [3:0]

将数据从MAC层发送至PCS子层，同步于TX_CLK时钟信号。

TX_EN

用于指出在TXD引脚上何时有合法数据发送。

RX_CLK

工作在100 Mbps时，时钟频率为25 MHz；工作在10 Mbps时，时钟频率为2.5 MHz。由PCS子层向MAC层提供时钟信号。

RXD [3:0]

将数据从PCS子层发送至MAC层，同步于RX_CLK时钟信号。

RX_DV

用于指明在RXD引脚上何时有合法接收数据。

20.6 千兆位以太网(1 Gbps)

千兆位以太网将速度提升至1000 Mbps(即1 Gbps),如图20.6所示。以下是千兆位以太网的部分不同之处和新增的功能特性:

- MAC层和PCS子层的接口称为千兆介质无关接口(Gigabit Media Independent Interface,GMII),而不再是介质无关接口(MII),如图20.7所示;
- GMII数据通路(TXD和RXD)均为8比特位宽,有别于100 Mbps时的4比特位宽;
- GTX_CLK以125 MHz速度运行,有别于100 Mbps以太网中的25 MHz;
- 引入了8b/10b编码/解码技术;
- 以全双工模式工作,能够在半双工模式下使用CSMA/CD协议;
- 支持简单网络管理协议(Simple Network Management Protocol, SNMP);
- 帧长为64字节至9215字节,支持大于1500字节的巨帧。

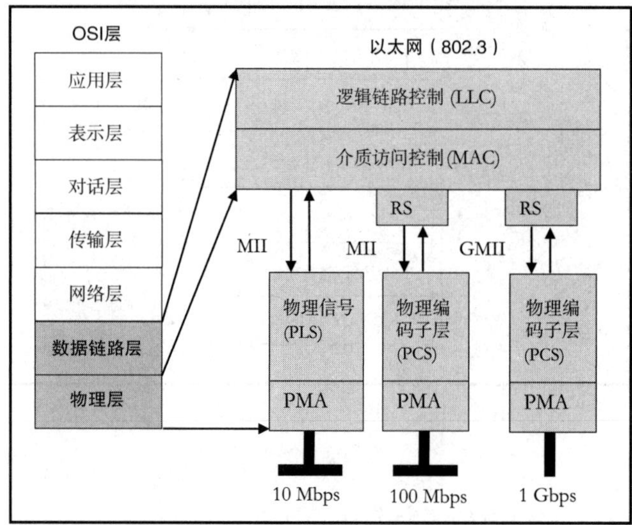

图20.6 1000 Mbps(千兆位以太网)

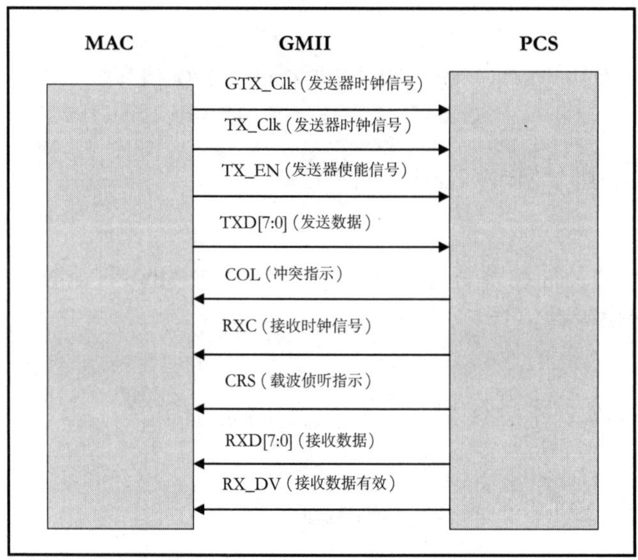

图20.7 1 Gbps千兆介质无关接口(GMII)

GTX_CLK

时钟频率为125 MHz（仅在1 Gbps模式下采用）。

TX_CLK

以太网工作在100 Mbps时，时钟频率为25 MHz；工作在10 Mbps时，时钟频率为2.5 MHz。

TXD [7:0]

将数据从MAC层发送至PCS子层时，在1000 Mbps模式下，其同步于GTX_CLK时钟信号，在100 Mbps和10 Mbps模式下，其同步于TX_CLK时钟信号。

TX_EN

用于指出在TXD引脚上何时出现有效的发送数据。

RX_CLK

以太网速度与该时钟的频率关系如下：
1000 Mbps时，其为125 MHz；
100 Mbps时，其为25 MHz；
10 Mbps时，其为2.5 MHz。

RXD [7:0]

用于将数据从PCS子层发送至MAC层，同步于RX_CLK时钟信号。

RX_DV

用于指明在RXD引脚上何时出现有效的接收数据。

20.7　万兆位以太网（10 Gbps）

万兆位以太网将速度提升至10 Gbps，如图20.8所示。以下是部分不同之处和新增的功能特性：

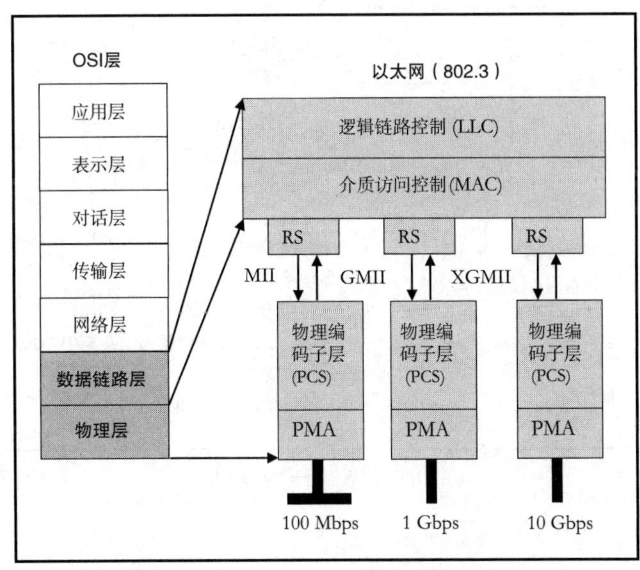

图20.8　10 Gbps（万兆位以太网）

- MAC层至PCS子层的接口被称为万兆介质无关接口（10Gigabit Media Independent Interface，XGMII），而不再是GMII。
- 万兆位以太网标准定义了两个物理层收发器（PHY）。
  - 局域网物理层收发器（LAN PHY），两个版本：
    - 10 GBASE-R串行收发器
      - 采用64b/66b编解码技术；
    - 10 GBASE-X 4通道粗波分复用（Coarse Wave Division Multiplexing，CWDM）收发器
      - 采用8b/10b编码/解码技术。
  - 广域网物理层收发器（WAN PHY）
    - 10 GBASE-W串行收发器
      - 采用64b/66b编解码技术；
- 发送与接收数据通路都有4路信道，每路位宽8比特。其工作时钟为156 MHz，采用双倍数据速率（Double Data Rate，DDR）方式工作。每个方向（发送和接收）上的总带宽达到156 × 2（DDR）× 32比特位 ≈ 10 G比特/秒。
- XGMII是一种高速并行接口，信号传输长度很短，只有几英寸。
- 后来在XGMII接口和PCS之间引入了另一个层次，称为万兆位以太网扩展子层（10 G Ethernet Extender Sublayer，XGXS），以串行方式（采用更少的引脚数和更高的时钟速率）工作。
- XGXS能够支持更长的传输距离（几个英尺）。
- 需要两片XGXS内核或芯片。一片将XGMII信号转换为XAUI接口信号，另一片将XAUI信号转换为XGMII信号，请参考图20.9。

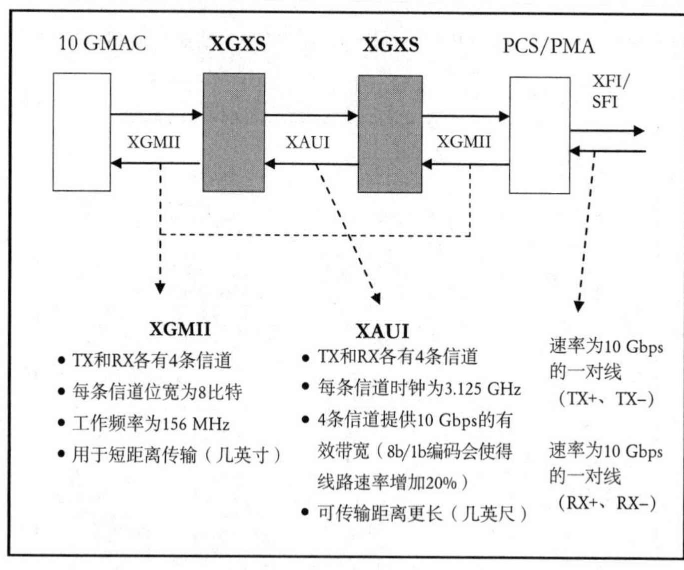

图20.9　10 Gbps XGXS层

20.8　40 G和100 G以太网

40 G和100 G是目前正在制定的最新的以太网标准，厂商们正在计划推出采用这些标准的产品。它们将通过多路10 G和25 G信道来实现40 Gbps和100 Gbps的以太网传输。

20.9　以太网桥接器、交换机与路由器

桥接器/交换机

桥接器和交换机采用同样的报文转发原理——都维护一张包括以太网MAC地址及其对应端口号的转发表。当报文抵达入端口时，硬件逻辑电路将根据以太网报文中的目的地址（DA）字段找到出端口号。

路由器

路由器根据IP地址而不是以太网地址转发报文。它工作在OSI模型的第三层，有别于交换机工作在OSI模型的第二层。路由器也维护一张表，表中有IP地址和出口端口号。不过，需要路由器维护的IP地址的数量远大于交换机中通常所维护的以太网MAC地址数。由于这种路由表规模受限，故而采用老化算法持续地清理掉旧的IP地址，以便为新IP地址腾出空间。

附录A 资　　源

对于本书所涵盖的内容，可以从本附录所列出的图书、网站和专题报告中得到更深入的信息。在过往的职场岁月中，本人曾使用并引用过这些材料，并发现它们确实很有用。

Verilog RTL

- The Verilog Hardware Description Language，Springer Publications：Donald Thomas，Philip Moorby
- HDL Compiler for Verilog Reference Manual：Synopsys Inc.
- VHDL，McGraw-Hill Publishing：Douglas L. Perry
- Verilog Designer's Library，Prentice Hall PTR：Bob Zeidman
- http://www.asic-world.com/verilog/
- Verilog HDL：A Guide to Digital Design and Synthesis：Samir Palnitkar
- http://www.sutherland-hdl.com

数字逻辑与电路设计

- Computer Organization & Design，The Hardware and Software Interface，Morgan Kaufmann Publishers：David A Patterson，John L. Hennessy
- Digital Fundamentals，Bell and Howell Company：Floyd
- Switching and Finite Automata Theory，McGraw-Hill Publishing：ZVI Kohavi
- Digital Logic and Computer Design，Prentice Hall：M. Morris Mano
- Principles of CMOS VLSI Design，A System Perspective，Addison-Wesley：Neil H. E. Weste，Kamran Eshraghian
- http://www.easics.com/webtools/crctool

验证

- Writing Test benches：Functional Verification of HDL Models，Kluwer Academic Pub：Janick Bergeron

片上系统与芯片设计

- Digital Systems Testing and Testable Design，Computer Science Press：Micron Abramovivi，Melvin A. Breuer，Arthur D. Friedman
- Synchronous Resets? Asynchronous Resets? I am confused! How will I ever know which one to use?：Clifford E. Cummings，Don Mills. http://www.sunburst design.com/papers/CummingsSNUG2002SJ_Resets.pdf
- Clock Domain Crossing (CDC) Design & Verification Techniques Using System Verilog：Clifford E. Cummings http://www.sunburst design.com/papers/CummingsSNUG2008Boston_CDC.pdf

系统：处理器、中断、内部存储器和外部储存器

- Computer Organization & Design，The Hardware and Software Interface，Morgan Kaufmann Publishers：David A Patterson，John L. Hennessy
- Pentium Pro and Pentium II System Architecture，Addison-Wesley：Mindshare Inc.，Tom Shanley. http://www.mindshare.com/
- 2Gb：x4，x8，x16 DDR3 SDRAM Data sheet：Micron Inc. http://www.micron.com/
- 82093AA I/O Advanced Programmable Interrupt Controller (IOAPIC)：http://www.intel.com
- ONFI Specification Rev 2.2 (Flash Memory)：www.onfi.org.
- NVM Express Revision 1.0a (Flash Memory)：http://www.nvmexpress.org/
- An Overview of Cache：http://download.intel.com/design/intarch/papers/cache6.pdf
- http://www.anandtech.com/
- http://www.tomshardware.com/

I/O协议

- PCI System Architecture，Fourth Edition，Addison-Wesley：Mindshare Inc.，Tom Shanley/ Don Anderson. http://www.mindshare.com/
- PCI Express System Architecture，Fourth Edition，Addison-Wesley：Mindshare Inc.，Ravi Budruk，Don Anderson，Tom Shanley.
  http://www.mindshare.com/
- PCI Express® Base Specification Revision 3.0
  http://www.pcisig.com/home
- PCI Local Bus Specification Revision 3.0
  http://www.pcisig.com/home
- PCI-to-PCI Bridge Architecture Specification Revision 1.2
  http://www.pcisig.com/home
- AMBA Specification，Rev 2.0
  http://www.arm.com
- AMBA AXI Protocol v1.0
  http://www.arm.com
- Gigabit Ethernet, Prentice Hall：Jayant Kadambi，Ian Crayford，Mohan Lalkunte
- Ethernet Standards：
  http://standards.ieee.org/about/get/802/802.3.html
- Serial ATA Storage Architecture & Applications，Intel Press：Knut Grimsrud and Hubbert Smith. http://www.intel.com/intelpress/sum_serialata.htm
- SATA Storage Technology：Serial ATA，Addison-Wesley：Mindshare Inc. Don Anderson.
  http://www.mindshare.com/
- Advanced Host Controller Interface (AHCI) Specification for Serial ATA
  http://www.intel.com/content/www/us/en/io/serialata/ahci.html
- Universal Serial Bus System Architecture, Addison-Wesley：Mindshare Inc.，Don Anderson.
  http://www.mindshare.com/

- Anatomy and Applications of PCIe Switching Technology，Kishore Mishra
  http://www.pcisig.com/members/downloads/events/devcon_09/04_06_Anatomy_and_Applications_of_PCI_Express_Switching_Technology_FROZEN.pdf

降低功耗与功率管理

- Advanced Configuration and Power Interface Specification，Rev 5.0.
  http://www.acpi.info/spec.htm.
  http://www.intel.com/content/www/us/en/standards/advanced-configuration-and-power-interface.html
- PCI Bus Power Management Interface Specification Revision 1.2
  http://www.pcisig.com/home
- Pushing the Frontier in Managing Power in Embedded ASIC or SoC Design with PCI Express，By CC Hung，Mentor Graphics & Kishore Mishra，ASIC Architect，Inc.，Santa Clara，CA，USA. http://www.design-reuse.com/articles/17192/pci-express-managing power.html

附录B　FPGA 101

引言

FPGA（Field Programmable Gate Array，现场可编程门阵列）是用途非常广泛的可编程逻辑芯片。从表面上看，FPGA与ASIC/SoC类似，都通过I/O引脚与其他芯片或设备相连接。FPGA也使用如35 nm或28 nm的ASIC/SoC工艺制造。然而，由于能够被多次重复编程，使得FPGA与ASIC/SoC相比有着更为广泛的应用领域。

FPGA的优点

FPGA提供很多基本功能单元，包括如LUT（Loop-Up Table，查找表）和触发器的基本功能单元到复杂的宏单元，如高速SerDes（PCIe、SATA、XAUI）和嵌入式处理器等。用户将自己编写的程序（如状态机等）和FPGA提供的各种宏单元（如CPU等）结合在一起，可以实现所需要的功能。设计者根据FPGA开发环境的要求依次完成后续设计流程后，可以生成一个二进制文件（称为比特文件），该文件可以通过专用的下载工具下载到FPGA中，此后，FPGA就可以完成用户需要的设计功能。用户修改设计后可以生成新的比特文件，下载该比特文件后，FPGA可以实现新的功能。

ASIC/SoC不能被多次编程，一旦芯片设计完成，其硬件就不能再修改。如果要进行功能修改，需要重新做一次时间长、花费巨大的芯片设计与生产过程。对于FPGA来说，用户可以对设计修改任意多次，这使得FPGA可以应用于很多场合。

FPGA应用

模拟

模拟（emulation）指的是在制造芯片前使用FPGA验证芯片的功能是否正确。为了验证针对ASIC设计而编写的程序功能是否正确，可以使用FPGA进行实际验证。高端FPGA提供了很多复杂的宏单元（模拟锁相环、时钟树、DSP、嵌入式处理器、SerDes、高速IO和算术运算单元），它们可以被用来设计复杂的芯片。设计者可以将整个SoC的功能在FPGA中实现（此时，整个设计在FPGA中的运行速度可能会有所降低），然后将其在实际系统中加以应用，进行实际应用验证。这种验证有助于发现并快速清除系统中与多个元件有关的边界条件问题，使得ASIC的投产成功率提高。

调试

FPGA可以提供在线内部信号探测功能，使用该功能，设计者可以查看下载用户程序后FPGA内部到底是怎样运行的，这对于ASIC/SoC来说是不可能发生的。一旦ASIC被生产出来，内部节点是不可访问的。即使有时候设计者在芯片内部增加了调试信号，在输出引脚处可以使用逻辑分析仪查看工作波形，这种调试和查看功能也是非常有限的，同时也是不能改变的。此外，ASIC中，可用于调试的引脚数目是有限的，从而限制了可以同时监测的信号数量。在FPGA中，设计者可以同时监测的内部信号数量几乎没有限制，并且可以根据需要调整所要监测的信号。使用FPGA的在线探测功能，可以快速发现电路工作时出现的边界条件问题（数据破坏、挂起等）。

构建原型

FPGA被大量地用于针对一个想法或设计而构建的原型系统。构建原型系统的目的是为了证明某个想法或概念是可以实现的，或者说是正确的。在构建原型系统时，最关心的是开发时间和开发成本。与ASIC相比，FPGA的成本只占整个开发成本的很小一部分，并且实现起来更加快速。一旦采用FPGA实现了原型系统，就可以被用来向潜在的投资者进行展示，获得资金来实现正式的产品。

真实应用

FPGA可以被用于嵌入式系统、医疗设备、航空设备、车载设备等多个领域。与FPGA相比，ASIC的工作速度可以更快，成本也更低。但对于需求数量较少（例如，只有几万个）并且非常畅销的设备来说，使用FPGA可能比开发AISC/SoC更具优势。另外，新一代的FPGA在工作速度上落后的并不多，对于很多应用来说已经足够。FPGA比ASIC更有优势的另一点是其可编程性，当需要对器件进行动态编程时，FPGA具有明显优势。例如，火星发现者机器人中就使用了很多FPGA，如果发现设计中存在问题，可以将新的比特文件发送给机器人并对FPGA进行重新编程以修正存在的错误。如果用ASIC代替FPGA，这是不可能做到的。

FPGA结构

FPGA的结构，一般来说，通常包括CLB（Configurable Logic Block，可配置逻辑块，用于Xilinx公司的FPGA中）、ALM（Adaptive Logic Module，自适应逻辑模块，用于Altera公司的产品中）、布线通道和IO焊盘。每个逻辑块由实现组合逻辑功能的LUT（Loop-Up Tables，查找表）和存储单元（触发器）构成，如下图所示。通过对组合逻辑块和布线通道进行编程，FPGA可以实现设计者所需要的功能。

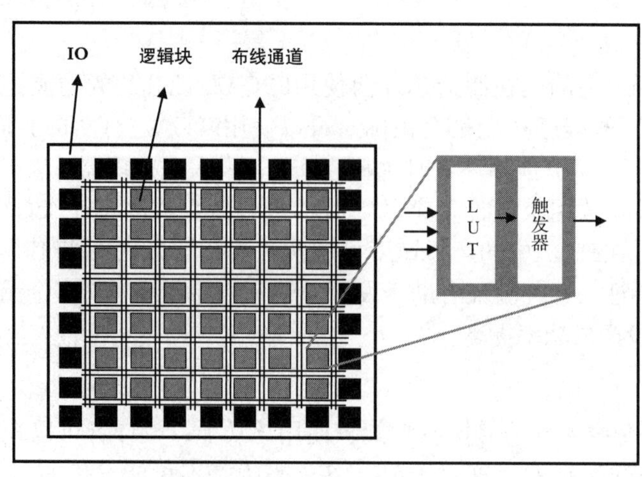

FPGA供应商

下面是一些FPGA供应商和关于它们产品的详细介绍。如果情况发生了变化，请参考网址。

Xilinx: www.xilinx.com/

FPGA产品表（来源www.xilinx.com）

特征	Artix-7	Kintex-7	Virtex-7	Spartan-6	Virtex-6
逻辑单元	215 000	480 000	2 000 000	150 000	760 000
BlockRAM	13 Mb	34 Mb	68 Mb	4.8 Mb	38 Mb
DSP Slice	740	1 920	3 600	180	2 016
DSP性能（symmetric FIR）	930GMAC	2 845GMAC	5 335GMAC	140GMAC	2 419GMAC
收发器个数	16	32	96	8	72
收发器速度	6.6 Gb/s	12.5 Gb/s	28.05 Gb/s	3.2 Gb/s	11.18 Gb/s
整个收发器带宽（全双工）	211 Gb/s	800 Gb/s	2 784 Gb/s	50 Gb/s	536 Gb/s
存储器接口（DDR3）	1 066 Mb/s	1 866 Mb/s	1 866 Mb/s	800 Mb/s	1 066 Mb/s
PCI Express接口	x4 Gen2	x8 Gen2	x8 Gen3	x1 Gen1	x8 Gen2
模拟混合信号（AMS）/XADC	是	是	是		是
配置AES	是	是	是	是	是
I/O引脚	500	500	1,200	576	1，200
I/O电压	1.2V，1.35V，1.5V，1.8V，2.5V，3.3V	1.2V，1.35V，1.5V，1.8V，2.5V，3.3V	1.2V，1.35V，1.5V，1.8V，2.5V，3.3V	1.2V，1.5V，1.8V，2.5V，3.3V	1.2V，1.5V，1.8V，2.5V
Easypath降低成本解决方案	—	是	是	—	是

Altera：http://www.altera.com/

高端FPGA：Stratix 系列

http://www.altera.com/devices/fpga/stratix-fpgas/about/stx-about.html

中端FPGA：Arria系列

http://www.altera.com/devices/fpga/arria-fpgas/about/arr-about.html

低成本FPGA：Cyclone系列

http://www.altera.com/devices/fpga/cyclone- about/cyc-about.html

Lattice：http://www.latticesemi.com/

大容量FPGA：ECP3、ECP2和CP2M FPGA系列

高性能FPGA：LatticeSC FPGA

非易失性FPGA：iCE40、MachXO2、MachXO、XP2

http://www.latticesemi.com/products/fpga/index.cfm?source=topnav

Microsemi（以前的Actel）：http://www.microsemi.com/

FPGA：基于闪存的FPGA、抗辐射FPGA、反熔丝FPGA

http://www.microsemi.com/product-directory/asic-soc-pga/1144-fpga

Acronix：http://www.achronix.com/

FPGA：Speedster22i HD、Speedster22i HP

http://www.achronix.com/products.html

FPGA设计流程

FPGA设计流程与ASIC/SoC设计流程大体相似。下面介绍Xilinx公司的FPGA设计流程，如下图所示。

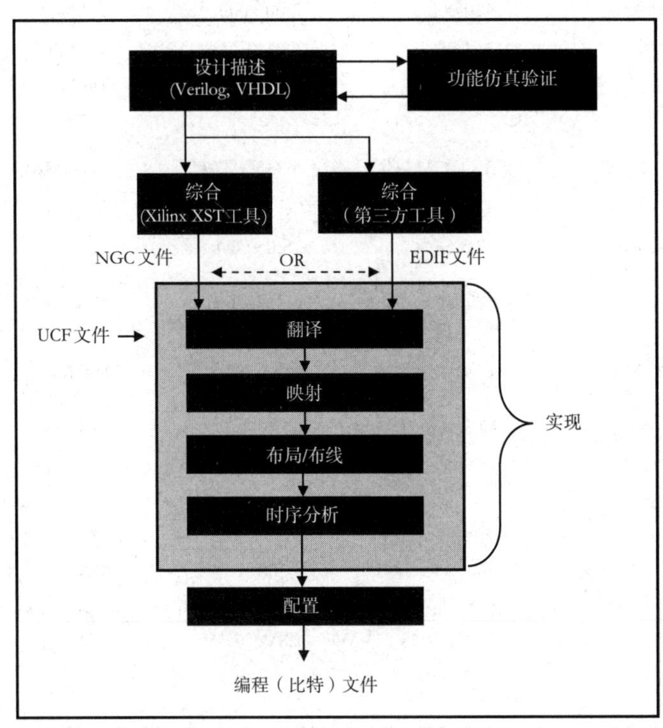

设计描述

FPGA的设计流程，在前端部分，与ASIC设计流程非常接近。首先使用如Verilog或VHDL的高级语言进行设计描述，也可以使用原理图编辑器来输入设计。如果设计目标是ASIC，FPGA用于验证，可能会遇到一些问题。由于ASIC运行速度比FPGA要快，那么需要针对两种实现方式设计两组RTL程序吗？在某些情况下可能需要，但目前高端FPGA的工作速度可以非常快，一组RTL程序可以同时满足FPGA和ASIC设计的定时要求。如果针对ASIC和FPGA设计两个版本的程序，那么FPGA所验证的程序与ASIC生产时所用的并不相同，这增加了潜在的设计风险。如果需要对FPGA的RTL程序进行修改以满足定时要求（如增加流水线），应确保修改是严格受限并认真分析过的，只有这样，在ASIC版的RTL中才不会出现没有被测试过的数据路径。

功能验证

在RTL代码完成之后，需要对设计进行功能验证。这部分与ASIC设计流程相同——开发测试平台、编写测试激励、使用仿真工具（Cadence、Synopsys、Mentor或其他仿真工具）进行设计仿真。该阶段的目标是确保设计功能正确。如果需要进行设计调整或进行错误纠正，都应该在这个阶段进行，不要将问题放到后面解决。进入综合阶段，程序都应该是经过充分仿真验证的。你可以早点试着做一次综合，以查看设计是否满足时序要求。如果时序远不能满足要求，需要对RTL的相关部分进行修改。

综合

RTL程序可以使用ISE XST工具或者第三方FPGA综合工具（Synopsys的Synplify Pro、Mentor Precision或其他工具）进行综合。在这个阶段，RTL被转换为由Xilinx库中的元件构成的门级网表。在综合结束后应查看时序报告，如果有的延迟路径过大，不能满足预期的工作频率要求，那么很可能布局布线之后也会存在同一问题。查看延迟路径，明确是否需要对RTL的某些部分进行修改以改进定时特性（如使用流水线、独热码编码等）。Xilinx XST综合工具的输出存储在以.ngc为扩展名的文件中。第三方工具的输出被存储在以.edif为后缀的文件中。综合阶段有很多选项可以选择，下面给出了一些常用选项：

- 优化目标（Optimization Goal）：速度（speed）或面积（area）
- 优化努力（Optimization Effort）：常规（normal）或高（high）
- 保持层次化（Keep Hierarchy）：是否保持模块层次化结构或生成扁平设计
- 最大扇出：指定一个数值（如6）
- FSM编码：自动、独热码和一些其他选项
- 对于详细的XST综合选项，请参考

http://www.xilinx.com/support/documentation/sw_manuals/xilinx11/pp_db_xst_synthesis_options.htm

约束文件

用户约束文件（.ucf文件），用于电路实现阶段，包括三个主要部分。

- 定时约束：时钟频率、I/O的输入/输出延时
- 布局约束：为每个模块、逻辑块、I/O引脚确定位置
- 综合约束：当使用Xilinx XST进行综合时，对综合工具提出的要求

实现

实现过程包括三个步骤——翻译、映射和布局/布线。

翻译（translate）

翻译操作将综合后得到的文件（.ngc、.edif）和约束文件（.ucf）合并成一个Xilinx本地通用数据格式文件（.ngd文件）。翻译阶段也有一些选项。

- 使用LOC约束：设计者可以为某个电路块指定位置坐标。
- 详细选项列表请参考：

http://www.xilinx.com/support/documentation/sw_manuals/xilinx11/pp_db_translate_properties.htm

映射（map）

在映射阶段，设计工具将.ngd文件（翻译阶段的输出）映射为真实的FPGA单元（CLB、IOB），生成.ncd文件。这里有一些可用的Map选项：

- 执行定时约束驱动的合并（packing）和布局——以利于满足定时要求。合并和布局操作要用到用户定义的定时约束（存储在.ucf文件中）。

- 映射努力：标准（standard）或者高（high）
- 详细选项请参考：

http://www.xilinx.com/support/documentation/sw_manuals/xilinx11/pp_db_map_properties.htm

布局和布线

使用映射后得到的.ncd文件进行布局、布线，最终产生一个.ncd文件。这里有一些布局布线时可用的选项：

- 布局和布线模式：常规布局布线（normal place and route）、只布局（place only）、只布线（route only）和再次布线（reentrant route）。
- 整体布局和布线努力：标准（standard）或高（high）
- 更多选项请参考：

http://www.xilinx.com/support/documentation/sw_manuals/xilinx11/pp_db_place_and_route_properties.htm

编程文件（比特文件）产生

这是设计流程中的最后一步，产生用于配置FPGA的比特文件（.bit文件）。向FPGA中加载比特文件的方式有多种——将比特文件传送给PROM并从中读取，或者选择使用Xilinx JTAG电缆通过FPGA的JTAG口进行下载。下载电缆需要连接到PC机或笔记本计算机的USB接口上。如下图所示为FPGA开发板。

附录C　用于验证的测试平台（testbench）

这里给出了用于验证本书中一些例子的测试平台。测试平台采用Verilog语言描述，目的是能够对所设计的电路（DUT）进行仿真验证，加快对设计的理解。

为了对DUT进行仿真，所有模块和DUT内部的模块应被包含在文件列表中。

仿真洗碗机状态机

```
`timescale 1ns/10 ps
module          testbench_top ( );

parameter       CLKTB_HALF_PERIOD   = 2.5; // produces 200MHz clock
parameter       RST_DEASSERT_DLY    = 100;

reg             clkx, rstb;
reg             start_but_pressed, blow_dry;
wire            hfminute_tick;
wire            do_foam_dispensing, do_scrubbing;
wire            do_rinsing, do_drying;
wire            us_tick, ms_tick, sec_tick;

// Generate clk
// ****************
initial  begin
         clkx      = 1'b0;
         forever begin
                 #CLKTB_HALF_PERIOD clkx = ~clkx; //200 MHz clk
         end
end
// Generate resetb
// *****************
initial  begin
         rstb                           = 1'b0;
         # RST_DEASSERT_DLY rstb   = 1'b1;
end

// modules instantiation
// *************************
dishwash_stm           dishwash_stm_0
                       (.clk                    (clkx),
                       .rstb                    (rstb),
                       .start_but_pressed       (start_but_pressed),
                       .hfminute_tick           (us_tick),
                       .blow_dry                (blow_dry),
                       .do_foam_dispensing      (do_foam_dispensing),
                       .do_scrubbing            (do_scrubbing),
                       .do_rinsing              (do_rinsing),
                       .do_drying               (do_drying));
```

```
timertick_gen          timertick_gen_0
                       (.clk_200            (clkx),
                       .resetb              (rstb),
                       .us_tick             (us_tick),
                       .ms_tick             (ms_tick),
                       .sec_tick            (sec_tick));

// ********************************************
initial  begin
         start_but_pressed        = 'b0;
         blow_dry                 = 'b0;
         #500;
         @ (posedge clkx);
         #1;
         blow_dry                 = 'b1;
         start_but_pressed        = 'b1;
         @ (posedge clkx);
         #1;
         start_but_pressed        = 'b0;
         @ (posedge clkx);
         #1;
         @ (posedge clkx);
         @ (posedge clkx);
         @ (posedge clkx);
         #50000;
         $finish;
end
endmodule
```

仿真流水线加法器

```
`timescale 1ns/10 ps
module          testbench_top ( );

parameter       CLKTB_HALF_PERIOD = 2.5; // produces 200MHz clock
parameter       RST_DEASSERT_DLY    = 100;

reg             clkx, rstb;
reg     [63:0]  Ain, Bin;
wire    [64:0]  FinalSUM;

// Generate clk
// ***************
initial  begin
         clkx     = 1'b0;
         forever begin
                  #CLKTB_HALF_PERIOD clkx = ~clkx; //200 MHz clk
         end
end

// Generate resetb
// ****************
initial  begin
         rstb                           = 1'b0;
         # RST_DEASSERT_DLY  rstb  = 1'b1;
end

//module instantiation
adder_pipelined         adder_pipelined_0
                        (.clk              (clkx),
```

```
                    .resetb         (rstb),
                    .A              (Ain),
                    .B              (Bin),
                    .FinalSUM       (FinalSUM));

initial begin
        Ain     = 'b0;
        Bin     = 'b0;
        #500;
        @ (posedge clkx);
        #1;
        Ain     = 64'h1234_4321_4321_1234;
        Bin     = 64'h2344_3214_3211_2341;
        @ (posedge clkx);
        #1;
        Ain     = 64'hFFFF_FFFF_FFFF_FFFF;
        Bin     = 64'hFFFF_FFFF_FFFF_FFFF;

        @ (posedge clkx);
        #1;
        Ain     = 64'hF000_0001_1234_0001;
        Bin     = 64'hFDC0_0001_1234_0001;
        @ (posedge clkx);
        #1;
        Ain     = 64'h10;
        Bin     = 64'h11;
        @ (posedge clkx);
        @ (posedge clkx);
        @ (posedge clkx);
        #1000;
        $finish;
end
endmodule
```

仿真DMA

```
`timescale 1ns/10 ps
module          testbench_top ( );

parameter       CLKTB_HALF_PERIOD = 2.5;//produces 200MHz clock
parameter       RST_DEASSERT_DLY    = 100;

reg             clk2x, rstb;
reg     [31:0]  addr_1stdescp;
reg             dma_start, fetch_descp;
wire    [31:0]  addr_descp;
wire    [7:0]   length_descp;
reg             ack_fetch_descp, descpdata_valid;
reg     [31:0]  descp_dword0, descp_dword1;
reg     [31:0]  descp_dword2, descp_dword3;
wire            fetch_data;
wire    [31:0]  addr_data;
wire    [7:0]   length_data;
reg             ack_fetch_data;
reg     [31:0]  datafifo_wrdata;
reg             datafifo_datavalid, add_room;
reg     [7:0]   add_value;
wire    [8:0]   datafifo_dataavail;
reg             datafifo_rden;
wire    [31:0]  datafifo_rddata;
```

```
// Generate clk
// ***************
initial  begin
         clk2x    = 1'b0;
         forever begin
                  #CLKTB_HALF_PERIOD clk2x = ~clk2x; //200 MHz clk
         end
 end

// Generate resetb
// *****************
initial  begin
         rstb                           = 1'b0;
         # RST_DEASSERT_DLY  rstb  = 1'b1;
 end

dmardtop        dmardtop_0
                (.clk                    (clk2x),
                .rstb                    (rstb),
                .addr_1stdescp           (addr_1stdescp),
                .dma_start               (dma_start),
                .fetch_descp             (fetch_descp),
                .addr_descp              (addr_descp),
                .length_descp            (length_descp),
                .ack_fetch_descp         (ack_fetch_descp),
                .descpdata_valid         (descpdata_valid),
                .descp_dword0            (descp_dword0),
                .descp_dword1            (descp_dword1),
                .descp_dword2            (descp_dword2),
                .descp_dword3            (descp_dword3),
                .fetch_data              (fetch_data),
                .addr_data               (addr_data),
                .length_data             (length_data),
                .ack_fetch_data          (ack_fetch_data),
                .datafifo_wrdata         (datafifo_wrdata),
                .datafifo_datavalid      (datafifo_datavalid),
                .add_room                (add_room),
                .add_value               (add_value),
                .datafifo_dataavail      (datafifo_dataavail),
                .datafifo_rden           (datafifo_rden),
                .datafifo_rddata         (datafifo_rddata));
integer  i;
reg      [7:0]    count_descp;
reg               link_bit;

initial
begin
repeat (3)
begin
         @ (posedge fetch_descp)
         @ (posedge clk2x);
         #1
         ack_fetch_descp= 1'b1;
         @ (posedge clk2x);
         #1
         ack_fetch_descp= 1'b0;
         @ (posedge clk2x);
         @ (posedge clk2x);
         #1
         descpdata_valid  = 1'b1;
```

```
        @ (posedge clk2x);
        #1
        descpdata_valid  = 1'b0;
        descp_dword0    = descp_dword0 + 16;
        descp_dword1    = 32'h0000_0020;
        descp_dword2    = {30'b0, 1'b1, link_bit};
        descp_dword3    = descp_dword3+ 4;
        @ (posedge clk2x);
        #1;
        count_descp       = count_descp + 1'b1;
        if (count_descp == 'd1)
                link_bit = 1'b0;
end
end

always @ (posedge fetch_data)
 begin
        @ (posedge clk2x);
        @ (posedge clk2x);
        #1
        ack_fetch_data  = 1'b1;
        @ (posedge clk2x);
        #1
        ack_fetch_data  = 1'b0;
 end

initial  begin
        count_descp       = 8'd0;
        link_bit          = 1'b1;
        addr_1stdescp   = 32'h0000_F000;
        dma_start         = 1'b0;
        ack_fetch_descp= 1'b0;
        descpdata_valid = 1'b0;
        descp_dword0    = 32'h0F00_0000;
        descp_dword1    = 32'd32;
        descp_dword2    = 32'h0000_0003;
        descp_dword3    = addr_1stdescp + 4;
        ack_fetch_data  = 1'b0;
        datafifo_wrdata = 32'h0000_0000;
        datafifo_datavalid= 1'b0;
        add_room          = 1'b0;
        add_value         = 8'd0;
        datafifo_rden    = 1'b0;
        #500;
        @ (posedge clk2x);
        #1;
        addr_1stdescp   = 32'h0000_F000;
        dma_start         = 1'b1;
        @ (posedge clk2x);
        #1;
        dma_start         = 1'b0;
        @ (posedge clk2x);
        @ (posedge clk2x);
        #1
        @ (posedge clk2x);
        #1
        repeat (17)
        begin @ (posedge clk2x);
        end
        @ (posedge clk2x);
        #1
```

```
        @ (posedge clk2x);
        #1
        repeat (3) @ (posedge clk2x);
        #1
        datafifo_datavalid= 1'b1;
        datafifo_wrdata  = 32'h0000_0001;
        @ (posedge clk2x);
        #1
        datafifo_wrdata  = 32'h0000_0002;
        @ (posedge clk2x);
        #1
        datafifo_wrdata  = 32'h0000_0003;
        @ (posedge clk2x);
        #1
        datafifo_wrdata  = 32'h0000_0004;
        @ (posedge clk2x);
        #1
        datafifo_wrdata  = 32'h0000_0005;
        @ (posedge clk2x);
        #1
        datafifo_wrdata  = 32'h0000_0006;
        @ (posedge clk2x);
        #1
        datafifo_wrdata  = 32'h0000_0007;
        @ (posedge clk2x);
        #1
        datafifo_wrdata  = 32'h0000_0008;
        @ (posedge clk2x);
        #1
        datafifo_datavalid= 1'b0;
        repeat (4) @ (posedge clk2x);
        #1
        datafifo_datavalid= 1'b1;
        datafifo_wrdata  = 32'h0000_0001;
        @ (posedge clk2x);
        #1
        datafifo_wrdata  = 32'h0000_0002;
        @ (posedge clk2x);
        #1
        datafifo_wrdata  = 32'h0000_0003;
        @ (posedge clk2x);
        #1
        datafifo_wrdata  = 32'h0000_0004;
        @ (posedge clk2x);
        #1
        datafifo_wrdata  = 32'h0000_0005;
        @ (posedge clk2x);
        #1
        datafifo_wrdata  = 32'h0000_0006;
        @ (posedge clk2x);
        #1
        datafifo_wrdata  = 32'h0000_0007;
        @ (posedge clk2x);
        #1
        datafifo_wrdata  = 32'h0000_0008;
        @ (posedge clk2x);
        #1
        datafifo_datavalid= 1'b0;
        repeat (3) @ (posedge clk2x);
        #40000;
        $finish;
end
endmodule
```

仿真LRU和CAM查找

```
`timescale 1ns/10 ps
module          testbench_top ( );

parameter       CLKTB_HALF_PERIOD = 2.5; // produces 100MHz clock
parameter       RST_DEASSERT_DLY  = 100;
parameter       CAM_WIDTH  = 48;
parameter       CAM_DEPTH  = 8;

reg             clk2x, rstb;
reg             clk1x;
reg             got_newpkt;
reg     [47:0]  DA_Address, SA_Address;
wire            clk;
reg     [4:0]   ingress_portnum;

// Generate clk
// ***************
initial  begin
        clk2x   = 1'b0;
        forever begin
                #CLKTB_HALF_PERIOD clk2x = ~clk2x; //200 MHz clk
        end
 end

// Generate resetb
// *****************
initial   begin
        rstb                        = 1'b0;
        # RST_DEASSERT_DLY rstb    = 1'b1;
 end

assign clk = clk2x;


initial
 begin
        got_newpkt      = 1'b0;
        DA_Address      = 'd0;
        SA_Address      = 'd0;
        ingress_portnum = 'd0;
        #500;
        @ (posedge clk)
        #1;
        got_newpkt      = 1'b1;
        DA_Address      = 'd10;
        SA_Address      = 'd110;
        ingress_portnum  = 'd1;
        @ (posedge clk)
        #1;
        got_newpkt      = 1'b0;
        repeat (5) @ (posedge clk);
        #1;
        got_newpkt      = 1'b1;
        DA_Address      = 'd20;
        SA_Address      = 'd120;
        ingress_portnum  = 'd1;

        @ (posedge clk)
        #1;
```

```
        got_newpkt       = 1'b0;
        repeat (5) @ (posedge clk);
        #1;
        got_newpkt       = 1'b1;
        DA_Address       = 'd30;
        SA_Address       = 'd130;
        ingress_portnum  = 'd2;
        @ (posedge clk)
        #1;
        got_newpkt       = 1'b0;
        repeat (5) @ (posedge clk);
        #1;
        got_newpkt       = 1'b1;
        DA_Address       = 'd20;
        SA_Address       = 'd140;
        ingress_portnum  = 'd4;
        @ (posedge clk)
        #1;
        got_newpkt       = 1'b0;
        repeat (3) @ (posedge clk);
        #2000;
        $finish;
  end

pkt_processor_top     #(.CAM_DEPTH          (CAM_DEPTH),
                        .CAM_WIDTH          (CAM_WIDTH))

                       pkt_processor_top_0
                       (.clk                (clk2x),
                       .rstb                (rstb),
                       .got_newpkt          (got_newpkt),
                       .DA_Address          (DA_Address),
                       .SA_Address          (SA_Address),
                       .ingress_portnum     (ingress_portnum));
endmodule
```

附录D　System Verilog断言（SVA）

引言

SystemVerilog于2005年被采纳为IEEE标准（1800—2005）。在2009年时，SystemVerilog与Verilog标准合并形成一个标准（1800—2009）。SystemVerilog增加了一些新的语法结构，但新增部分主要用于仿真。我们这里不是要全面介绍SystemVerilog，只是对SystemVerilog断言（SVA）进行重点介绍，它可以同时用于设计和验证。SVA本身很复杂，我们将介绍基本的SVA语法知识，使设计者理解其功能，并可以开始编写简单的断言语句。

在使用SVA出现之前，工程师已经会经常使用Verilog对设计进行白盒验证，验证时会使用$display语句。电路设计者自己非常清楚地知道所设计电路的边界条件，例如，FIFO满/空条件、仲裁操作或任何其他内部假设。除了使用$display语句报告/显示错误信息之外，SVA还能测试这些边界条件。

SystemVerilog断言是SystemVerilog语言的一部分，综合工具会忽略断言语句并且不给出提示。断言语句（assertion语句）功能强大，只编写很短的代码就可以实现过去很长的Verilog代码的功能。SystemVerilog的另一个主要优点是SVA代码能被形式验证（formal verification）工具使用，对设计进行穷尽验证。功能验证和形式验证之间的关系如同门级仿真和STA（静态定时分析）之间的关系。门级仿真只用于被测试路径的时序检查，而STA覆盖所有可能的路径。类似于STA，形式验证工具将会以穷尽法对设计进行测试，判断断言或声明是否正确。如果与断言相反的情况始终没有出现，断言将一直为真。

什么是断言

那么，什么是SystemVerilog断言呢？断言是说明某个事情一直为真或永远不能为真的语句。在FIFO中，write_enable信号在FIFO为满时应该永远不能有效。设计者已经设计了FIFO和产生信号write_enable的逻辑。在实际设计电路时，写入电路应查看fifo_full信号，当fifo_full 为高时，write_enable不能为1。

设计者想确保在任何条件下，fifo_full和write_enable信号都不能同时为高，则该断言代码如下：

```
always  @ (posedge clk)
 begin
       assert (!(fifo_full & write_enable));
 end
```

断言的类型

断言有两种类型——即时断言（immediate）和并行断言（concurrent）。即时断言描述某个时刻的行为，而并行断言描述一段时间（如多个时钟周期以上）的行为。并行断言只在时钟边沿之前进行测试。

即时断言

```
always @(*)
 begin
       arbiter_state_nxt = arbiter_state;
       grant_posn_nxt  = grant_posn;
       gnt_vec_nxt      = gnt_vec;
       assert  (($countones(gnt_vec) <= 1));
               else $error("multiple agents granted simultaneously!!!");

       ----------------------
 end
```

并行断言

并行断言包括4个层次的组成块，这4个层次是：

- boolean（基础层）
- sequence
- property
- assertion

sequence使用布尔表达式构建。property可以使用一个或多个sequence构建，也可以不使用任何sequence，只使用布尔表达式构建。property构建后，将被用于assert语句。下面是一些例子。

没用sequence的property

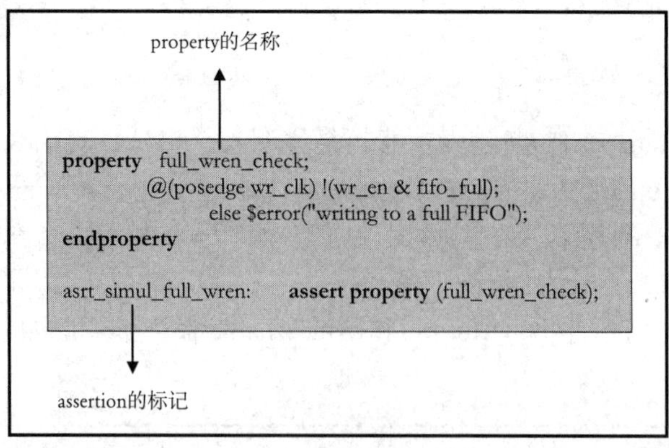

使用sequence的property

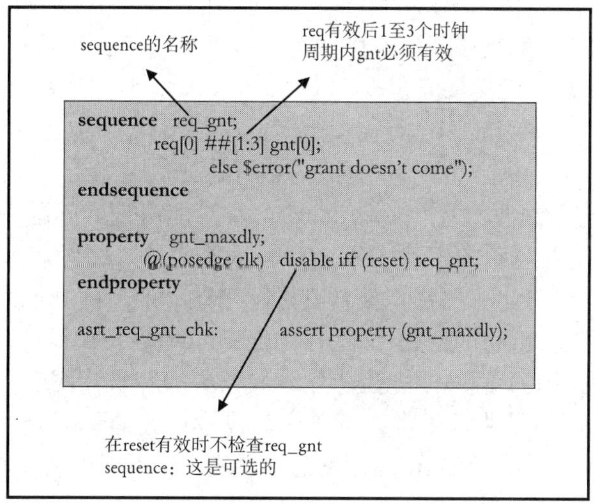

内置的系统函数

下面是一些断言中使用的内置系统函数。

$onehot（vector）：如果矢量只有一位有效，结果为真

$onehot0（vector）：如果矢量至多有一位有效，结果为真

$isunknown（vector）：如果任何一位是X或Z，结果为真

$countones（vector）：对矢量中1的个数计数

断言的错误等级

断言错误的严重性有三个等级：

- $fatal
- $error（默认）
- $warning

断言的优点

在DUT层面上，芯片内部的断言有助于进行芯片级的快速调试。如果有些电路出现了错误，或者没有按照预期的方式工作，通过assertion可以立即发现并给予显示。这是非常有用的，因为在全芯片测试环境中，低层次电路中出现的问题需要经过一定的时间才能在芯片级上反映出来。举例说明，在对一个PCIe设计进行测试时，测试工作被“吊死”。在调试了几小时之后，发现DUT没有发送某个类型的PCIe包（例如，存储器写入包）。

PCIe不发送包的原因可能有很多，进一步分析发现，这是因为DUT没有得到足够的发送许可（credit）。当credit为零或在一个很小的数值上停留很长时间时，应将assertion的错误严重等级设置为$warning，这样设计者就可以立即清楚问题出在哪一部分电路上了，可以立刻对信用管理电路进行检查。问题可能出在DUT已使用credit的更新上，或者没有从其他设备接收到credit。另外，应该在测试的最后增加一个assertion，检查可用的credit与系统所支持的credit是否相同，这可以用于检查是否存在credit泄漏或者丢失。如果某个地方存在credit

丢失，应通过assertion加以指出。credit泄漏可能不是一个即时事件，因为仍有一些credit被发布和使用。类似的问题会降低系统的性能，或者当期累积到一定程度时会造成系统被“吊死”。这仅仅是一个例子，但从中我们可以知道，合理地使用assertion可以加快电路的调试过程，并且可以真正发现存在的设计问题。

在实际设计工作中，如果我们已经很清楚可能出现问题的地方，并且在设计中进行了考虑，为什么还要花时间编写assertion？这是因为编写assertion可以带来4个方面的好处。第一，设计者进行电路设计时就自觉地使用assertion对各种可能出现的问题进行充分的描述，并加以细心的设计考虑，随着经验的不断积累，有利于养成良好的设计习惯。第二，设计完成后，经过一段时间，设计者本人可能需要对其进行修改，或者由其他人对其进行修改，这时设计者可能已经将一些设计细节遗忘了，此时，assertion可以帮助设计者减少错误的发生。我们前面已经讨论过第三个原因了 —— 让芯片级调试更加容易，便于寻找出现问题的真实原因。第四，学习assertion不是非常困难，可以作为设计任务的一部分，稍加努力就可实现。最好的方法是开始时编写小段的assertion，逐渐熟悉之后，不断提高编写水平。

assertion的常规应用领域

关于assertion应该放在哪里或者应该如何使用，没有固定的标准。然而，我们可以列出一些非常适合使用assertion的地方。

FIFO

- write_enable和fifo_full不能同时为真。
- read_enable和fifo_empty不能同时为真。
- fifo_full和fifo_empty不能同时为真。
- 异步FIFO的write_pointer/read_pointer：在两个连续数值之间只能有一位发生变化（除了发生复位操作）。
- 当复位有效时，wr_ptr和rd_ptr都为0。

状态机

- 独热码状态机：
  - 状态矢量永远不为0（有一位应该为真）;
  - 任何时刻都只能有一位为1 。
- 复位后，状态机返回默认状态。

互斥的mux备选信号

- 复用器（mux）的备选信号（例如，select[5:0]）中任何时刻都只能有不超过1位为1。

仲裁

- 任何时刻只能有不超过一个授权许可（例如，grant[7:0]中只能有不超过1位为1）。
- 没有任何请求时，授权（grant）不应该有效（有些情况下会授权给一个默认的用户，此时grant有效）。
- 如果一个用户没有发出请求，其grant就不应该有效——用于防止向错误的用户发出授权。

接口

通常，有两种类型的接口：

- 工业标准接口，如DDR3、PIPE和AXI/AHB；
- 某个设计专用的或局部的接口。

标准接口有明确的规范，assertion可以根据规范建立，用于验证某些情况是否会发生或永远不会发生。对于专用的或局部的接口（在芯片内的单元或模块之间），可以根据接口规则编写相应的assertion，检查实际设计中是否存在错误。

DDR3接口

- 发出写入命令并经历了写入延迟（write latency）之后，数据必须被驱动到数据总线上，在写入延迟之前或者之后数据不能出现。
- 发出读取命令并经历了读出延迟（read latency）之后，被读出的数据必须到达，提前或推迟都不行。
- 对于burst4和burst8写入命令，应该分别有4个数据周期或者8个数据周期 —— 既不能多，也不能少，除非它是一个burst chop命令。
- 对于burst4和burst8读取命令，应该分别有4个数据周期或者8个数据周期 —— 既不能多，也不能少。
- 这些只是一部分，设计者还可以继续添加……

PIPE接口（PCIe控制器和PHY之间的标准接口）

- PCLK与速率信号值相匹配：
  - Rate[2:0] = 000，PCLK = 62.5 MHz；
  - Rate[2:0] = 001，PCLK = 125 MHz；
  - Rate[2:0] = 010，PCLK = 250 MHz；
  - Rate[2:0] = 011，PCLK = 500 MHz；
  - Rate[2:0] = 100，PCLK = 1000 MHz；
  - Rate[2:0] 的值不能是101、110或者111。
- 当reset#有效时，下列信号应该处于指定状态：
  - TxDetectRX/Loopback无效；
  - TxElecIdle有效；
  - TxCompliance无效；
  - RxPolarity无效；
  - PowerDown的值为P1；
  - TxMargin为3'b000；
  - TxDeemph为1；
  - Rate[2:0] 置为Gen1速率等级。
- 当控制器改变PowerDown信号以指示采用不同的功率模式（P0、P1和P2等）之后，PHY应该将PhyStatus置为有效并保持一个时钟周期 —— 不超过1个周期。
- 这些只是一部分，可以继续进行追加。

附录为SystemVerilog断言的学习打下了一个基础，希望读者借此了解断言并开始在设计中使用断言。

缩　略　词

ACPI（Advanced Configuration and Power Interface）高级配置和电源管理接口

ACPI允许操作系统对设备进行高级配置和电源管理。在ACPI出现之前，电源管理由BIOS控制进行。ACPI的引入使得操作系统成为电源管理的主力。ACPI定义了不同的系统工作状态，主要包括S0、S1、S2、S3、S4和S5，针对这些系统工作状态可以采用不同的电源管理策略。

AHB（Advanced High-performances Bus）高级高性能总线

AMBA（Advanced Microcontroller Bus Architecture，高级微控制器总线结构）是ARM公司研发推出的片上总线，AMBA 2.0版标准中定义了三组总线，AHB就是其中之一，其使用非常广泛。AXI总线是AMBA 3.0规范定义的面向高性能、高带宽、低延迟的片上总线，其性能优于AHB总线。

AHCI（Advanced Host Control Interface）高级主控接口

SATA主设备使用一个被称为AHCI的寄存器接口层进行数据通信。AHCI为DMA数据传输提供了一个基于寄存器的接口。SATA操作命令通过软件建立在内存中，软件将主设备寄存器中的一些比特位置1，以此通知主设备目前在内存中存储了操作命令。此后，SATA主设备从内存中取出命令并将其送到SATA设备内部。

ALU（Arithmetic Logic Unit）算术逻辑单元

ALU是CPU中的主要功能单元之一，负责算术运算（加、减）和逻辑运算（与、或等）。

APIC（Advanced Programmable Interrupt Controller）高级可编程中断控制器

APIC中断传递系统由一个或多个本地APIC和一个或多个IO-APIC组成。每个处理器都有一个和它集成在一起的本地APIC。IO-APIC将来自外围设备的中断转发给处理器。一个系统中可以有1个或多个IO-APIC，它们通常不是独立存在的芯片，而是和CPU的外围芯片组集成在一起。

ATPG（Automatic Test Pattern Generation）自动测试图案生成

ATPG用于测试芯片内部的缺陷。测试图案是测试设备自动生成的，不能够对芯片进行功能测试。

AXI（Advanced eXtensible Interface）高级可扩展接口

AXI是ARM中使用的相对较新的总线规范，具有地址/控制和数据通道分离、全流水线机制、乱序访问等特征。其主要面向高性能和高频率操作。

BAR（Base Address Register）基地址

每个PCIe设备都拥有一个存储器地址空间和可选的IO地址空间。每个PCIe设备所拥有的地址空间是CPU可寻址空间（如4G地址空间）中的一部分，在操作系统启动时进行分配。一个PCIe设备可以完成多项功能，每项功能可以具有6个BAR用于获取分配给它的存储空间，以便于进行存储器操作或IO操作。

BCH码（Bose Chaudhury Hocquenghem，编码技术发明者的名字）

BCH码是循环码的一种，是Hocquenghem（1959年）、Bose和Ray-Chaudhury（1960年）独立发明的，可以纠正编码块中的多个比特错误。

BIOS（Basic Input and Output System）基本输入输出系统

BIOS是系统上电后立刻运行的一组程序。此时，操作系统还在硬盘中，尚未加载到内存中。BIOS运行后，用户可以操作鼠标、键盘和使用显示器等。BIOS存储于焊接在主板上的ROM芯片中，该ROM芯片与南桥连接。

BIST（Built-in Self-Test）内建自测试

BIST是芯片内部产生激励对电路进行测试并给出测试结果的逻辑电路，由于不需要外加测试激励，这种测试方式具有快速、自动的特点。BIST不需要通过芯片引脚施加测试激励，同时自动给出测试结果，提示用户测试通过或者测试未通过。系统上电后的存储器检查就是一种典型的BIST。

BIU（Bus Interface Unit）总线接口单元

总线上的设备通过BIU连接到总线上，如AHB BIU或AXI BIU。有的总线上存在slave BIU（从BIU）和master BIU（主BIU）。从BIU可以对总线上的其他主BIU发出的总线操作命令作出响应。主BIU可以发出总线命令，发起总线操作。

BSDL（Boundary Scan Description Language）边界扫描描述语言

BSDL是一种JTAG测试中使用的测试描述语言。

CAM（Contents Access Memory）内容寻址存储器

CAM是一种特殊的存储器，用户将存储内容提供给CAM，如果存储器中存有该内容，那么存储器返回其所存储的地址。这与常见的DRAM或SRAM是不同的，对于这类存储器，用户提供地址，读出相应地址中的内容。CAM通常用在需要进行快速查找的硬件电路中。

CDR（Clock and Data Recovery）时钟数据恢复

在高速串行通信中，在传输数据时通常不会同时传输相应的时钟。当数据中有足够的0到1和1到0的翻转时，接收端可以从接收的数据中提取时钟。CDR是指从接收的数据中恢复数据和时钟的电路和技术。

CHS（Cylinder, Head and Sector）柱面/磁头/扇区

硬盘中最小可寻址单元是扇区（每个扇区可存储512字节），这意味着磁盘读写都是针对多个扇区进行的。物理寻址是针对某个特定的扇区进行的，早期的操作系统可以直接使用物理地址进行数据读写，这使得操作系统寻址能力有限，并且必须直接进行物理地址的管理。目前的操作系统使用逻辑地址机制，可以解决这些不足。

CISC（Complex Instruction Set Computer）复杂指令集计算机

CISC是一种计算机架构，其指令长度可变并且可以执行复杂的操作。与之相对应的是RISC架构，其指令通常较短并且等长。

CMOS（Complementary Metal-Oxide Semiconductor）金属氧化物半导体

CMOS是一种IC设计所采用的工艺，该工艺具有可靠性高和泄漏低的特点。目前大多数芯片都采用CMOS工艺。目前还有双极、BiCMOS和GaAs等集成电路工艺，它们具有更快的工作速度，但泄漏更大一些。

CPU（Central Processing Unit）中央处理单元

CPU是计算机的大脑，承担所有的处理功能，包括算术运算、控制操作和程序执行等。

CRC（Cyclic Redundancy Check）循环冗余校验

CRC校验用于对数据块进行校验。假定有M个待发送比特，发送电路会基于某个给定的生成多项式对其进行CRC校验值的计算，并将计算结果附加在待发送数据的后面一起发出。接收端接收数据和CRC值，对*M*比特的数据进行相同的计算，如果数据传输过程中没有发生错误，那么收端计算的结果和接收到的CRC值应该相同，否则二者不同。

CSMA/CD（Carrier Sense Multiple Access with Collision Detection）载波侦听/冲突检测

CSMA/CD是共享媒质型以太网采用的访问控制技术，最早用于10 Mbps的共享总线型以太网中。这类网络中没有中央仲裁器。网络设备将数据发送到总线上，同时侦听总线上的信号，用于判断是否发生了总线冲突。由于没有采用仲裁技术，因此当多个设备同时发送数据时可能发生总线冲突。在侦听阶段，每个网络设备都检测是否发生了总线冲突。

DDR（Double Data Rate）双倍数据速率

DDR是一种定时和数据传输技术，采用DDR技术时，在时钟的上升沿和下降沿都会进行数据发送，使得数据发送速率翻倍。DDR通常被用于存储器控制器和存储器之间的高速数据传输。目前常见的DDR技术包括DDR II、DDR III和DDR IV。

DFT（Design for Testability）可测性设计

DFT指的是在芯片设计阶段为了提高芯片的可测性、降低测试时间和测试成本而采用的电路设计技术。

DIMM（Dual-in Line Module）双列直插模块

DIMM是一种存储模块，模块的电路板两侧焊接了多块存储芯片。

DLLP（Data Link Layer Packet）数据链路层数据包

DLLP是固定长度的包（8字节），用于在两个PCIe设备之间交互信用信息、ACK、NAK和功率管理协议信息。

DMA（Direct Memory Access）直接存储器访问

DMA是一种不需要CPU帮助，外围设备直接与内存之间进行数据读写的机制。不采用DMA机制时，需要通过CPU对外设和内存进行读写访问，实现数据在二者之间的传输。DMA可以实现更高的通信带宽。

DRAM（Dynamic Random Access Memory）动态随机访问存储器

DRAM是一种需要对存储单元进行周期性充电以防止数据丢失的随机访问存储器。与其相比，SRAM不需要周期性的刷新。DRAM的基本存储单元比SRAM的基本存储单元小很多，通常在需要大容量存储时使用。

DSP（Digital Signal Processing）数字信号处理

模拟信号经过A/D变换后成为数字信号，DSP技术用于对数字信号进行运算处理。在最终输出模拟信号时，需要将数字信号进行D/A变换。

DUT（Device under Test）被测设备（或芯片、电路等）

在验证过程中，需要针对被测试的设计建立测试台（testbench）。被测试的设计，通常称为DUT。测试台需要产生测试激励并验证DUT的输出响应，以此判断其工作是否正确。

ECC（Error Correcting Codes）纠错码

目前存在多种纠错码，它们是基于原始数据计算得到的额外比特位，被称为纠错编码位。在通信中纠错码比特可以和原始数据一起发送，纠正通信过程中发生的比特错误，也可以和数据一起存储，纠正数据在存储或读写过程中发生的比特错误。根据ECC编码方式的不同，它可以纠正单个或多个比特错误。在DDR存储器和Flash存储器进行数据存储时，经常使用ECC编码提高数据存储的可靠性。

ECO（Engineering Change Order）工程修改（变更）命令

ECO是指直接在网表上对设计进行修改而不是通过修改RTL代码重新综合进行修改。在芯片设计接近完成并准备交付生产时，修改RTL代码并重新综合以进行设计微调是不合适的。此时如果只对设计进行确知的微小修改，可以直接在芯片上进行，这种修改称为ECO。

ECRC（End-to-end CRC）端到端CRC

ECRC是用于PCIe数据包中的CRC技术，用于保证端到端的数据完整性。数据包从一个端点出发可能经过多个节点才能到达目的端点，数据包在两个节点之间传输时可以通过LCRC（Link CRC）检查数据包在相邻节点传输时是否发生了错误，但如果数据在某个中间节点内部被修改，LCRC无法发现。ECRC是端点计算并插入数据包的，计算LCRC时被当成用户数据处理，ECRC在接收端点中进行检查，可以防止数据在中间节点被修改。

EEPROM（Electrically Erasable Programmable Read Only Memory）电可擦除可编程只读存储器

EEPROM是一种非易失存储器，当芯片掉电后仍然可以保存数据，主要用于存储上电时需要加载的、与设备自身相关的数据，也可以用于存储设备的驱动程序。EEPROM可以进行重复编程，使用上具有较高的灵活性。

EMI（Electromagnetic Interference）电磁串扰

某些设备产生的高频信号通过辐射可对附近电子设备产生干扰，使其正常工作受到影响，称为EMI。

eSATA（External SATA）外部SATA

eSATA 表示外部SATA，外接硬盘可以使用更好的连接器和长度可达2 m的屏蔽线与主机相连。

FIB（Focused Ion Beam）聚焦离子束

FIB是一种进行芯片修改的方法。进行FIB修改时，需要先将芯片开盖（去除芯片的表面封装材料），将离子束聚焦到芯片内部的某些节点上。只有一些特定的修改可以通过FIB实现，例如，将一个节点与地或电源连接，将两个节点短路，使两个节点开路等。FIB通常是在芯片再次流片前进行的最后修改工作。如果修改过于复杂，通过FIB是无法进行的。

FIFO（First In First Out）先入先出存储器

FIFO是芯片设计中广泛使用的一种存储器结构，可用于两个时钟域之间的数据同步，或用在不同速率的电路之间进行速率匹配。

FIS（Frame Information Structure）SATA中的帧信息结构

FIS用于在两个SATA设备的运输层之间通信。FIS包括头部、数据净荷和CRC校验部分，净荷的长度可变。

FPGA（Field Programmable Gate Array）现场可编程门阵列

FPGA是硅基芯片，经常被用于ASIC原型设计。FPGA的优点是设计可以通过综合和映射在FPGA上实现，FPGA可以像ASIC一样工作，但不需要进行芯片生产。在芯片设计时，先采用FPGA实现其功能并进行验证是非常好的设计方法。在很多应用中，可以直接用FPGA代替专用芯片。FPGA还可以用在太空探测中，此时可以通过重新加载修改FPGA的功能，而这在ASIC或SoC中是不可能实现的。

GigE（Gigabit Ethernet）千兆位以太网

信息传输速率可以达到1000 Mbps的以太网称为千兆位以太网。

GMII（Gigabit Media Independent Interface）吉比特介质无关接口

以太网控制器（MAC）和物理编码子层（PCS）之间通过GMII接口连接，它的收发数据位宽为8，而在100 Mbps以太网所使用的MII接口中，收发数据位宽为4。

HBA（Host Bus Adapter）主总线适配器

主总线适配器是一种PCIe设备，通常安装在PCIe插槽上，常见的主总线控制器包括基于PCIe的千兆位以太网控制器、基于PCIe的SATA主总线控制器和基于PCIe的SSD控制器。

IEEE（Institute of Electrical and Electronics Engineers）电气电子工程师协会

IEEE是世界上最大的制定和发布电子和通信系统标准的专业组织。

ISI（Inter Symbol Interference）码间串扰

数字基带信号经过传输后，脉冲的形状在收端会与发端不同，脉冲会展开，使得部分信号延伸到后续的相邻脉冲位置。这会对后续脉冲的判决造成影响，可能会使其出现判决错误。这种现象称为码间串扰。

ISR（Interrupt Service Routine）中断服务程序

ISR是驻留在内存中的程序。当一个设备向CPU发送中断消息后，CPU会在当前指令结束后开始执行ISR。

JEDEC（Joint Electron Devices Engineering Council）联合电子设备工程协会

JEDEC是一个标准化组织，它制定了大量包括DDR2、DDR3、DDR4、LPDDR在内的存储器相关规范。

JTAG（Joint Test Action Group）联合测试工作组

边界扫描技术在1990年被引入，由JTAG组织进行建立、维护和标准发布。该组织在1994年发布了BSDL（Boundary Scan Description Language），被大量的公司采用。JTAG技术的基本特点是在芯片引脚处增加了扫描单元，用于向芯片内部施加测试激励和捕获测试结果。

LAN（Local Area Network）局域网

以太网是目前最为典型的局域网，网络设备可以通过以太网进行互联和通信。

LBA（Logical Block Address）逻辑块地址

与实际存储设备（如硬盘）的物理地址不同，LBA是操作系统使用的存储设备的逻辑地址。硬盘驱动程序从操作系统中获取LBA并将其转换为实际的物理地址对硬盘进行访问。

LFSR（Linear Feedback Shift Register）线性反馈移位寄存器

LFSR由一组寄存器串行连接组成，部分寄存器的输出经过逻辑运算（如异或运算）后反馈到第一个寄存器的输入端。LFSR通常用来生成伪随机序列，可用于加密、扰码和LFSR计数器中。

LRU（Least Recently Used）最近最少使用

当存储空间有限时，例如路由表空间和CPU内部的高速缓存空间，如果有新的数据需要进入这些空间，可以使用LRU算法发现最近使用最少的表项或存储区，将其删除，将新进入的数据写入这些位置。

MCP（Multi-Cycle Path）多周期路径

在数字系统中，对于绝大多数延迟路径，需要在一个时钟周期内完成逻辑计算功能。但有些逻辑计算可能需要不止一个时钟周期才能完成（如64位加法器），可以将其声明为MCP，以通知静态定时分析工具其延迟可以超过1个时钟周期。

MLC（Multi Level Cell）多层存储单元

MLC可以使用多个电平代表不同的逻辑值。例如，可以使用4个电平代表2比特的逻辑值（00，01，10和11）。与SLC相比，MLC具有更高密度的信息存储能力，但同时其噪声容限低于SLC，更容易发生比特错误。

MRD（Market Requirement Document）市场需求文件

在开始一个新的工程项目之前，需要准备相应的市场调查文件（涉及分析可行性、消费群体、可能的市场份额、竞争格局、时间范围等）。这是投入大量资源进行产品开发之前必须做的工作。

MSI（Message Signaled Interrupt）消息方式传递的中断

这是一种新的中断机制，与使用专用中断引脚的传统中断方式不同，它通过发送特定的消息表示有中断产生。

MTBF（Mean Time Between Failure）平均故障间隔时间

这是通过估算得到的、一个设备两次故障之间的平均时间间隔。该指标用于描述设备失效前能够正常工作的平均时间。

NCQ（Native Command Queuing）内部（或本地）命令队列

NCQ是SATA内部使用的一种工作机制。SATA控制器接收来自系统的硬盘读写命令，通常不会按照命令到达的顺序执行这些命令，而是将其按照一定的原则（如最小查找时间）进行重新排序后执行。

NM（Noise Margin）噪声容限

当数字逻辑信号上叠加的噪声超过某个门限时可能会发生逻辑错误，此时的噪声电平就是噪声容限。噪声容限反映了数字逻辑电路可以容忍的最大噪声。最常见的噪声容限有两种：低电平噪声容限和高电平噪声容限。

NVMe（Non Volatile Memory express）非易失存储器传输规范

NVMe是软件和SSD控制器进行通信的寄存器的接口，它针对SSD存储器进行了优化。NVMe 和PCI Express接口配合工作，PCIe是SSD控制器的前端接口。NVMe支持高达64K个I/O队列，每个I/O队列支持64K条命令。

ODT（On-Die Termination）片上端接

ODT是指在芯片上进行端接，通常用于芯片的高速引脚，如在内存芯片的DQ、DM、DQS和DQS#的内部通常会设计端接电阻用于改善信号的传输质量。ODT的值可以通过MPR1寄存器进行设置。ODT电阻值通常在20 ~ 120 Ω之间。

OSI（Open Systems Interconnection）开放系统互联

OSI定义了网络的7个协议层次，包括应用层、表示层、会话层、运输层、网络层、数据链路层和物理层。

PCI（Peripheral Component Interface）外设部件互联标准

PCI定义了一种广泛使用的现代互联总线规范。PCI是一种并行总线，多个外设可以在仲裁器的协调下互联。PCI定义了相关软件编程模型，每个设备内部都有配置寄存器组，通过操作系统的初始配置后可以与驱动软件配合，完成自己的功能。PCI正在逐步被PCIe取代，PCIe采用的是串行总线技术。

PCIe（PCI Express）PCI串行总线

PCI Express是一个串行点对点互联的总线，它采用的设备互联方式与并行PCI总线不同。为了连接多个PCIe设备，我们需要使用PCIe交换芯片。PCIe继承了PCI的大部分软件编程特征，在软件上与PCI向后兼容。PCIe具有很多新的特征，如采用了CRC校验、支持差错重传、数据传输速度更高等。PCIe正在计算机系统中逐渐取代PCI。

PCS（PHY Coding Sublayer）PHY编码子层

一个典型的PHY包括两个部分：以逻辑处理为主的数字部分称为PCS层，以模拟电路为主的称为PMA层。对于PCIe的PCS，其核心是8b/10b编解码功能。

PIO（Programmed IO）编程控制的数据输入输出模式

在PIO模式下，CPU负责在外围设备和内存之间直接进行数据传输。它可以从外围设备中读取数据，然后将其写入内存。PIO模式的效率较低，因为需要CPU进行参与。DMA方式比PIO方式的效率更高。

PLL（Phase Locked Loop）锁相环

PLL在数字系统中使用广泛，主要用于时钟和数据恢复（CDR）、时钟去偏斜和频率综合等场合。PLL采用闭环控制机制，其输出信号的一部分被反馈回来与参考信号进行比较，二者之差被PLL中的控制电路处理并用于跟踪参考信号。

PMA（Physical Medium Attachment）物理介质适配层

高速串行接口的物理层通常包括两个主要组成部分：数字逻辑部分和模拟部分。物理层的模拟部分称为PMA层。PMA层完成的主要功能包括接收信号检测、时钟数据恢复、判决反馈均衡等。

POST（Power On Self-Test）上电自测试

POST是系统加电后自动执行的一组测试进程。它可以帮助用户确定设备的重要组成部件工作是否正常。当PC开机后，CPU在内存完成自检后也会进行自检。

PVT（Process Voltage Temperature）工艺电压温度

逻辑门的延迟与工艺、电压和温度这三者有直接关系。延迟计算工具会根据这三者计算逻辑门的最大和最小延迟提供给静态定时分析工具使用。

RAID（Redundant Array of Inexpensive Disk）独立磁盘冗余阵列

在RAID中，数据通过一种逻辑的方式被写入多个磁盘中。具体做法是将数据分成多个数据段，每个数据段被写入一个磁盘，这样可以达到冗余和获得更好性能的目的。数据段中的每个比特都会通过校验运算产生一个对应的奇偶校验位，这些奇偶校验位合并构成一个数据段被存储在一个独立的磁盘中。这样做的目的是任何一个盘片中的数据出现比特错误时都可以对其进行纠正。

RC（Root Complex）根联合体

PCIe总线架构中，RC是最靠近CPU的，它处于PCIe树的根部。RC可以发起总线操作，也可以作为其他总线设备和PCIe交换机所发起总线操作的对象。

RDMA（Remote DMA）远端直接存储器访问

RDMA是指对其他CPU的内存和内存映射直接进行存储器读写访问。

RISC（Reduced Instruction Set Computer）精简指令集计算机

RISC是一种计算机架构，它采用数量更少且等长的指令。正因如此，它的指令更适合采用具有高吞吐率的流水线方式来执行。

ROM（Read Only Memory）只读存储器

ROM由一个与平面和一个或平面构成，给定地址后，它可以输出对应位置存储的数据。ROM主要实现查找表的功能。

RS编码（Reed Solomon code）里德·所罗门编码

RS编码是Irving S·Reed和Gustave Solomon在1960年发明的。RS编码能够纠正多个符号错误而不是BCH编码中的多个比特错误，适用于纠正突发性的错误。

RTL（Register Transfer Level）寄存器传输级

采用类C的硬件描述语言（如Verilog或VHDL）进行硬件设计时，可以使用这些语言描述电路的功能，也可以用这些语言编写测试台对电路功能进行仿真验证。RTL指的是其中可以综合的部分语法结构。

SATA（Serial ATA）串行ATA

SATA是作为ATA的升级替代技术在2002年引入的。SATA采用串行互联协议，因此引脚数量更少、接插件尺寸更小。第一代SATA（SATA 1.0）的传输速率是1.5 Gbps，在SATA 2.0时升级到了3.0 Gbps，而现在的SATA 3.0中的串行收发速率达到了6.0 Gbps。

SDC（Synthesis Design Constraint）综合设计约束

综合工具和静态定时分析工具需要使用SDC文件给出的电路定时约束，如输入延迟、输出延迟、时钟周期、扇出等，并以此作为电路的优化目标。

SDF（Standard Delay Format）标准延迟格式

芯片完成布局布线后，芯片内部的门延迟、互联延迟等会被提取出来，以SDF格式描述和存储在文件中。仿真工具将该文件与电路的门级网表结合，通过SDF标注，可以对电路进行包含延迟信息的门级仿真。

SLC（Single Level Cell）单层存储单元

SLC是Flash存储器的一种结构类型，它采用高电平和低电平表示逻辑值1和0。与之相对应的是MLC，它采用4个逻辑电平，代表4个逻辑值（00、01、10、11），MLC可以有效地提高存储器的存储密度，但其噪声容限小于SLC。

SoC（System on a Chip）片上系统

SoC是指集成了多个系统功能的单一芯片，芯片上通常集成了CPU、存储器、IO等。

SO-DIMM（Small Outline Dual In-line Memory Module）小型双列直插模块

SO-DIMM的外形尺寸只有DIMM的一半左右，主要用在笔记本计算机或小型设备中。

SRAM（Static Random Access Memory）静态随机访问存储器

SRAM是一种随机访问存储器，其存储单元不需要如DRAM一样进行周期性的刷新。SRAM的工作速度很快，但每个存储单元占用的芯片面积比DRAM更大。SRAM主要用在小容量、高速度的场合。

SSC（Spread Spectrum Clocking）扩频时钟

SSC用于在时钟频率很高时减少电磁串扰。使用时钟扩频技术时会用一个低频时钟调制一个高频时钟，这样可以使频谱和能量密度扩展到多个频率上。PCIe中使用了一个30 ~ 33 kHz的时钟调制一个100 MHz的时钟。

SSD（Solid State Drive）固态硬盘

SSD是采用Flash存储器设计的，与普通硬盘工作方式类似的存储设备。Flash存储器是非易失的，运行速度比普通硬盘更快，是传统硬盘很好的替代品。SSD硬盘每GB的成本远高于传统硬盘。但随着SSD技术的不断进步，其成本正在不断降低，正在一些应用领域中取代传统的硬盘。SSD目前一个典型应用场合是实现类似cache的功能，用于进行IO快速访问。除了替代硬盘外，固态盘正在不断扩展其应用领域。

STA（Static Timing Analysis）静态定时分析

STA用于分析一个芯片的最高工作频率，或者检查寄存器之间的延迟路径是否满足特定工作频率的要求。在不需要进行仿真的情况下，软件工具可以计算各个路径的最大和最小延迟。

TCAM（Ternary Contents Access Memory）三态内容寻址存储器

TCAM是一种特殊的CAM，用于匹配的内容中可以有1、0和x三个逻辑值。TCAM常用于存储路由表，此时逻辑值1和0用于表示IP地址的网络号，x用于表示主机号。

TLB（Translation Look-aside Buffer）地址转换缓冲区

采用虚拟存储机制时，TLB用于保存最近转换过的物理地址。TLB是一个cache，用于保存最近频繁使用的地址转换关系。当一个内存操作到达时，它首先在TLB中进行查找，看其中是否已经存储了虚拟地址到物理地址的转换关系表项。

TLC（Triple Level Cell）3比特存储单元

TLC的每个存储单元可以存储8个电平值，用3比特描述，这使得存储器有很高的信息存储密度，但其噪声容限也更低。

TLP（Transaction Layer Packet ）事务层数据包

TLP被用于在PCIe的最高层协议栈（Transaction layer）之间进行通信。TLP具有3 ~ 4个双字（4字节为一个双字）的头部和数据净荷区。数据净荷区的长度可变，最小为0。所有的TLP的尾部都有链路CRC（LCRC）。

USB（Universal Serial Bus）通用串行总线

USB是目前被广泛使用的一种串行总线，几乎所有的硬件设备都提供USB接口。最为常用的USB设备包括USB鼠标、USB键盘、USB相机、USB打印机、USB移动硬盘等。USB1.0规范在20世纪90年代被提出，支持1.5 Mb/s和12 Mb/s两种速率。目前，USB接口的最高速率可以达到5 Gbps。

VHDL（VHSIC Hardware Description Language）VHSIC硬件描述语言

VHDL是一种与Verilog类似的硬件描述语言，二者都在芯片设计领域被广泛应用。VHDL和Verilog在语法结构上不同，但都被常用的仿真工具和综合工具支持。Verilog更容易入门，但VHDL提供了一些功能强大的语法结构。目前的System Verilog，作为Verilog的最新版本，引入了与VHDL类似的功能强大的语法结构。

WRR（Weighted Round Robin）权重轮询

WRR是一种轮询机制，每个被调度的队列或用户具有不同的权重值，权重值决定了它们各自的调度优先级。

XGMII（10G Media Independent Interface）万兆位以太网介质无关接口

万兆位以太网中，MAC控制器和PCS之间的接口为XGMII。其发送和接收数据通道都包括4条路径，每条数据路径位宽为8比特。它的工作时钟为156 MHz，采用DDR方式。此时每个方向上的总带宽为156 × 2 (DDR) × 32 bits ≈ 10 Gbits/s。